한국산업인력공단 주관·시행

항공기정비기능사
필기

항공기술교육아카데미 저

도서출판 책과 상상
www.SangSangbooks.co.kr

프롤로그
Prologue

    항공기정비기능사는 항공기 운항의 안전성을 확보하기 위하여 항공기 정비기술에 관한 실무 숙련기능 및 항공기술 전반에 관한 기초지식과 그 적응능력을 가진 사람을 육성하여 항공기 정비에 관한 현장업무를 수행할 인력을 양성하고자 제정된 자격제도입니다.

    2023년까지 항공기체, 항공기관, 항공장비 그리고 항공전자정비기능사의 4가지 종목으로 나뉘어 있던 항공정비기능사 관련 자격검정이 2024년부터는 항공기체와 항공기관이 통합된 "항공기정비기능사"와 항공장비와 항공전자정비기능사가 통합된 "항공전기·전자정비기능사"로 종목 개편되었습니다.

    본 수험서는 이들 종목 중 항공기체정비기능사와 항공기관정비기능사가 통합되어 처음으로 시행되는 항공기정비기능사 자격시험을 보다 쉽고 빠르게 준비할 수 있도록 집필하였습니다. 이를 위해 이론적인 내용은 최대한 간결하게 수록함으로써 시험 합격에 필요한 내용을 집중적으로 학습할 수 있도록 하였습니다.

    아울러 자격 종목 변경 이전 한국산업인력공단이 주관하여 시행한 3년간의 항공기관정비기능사 및 항공기체정비기능사 기출문제를 상세한 해설과 함께 수록하였습니다. 이는 자격검정의 개편에도 불구하고 지난 시험에서 출제되었던 기출문제는 문제은행 방식으로 치러지는 시험제도의 특성상 효과적인 학습자료이기 때문입니다.

    모쪼록 항공기정비기능사 자격증을 취득하고자 하는 수험생 여러분에게 합격의 영광이 있기를 기원합니다. 끝으로 이 수험서가 나오기까지 도와주신 모든 분께 감사드리며, 본의 아니게 잘못된 내용은 앞으로 철저히 수정 보완하여 나갈 것을 약속드립니다.

— 저자 일동

검정안내 및 출제기준
Certified Information and Exam Standard

1. 검정 안내

(1) 개요
항공기 운항의 안전성을 확보하기 위하여 항공기 정비기술에 관한 실무 숙련기능 및 항공기술 전반에 관한 기초지식과 그 적응능력을 가진 사람을 육성하여 항공기 정비에 관한 현장업무를 수행할 인력을 양성하고자 한다.

(2) 직무내용
항공기 기체 및 엔진에 대한 숙련된 기능을 바탕으로 규정된 정비 절차에 따라서 항공기 등의 구성품과 계통을 분해, 수리, 교환, 조립, 검사 및 시험하여 감항성이 유지되도록 정비하는 직무이다.

(3) 취득방법
① 시행처 : 한국산업인력공단
② 시험과목
- 필기 : 항공기 일반, 기체 정비, 기관 정비
- 실기 : 항공기 기관계통, 기체계통 작업

③ 검정방법
- 필기 : 객관식 4지 택일형 60문항(60분)
- 실기 : 작업형(3시간 정도)

④ 합격기준
- 필기 · 실기 : 100점 만점에 60점 이상 득점

2. 출제기준

주요항목	세부항목	세세항목	
1 항공역학	비행원리	01. 대기의 구성 03. 날개 모양과 특성 05. 항력과 동력 07. 운동 및 조종면 09. 헬리콥터의 공기역학	02. 공기 흐름의 법칙 04. 날개의 공기력 06. 일반 성능 08. 비행 안정성 10. 헬리콥터의 비행 및 조종
2 항공기기체 기본작업	항공기 기계 요소 체결, 안전 및 고정	01. 볼트 03. 와셔 05. 토크렌치 07. 코터핀	02. 너트 04. 스크루 06. 안전결선 08. 일반 공구 및 특수공구

주요항목	세부항목	세세항목
③ 항공기 측정작업	측정기기의 원리, 종류, 구조 및 측정	01. 버니어캘리퍼스 02. 마이크로미터 03. 다이얼게이지 04. 필러게이지 05. 피치게이지 06. 와이어간극게이지 07. 센터게이지 08. 축용 한계게이지 09. 구멍용 한계게이지 10. 나사산 한계게이지 11. 블록게이지
④ 항공기 지상취급	항공기 지상유도 및 지원	01. 항공기 지상 유도 02. 항공기 이동 및 계류 03. 3점 접지 설치 04. 항공 연료 보급, 배유, 비상절차 05. 윤활유, 작동유 보급 및 비상절차 06. 지상 동력 공급 장치(GPU, GTC) 지원 07. 잭 장비의 설치
⑤ 항공기 안전관리	안전관리 일반	01. 정비 매뉴얼 안전 절차 02. 화재 및 예방 03. 산업안전보건법(항공기 지상안전 분야) 04. 항공안전관리시스템(SMS: safety management system) 기본 개요
⑥ 항공기 자재·보급관리	자재보급관리 일반	01. 정비의 개념 및 종류 02. 항공기 자재 분류 03. 부품의 신청 04. 부품의 저장 및 보관 05. 항공기 부품 취급 06. 보급관리 정보체계 활용 07. AOG, 부품유용, 정비이월, AWP 개념
⑦ 항공기 판금작업	정비의 개요	01. 전개도 작성 02. 마름질 절단 03. 판재 성형
	측정기기 및 공구류	01. 리벳의 종류와 재료 02. 리벳의 식별과 규격 표시 03. 리벳 지름, 길이, 배열 04. 판재이음작업 05. 드릴 건의 사용법 06. 리벳 건, 버킹 바 종류 07. 리벳 체결 방법 08. 리벳 제거 절차, 방법 09. 리벳 검사 방법
⑧ 항공기 복합재료 수리작업	복합재료 구조재 수리	01. 복합재료의 종류 및 특징 02. 복합재 장비 공구 03. 복합재 수리 방법 04. 복합재 검사 방법
⑨ 항공기 배관작업	튜브 성형 작업	01. 튜브 재질 및 식별 02. 튜브 성형 공구 03. 굽힘 성형 04. 플레어 작업 05. 플레어리스 작업
	호스 연결	01. 호스 종류 및 식별 02. 호스의 규격 표시 03. 호스 장착방법
⑩ 항공기 조종케이블·로드 작업	조종 케이블 로드 작업	01. 턴버클 02. 조종로드 03. 케이블 스웨이징 04. 케이블 검사(손상, 윤활, 오염) 05. 케이블 종류 및 연결 공구 06. 케이블 장력 측정(T-5, C-8) 및 조절

주요항목	세부항목	세세항목	
11 항공기 기체 구조 점검	항공기 기체 구조	01. 기체 구조 일반 03. 주날개 및 꼬리날개 05. 기관 마운트 및 나셀 07. 여압 및 공기조화계통	02. 동체 04. 착륙장치 06. 도어 및 윈도우 08. 방·제빙 및 제우계통
12 항공기 엔진 일반	항공기 엔진 기초	01. 열역학 기초 이론 03. 왕복엔진의 구조 및 작동원리 04. 가스터빈엔진의 작동원리(시동 및 점화 장치)	02. 항공기엔진의 분류
13 항공기 가스터빈 엔진 부품 세척	부품 세척	01. 세제의 종류와 취급법 03. 일반 세척 05. 약품 세척 07. 세척 후 품질검사 방법	02. 세척 장비와 장구 04. 기계 세척 06. 세척작업 환경과 위생환경
14 항공기 가스터빈 엔진 점검	가스터빈엔진 구조 점검	01. 흡입구 03. 연소실 05. 배기노즐	02. 압축기 04. 터빈
15 항공기 가스터빈 엔진 계통 점검	가스터빈엔진 계통 점검	01. 엔진 연료 계통 03. 기어박스 05. 유압 계통	02. 엔진 오일 계통 04. 공압 및 브리드 계통
16 항공기 왕복 엔진 외부 검사	왕복엔진 외부 검사	01. 카울링 육안검사 03. 윤활유 누설 육안검사 05. 보기류 장착상태 점검	02. 배기관 육안검사 04. 전기배선 육안검사
17 항공기 왕복엔진 냉각계통 점검	왕복엔진 냉각계통 점검	01. 냉각 핀 점검 03. 플랩 점검	02. 냉각 배플 점검
18 항공기 왕복엔진 시동계통 점검	왕복엔진 시동 계통 점검	01. 시동기 점검 03. 시동 스위치 점검	02. 시동기 릴레이 교환 04. 전기배선 점검

CBT 필기시험제도 안내

▶ CBT 필기시험 개요

기능사 CBT(Computer Based Test, 컴퓨터 기반 시험) 필기시험제도는 한국산업인력공단 상설시험장과 외부기관의 시설 및 장비 등을 임차하여 시행하며, 시험장 사정 및 외부여건에 따라 시험일자가 지연될 수 있으므로 수험생들이 선호하는 시험장은 조기 마감될 수 있으므로 주의하여야 합니다.

▶ 원서접수

- 한국산업인력공단이 주관 및 시행하는 기능사 정기 CBT 필기시험의 시험일자 및 시간, 장소에 관한 정보는 큐넷 홈페이지(www.q-net.or.kr)를 방문하여 확인합니다.
- 기능사 필기시험의 원서접수는 인터넷(PC에서만 가능하며, 스마트폰은 접수되지 않음)으로만 가능하며, 항공기관정비기능사 · 항공기체정비기능사 · 항공장비정비기능사 필기시험은 정기시험(연 2~3회)으로 년초에 큐넷 홈페이지에서 공시됩니다.
- 큐넷 홈페이지 가입 : 한국산업인력공단이 주관 · 시행하는 자격시험을 처음 응시하는 수험생은 개인정보 및 최근 6개월 이내의 촬영한 상반신 정면의 컬러사진(3×4cm, 파일크기 200kb 미만)이 필요합니다.
- 원서접수 단계 : '**자격선택 → 종목선택 → 응시유형 → 추가입력 → 장소선택 → 결제하기 → 접수완료**'의 단계를 거치며, 응시종목 및 장소 · 시간에 유의하여 선택합니다.
  ※ 수험생이 원하는 시험일자 및 장소, 시간에 응시생이 집중되어 조기 마감될 수 있으므로 주의해야 합니다.
- 필기 응시료 : **14,500원** (결제 : 카드결제, 온라인 입금 선택 가능)

▶ 시험 당일 주의사항

- 한국산업인력공단에서 지정하는 **신분증을 반드시 지참해야 합니다. 신분증을 소지하지 않을 경우 응시할 수 없습니다.**
  ※ 신분증 : 주민등록증, 운전면허증, 여권 등
  ※ 중·고교학생 : 학생증 또는 학교장 직인이 찍힌 확인서, 청소년증 필요 (대학생의 경우 학생증 인증 안됨)
- 선택적 지참 : 필기도구, 계산기(공단에서 지정한 계산기에 한함, 큐넷 홈페이지 참조)

▶ 합격자 발표

CBT 필기시험은 필기시험 종료 후 모니터상에서 시험점수와 함께 합격 여부를 바로 확인할 수 있으며, 또한 합격자 발표일에 최종 확인할 수 있습니다.

▶ 실기시험

CBT 필기시험에 합격한 후(합격자 발표일 기준) 2년 이내 해당 자격종목에 대한 실기시험을 치를 자격이 부여되므로 필기시험을 합격한 년도, 횟차에 반드시 실기시험을 응시할 필요는 없습니다.

CBT 필기시험 체험하기

01 CBT 필기시험 응시를 위해 지정된 좌석에 앉으면 해당 컴퓨터 단말기가 시험감독관 서버에 연결되었음을 알리는 연결 성공 메시지가 나타납니다.

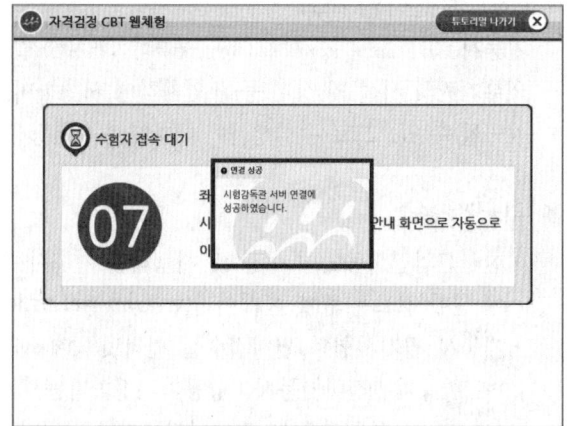

02 수험자 접속 대기 화면에서 좌석번호를 확인합니다. 좌석번호 확인이 끝나면 시험감독관의 지시에 따라 시험 안내 화면으로 자동으로 이동합니다.

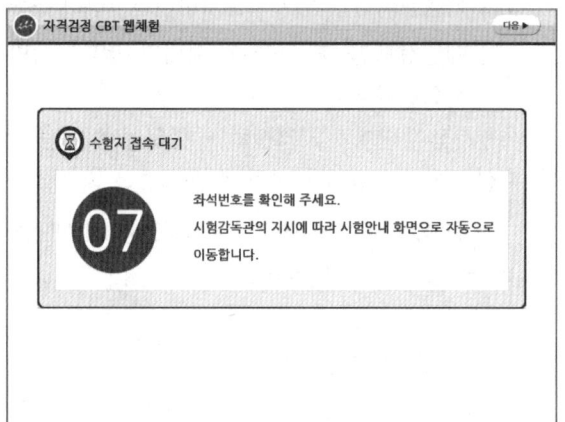

03 수험자 정보를 확인합니다. 감독관의 신분 확인 절차가 진행됩니다. 신분 확인이 모두 끝나면 시험을 시작할 수 있습니다.

04 CBT 필기시험에 대한 안내사항이 나타납니다. 화면은 예제이며, 실제 기능사 필기시험은 총 60문제로 구성되며, 60분간 진행됩니다.

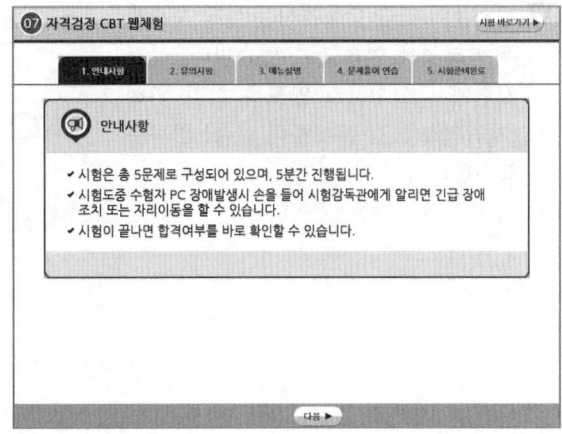

05 다음 항목에서 시험과 관련된 유의사항을 확인합니다. 특히, 시험과 관련한 부정행위 적발 시 퇴실과 함께 해당 시험은 무효처리되어 불합격 될 뿐만 아니라, 이후 3년간 국가기술자격검정에 응시할 수 있는 자격이 정지되므로 부정행위로 인정되는 내용을 꼼꼼히 확인하도록 합니다.

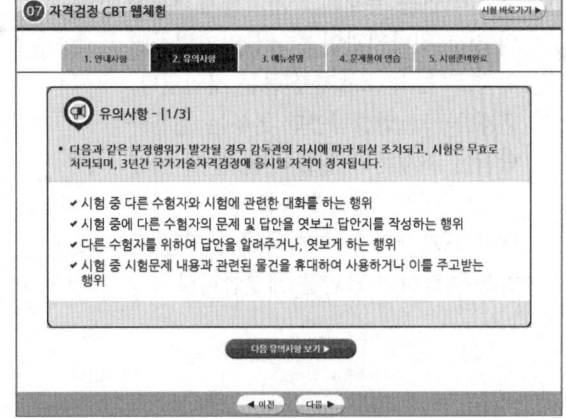

06 메뉴설명 항목에서는 문제풀이와 관련된 메뉴에 대한 설명을 확인할 수 있습니다. CBT 화면에서는 글자 크기를 크게 하거나 작게 할 수 있을 뿐 아니라, 화면 배치를 1단 또는 2단 화면 보기 혹은 한 문제씩 보기로 선택할 수 있습니다.

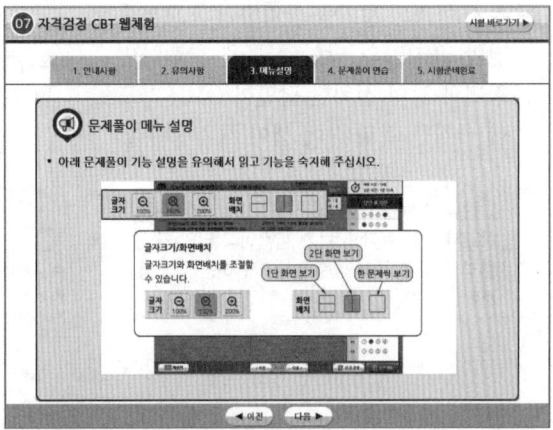

07 문제풀이 연습 항목에서는 실제 문제를 푸는 과정을 연습할 수 있습니다. 실제 시험에서 실수하지 않도록 하기 위해 [자격검정 CBT 문제풀이 연습] 버튼을 클릭합니다.

08 보기의 연습 문제는 국가기술자격시험의 정부 위탁기관인 한국산업인력공단의 본부 청사 소재지를 묻는 것입니다. 현재 한국산업인력공단 본부는 울산광역시에 소재하고 있습니다. 문제 아래의 보기에서 번호 항목을 클릭하거나 답안 표기란의 번호 항목에서 해당 답안을 클릭하여 답안을 체크합니다.

09 문제 아래의 보기를 클릭하거나 오른쪽 답안 표기란의 답안 항목을 클릭하면 화면과 같이 선택한 답안이 OMR 카드에 색칠한 것과 같이 색이 채워집니다.

> 답안을 수정할 때는 마찬가지 방법으로 수정하고자 하는 문제의 보기 항목이나 답안 표기란의 보기 항목에서 수정하고자 하는 답안을 클릭합니다.

10 문제를 풀고 나면 다음 문제를 풀기 위해 화면 하단의 [다음] 버튼을 클릭하여 문제를 계속 풀어나가면 됩니다. 참고로 하단 버튼 중 [계산기]를 클릭하면 간단한 공학용 계산기를 사용하여 계산 문제를 푸는 데 도움을 받을 수 있습니다.

> 계산이 끝나고 계산기를 화면에서 사라지게 하려면 계산기 창의 오른쪽 상단에 있는 닫기 ❌ 버튼을 클릭합니다.

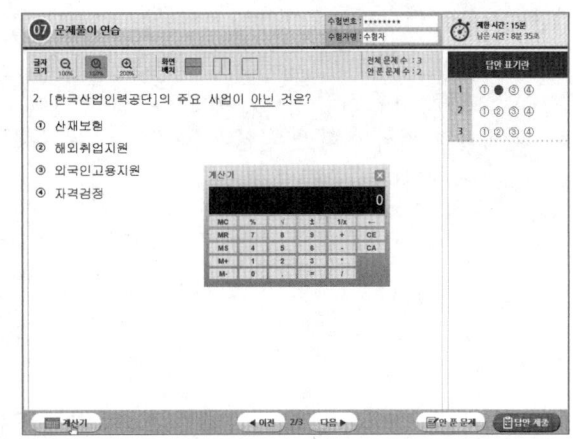

11 문제 풀이 연습이 끝나면 하단의 [답안 제출] 버튼을 클릭하여 답안을 제출합니다.

> 어려운 문제의 경우 하단의 [다음] 버튼을 클릭하여 다음 문제를 풀 수도 있습니다. 단, 이러한 경우 답안을 제출하기 전에 하단의 [안 푼 문제] 버튼을 클릭하여 혹시 풀지 않은 문제가 있는 지 최종적으로 확인하도록 합니다.

12 답안 제출을 클릭하면 나타나는 화면입니다. 수험생들이 실수로 답안을 모두 체크하지 않고 제출할 수 있는 실수를 방지하기 위해 2회에 걸쳐 주의 화면이 나타납니다. 답안을 제출하려면 [예] 버튼을 누릅니다.

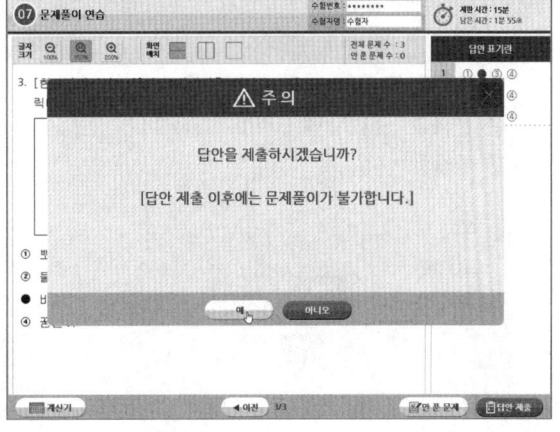

13 문제풀이 연습을 모두 마치면 나타나는 화면에서 [시험 준비 완료] 버튼을 클릭합니다. 이후 시험 시간이 되면 시험 감독관의 지시에 따라 시험이 자동으로 시작됩니다.

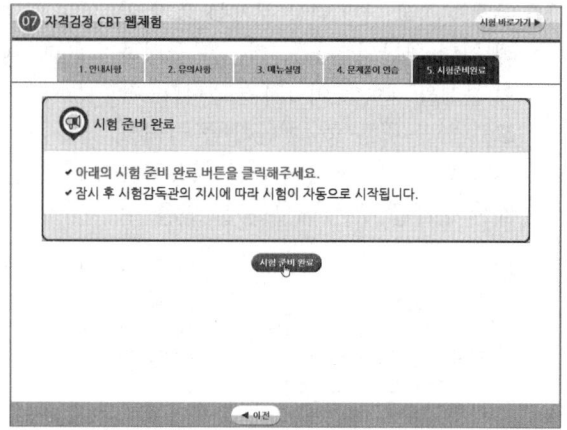

14 본 시험이 시작되면 첫 번째 문제가 화면에 나타납니다. 앞서 문제풀이 연습 때와 마찬가지 방법으로 문제의 보기에서 정답을 클릭하거나 답안 표기란에 해당 문제의 정답 항목을 클릭하여 답을 선택합니다.

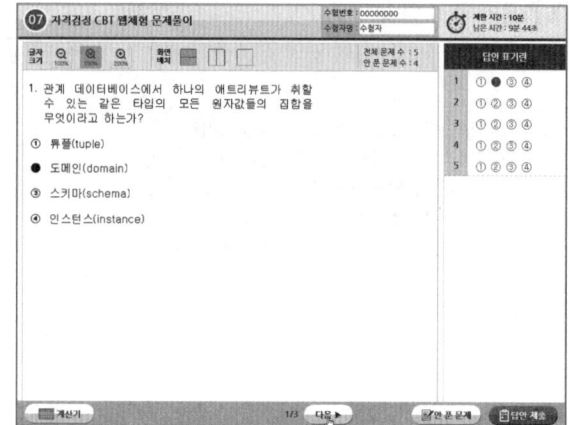

15 화면 하단의 [다음] 버튼을 클릭하면 다음 문제를 풀 수 있습니다. 앞서와 마찬가지 방법으로 답안에 체크하고 모든 문제를 풀었다면 [답안 제출] 버튼을 클릭합니다.

> 화면의 상단 오른쪽에 제한 시간과 남은 시간이 표시됩니다. 본 예제는 체험을 위한 것으로 실제 시험시간은 60분이며, 이에 따라 남은 시간도 표시됩니다.

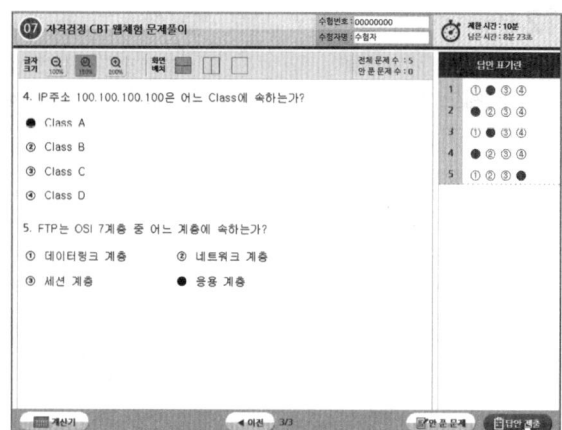

16 수험생의 실수를 방지하기 위해 2회에 걸쳐 주의 문구가 출력됩니다. 모든 문제를 이상없이 풀고 답안에 체크했다면 [예] 버튼을 클릭하여 답안을 제출하고 시험을 마무리합니다.

> 문제 화면으로 다시 돌아가고자 한다면 [아니오] 버튼을 클릭하여 이미 푼 문제들을 다시 확인하고 필요한 경우 답안을 수정할 수 있습니다.

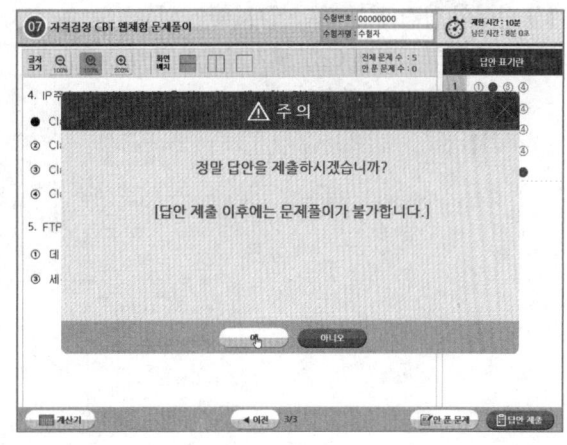

17 답안 제출 화면이 나타납니다. 잠시 기다립니다.

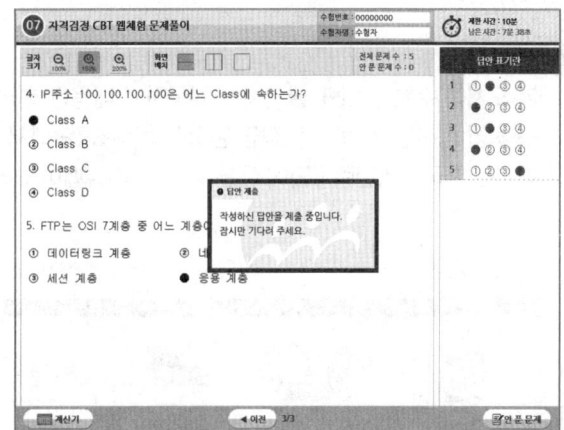

18 CBT 필기시험을 모두 끝내고 답안을 제출하면 곧바로 합격, 불합격 여부를 화면과 같이 확인할 수 있습니다. 독자분들은 꼭 화면과 같은 합격 축하 문구를 볼 수 있기를 기원합니다.

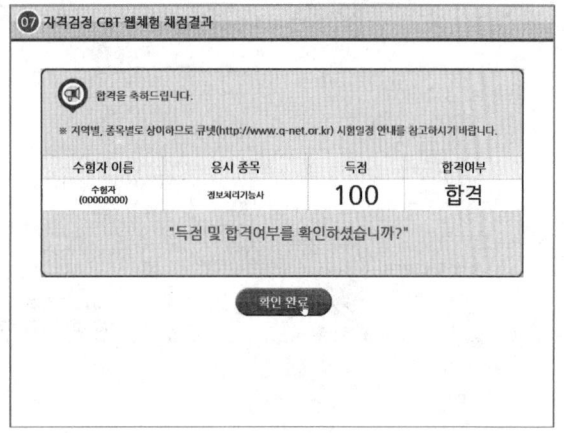

19 앞서의 합격 여부 화면에서 [확인 완료] 버튼을 클릭하면 CBT 필기시험이 종료됩니다. 고생하셨습니다.

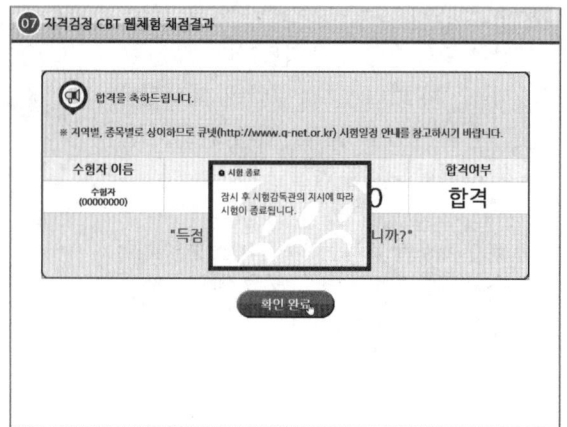

본 도서에 수록된 CBT 필기시험 체험하기 내용은 한국산업인력공단의 CBT 체험하기 과정을 인용하여 구성 및 정리한 것입니다. 직접 한국산업인력공단에서 제공하는 CBT 필기시험을 체험하고자 하는 독자께서는 한국산업인력공단이 운영하는 큐넷 홈페이지(www.q-net.or.kr)를 방문하시기 바랍니다.

차례

- 검정안내 및 출제기준 4
- CBT 필기시험 안내 7

제1장 | 비행원리

Section 1 공기역학 ········ 20
- 01 대기 ········ 20
- 02 날개이론 ········ 26

Section 2 비행역학 ········ 36
- 01 비행성능 ········ 36
- 02 항공기의 안정과 조종 ········ 42

Section 3 프로펠러 및 헬리콥터 ········ 49
- 01 프로펠러 추진원리 ········ 49
- 02 헬리콥터 비행원리 ········ 51
- 제1장 적중예상문제 ········ 55

제2장 | 항공기정비

Section 1 정비와 정비작업 ········ 74
- 01 정비의 개요 ········ 74
- 02 정비작업 ········ 82

Section 2 기초 정비 및 지상안전·지원 ········ 110
- 01 기초 항공기 정비 ········ 110
- 02 지상안전 및 지원 ········ 122
- 제2장 적중예상문제 ········ 130

제3장 | 항공기관

Section 1 항공기 기관의 개요 ········ 150
- 01 항공기 기관의 개요 및 분류 ········ 150
- 02 열역학 및 열역학 사이클 기초이론 ········ 153

Section 2 항공기 왕복기관 ········ 157
- 01 항공용 왕복기관의 작동원리 및 구조 ········ 157
- 02 항공용 왕복기관의 계통 ········ 165

Section 3 프로펠러 ·· 177
   01 프로펠러의 구조 및 명칭 ·· 177
   02 프로펠러의 계통 및 작동 ·· 178
Section 4 항공용 가스터빈 기관 ·· 180
   01 항공용 가스터빈 기관의 작동원리 및 구조 ······························ 180
   02 항공용 가스터빈 기관의 계통 ·· 186
   제3장 적중예상문제 ·· 193

제4장 | 항공기체

Section 1 기체의 구조 ·· 218
   01 기체구조 ·· 218
Section 2 기체의 재료 ·· 230
   01 기체재료의 개요 ·· 230
   02 철강 및 비철금속 재료 ·· 232
   03 비금속 재료 및 복합 재료 ·· 239
Section 3 기체의 구조강도 ·· 243
   01 하중 및 하중배수 선도 ·· 243
   02 무게 및 평형, 강도 ·· 246
   제4장 적중예상문제 ·· 250

제5장 | 공개기출문제

항공기관 정비기능사 필기 2014년도 1회 시행 ································ 270
항공기관 정비기능사 필기 2014년도 4회 시행 ································ 279
항공기관 정비기능사 필기 2014년도 5회 시행 ································ 288
항공기체 정비기능사 필기 2014년도 1회 시행 ································ 297
항공기체 정비기능사 필기 2014년도 2회 시행 ································ 305
항공기체 정비기능사 필기 2014년도 5회 시행 ································ 314
항공기관 정비기능사 필기 2015년도 1회 시행 ································ 323
항공기관 정비기능사 필기 2015년도 4회 시행 ································ 331
항공기관 정비기능사 필기 2015년도 5회 시행 ································ 340
항공기체 정비기능사 필기 2015년도 1회 시행 ································ 348
항공기체 정비기능사 필기 2015년도 2회 시행 ································ 357
항공기체 정비기능사 필기 2015년도 5회 시행 ································ 366
항공기관 정비기능사 필기 2016년도 1회 시행 ································ 375
항공기관 정비기능사 필기 2016년도 4회 시행 ································ 383
항공기체 정비기능사 필기 2016년도 1회 시행 ································ 391
항공기체 정비기능사 필기 2016년도 2회 시행 ································ 399

Craftsman Aircraft Mechanic Maintenance

Chapter 01

Craftsman Aircraft Maintenance

비행원리

Section 1 | 공기역학
Section 2 | 비행역학
Section 3 | 프로펠러 및 헬리콥터

| Section 1 |

공기역학

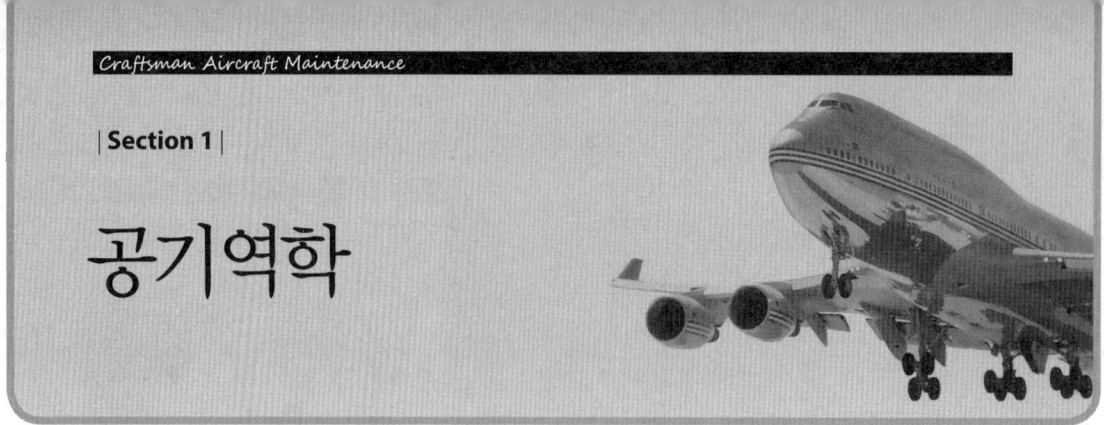

01 대기

1. 대기의 구성

가. 구성요소와 비율
질소-78%, 산소-21%, 기타-1% (아르곤-0.95%, 이산화탄소-0.03% 등)

나. 대기권의 구성

(1) 대류권(기상권)
   ① 기상 현상(눈, 비 등)이 있다.
   ② 고도가 증가할수록 온도, 압력, 밀도 감소 : -6.5℃/km
   ③ 대류권 계면 : 대류권과 성층권의 경계면으로 약 11km 정도(-56.5℃)이며, 대기가 안정하여 제트기의 순항고도로 적합하다.

(2) 성층권(11~50km 정도)
   오존(O_3)층이 존재하며, 오존층의 열 흡수로 기온이 약간 상승한다.

(3) 중간권(50~80km 정도)
   대기권에서 기온이 가장 낮다.

(4) 열권(약 80~300km 정도)

(5) 극외권(300km 이상)

2. 표준 대기

가. 국제 표준 대기 (I.S.A : International Standard Atmosphere)
ICAO(국제민간항공기구)에서 정하며, 건조 공기로서 이상 기체의 상태 방정식이 고도, 장소, 시간에 관계없이 만족하는 대기를 말한다.
- 이상 기체의 상태 방정식 : $P \cdot v = R \cdot T$ ($P = \rho \cdot R \cdot T$)

나. 해발고도(sea level)에서의 대기값

(1) 압력(pressure) : 760mmHg(torr) = 29.92 inHg = 14.7 psi = 1013.25 hPa(mbar) = 2116 lb/ft^2

(2) 밀도(density) : 1.225 kgm/m^3 = 0.12492 kgf · s^2/m^4 = 0.002377 lb · s^2/ft^4

　　　※ kgm = 질량, kgf = 무게

(3) 온도(temperature) : 15℃ = 288.16°K = 59°F

(4) 중력가속도(gravity) : 9.8 m/s^2

(5) 음속(sound velocity) : 340 m/s

다. 고도의 종류

(1) 기하학적인 고도(geometric altitude) : 지구 중력 가속도가 고도에 관계없이 일정하다고 가정하여 정한 고도

(2) 지구 포텐셜 고도(geopotential altitude) : 중력변화를 고려하는 정한 고도

　　※ 고도 약 20km까지는 기하학적 고도와 지구 포텐셜 고도는 거의 같다.

3. 공기의 성질

가. 공기의 흐름 분류

(1) 유체 밀도의 변화에 따른 분류

　① 압축성 유체(M0.3 이상의 흐름) : 유체의 밀도 변화를 고려해야 하는 유체

　② 비압축성 유체(M0.3 이하의 흐름) : 밀도 변화 무시

(2) 시간 경과에 따른 흐름 상태(밀도, 압력, 속도) 변화에 의한 분류

　① 정상 흐름 : 시간이 경과해도 공기의 밀도, 압력, 속도 등이 일정한 값을 유지

　② 비정상 흐름 : 시간 경과에 따라 밀도, 압력, 속도 등이 계속 변한다.

(3) 점성(viscosity)에 의한 분류

　① 이상 유체(완전 유체) : 점성을 고려하지 않은 유체의 흐름

　② 실제 유체 : 점성을 고려

나. 연속의 법칙(질량[유량]보존의 법칙)

어느 지점에서나 일정한 시간동안 질량 유량은 일정하다. (ρAV = 일정)

　① 압축성 흐름 $\rho_1 A_1 V_1 = \rho_2 A_2 V_2$ = 일정

　② 비압축성 흐름(밀도 변화 무시, $\rho_1 = \rho_2$) $A_1 V_1 = A_2 V_2$ = 일정

다. 베르누이(Bernoulli) 정리(방정식)

(1) 정압(P, static pressure) : 운동 상태에 관계없이 항상 모든 방향으로 작용하는 유체의 압력

(2) **동압**(q, dynamic pressure) : 유체가 가진 속도에 의해 생기는 압력, $q = \frac{1}{2}\rho V^2$

(3) **베르누이의 정리**(방정식)

$$P + q = P + \frac{1}{2}\rho V^2 = P_t = 일정 \quad (P_t : 전압)$$

라. 공기의 점성 효과

(1) **점성 흐름** : 평판에 작용한 힘(F)은 평판까지의 높이(h)에만 반비례한다.

$$F = \mu S \frac{V}{h}$$ (F : 평판에 작용한 힘, μ : 점성계수 S : 평판의 넓이, V : 속도, h : 평판과 벽면 사이의 높이)

(2) **레이놀즈 수**(층류와 난류를 구분하는 척도)

① 비행체에 작용하는 공기력

동압으로 인한 관성력, 정압의 힘, 점성에 의한 마찰력

② 레이놀즈 수(Reynold's number) : 층류와 난류를 구분하는데 사용되는 기준으로 무차원(단위가 없음)의 수

$$Re = \frac{관성력}{점성력} = \frac{\rho VL}{\mu} = \frac{VL}{\nu}$$

(L은 자유 흐름일 경우는 길이이며, 관 내부의 흐름일 경우는 지름이다.)

> **Note**
> ① 동점성계수(ν) : 점성계수를 밀도로 나눈 값(단위 : cm^2/sec(=1 stokes), m^2/sec, ft^2/sec 등)
>
> $$\nu = \frac{\mu}{\rho}$$
>
> ② 치수 효과(Scale Effect) : 레이놀즈 수가 날개 코드 길이를 나타내는 기준으로 사용

③ 공기 흐름의 종류

난류(turbulent flow), 층류(laminar flow)

④ 공기 흐름의 성질

㉠ 층류는 난류에 비해 마찰력이 적다.

㉡ 층류는 인접하는 2개 층 사이에 혼합이 없고, 난류에서는 혼합이 있다.

㉢ 천이 및 천이점 : 층류에서 난류로 변하는 현상을 천이(transition)라 하고, 천이 시작점을 천이점(transition point)이라 한다.

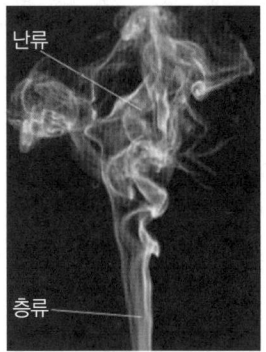

[층류와 난류의 예]

㉣ 임계 레이놀즈수(critical Reynold's number)
- 천이가 일어나는 레이놀즈수(천이 시작점에서의 레이놀즈수)
- 층류와 난류를 구분

⑤ 층류와 난류 경계층

> **Note | 경계층(boundary layer)**
> 점성력이 작용하는 층(또는 점성의 영향이 중요시 되는 물체 주위의 가장 얇은 층)으로서 층류 경계층보다 난류 경계층이 두껍다.

㉠ 층류에서 난류로 변하는 요인 : 유속, 유체의 점성, 관의 지름
㉡ 점성 저층(층류 저층) : 난류 경계층의 바닥 벽면 가까운 곳에 층류 흐름과 유사하게 형성된 부분

⑥ 흐름의 떨어짐(박리 현상, flow separation)
㉠ 역압력 구배가 형성되었을 때 발생
- 역압력 구배 : 날개골 뒤쪽으로 갈수록 흐름 속도가 감소하고 압력이 증가하여, 압력차에 의한 흐름의 역작용이 발생하는 것
㉡ 박리 현상에 의한 영향
- 양력은 크게 감소하고 항력(압력 항력)은 크게 증가
- 층류에서 쉽게 발생하며, 난류는 점성 마찰이 적고 압력에 잘 견디고, 큰 운동량을 갖기 때문에 잘 발생하지 않는다. 즉 박리 현상에 의한 압력 항력은 층류에서 크다.
- 방지법 : 난류 경계층이 발생하도록 함 – 와류 발생 장치(vortex generator) 설치, 날개 윗면을 거칠게 해준다.

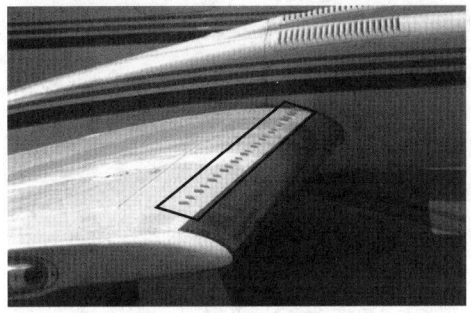

[와류 발생 장치]

마. 항력계수(drag coefficient) : 무차원수

(1) 항력 계수 $C_D = \dfrac{D}{\frac{1}{2}\rho V^2 S}$ (D : 항력)

(2) 압력항력($C_{D\,압력}$) : 유체의 흐름에 놓여 있는 물체의 전후 표면에 압력차가 발생하여 물체의 이동 방향과 반대 방향으로 물체에 미치는 힘(흐름의 떨어짐으로 인해 증가)

(3) 마찰항력($C_{D\,마찰}$) : 유체의 점성에 의해서 발생. 점성 계수와 속도 기울기에 따라 결정

(4) 형상항력(C_{Dp}) : 물체의 형상에 따라 결정되며 압력항력과 마찰항력의 합

$C_{Dp} = C_{D\,압력} + C_{D\,마찰}$

바. 공기의 압축성 효과

(1) 압축성 흐름

① 음속과 마하수

㉠ 0℃인 공기 중에서 음속 331.2m/s, 공기 온도가 t℃일 때 음속(a)

$$a = 331.2\sqrt{\dfrac{273+t}{273}}$$

㉡ 마하수(Mach number) : 음속과 비행기 속도의 비 즉, 공기의 압축성 효과를 나타내는 가장 중요한 요소

$M_a = \dfrac{V}{C}$ (V : 비행기속도, C : 음속)

- 온도의 영향 : 온도가 증가할수록 음속은 빨라지고(비례하고) 마하수는 감소한다.(반비례한다).
- 고도의 영향 : 고도가 증가할수록 비행 속도가 일정할 때 음속(C)은 감소하고 마하수는 증가한다.(고도가 증가할수록 온도가 감소하므로)

② 초음속 흐름의 특징(압축성 효과를 고려) : 공기의 압축성 효과에 의해서 공기흐름의 통로가 좁아지면 속도는 감소하고 압력, 밀도는 증가(아음속과 반대의 특성)

(2) 충격파(shock wave)

공기 흐름의 급격한 변화로 인하여 속도가 감소하고 압력, 밀도, 온도가 불연속적으로 급격히 증가하는 현상으로 이 불연속면을 충격파라 한다.(통로가 좁아지는 곳에서 발생)

① 충격파의 종류

㉠ 경사 충격파(Oblique shock wave)

㉡ 수직 충격파(Normal shock wave)

② 충격파의 강도 : 충격파 전후의 압력차로 나타냄
③ 충격 실속(Shock Stall) : 충격파 뒤에는 급격한 압력발생이 작용하여 경계층 내에 있는 유체 입자가 표면에서 떨어져 나가 양력이 감소하고 항력(충격파에 의해 생기는 조파항력)이 증가하는 현상
④ 충격파에 의한 항력 : 조파항력(wave drag)
　㉠ 초음속 흐름에서 날개 표면에 발생한 충격파로 인하여 발생하는 항력
　㉡ 받음각, 캠버선의 모양, 길이에 대한 두께비에 따라 결정
　㉢ 조파항력을 최소화하기 위해 앞전은 뾰족하게, 두께는 가능한 범위 내에서 얇게 한 다이아몬드형 날개골 사용

(3) 팽창파(expansion wave)

팽창선을 이루면서 압력과 밀도가 감소되고 속도는 증가되는 파로서 에너지 손실이 없고, 항상 표면에 경사진다. 통로가 넓어지는 곳에서 발생(초음속 흐름에서만 발생)

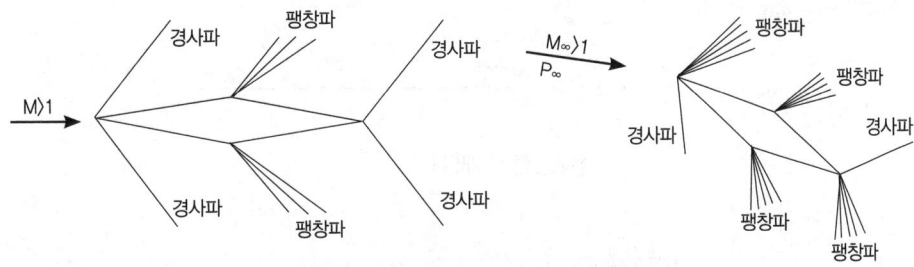

다이아몬드형 날개골의 초음속 시 발생 파장
(같은 위치에서도 공기 흐름 방향에 따라 다른 파장 발생)

02 날개이론

1. 날개형상

가. 날개골(airfoil)의 명칭

(1) **앞전**(leading edge) : 날개골 앞부분의 끝, 원호 또는 쐐기모양
(2) **뒷전**(trailing edge) : 날개골 뒷부분의 끝, 곡선모양 또는 직선모양
(3) **시위 또는 시위선**(chord line) : 앞전과 뒷전을 연결한 직선
(4) **두께**(thickness) : 시위선에서 수직으로 그었을 때 윗면과 아랫면 사이의 수직거리
(5) **평균 캠버선**(mean camber Line) : 두께의 2등분점을 연결한 선 (날개의 휘어진 정도를 나타냄)
(6) **캠버**(camber) : 시위선에서 평균 캠버선까지의 거리로 시위선과의 비로 표시
(7) **앞전 반지름**(반경) : 앞전에서 평균 캠버선상에 중심을 잡고 앞전 곡선에 내접하여 그린 원의 반지름
(앞전 모양을 나타냄)

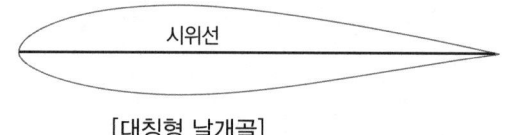

[대칭형 날개골]

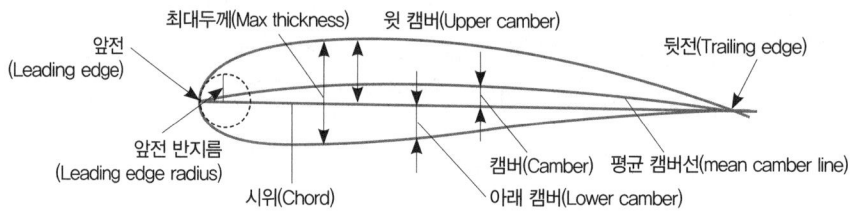

[날개골(Airfoil)의 각 부분 명칭]

(8) **받음각**(Angle of Attack)
① 공기 흐름의 방향(상대풍, relative wind)과 날개골 시위선이 만드는 사이각
② 항공기 진행 방향과 시위선이 이루는 각

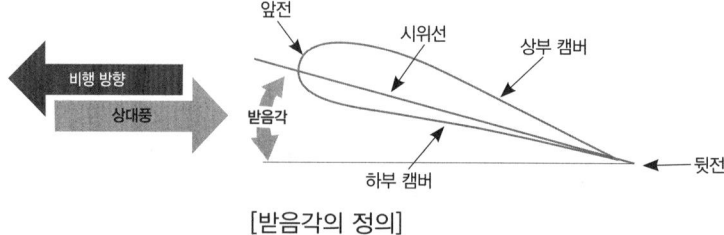

[받음각의 정의]

나. 날개골의 종류

(1) 날개골의 호칭

① 날개골의 특징은 두께, 두께분포, 캠버와 레이놀즈수로 결정한다.

② NACA(National Advisory Committee for Aeronautics : 현재의 NASA)

㉠ 4자 계열(최대 두께가 시위의 30% 정도에 위치)

예) NACA 2 4 15

- 2 : 최대 캠버의 크기–시위선의 2%
- 4 : 최대 캠버의 위치–시위선의 앞전에서 시위의 40% 지점에 위치
- 15 : 최대 두께의 크기–최대 두께가 시위선의 15%

※ 4자 계열은 주로 00XX, 24XX, 44XX로 표시. 00XX는 대칭형 날개골

㉡ 5자 계열(4자 계열을 개선)

예) NACA 2 3 0 15

- 2 : 최대 캠버의 크기–시위선의 2%
- 3 : 최대 캠버의 위치–시위선의 앞전에서 시위의 15% 지점에 위치
- 0 : 평균 캠버선 뒤쪽 반의 형태–직선 (1 : 곡선)
- 15 : 최대 두께의 크기–최대 두께가 시위선의 15%

㉢ 6자 계열(층류 날개골, Laminar flow Airfoil) – 고속기(천음속기)의 날개골

예) NACA 6 5 1 – 2 15

- 6 : 6자 계열 날개골
- 5 : α(받음각) = 0 일 때 최소 압력의 위치–시위의 50% 지점
- 1 : 항력 버킷의 폭–설계 양력 계수를 중심으로 ±0.1
- 2 : 설계 양력 계수–설계 양력 계수가 0.2
- 15 : 최대 두께의 크기–최대 두께가 시위선의 15%

> **Note**
> ① 항력 버킷(drag bucket) : 어떤 양력계수 부근에서 항력계수가 갑자기 작아지는 부분
> ② 6자 계열은 최대두께 위치를 중앙부근에 위치시켜 설계양력계수 부근에서 항력계수가 작아지도록 하여 받음각이 작을 때 앞부분의 흐름이 층류를 유지하도록 한 것

㉣ 초음속 날개골(양력계수가 크지 못하다.)

예) 1 S – (50) · (03) – (50) · (03)

(2) 천음속기의 날개골

① 층류 날개골 : 날개 상단의 캠버를 감소시켜 층류를 유지함으로서 속도 증가시 항력을 감소 (마찰 항력 감소)

② 피키 날개골(Peaky airfoil) : 충격파 발생으로 인한 항력 증가를 억제하기 위해 시위의 앞부분에 압력분포를 뾰족하게 만든 날개골

③ 초임계 날개골(supercritical airfoil) : 앞전 반지름이 비교적 크고, 날개골의 윗면은 평평하며, 뒷전 부근에 캠버가 조금 있는 날개골로 초음속 영역을 넓혀 충격파 완화 및 항력증가 억제로 임계 마하수를 음속에 가깝게 한 날개골

> **Note | 초임계 날개골의 특징**
> · 같은 두께비에서 순항 마하수가 15% 증가한다.
> · 동일 순항 마하수에서 항력의 증가 없이 두께비가 증가하여 날개구조의 두께를 줄일 수 있다.
> · 저속에서 양력이 증가하고, 후퇴각도 감소시킬 수 있다.

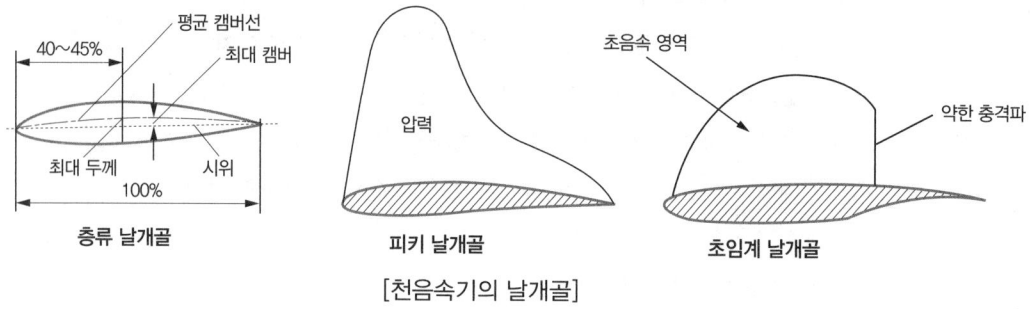

[천음속기의 날개골]

2. 날개 단면 이론

가. 날개골의 공력 특성

(1) 평판에 작용하는 공기력 : $Fx = \rho VS \times V = \rho V^2 S$

물체에 작용하는 공기력은 밀도와 속도의 제곱 그리고 물체의 면적에 비례한다.

(2) 양력(Lift)과 항력(Drag)

$$L = C_L \frac{1}{2}\rho V^2 S, \quad D = C_D \frac{1}{2}\rho V^2 S$$

(비례상수 - C_L : 양력계수, C_D : 항력계수 → 무차원 수)

(3) 받음각과 C_L, C_D의 관계

① 영양력(0양력) 받음각 : 양력이 0일 때의 받음각 ($C_L = 0$), 무양력 받음각

② 최대 양력 계수(C_{Lmax}) : C_L이 최대일 때의 양력계수

③ 실속각 : C_{Lmax}일 때의 받음각

④ 실속(Stall) : 받음각이 실속각을 넘으면 양력계수는 급격히 감소하고 항력은 급격히 증가할 때의 현상(날개 윗면에서 공기의 떨어짐 현상이 발생하여 항공기는 수직으로 떨어진다.)

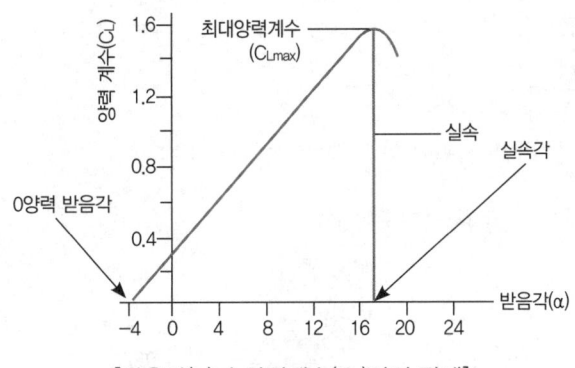

[받음각(α)과 양력계수(C_L)와의 관계]

(4) 날개골의 모양에 따른 특성

날개의 특성을 좌우하는 요소 : 두께, 캠버, 앞전 반지름, 시위선의 길이

나. 압력 중심과 공기력 중심

(1) 압력중심(CP : center of pressure, 풍압중심)

① 날개골에 작용하는 압력의 합력점

② 받음각이 클 때 : 압력 중심은 앞(앞전)으로 이동(약 시위의 ¼ 지점)

받음각이 작을 때 : 압력 중심은 뒤(뒷전)로 이동(시위길이의 ½ 정도까지)

③ 항공기가 급강하 시 압력중심은 크게 뒤쪽으로 이동한다.

(2) 공기력 중심(AC : aerodynamic center)

① 속도가 일정한 경우 날개골의 받음각이 변화해도 모멘트 값이 변하지 않는 점

② 공기력 모멘트 $M = R \times L$(힘×거리)

$$M = R \times L = C_m \frac{1}{2} V^2 S \times C$$

(R : 양력과 항력의 합력, L : 앞전에서 압력중심까지의 거리, C_m : 공기력모멘트계수, C : 시위선의 길이)

3. 날개 이론

가. 날개의 용어

(1) **날개 면적(S)** : 날개 윗면의 투영 면적으로 동체나 기관 나셀에 의해 가려진 부분의 면적도 날개 면적에 포함한다.

(2) **날개 길이(b, span)** : 날개 끝에서 날개 끝까지의 길이

(3) **시위(c)** : 앞전과 뒷전을 연결한 직선거리

> **Note** | 공력 평균 시위(MAC : mean aerodynamic chord)
> 큰 날개의 항공 역학적 특성을 대표하는 시위를 말하며, 기하학적 평균 시위라고 한다.

(4) 날개의 가로세로비(AR, aspect ratio, 종횡비) : 가로세로비가 클수록 날개 끝 와류와 유도 속도가 작아, 적은 받음각에서도 큰 양력을 발생

$$AR = \frac{b}{c} = \frac{b^2}{S} = \frac{S}{c^2}$$

(5) 테이퍼비(λ) : 날개뿌리 시위(C_r)와 날개 끝 시위(C_t)의 비

$$\lambda = \frac{C_t}{C_r}$$ (C_t : 날개끝 시위, C_r : 날개뿌리 시위)

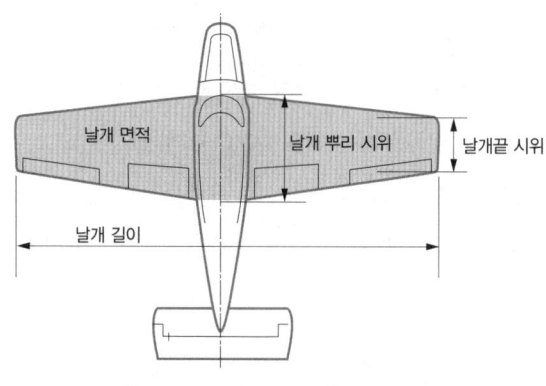

[날개 각 부분의 명칭]

(6) 뒤젖힘각(후퇴각, sweepback angle) : 앞전에서 시위의 25% 되는 점을 연결한 직선과 항공기 가로축(Y)이 이루는 각

(7) 쳐든각(상반각, dihedral angle)과 처진각(하반각)
   ① 쳐든각 : 수평선을 기준으로 위로 올라간 각
   ② 처진각 : 수평선을 기준으로 아래로 내려간 각

(8) 붙임각(취부각, incidence angle) : 기체의 세로축(X)과 시위선이 이루는 각

(9) 기하학적 비틀림(wash out) : 날개 끝의 붙임각을 날개뿌리보다 작게 한 것으로 날개끝 실속(wing tip stall)을 방지한다.

나. 날개의 모양

(1) 직사각형 날개 : 날개 평면 형상이 직사각형 모양
   ① 장점 : 제작이 쉬워 소형 항공기에 사용한다. 날개 끝 실속이 없다.
   ② 단점 : 구조면에서 무리가 있다.

(2) 테이퍼 날개 : 날개 끝과 뿌리의 시위가 다른 날개로서 붙임 강도가 높다.

(3) 타원형 날개 : 날개 전체 형상이 타원형 [유도항력=1(최소), 고른 양력발생]
   ① 장점 : 길이방향의 양력계수 분포가 일률적, 유도 항력이 최소
   ② 단점 : 제작이 어려움, 옆놀이 시 날개 끝 실속 발생

(4) 앞젖힘 날개(forward swept wing, 전진익)
① 날개 뿌리에서 끝까지 앞으로 젖혀진 형태
② 날개 끝 실속이 없다.

(5) 뒤젖힘 날개(swept wing, 후퇴익)
① 날개 뿌리에서 끝까지 뒤로 젖혀진 상태
② 충격파의 발생 지연(임계 마하수 증가)
③ 고속시 저항감소

(6) 삼각날개(delta wing) : 뿌리 부분의 시위 길이를 길게 하여 날개의 면적을 증가시킨 것
① 장점
  ㉠ 두께비가 작다.(날개 시위 길이가 길어서)
  ㉡ 임계 마하수가 높다.(충격파 발생 지연)
  ㉢ 구조면에서 뒤젖힘 날개보다 강하다.
② 단점
  ㉠ 최대 양력 계수가 적어 날개면적을 크게 해야 한다.
  ㉡ 저속 시(이·착륙 시) 큰 받음각이 필요해 조종사의 시계가 나쁘다.

(7) 가변 날개 : 비행 중에 뒤젖힘 각을 바꿀 수 있는 날개로 구조가 복잡하다.

다. 고속형 날개

(1) 뒤젖힘 날개
① 장점
  ㉠ 충격파 발생 지연으로 임계 마하수(Mcr)가 높고 가로 안정성이 좋다.
  ㉡ 높은 받음각에서 실속 발생
  ㉢ 고속 시 저항 감소로 제트 여객기에 많이 사용
② 단점
  ㉠ 날개 끝 실속(wing tip stall) 발생
  ㉡ 양력계수가 적어 착륙속도를 크게 해야 한다.
  ㉢ 날개 구조면에서 강도가 약하다.(고속 시 공력탄성 때문에)

> **Note** | 임계 마하수(critical Mach number : Mcr)
> 날개 윗면에서 최대 속도가 음속(M=1)이 될 때 날개 앞쪽에서의 흐름(비행 속도)의 마하수를 말한다. 임계 마하수는 클수록 좋으며, 가장 좋은 방법은 뒤젖힘 날개를 사용하는 것이다.

> **Note** | 항력 발산 마하수(Mdiv : drag divergence Mach number)
> 마하수가 1 이상이 되더라도 충격파가 없는 흐름을 얻을 수 있으므로 임계 마하수에 도달한다고 해도 항력이 증가하는 것이 아니고 항력이 갑자기 증가하기 시작하는 마하수가 따로 존재한다. 이 마하수를 항력 발산 마하수라 한다.

(2) 삼각날개와 오지(ogee)날개
① 날개 주위의 시위가 길어서 날개의 두께를 크게 할 수 있기 때문에 공력탄성에 견딜 수 있는 충분한 강성을 가질 수 있다.
② 저속시 큰 받음각으로 인해 실속을 야기시킨다. → 항력계수 급증
③ 최대 양력계수가 적어서 이·착륙 속도가 커야 한다.
④ 종횡비가 작고 양력 기울기도 작으므로 받음각이 어느 단계에 오면 실속한다.

라. 날개의 공기력

(1) 순환 흐름에 의한 날개의 양력
① 쿠타 – 쥬코프스키(Kutta-Joukowsky)의 양력 이론 (날개 주위의 순환 이론)
직선 흐름에 물체 주위의 순환 흐름(속박 와류)에 의해 와류가 발생하면 그 물체는 양력을 받게 되며 이를 쿠타–쥬코프스키의 양력이라 함
② 출발와류(starting vortex) : 날개 뒷전에서 발생하는 와류
③ 속박와류(bound vortex) : 날개 주위에 출발와류와 크기가 같고 방향이 반대로 발생하는 와류

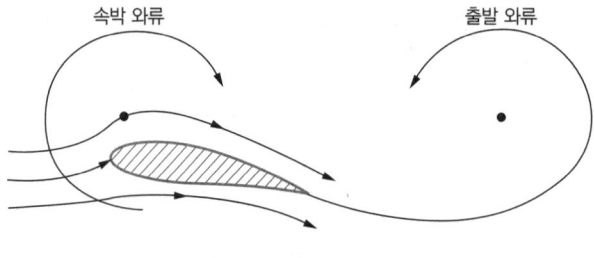

[순환 흐름의 종류]

④ 유도속도 : 날개 끝 와류들로 인해 주위의 공기가 날개 밑으로 움직이게 되며 이때의 유속을 유도 속도라 한다. (수평비행 시 속박 와류와 날개 끝 와류에 의해 발생)

(2) 날개의 항력 (유도항력 + 유해항력)
① 유도항력(C_{Di} : induced drag)

$$유도항력(D_i) = \frac{C_L}{\pi eAR} \times L = \frac{C_L}{\pi eAR} \times C_L \frac{1}{2}\rho V^2 S$$

유도항력계수 $C_{Di} = \dfrac{C_L^2}{\pi eAR}$

Note
① e : 스팬 효율계수 (타원날개 : e = 1, 그 밖의 날개 : e < 1)
② Wing let : 저속용 날개에 사용되는 유도 항력 감소 장치의 하나로 이 장치는 유도 항력을 감소시켜 양항비를 25% 정도 증가시키는 효과가 있고, 날개 바깥쪽으로 내리 흐름을 유도하기 때문에 날개 외향의 실속을 막아주게 된다.
③ 기준(0의 값)에 따른 압력의 종류
 • 절대 압력(absolute pressure) : 진공상태를 0으로 하여 압력을 측정한 값
 • 계기 압력(gauge pressure) : 표준 대기압을 0으로 하여 압력을 측정한 값
  ※ 정압(+) : 표준 대기압보다 큰 압력, 부압(-) : 표준 대기압보다 작은 압력
 • 절대 압력 = 표준 대기압 ± 계기압력

[날개끝 와류와 윙렛(Winglet)]

② 형상항력(C_{DP} : profile drag)

형상항력 = 마찰항력 + 압력항력 ($C_{DP} = C_D$마찰 + C_D압력)

③ 조파항력(wave drag)

④ 유해항력(parasite drag) : 항공기에서 양력에 관계하지 않고 비행을 방해하는 모든 항력을 통틀어 유해항력이라 한다. (즉, 유도 항력을 제외한 모든 항력)

(3) 날개의 실속성

비행기가 고도를 유지할 수 없는 상태. 즉, 실속각(최대 받음각)을 벗어났을 때 양력은 크게 감소하고 항력이 크게 증가하며 항공기가 수직 강하하는 상태

① 갑작스런 실속 : 종횡비가 큰 날개골, 고속기, 레이놀즈수가 작은 날개골

② 완만한 실속 : 종횡비가 작은 날개골, 저속기, 레이놀즈수가 큰 날개골

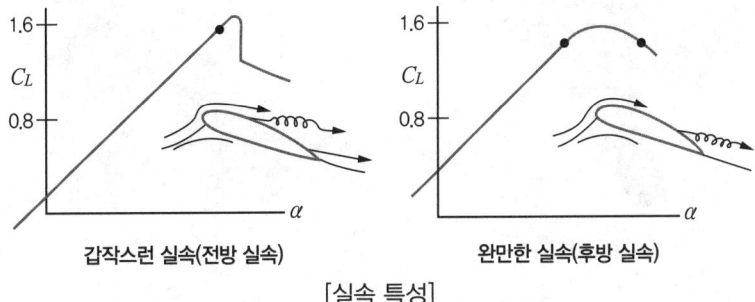

[실속 특성]

③ 날개 모양에 따른 실속 발생
  ㉠ 직사각형 날개 : 받음각을 크게 할수록 실속 영역은 날개 뿌리에서 끝으로 발전
  ㉡ 테이퍼형 날개 : 직사각형 날개와는 반대로 실속이 날개 끝에서부터 발생
  ㉢ 타원형 날개 : 날개길이 전체에 걸쳐 실속이 균일하게 발생, 실속으로부터의 회복이 늦다.
  ㉣ 뒤젖힘 날개 : 실속이 날개 끝으로부터 발생
④ 날개 끝 실속(익단 실속) 방지법
  ㉠ 날개의 테이퍼비를 너무 작게 하지 않는다.
  ㉡ 앞 내림(wash out)을 준다. (기하학적인 비틀림)
  ㉢ 경계층을 제어한다.
  ㉣ 슬랫을 설치한다.
  ㉤ 날개끝 부분의 두께비, 앞전 반지름, Camber 등이 큰 날개골을 사용한다.
    (날개 뿌리보다 날개 끝의 실속각을 크게 한 것 → 공력적 비틀림)
  ㉥ 날개 앞전을 Dog teeth 형태로 만든다.
  ㉦ 날개 윗면에 Stall fence를 설치한다.

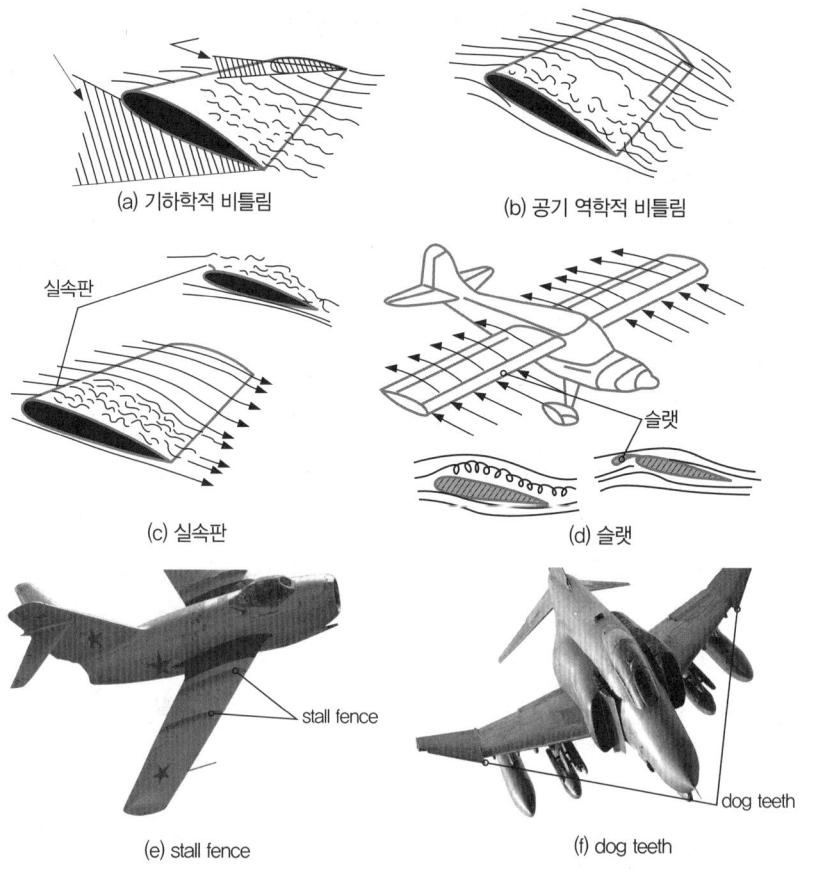

[날개끝 실속(Wingtip stall) 방지법]

4. 공력보조장치

가. 고양력 장치(HLD : high lift device)

플랩(flap), 슬롯(slot) 등을 사용하여 최대 양력계수인 C_{Lmax}를 크게 하는 장치

$$W = L = C_L \frac{1}{2}\rho V^2 S, \; L_{max} = C_{Lmax}\frac{1}{2}\rho V^2 S$$

> **Note | 실속속도(최소 속도)**
> L = W일 때 C_L의 값은 C_{Lmax}이다. C_{Lmax}일 때의 항공기 속도를 실속속도(V_s), 최소속도(V_{min})라 한다.
> $$V_s(V_{min}) = \sqrt{\frac{2W}{\rho S C_{Lmax}}}$$

(1) 플랩(flap)

① 뒷전 플랩(trailing edge flap)

  ㉠ 단순 플랩(plain flap)

  ㉡ 분할 플랩(split flap)

  ㉢ 잽 플랩(zap flap)

  ㉣ 슬롯 플랩(slott flap), 이중 슬롯 플랩, 삼중 슬롯 플랩

  ㉤ 이중간격 플랩(double slotted flap)

  ㉥ 파울러 플랩(fowler flap) : 최대 양력계수가 가장 크게 증가, 날개 면적 증가, 틈의 효과, 캠버 증가의 효과

② 앞전 플랩(leading edge flap)

  ㉠ 슬롯과 슬랫(slot & slat)

  ㉡ 크루거 플랩(kruger flap) : 앞전 반지름을 크게 하는 장치

  ㉢ 드루프 앞전(drooped leading edge)

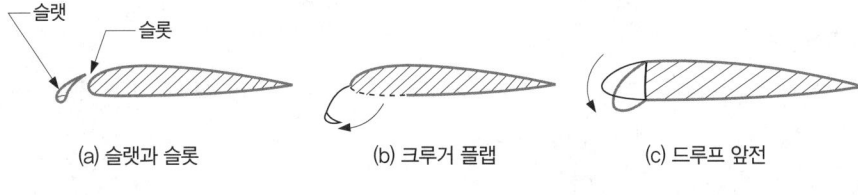

(a) 슬랫과 슬롯   (b) 크루거 플랩   (c) 드루프 앞전

[앞전 플랩의 종류]

(2) 경계층 제어장치 : 받음각이 클 때 흐름의 떨어짐을 직접 방지하는 장치

① 불어날림 방식(blowing type)

② 빨아들임 방식(suction type)

Section 2

비행역학

01 비행성능

1. 항력과 동력

가. 비행기에 작용하는 공기력

(1) 큰 날개와 꼬리 날개에 작용하는 공기력 : 양력과 항력

(2) 비행 중에 작용하는 항력의 종류

① 형상 항력 : 압력항력 + 마찰항력(점성항력)

② 유도 항력 : 내리흐름(down wash)에 의한 유도속도에 의해 발생하는 항력으로 종횡비가 클수록 유도항력은 작아진다.

③ 조파 항력 : 초음속 흐름에서 충격파에 의해 발생

④ 유해 항력 : 양력에 관계하지 않고 비행을 방해 하는 모든 항력(유도 항력 제외)

⑤ 냉각 항력

⑥ 간섭 항력(interference drag) : 항공기 각 부분을 통과하는 공기 흐름이 서로 간섭을 일으켜 발생하는 항력으로 특히 동체와 날개의 결합에 기인하는 것과 날개의 장착 위치에 의한 간섭이 크다.(대형기에서는 날개와 동체의 연결 부위에 필렛(fillet)을 장착하여 간섭 항력을 줄인다.)

⑦ 램(ram) 항력

나. 필요 마력(Pr)

항력에 의해서 소비되는 마력. 즉, 비행기가 항력을 이겨서 전진하는데 필요한 마력이며 항력이 작을수록 필요마력이 적게 든다.(항력×속도)

* 1 PS(불마력) = 75kg · m/s, 1 HP(영마력) = 550 lb · ft/sec

$$P_r = \frac{DV}{75}(PS)$$

다. 이용 마력(P_a)

(1) 프로펠러 항공기

이용마력 : $P_a = BHP \times \eta_p$

($\because$ 프로펠러 효율(η_p) = $\dfrac{출력}{입력}$ = $\dfrac{이용마력}{제동마력}$ → 이용마력(P_a) = 제동마력(BHP)$\times Hp$)

- 이용마력이 마력과 속도에 대한 그래프에서 곡선으로 나타난다.

(2) 제트 항공기

$P_a = \dfrac{TV}{75}(PS) = \dfrac{TV}{550}(HP)$ (T : 비행기의 이용추력, V : 비행기의 속도)

- 이용마력이 마력과 속도의 그래프에서 직선으로 나타난다.

라. 여유마력(P_e, 잉여마력) – 상승마력

이용마력과 필요마력의 차 (여유마력 = 이용마력 – 필요마력)

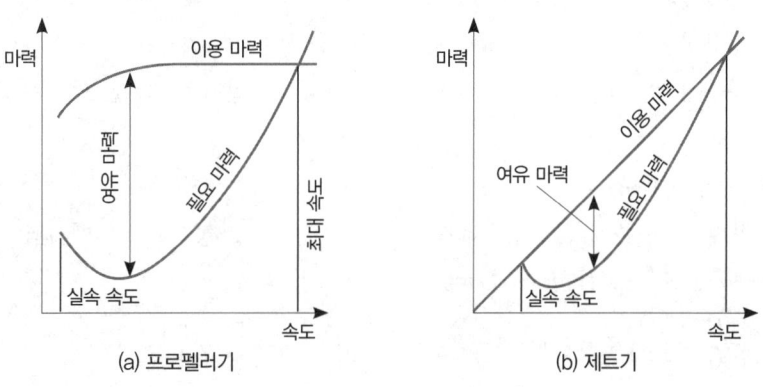

[비행기의 마력 곡선]

2. 일반 성능

가. 수평 비행성능

(1) **등속 비행** : $T = D$(비행방향에 대하여) → $T = D = C_D \dfrac{1}{2}\rho V^2 S$

(2) **수평 비행** : $W = L$(수직방향에 대하여) → $W = L = C_L \dfrac{1}{2}\rho V^2 S$

나. 상승, 하강 비행성능

(1) 상승비행

① 힘의 관계식

$T = W\sin\theta + D, \ L = W\cos\theta$

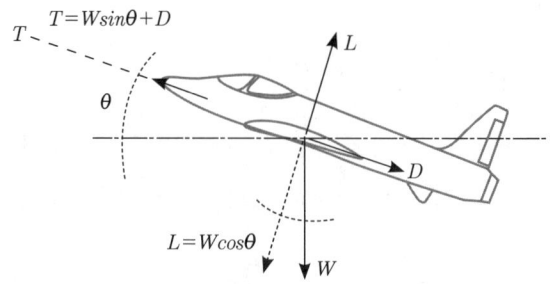

[상승 비행시의 힘의 평형식]

② 상승률(R.C : rate of climb) : 비행속도의 수직성분

$R.C = V sin\theta$ (상승각과 속도를 알 때)

③ 상승한계(ceiling) 및 상승시간

㉠ 절대상승한계(상승률 : 0m/s) : 이용마력과 필요마력이 같아져 상승률이 '0'이 될 때의 고도
㉡ 실용상승한계(상승률 : 0.5m/s, 100fpm) : 상승률이 0.5m/s 되는 고도 (절대상승 한계의 80~90%)
㉢ 운용상승한계(상승률 : 2.5m/s, 500fpm) : 비행기가 실제로 운용할 수 있는 고도

(2) 하강 비행

① 활공 비행(gliding)

활공비행 : 공중에서 기관이 없거나, 기관의 고장으로 정지된 상태에서의 비행

$L - W cos\theta = 0, \ W sin\theta - D = 0$

$\dfrac{sin\theta}{cos\theta} = \dfrac{D}{L}$ 또는 $tan\theta = \dfrac{C_D}{C_L} = \dfrac{1}{양항비} = \dfrac{고도}{수평활공거리}$

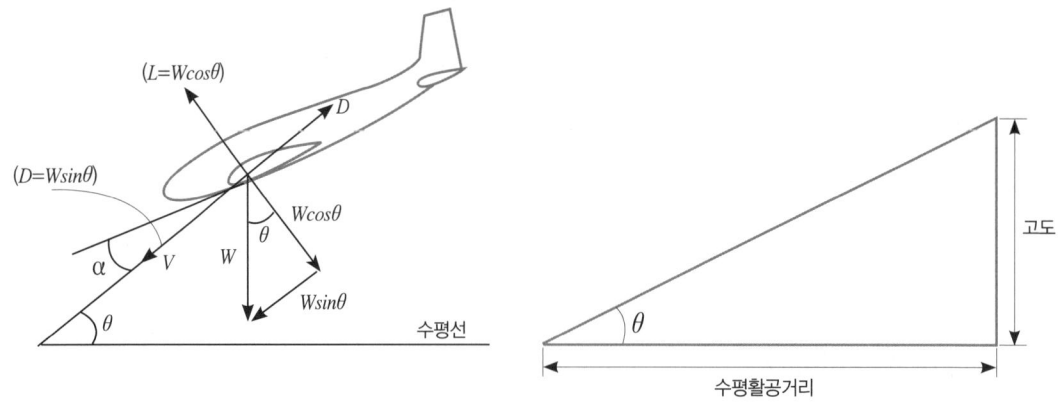

[활공 비행시 힘의 평형식 및 고도와 수평활공거리와의 관계]

② 급강하(diving)

㉠ 급강하 시 활공각 θ는 90°, 양력은 0이다 (L=0).

㉡ 종극속도(terminal velocity) : 비행기가 수직 강하를 할 때 점차 속도가 증가되다가 어떤 속도 이상이 되면 더 이상 증가 없이 일정 속도를 유지한다. 이것을 종극속도라 한다.

$W = D = C_D \frac{1}{2} \rho V^2 S$, 급강하 속도 $V_T = \sqrt{\frac{2W}{\rho s C_D}}$

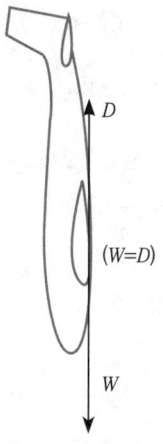

[급강하 비행시 힘의 평형식]

다. 선회 비행성능

(1) 정상 선회(coordinate turn) : 수평면 내에서 일정한 선회 반지름으로 원 운동하는 비행

$Lsin\theta = C.F(원심력) = \frac{WV^2}{gR}$, $Lcos\theta = W$

※ $tan\theta = \frac{V^2}{gR}$, $R = \frac{V^2}{g \times tan\theta}$

> **Note**
> ① 항공기 선회 반경을 작게 하는 조건 : 선회 속도를 작게 하고 경사각을 크게 한다.
> ② 선회시의 미끄러짐 종류
>   • 구심력 < 원심력 : skid(외활)
>   • 구심력 > 원심력 : slip(내활)

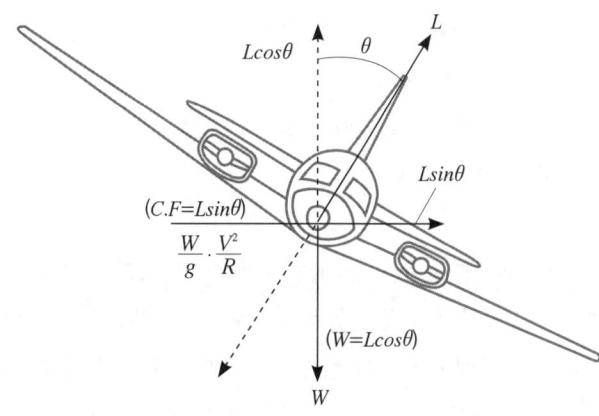

[선회 비행시 힘의 평형식]

(2) 선회 중의 하중배수(load factor)

① 수평비행시의 하중배수 $n = \dfrac{L}{W} = 1$

② 선회각 θ로 선회시의 하중배수 $n = \dfrac{L}{W} = \dfrac{L}{L\cos\theta} = \dfrac{1}{\cos\theta}$

라. 이·착륙 비행성능

(1) 이륙(take-off)

① 이륙속도 : 안전을 고려하여 실속 속도의 1.2배(1.2Vs)

② 이륙거리 : 지상 활주거리 + 상승거리(수평거리)

㉠ 상승거리 : 비행기가 안전한 비행 상태의 고도까지 거리

㉡ 장애물 고도

- 프로펠러 비행기 : 15m(50ft)
- 제트 비행기 : 10.7m(35ft)

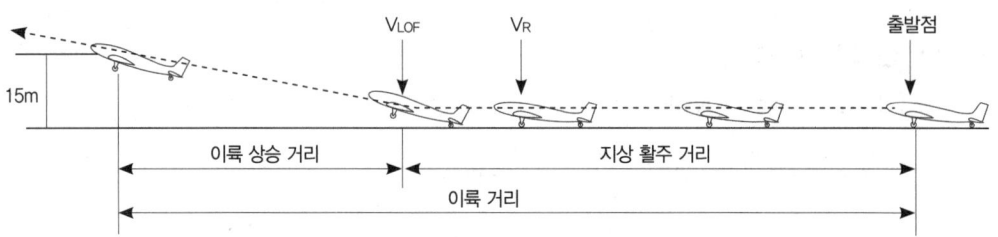

V_1 : 이륙 결정 속도 (take-off decision speed)
V_R : 이륙 전환 속도 (take-off rotation speed)
V_2 : 이륙 안전 속도 (take-off safety speed)
V_{LOF} : 부양 속도 (lift off speed)

[이륙 거리의 정의]

③ 이륙 활주거리를 짧게 하기 위한 조건

㉠ 비행기의 무게를 가볍게 한다.

㉡ 추력을 크게 한다.(가속도 증가)

㉢ 항력이 적은 자세로 이륙한다.

㉣ 맞바람(정풍)을 맞으면서 이륙한다.(바람의 속도만큼 비행기 속도증가)

㉤ 고양력 장치를 사용한다.

(2) 착륙(landing)

① 착륙속도 : 활주로 위 15m 높이(장애물 고도)에서 진입속도 1.3Vs로 강하

② 착륙거리 : 착륙 진입거리 + 지상 활주거리(착륙활주거리)

㉠ 착륙 진입거리 : 장애물 고도에서 바퀴가 지면에 접지 할 때까지의 거리

㉡ 진입(approach) : 비행장에 착륙하기 위해 직선 강하하는 상태

③ 착륙거리를 짧게 하기 위한 조건
  ㉠ 비행기의 착륙무게를 가볍게 한다.(진입 중에)
  ㉡ 작은 실속속도로 착륙한다.
  ㉢ 활주 중 마찰력을 크게 하기 위해 스포일러 등 고항력 장치를 사용하여 양력을 줄이고, 항력을 증가시켜 비행기의 무게를 크게 해 착륙거리를 짧게 한다.

3. 특수 및 기동 성능

가. 실속 성능

(1) **실속이 일어나면 buffet 현상 발생, 승강키 효율 감소 → 기수내림 현상 발생**

buffet : 박리에 의한 후류가 날개나 꼬리 날개를 진동시켜 발생하는 현상으로 실속이 일어나는 징조임을 나타낸다.

(2) **실속의 종류**

① 부분 실속(partial stall) : 실속에 들어가기 전 실속 경보 장치가 울린 후 실속 회복
② 정상 실속(normal stall)
③ 완전 실속(complete stall)

나. 스핀 비행(spin)

(1) **스핀** : 자동회전(auto rotation)과 수직강하(diving)가 조합된 비행

(2) **정상스핀(normal spin)**

① 수직스핀
② 수평스핀 : 낙하 속도는 수직 스핀보다 작지만 회전 각속도가 더 크다.

다. 비행하중

(1) **하중배수(load factor)** : 가속도로 인해 발생하는 하중계수

$$n = 1 + \frac{\text{관성력}}{\text{비행기 무게}} = 1 + \frac{\text{가속도}(\alpha)}{g}$$

(2) **안전계수(safety factor)**

① 제한 하중(limit load) : 비행 중에 생길 수 있는 최대하중
② 종극 하중(극한 하중, ultimate load) : 비행기에 발생하는 예기치 못한 과도한 하중을 말하며 비행기는 최소한 3초간의 하중을 견딜 수 있어야 한다. (종극하중 = 제한하중 × 안전계수)
③ V-n 선도 : 항공기의 속도(V)와 하중 배수(n)와의 관계를 직교좌표로 그린 그래프로 비행기의 안전한 운용범위를 나타낸다. → 구조 강도상의 보장

라. 항속 성능

(1) 순항(cruising) : 상승과 하강 구간을 제외한 비행 구간

① 경제속도(최량 경제속도) : 필요 마력이 최소인 상태로 비행할 때의 속도(연료 소비가 최소인 상태로 비행)

② 순항속도 : 경제속도는 실용상 너무 느려 경제속도보다 조금 빠른 속도로 비행

㉠ 장거리 순항방식 : 연료를 소비하는데 따라 비행기의 무게가 작아지므로 기관 출력을 줄여서 비행기 속도를 일정하게 유지하여 비행하는 방식

㉡ 고속 순항방식 : 기관의 출력을 일정하게 하면 연료소비에 따른 비행기의 무게가 감소하여 순항속도가 증가하는 방식

(2) 항속 거리와 항속 시간을 최대로 하는 조건

구분	propeller 기	Jet 기
항속 거리(range)를 최대로 하는 조건	$\left(\dfrac{C_L}{C_D}\right)_{max}$	$\left(\dfrac{C_L^{\frac{1}{2}}}{C_D}\right)_{max} = \left(\dfrac{\sqrt{C_L}}{C_D}\right)_{max}$
항속 시간(endurance)을 최대로 하는 조건	$\left(\dfrac{C_L^{\frac{3}{2}}}{C_D}\right)_{max}$	$\left(\dfrac{C_L}{C_D}\right)_{max}$

02 항공기의 안정과 조종

1. 조종면

가. 힌지 모멘트(hinge moment)와 조종력

(1) 조종면을 조작하기 위한 조종력은 힌지 모멘트에 비례한다.

$Fe = K \cdot He$ (Fe : 조종력, K : 기계적 이득 상수, He : 힌지 모멘트)

(2) 힌지 모멘트는 힌지 모멘트 계수(C_h), 동압(q), 조종면의 크기에 비례한다.

$H = C_h \dfrac{1}{2}\rho V^2 S \times c = C_h q (b \times c) c = C_h q \cdot b \cdot c^2$

(H : 힌지 모멘트, C_h : 힌지 모멘트 계수, b : 조종면의 폭, c : 조종면의 평균 시위)

(3) 고속, 대형 항공기는 조종력이 커야 하므로 공력 평형장치 및 탭(tab)을 이용하여 조종력을 경감시킨다.

나. 공력 평형 장치

(1) 앞전 밸런스(leading edge balance or overhang balance)

(2) 혼 밸런스(horn balance)
① 비보호 혼(un-shield horn)
② 보호 혼(shield horn)

(3) 내부 밸런스(internal balance)

(4) 프리즈 밸런스(frise balance)
① 도움날개에 많이 사용
② 연동되는 도움날개에서 발생하는 hinge moment가 서로 상쇄되도록 한 것
③ adverse yaw를 방지하는 방법으로 사용

다. 탭(tab)

(1) 목적 : 조종면의 뒷전 부분의 압력 분포를 변화시키는 역할을 함으로써 힌지 모멘트(hinge moment)에 큰 변화 발생

(2) 종류
① 트림 탭(trim tab) : 조종사가 비행 중에 발생할 수 있는 불평형 상태를 tab에 의해 교정함으로서 불필요한 조종력을 "0"으로, 즉 안정성을 해치지 않고 비행자세의 오차수정
② 밸런스 탭(balance tab) : 조종면이 움직이는 방향과 반대 방향으로 움직이도록 기계적으로 연결시킨 것으로 탭에 작용한 공력에 의해 조종력 경감.(lagging tab)
③ 서보 탭(servo tab) : 조종 탭(control tab)이라고도 하며, 조종석의 조종 장치와 직접 연결되어 tab만을 작동시켜 조종면이 움직이도록 설계
④ 스프링 탭(spring tab) : horn과 조종면 사이에 스프링을 설치하여, 스프링의 장력에 의해 항공기 속도에 따라 탭이 효율적으로 작동

2. 세로안정과 조종

안정과 조종은 서로 상반되는 성질을 나타내기 때문에 비행기 설계시에는 안정성과 조종성 사이에 적절한 조화를 유지하는 것이 필요하다.

가. 정적 안정

(1) 안정성(stability)
비행기가 수평비행 중에 돌풍 등의 교란을 받을 경우, 비행기 자체의 힘에 의해 원래의 자세로 돌아가려는 성질

(2) 정적 안정(static stability)
불평형 상태로부터 다시 평형 상태로 되돌아가려는 초기의 경향(성질)을 말함
① 평형상태(trim) : 물체에 작용하는 모든 힘의 합과 키놀이, 옆놀이, 빗놀이 모멘트의 합이

각각 "0"일 때(가속도가 없고, 정상비행 상태)
② 정적 불안정(음(-)의 정적안정)
③ 정적 중립

나. 동적 안정(dynamic stability)

시간이 경과함에 따른 운동의 변화를 나타낸 것으로 평형상태에서 이탈 후 시간이 경과함에 따라 운동의 진폭(진동)이 감소하여 원래의 평형상태로 되돌아가는 경우를 말한다.

※ 동적 안정이면 정적 안정이다.

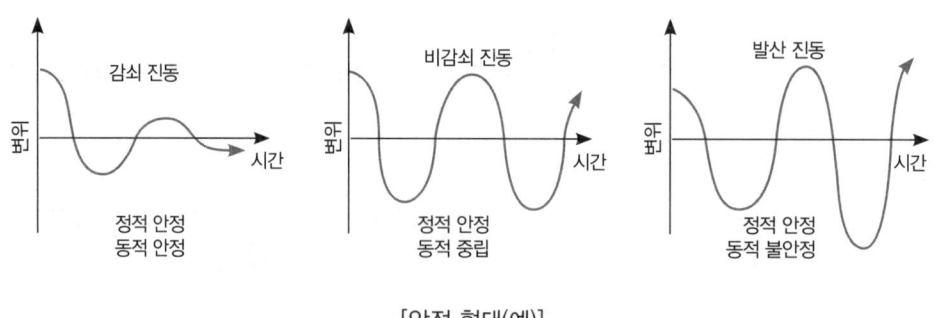

[안정 형태(예)]

다. 비행기의 기준축과 운동

(1) X축 : 세로축 운동, 옆놀이 모멘트(rolling), 가로안정 → 도움날개 → 조종간 좌우 조작
(2) Y축 : 가로축 운동, 키놀이 모멘트(pitching), 세로안정 → 승강키 → 조종간 전후 조작
(3) Z축 : 수직축 운동, 빗놀이 모멘트(yawing), 방향안정 → 방향키 → pedal의 전후 조작

라. 조종계통-주 조종면 (1차 조종면, primary control surface)

(1) 도움날개(aileron)

① 세로축 운동을 하며 가로 조종에 사용 → 롤링 모멘트(rolling moment)
② 좌우 도움날개의 올림과 내림의 각도가 다르게 작용함 (올림각은 크고, 내림각은 작게)
   → 차동 조종(differential control), (도움 날개의 유도항력 크기가 다르기 때문에 발생하는 역 빗놀이 방지)

(2) 승강키(elevator)

가로축 운동으로(Y축) 세로 조종에 사용 → 피칭 모멘트(pitching moment)

(3) 방향키(rudder)

수직축 운동으로 (Z축) 방향 조종에 사용 → 빗놀이 운동(yawing moment)

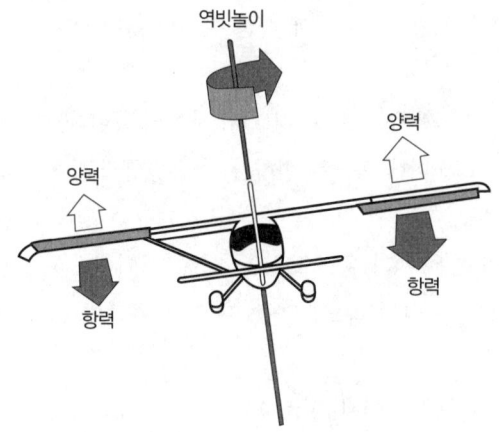

[역 빗놀이 (adverse yaw)]

마. 정적 세로 안정

(1) 정적 세로 안정

① 비행기 받음각과 가로축(Y축)을 기준으로 하여 상하 운동 즉, 키놀이 모멘트(pitching moment)에 의한 안정이다.

② 양력계수(C_L)와 키놀이 모멘트 계수(C_m) 그래프에서 음(-)의 기울기로 나타난다.

③ 키놀이 모멘트

$$M = C_m \frac{1}{2}\rho V^2 S \times c = C_m q S c$$
$$= C_m q(b \times c) \cdot c = C_m \cdot q \cdot b \cdot c^2$$

(M : 무게 중심에 관한 키놀이 모멘트, 기수를 드는 방향이 (+)방향이다.
q : 동압, S : 날개 면적, C_m : 키놀이 모멘트 계수, c : 평균공력시위(MAC))

(2) 비행기의 세로안정을 좋게 하는 방법

① 무게 중심(c.g)이 날개의 공기역학적 중심(a.c)보다 앞에 위치 할 것

② 날개가 무게 중심보다 높은 위치에 있을 것(high wing)

③ 꼬리 날개의 면적을 크게 하던지 시위를 크게 할 것

④ 꼬리 날개의 효율($\frac{q_t}{q}$)을 크게 할 것

> **Note** | 날개와 꼬리날개에 의한 무게 중심 주위의 모멘트
> - Mc · g (무게 중심 주위의 모멘트)= Mc · g wing + Mc · g tail
> - Mc · g wing : 날개 만에 의한 키놀이 모멘트
> - Mc · g tail : 수평꼬리 날개에 의한 키놀이 모멘트

바. 동적 세로 안정

외부의 영향(교란)을 받은 비행기의 시간에 따른 진폭 변위에 관한 것

(1) 장주기 운동

① 주기가 매우 긴 진동 운동으로 20~100초 사이의 값이다.

② 키놀이 자세, 고도와 비행 속도는 변하나 수직 방향의 가속도와 받음각은 변하지 않는다.

(2) 단주기 운동

① 키놀이 진동이며 짧은 주기 운동으로 0.5~5초 사이이다.

② 키놀이 자세, 고도와 비행 속도는 변하지 않고 수직 방향의 가속도와 받음각은 급격히 변한다.

③ 동적 세로 안정의 운동 중에서 가장 중요하다.

④ 단주기 운동이 발생하면 조종간을 자유로 하여 필요한 감쇠를 한다.

(3) 승강키 자유운동

① 승강키를 자유로 했을 때 발생하는 아주 짧은 주기의 진동으로 0.3~1.5초 사이이다.

② hinge선에 대한 승강키 flapping 운동이며 큰 감쇠를 갖는다.

3. 가로안정과 조종

가. 정적 가로 안정

(1) 정의

수평 비행 상태로부터 가로 방향으로의 공기력은 옆미끄럼을 유발시켜 수평비행상태로 복귀시키는 옆놀이 모멘트(rolling moment)를 발생시킨다. 옆놀이 모멘트 계수가 음(-)의 값을 가질 때 가로 안정이 있다.(옆미끄럼각(β)과 옆놀이 모멘트 계수(C_m) 그래프에서 음(-)의 기울기로 나타난다.)

(2) 가로 안정에 기여

① 날개의 상반각 효과(dihedral effect)

② 날개의 뒤젖힘각 효과(sweepback effect)

나. 동적 가로 안정

(1) 방향 불안정(directional divergence) → 허용불가

초기의 작은 옆미끄럼에 대한 반응이 옆미끄럼을 증가시키려는 경향이 있을 때 발생한다.

(2) 나선 불안정(spiral divergence) : 정적 방향 안정이 정적 가로 안정보다 클 때 나타난다.

(3) 가로 방향 불안정(dutch roll)

① 가로 진동과 방향 진동이 결합된 것이다.

② 처든각 효과가 정적 방향 안정보다 클 때 발생한다.

③ 동적으로는 안정하지만 진동하는 성질 때문에 발생한다.

4. 방향안정과 조종

가. 방향 안정

(1) **정의** : 정적 방향 안정은 비행기를 평형 상태로 되돌리려는 경향의 빗놀이 모멘트를 발생시킨다.

① 빗놀이 모멘트

$$N = C_n \frac{1}{2} \rho V^2 S \times b = C_n \frac{1}{2} qSb$$
$$= C_n q(b \times c) \cdot b = C_n q b^2 c$$

(N : 빗놀이 모멘트, 오른쪽 회전이 (+)방향이다. q : 동압, S : 날개 면적, C_n : 빗놀이 모멘트 계수, b : 날개 길이)

② 옆미끄럼각(β)과 빗놀이 모멘트 계수(C_n) 그래프에서 양(+)의 기울기로 나타난다.

(2) **도살핀(dorsal Fin)** : 수직꼬리날개가 실속하는 큰 옆미끄럼 각에서 방향 안정 증가

① 큰 옆미끄럼 각에서 동체의 안정성 증가

② 수직 꼬리 날개의 유효 종횡비를 감소시켜 실속각 증가

나. 방향 조종

(1) **방향 조종** : 방향키에 의해 수행된다.

(2) **방향키 부유각(rudder float angle)** : 방향키를 자유로 했을 때 공기력에 의하여 방향키가 자유로이 변위되는 각으로 큰 옆미끄럼각에서 급격히 증가한다.

5. 고속기의 비행 불안정

가. 세로 불안정

(1) **턱 언더(tuck under)** : 기수가 내려가는 경향과 조종력의 역작용 현상을 턱 언더라 한다.

① 발생원인 : 비행 속도가 임계 마하수(Mcr)를 넘으면 풍압중심의 위치가 뒤로 이동하여 기수를 내려가게 하는 모멘트가 증가하고 꼬리날개의 받음각도 증가하여 기수는 내려가게 된다.

② 마하 트리머(mach trimmer), 피치 트림 보상기(pitch trim compensator)를 설치하여 자동적으로 턱 언더 현상을 수정

(2) **피치 업(pitch-up)**

① 하강비행 시 조종간을 당겼을 때 예상한 정도 이상으로 기수가 올라가는 현상

② 피치 업의 발생원인

㉠ 뒤젖힘 날개의 날개 끝 실속

㉡ 뒤젖힘 날개의 비틀림

ⓒ 풍압중심이 앞으로 이동
ⓓ 승강키 효율의 감소

(3) 딥 실속(deep stall)
① 수평 꼬리날개가 높은 위치에 있을 때, T형 꼬리날개를 가질 때 발생
② 수평 꼬리 날개의 딥 실속 방지법
  ㉠ 실속 트리거 장치를 설치한다.
  ㉡ 동체 위쪽에 기관을 설치하는 경우 날개 윗면에 stall fence를 붙이거나 날개 밑면에 vortilon을 붙인다.

나. 가로 불안정

(1) 날개 드롭(wing drop)
① 비행기가 천음속 영역에 도달하면 한쪽 날개가 실속을 일으켜서 갑자기 양력을 상실하여 급격한 옆놀이를 일으키는 현상이다.
② 도움날개의 효율이 떨어져 회복이 어렵다.
③ 두꺼운 날개를 가진 비행기가 천음속으로 비행 시 발생한다.

(2) 옆놀이 커플링(roll coupling)
① 커플링(상호효과) : 한 축에 교란을 줄때 다른 축 주위에도 교란이 생기는 현상이다.
② 공력 커플링(aerodynamic coupling)
  ㉠ 옆놀이 운동 시 : 옆놀이와 빗놀이 모멘트 발생
  ㉡ 방향키, 옆미끄럼 조작시 : 빗놀이와 옆놀이 운동 발생
③ 관성 커플링(inertia coupling) : 기체축이 기류축에 경사지게 되면 기류축에 대한 옆놀이 운동과 원심력에 의해 키놀이 모멘트 발생

← 벤트럴 핀

[벤트럴 핀(Ventral fin)]

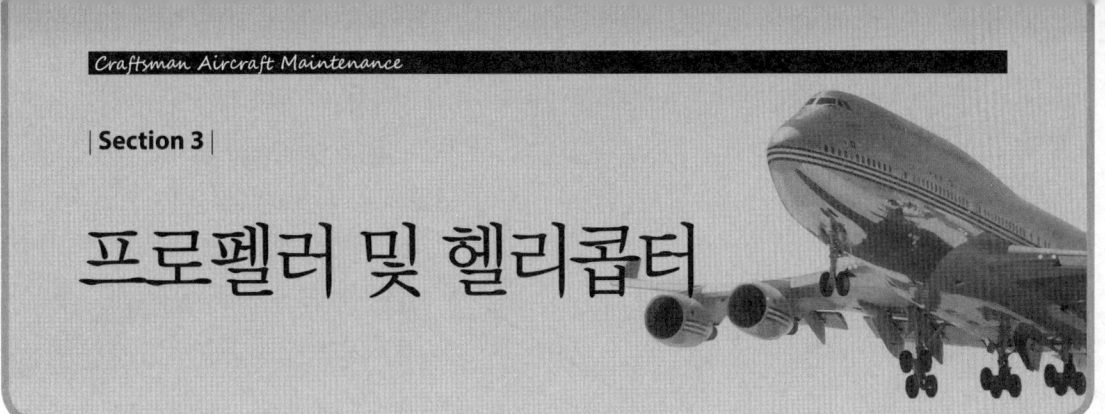

Section 3

프로펠러 및 헬리콥터

01 프로펠러 추진원리

1. 프로펠러 개요

가. 용어

(1) **깃 각**(blade angle, β) : 비행기 날개의 붙임각과 같은 것으로 프로펠러 회전면과 시위선이 이루는 각

(2) **유입각**(φ, 전진각) : 비행 속도와 깃의 회전 선속도를 합하여 하나의 합성속도(공기 유입 방향)를 만든 다음 이것과 회전면이 이루는 각

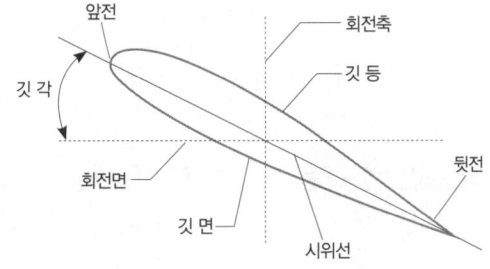

[프로펠러 깃의 단면 명칭]

(3) **받음각** : 깃 각에서 유입각을 뺀 각 (깃의 시위선과 유입 공기 방향과의 각)

(4) **피치**(pitch) : 프로펠러 1회전에 얻을 수 있는 전진거리

① 기하학적 피치(GP, geometric pitch) : 공기를 강체로 가정하고 이론적으로 얻을 수 있는 피치,
$GP = 2\pi r \cdot \tan\beta$

② 유효 피치(EP, effective pitch) : 프로펠러 1 회전에 실제로(공기 중에서) 얻은 전진거리,
$EP = \dfrac{V}{n} = 2\pi r \cdot \tan\phi$

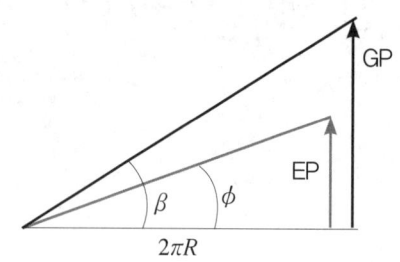

[기하학적 피치(GP)와 유효 피치(EP)의 정의]

③ 슬립 $Slip = \dfrac{GP - EP}{GP} \times 100\%$

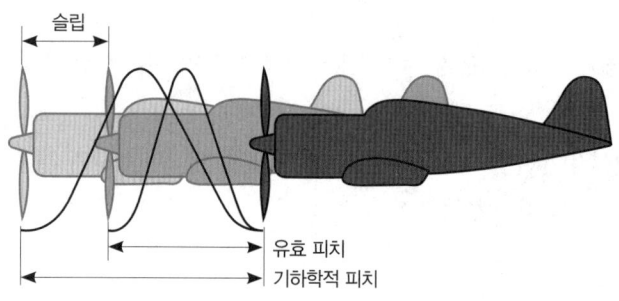

[슬립(Slip)의 정의]

나. 비행 중 프로펠러에 작용하는 힘과 응력(stress)

(1) 추력과 휨 응력

(2) 원심력과 인장 응력

(3) 비틀림력과 비틀림 응력

① 원심 비틀림 모멘트 : 깃을 저피치 되는 방향으로 회전

② 공력 비틀림 모멘트 : 깃을 고피치 되는 방향으로 회전

2. 프로펠러의 성능

가. 프로펠러의 추력

(1) 추력 : $T = ma = \rho A V^2 = \rho \left(\dfrac{\pi D^2}{4}\right)(\pi D n)^2 = C_t \rho n^2 D^4$

(n : 프로펠러 회전수, D : 프로펠러 직경, C_t : 추력 계수)

(2) 토크 : $Q = Tr = \rho A V^2 = C_t \rho n^2 D^4 \dfrac{D}{2} = C_q \rho n^2 D^5$

(3) 동력 : $P = Q\omega = C_q \rho n^2 D^5 \times 2\pi n = C_p \rho n^3 D^5$

나. 프로펠러의 효율

$$\eta_p = \frac{TV}{P} = \frac{C_t \rho n^2 d^4 V}{C_p \rho n^3 D^5} = \frac{C_t}{C_p} \times \frac{V}{nD} = \frac{C_t}{C_p} \times J$$

(1) 진행률(Advance ratio) : $J = \dfrac{V}{nD} = \dfrac{V}{n} \times \dfrac{1}{D} =$ 유효피치 $\times \dfrac{1}{\text{직경}}$

(2) 깃 끝 속도 : $V_t = \sqrt{V^2 + (2\pi rn)^2}$, (V : 비행 속도, 2πrn : 회전 선속도)

02 헬리콥터 비행원리

1. 헬리콥터의 공기역학

가. 주회전 날개(main rotor)

(1) **구성** : 여러 개의 깃(blade)과 허브(hub)로 구성

(2) **flapping 운동** : 수평축에 대한 회전날개 깃(rotor blade)이 주기적으로 상하로 움직이는 운동(flapping hinge, 수평 힌지)

① flapping hinge 장착에 따른 장점
  ㉠ 기준 축을 기울이지 않고 회전면을 기울일 수 있다.
  ㉡ blade의 뿌리 부분에 발생되는 굽힘력 상쇄
  ㉢ 자유로운 flapping으로 돌풍에 의한 영향제거
  ㉣ 양력의 불평형 해소

② 단점 : 기하학적인 불평형(회전날개가 주기적으로 회전하면서 생기는 항력과 관성력에 기인) 발생

(3) **lead-lag 운동** : 회전축을 중심으로 회전면 안에서 blade가 전후로 움직이는 운동(lead-lag hinge 또는 drag hinge, 수직 힌지)

① 코리올리 효과(coriolis effect)에 의해 발생
② lead-lag damper(drag damper) : 과도한 lead-lag 운동 방지 목적

> **Note** | 코리올리 효과(coriolis effect, 각운동량 보존의 법칙)
> 질량 중심이 회전축에 가까이 이동하면 회전 속도가 빨라지고 질량 중심이 회전축으로부터 멀어지면 회전 속도가 느려진다.

③ 회전 원판(rotor disk) : 회전날개의 회전면 → 깃끝 경로면
④ 코닝각(coning angle) : 회전면과 원추 모서리가 이루는 각
   → 원추각(원심력과 양력의 합력에 의해 발생)
⑤ 받음각(angle of attack) : 회전면과 헬리콥터의 진행 방향이 이루는 각

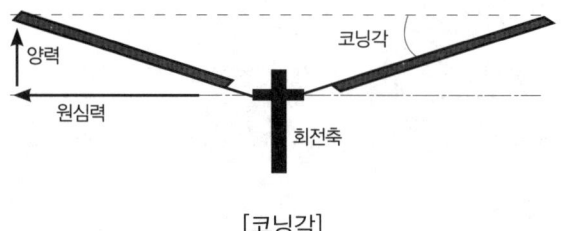

[코닝각]

(4) feathering 운동 : pitch각(깃각)을 변화시키는 운동(feathering hinge)
   전진 → 작은 pitch각, 후퇴 → 큰 pitch각

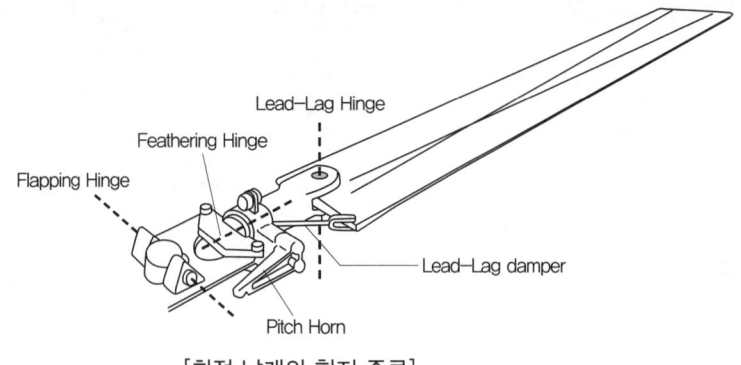

[회전 날개의 힌지 종류]

나. 꼬리 회전 날개(tail rotor 또는 anti-torque rotor)
   주회전 날개에서 발생한 토크를 상쇄시키며, 방향 조종에 사용

2. 헬리콥터의 안정 및 조종

가. 정지비행(hovering) : 일정 고도를 유지하며 공중에 정지 상태로 떠 있는 상태
   (1) 헬리콥터 무게와 같은 크기의 회전날개의 추력
   (2) 반작용 → 추력과 크기는 같고 방향이 반대인 힘 → hovering의 조건
   (3) 회전면 하중(disk load) $D \cdot L = \dfrac{\text{헬리콥터 무게}}{\text{회전면의 면적}} = \dfrac{W}{\pi r^2}$

   (일반적으로 헬기의 원판 하중(회전면 하중)은 보통 12~60kg/m² 정도)

(4) 마력하중(horse power loading) : 헬리콥터 전체의 무게를 마력으로 나눈 값

$$마력하중 = \frac{W}{HP}$$

나. 자동 회전(auto rotation)

동력 발생장치의 고장 시 로터를 분리해서 원래 방향대로 계속 양력을 만들면서 활공하는 것으로 자동회전을 시키는 부분은 대략 blade의 25~75% 부분에 해당되고, 이 때 blade 폭과 같은 크기의 낙하산을 매단 것 같은 효과를 갖는다.

> **Note**
> ① 프리휠 클러치(freewheel clutch) : auto rotation시 회전 날개만 회전할 수 있도록 엔진과 회전 날개를 분리시키는 장치
> ② 원심 클러치(centrifugal clutch) : 왕복 기관 시동시 기관에 부하가 걸리지 않도록 하는 것으로 기관의 회전수가 낮을 때에는 기관의 회전력이 동력전달장치에 전달되지 않도록 한다.

다. 지면효과(ground effect)

헬리콥터가 지면에 가깝게 접근하게 되면 정지비행 때의 후류가 지면에 영향을 줌으로써 회전날개 회전면 아래의 공기압력이 대기압보다 증가되어 양력증가의 효과를 주는 것

> **Note**
> 회전날개 회전면의 고도가 회전날개 반지름 정도에 있을 때 추력증가는 5~10% 정도가 되며 그와 같은 지면 효과로 인하여 같은 기관의 출력으로 많은 무게를 지탱할 수 있다.

[지면 효과]

라. 헬리콥터의 수평최대속도 제한

(1) 후퇴하는 깃의 날개 끝 실속
(2) 후퇴하는 깃뿌리의 역풍범위
(3) 전진하는 깃 끝의 마하수 영향

마. 헬리콥터의 안정과 조종

(1) 헬리콥터의 균형과 조종

① 세로균형 : 주기적 피치 제어레버와 동시 피치 제어레버 사용

㉠ 주기적 피치 제어(cyclic pitch control)

㉡ 동시 피치 제어(collective pitch control)

② 가로 및 방향균형 : 주기적 피치 제어 레버와 pedal을 사용하여 가로 방향에 대한 변수 조절

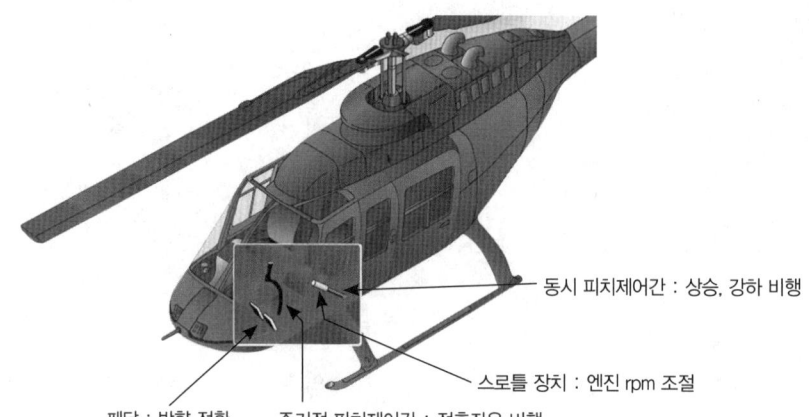

[헬리콥터의 조종간과 역할]

(2) 헬리콥터의 조종

① 수직방향 조종 : collective pitch control lever → 상승 및 하강 → throttle과 연동으로 작동

② 수평방향 조종 : cyclic pitch control lever → 전진 및 후진, 측진 등 조종간의 위치에 따라 회전면을 기울여 원하는 방향으로 조종

③ 방향조종 : pedal을 작동시켜 tail rotor의 pitch를 조종함으로써 원하는 방향으로 조종

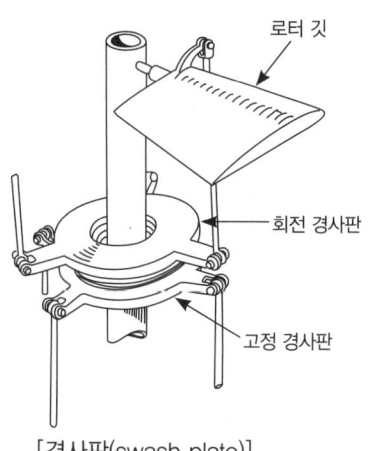

[경사판(swash plate)]

> **Note** | swash plate(경사판)
> 비행기의 조종면(control surface) 역할을 하는 장치로 주 회전 날개 아래에 한 쌍(회전 경사판, 고정 경사판)으로 되어 있으며, 조종간을 움직이면 경사판이 움직여 원하는 방향으로 조종할 수 있다.

제1장 비행원리 적중예상문제

01 비행성능 일반

01 다음 중에서 대기권의 구조는?

① 대류권 – 전리층 – 외기권 – 성층권
② 대류권 – 성층권 – 전리층 – 외기권
③ 성층권 – 대류권 – 전리층 – 외기권
④ 전리층 – 성층권 – 대류권 – 외기권

해설 대기권은 대류권–성층권–중간권–열권(전리층)–극외권(외기권)으로 구성된다.

02 다음 대기권의 구조 중 열권에 대한 바른 설명이 아닌 것은 무엇인가?

① 중간권 위에 있다.
② 극광, 유성이 길게 밝은 빛의 꼬리를 남긴다.
③ 전리층이 있다.
④ 각 분자, 원자는 지상에서 발사된 탄환과 같이 궤적운동을 한다.

해설 대기권의 구조
- 대류권 : 기상 현상이 있고 1km 상승시마다 온도가 6.5℃씩 낮아진다. (대류권계면 : 대기가 안정하여 제트기의 순항 고도로 적합)
- 성층권 : 고도변화에 따라 기온의 변화가 없고 오존(O_3)층이 존재한다.
- 중간권 : 대기권 중에서 온도가 가장 낮다.
- 열권 : 전리층(D, E, F층)이 있고 극광(오로라) 현상이 나타난다.
- 극외권 : 원자와 분자수는 무척 희박하여 탄환 궤적운동을 하며 경우에 따라 우주 밖으로 이탈하기도 한다.

03 대기가 안정하여 구름이 없고, 기온이 낮으며, 공기가 희박하여 제트기의 순항고도로 적합한 곳은?

① 대류권계면   ② 성층권계면
③ 중간권계면   ④ 열권계면

04 대류권에서 고도가 증가함에 따라서 대기는 어떻게 변화하는가?

① 온도 증가, 압력과 밀도 감소
② 압력 증가, 온도와 밀도 감소
③ 압력, 밀도, 온도 감소
④ 압력, 밀도, 온도 증가

해설 압력, 밀도는 대기에서 고도와 반비례하지만 온도는 대류권에서만 반비례하고 그 이상에서는 다르게 변화한다.

05 국제표준대기(ISA) 기준과 관계가 먼 것은?

① 상태방정식 만족
② 고도 상승에 관계없이 온도 $-56.5℃$ 유지
③ 항공기의 설계운용에 기준이 되는 대기 상태
④ 해발고도 밀도는 $0.12492 kgf \cdot s^2/m^4$

해설 고도 11km($-56.5℃$)까지는 1km마다 $-6.5℃$ 감소하고, 그 이상은 일정하다.

[01. 비행성능 일반] 01 ② 02 ④ 03 ① 04 ③ 05 ②

06 점성의 영향을 무시하고 유체의 흐름을 해석한 경우는?

① 압축성 유체　② 정상 흐름
③ 이상 유체　　④ 실제 유체

해설
- 유체의 밀도 변화 고려에 따라 : 비압축성 유체(밀도 변화 ×), 압축성 유체(밀도 변화 ○)
- 흐름 시간 경과에 따른 밀도, 속도, 압력 변화에 따라 : 정상흐름(밀도, 속도, 압력 변화 ×), 비정상흐름(밀도, 속도, 압력 변화 ○)
- 유체의 점성 고려에 따라 : 이상유체(점성 ×), 실제유체(점성 ○)

07 연속 방정식 $\rho_1 A_1 V_1 = \rho_2 A_2 V_2$의 설명으로 틀린 것은?

① $A \cdot V$의 값은 일정(constant)하다.
② A와 V는 반비례 관계이다.
③ $\rho_1 = \rho_2$일 때 비압축성이다.
④ 에너지 보존 법칙으로 설명할 수 있다.

해설 연속 방정식은 질량 보존의 법칙으로 설명할 수 있으며, 에너지 보존 법칙은 항공기 기관에 관계되는 열역학 제1법칙이다.

08 입구지름이 10cm이고 출구지름이 20m인 원형관에 액체가 흐르고 있다. 출구에서의 속도가 10m/s일 때 입구 속도는 얼마인가?

① 2.5m/s　② 10m/s
③ 20m/s　　④ 40m/s

해설 연속방정식 : $A \cdot V = $일정
$A_1 V_1 = A_2 V_2$, $V_1 = \frac{A_2}{A_1} \times V_2 = \frac{20^2}{10^2} \times 10$

09 다음 중 베르누이 정리에서 압력과 속도와의 관계는?

① 정압이 커지면 속도도 커진다.
② 정압이 커지면 속도는 일정하다.
③ 정압이 커지면 속도는 감소한다.
④ 정압이 감소하면 동압도 감소한다.

해설 베르누이 방정식 : 정압과 동압의 합은 항상 일정하다.($P_t = P + \frac{1}{2}\rho V^2 = $ 일정)
그러므로 속도와 압력은 서로 반비례한다.

10 밀도가 0.1kg·s²/m⁴이고, 유체 흐름 속도가 100m/s일 때 동압은 얼마인가?

① 100kg/m²
② 500kg/m²
③ 1,000kg/m²
④ 1,500kg/m²

해설 $q = \frac{1}{2}\rho V^2 = \frac{1}{2} \times 0.1 \times 100^2$

11 레이놀즈수에 대한 설명 중 틀린 것은?

① $Re = \frac{\rho VL}{\mu} = \frac{VL}{\nu}$
② 단위는 cm²/s
③ 관성력과 점성력의 비
④ 천이 레이놀즈수를 임계레이놀즈수라 한다.

해설 레이놀즈수는 무차원수(단위가 없음)이다.

12 동점성계수를 올바르게 나타낸 것은?

① 점성계수/밀도
② 밀도/점성계수
③ 관성력/점성력
④ 점성력/중력

해설 레이놀즈 수를 표현할 때 쓰이는 함수로 단위로는 cm²/sec, m²/sec, ft²/sec 등이 있으며, 1cm²/sec를 1stokes라고도 한다.

정답　06 ③　07 ④　08 ④　09 ③　10 ②　11 ②　12 ①

13 360km/h의 속도로 비행하는 항공기의 시위 길이가 2.5m이고 동점성 계수가 0.14cm²/s일 때 레이놀즈수는 얼마인가?

① 1.79×10^9 ② 1.55×10^9
③ 1.79×10^7 ④ 1.55×10^7

해설 $\text{Re} = \dfrac{VC}{\nu}$
$= \dfrac{(350/3.6) \times 100 \times 2.5 \times 100}{0.14}$
(단위를 같게 한 후 계산, 속도는 m/sec, 길이는 cm로 통일, 1km/h는 $\dfrac{1}{3.6}$ m/sec이며, 1m는 100cm이다.)

14 다음 중 임계 레이놀즈수를 옳게 설명한 것은?

① 난류에서 층류로 변할 때의 레이놀즈수
② 층류에서 난류로 변할 때의 속도
③ 층류에서 난류로 변할 때의 레이놀즈수
④ 난류에서 층류로 변할 때의 속도

해설 경계층은 흐름 중에 놓인 물체의 앞전에서는 층류경계층, 그리고 뒤이어 난류경계층이 형성된다. 층류에서 난류로의 변화 과정을 천이(transition)라고 하며, 천이시의 레이놀즈수를 임계 레이놀즈수(critical Reynolds number)라고 한다.

15 다음 중에서 와류발생장치(vortex generator)의 목적은?

① 층류의 유지   ② 난류의 생성
③ 불규칙흐름의 제거 ④ 항력 감소

해설 와류발생장치 : 날개 상부 앞전 쪽에 설치되어 있는 작은 금속 strip으로 난류 흐름을 형성시켜 박리를 지연시킨다.

16 대기의 성질 중 음속에 가장 큰 영향을 주는 물리적 요소는 무엇인가?

① 압력   ② 밀도
③ 온도   ④ 습도

해설 이상 기체의 경우 음속은 온도에만 좌우된다.
음속 $C = \sqrt{\gamma RT}$
(γ : 비열비, R : 기체상수, T : 온도)

17 다음 중 마하수 0.75 이하의 흐름을 무엇이라 하는가?

① 천음속   ② 아음속
③ 초음속   ④ 극초음속

해설
• M<0.3   비압축성흐름 : 아음속
• 0.3<M<0.75   압축성흐름 : 아음속
• 0.75<M<1.2   압축성흐름 : 천음속
• 1.2<M<5.0   압축성흐름 : 초음속
• 5.0<M   압축성흐름 : 극초음속

18 아음속 흐름과 초음속 흐름을 비교할 때 가장 두드러진 차이는?

① 점성 작용   ② 압축성 효과
③ 마찰 효과   ④ 가속 작용

해설 초음속 흐름에서는 공기의 압축성 효과에 의해 공기의 성질이 완전히 변한다. 압축성 효과를 나타내는 데 가장 중요하게 사용되는 무차원수는 마하수(Mach number)이다.

19 다음은 날개의 충격파 특성을 설명한 것이다. 틀린 것은?

① 음속 이상일 때 발생한다.
② 충격파를 지나온 공기입자의 압력은 감소한다.
③ 충격파를 지나온 공기입자의 밀도는 증가한다.
④ 충격파 후방의 공기흐름 속도는 급격히 감소한다.

해설 충격파의 강도는 충격파의 앞쪽과 뒤쪽의 압력차를 의미하며, 충격파를 지나온 공기입자의 속도는 감소하고 압력은 증가한다.

정답 13 ③ 14 ③ 15 ② 16 ③ 17 ② 18 ② 19 ②

20 충격파의 영향이라고 볼 수 없는 것은?

① 조파항력
② 경계층 박리
③ 마찰항력
④ 충격실속

해설 마찰항력은 공기의 점성에 의해 발생하는 항력이다.

21 다음 중 날개골(airfoil)에서 캠버(camber)를 나타내는 것은?

① 날개의 윗면과 아랫면 사이의 거리
② upper camber와 lower camber 사이의 거리
③ 시위선에서 평균캠버선까지의 거리
④ 앞전에서 최대 캠버선까지의 거리

해설
• 시위 또는 시위선(chord or chord line) : 앞전과 뒷전을 연결한 직선
• 평균캠버선(mean camber line) : 두께의 이등분점을 연결한 선

22 그림의 에어포일 설명 중 잘못된 것은?

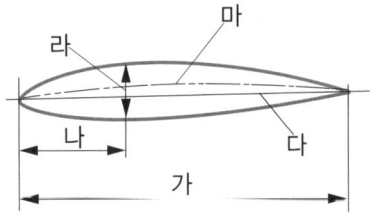

① 가 – 시위길이   ② 나 – 최대캠버위치
③ 다 – 시위선   ④ 라 – 캠버

해설 라 – 두께, 마 – 평균캠버선

23 다음 중에서 받음각(angle of attack)이란 무엇인가?

① 기체축과 상대풍이 이루는 각
② 가로축과 시위선이 이루는 각
③ 시위선과 상대풍이 이루는 각
④ 상대풍과 항공기 진행방향과의 각

해설
• 받음각(영각) : 항공기 진행 방향(상대풍)과 시위선이 이루는 각
• 붙임각(취부각-angle of incidence) : 항공기 세로축과 시위선이 이루는 각

24 항공기 무게가 3,000kg, 양력 계수가 0.5, 공기 밀도가 0.2kgf-sec^2/m^4, 비행 속도가 100km/h, 날개 면적이 40m^{2}일 때 양력은 얼마인가?

① 771kg   ② 1,543kg
③ 3,086kg   ④ 3,000kg

해설 $L = C_L \frac{1}{2} \rho V^2 S$
$= 0.5 \times \frac{1}{2} \times 0.2 \times \left(\frac{100}{3.6}\right)^2 \times 40$

25 받음각이 일정할 때, 양력은 고도가 증가하면 어떻게 되는가?

① 감소한다.
② 증가한다.
③ 증가하다 감소한다.
④ 변화가 없다.

해설 자세의 변화가 없다면 고도가 증가할수록 밀도가 감소하므로 양력은 감소된다.

26 비행기 항력을 결정하는 것 중 가장 큰 비중을 차지하는 요소는?

① 밀도   ② 면적
③ 속도   ④ 압력

해설 $D = C_d \frac{1}{2} \rho V^2 S$

27 다음 중 좋은 날개골의 요소는 무엇인가?

① 날개는 두꺼울수록 좋다.
② 앞전반지름이 큰 날개가 좋다.
③ C_L 특히 C_{Lmax}이 큰 날개골
④ C_D 특히 C_{Dmax}이 큰 날개골

해설 최대양력계수(C_{Lmax})가 크고 최소항력계수(C_{Dmax})가 작을수록 좋은 날개골이다.

28 압력중심(Center of Pressure)에 관한 설명으로 가장 거리가 먼 것은?

① 압력중심 이동이 크면 비행기의 안정성에 좋지 않다.
② 압력중심의 위치는 앞전으로부터 압력중심까지의 거리와 시위 길이와의 비(%)로 나타낸다.
③ 보통의 날개에서 받음각이 커지면 압력중심은 뒤로 이동한다.
④ 날개에 압력이 작용하는 합력점이다.

해설 풍압중심=압력중심(C.P) : 날개 상·하면에 분포하는 압력의 대표 지점이다. 받음각의 변화에 따라 이 위치는 변하는데 받음각 증가시 C.P는 전방으로 이동하며, 감소시 C.P는 후방으로 이동한다.

29 공기력 중심(AC)과 풍압 중심(압력 중심)에 대한 설명 중 가장 올바른 것은?

① 공기력 중심과 풍압 중심은 항상 일치된다.
② 받음각의 변화에도 불구하고 피칭 모멘트가 일정한 점을 공기력 중심이라 한다.
③ 받음각의 변화에도 불구하고 피칭 모멘트가 일정한 점을 풍압 중심이라 한다.
④ 양력과 항력의 합성력이 날개시위 선상의 어떤 점에 작용할 때 그 점에서의 피칭 모멘트가 0이라면 그 점은 날개의 공기력 중심이다.

30 NACA 23015의 날개골에서 최대 캠버의 위치는?

① 15%   ② 20%
③ 23%   ④ 30%

해설
• 2 : 최대캠버의 크기가 시위의 2%
• 3 : 최대캠버의 위치가 앞전에서 시위의 15%
• 0 : 평균캠버선이 뒤쪽 반이 직선 (1 인 경우 : 곡선)
• 15 : 최대의 두께가 시위의 15%

31 다음 중에서 대칭인 날개골은 무엇인가?

① NACA 0022
② NACA 22022
③ NACA 2412
④ CLARK Y

해설 CLARK Y : 저속비행기에 많이 사용되는 성능이 좋은 날개골로서 밑면이 직선으로 되어있다.

32 직사각형 날개의 가로세로비를 나타낸 식으로 틀린 것은? (단, b : 날개의 길이, c : 날개의 시위, S : 날개의 면적)

① $\dfrac{b}{c}$ ② $\dfrac{b^2}{c}$

③ $\dfrac{S}{c^2}$ ④ $\dfrac{c^2}{S}$

33 다음 중에서 기체의 세로축과 날개의 시위선이 이루는 각을 무엇이라고 하는가?

① 처진각
② 뒤젖힘각
③ 쳐든각
④ 붙임각

해설 붙임각(incidence angle) = 취부각

정답 27 ③ 28 ③ 29 ② 30 ① 31 ① 32 ④ 33 ④

34 뒤젖힘각(sweepback angle)을 올바르게 설명한 것은?

① 25%C 되는 점들을 날개뿌리에서 날개끝까지 연결한 직선과 기체의 가로축이 이루는 각
② 날개가 수평을 기준으로 위로 올라간 각도
③ 기체의 세로축과 시위선이 이루는 각
④ 비행 방향과 시위선이 이루는 각

35 다음 중에서 후퇴 날개(swept wing)의 단점은 무엇인가?

① 높은 임계마하수를 가질 수 있다.
② 항력발산 마하수를 크게 할 수 있다.
③ 경계층이 날개 끝쪽으로 향하여 스팬 방향으로 진행하므로 팁(tip)에서 실속을 일으킨다.
④ 비행기의 가로 안정성이 좋다.

해설 후퇴(sweepback) 날개는 임계 마하수를 크게(충격파의 발생 지연) 하는 장점이 있는 반면, 날개끝의 실속 특성이 좋지 못한 단점을 가지고 있다.

36 날개의 순환이론에 대한 설명으로 가장 올바른 내용은?

① 날개의 앞쪽에는 출발와류로 인한 빗올림 흐름이 있다.
② 속박와류로 인하여 날개에 양력이 발생한다.
③ 날개를 지나는 흐름은 윗면에서는 정압(+)이고, 아랫면에서는 부압(-)이다.
④ 날개끝 와류의 중심축은 흐름방향에 직각이다.

해설 날개 뒤쪽에 출발와류(starting vortex)가 형성되고 나면 날개 주위에도 이것과 크기가 같고 방향이 반대인 속박 와류(bound vortex)가 만들어지고 이 순환흐름에 의해 쿠타-쥬코브스키의 양력이 발생된다. (매그너스 효과)

37 가로세로비(Aspect Ratio)에 대한 설명 중 옳은 것은?

① 가로세로비가 커지면 유도항력이 커진다.
② 가로세로비가 커지면 유도항력이 작아진다.
③ 가로세로비가 크면 양항비가 작아진다.
④ 가로세로비가 크면 횡안정이 나빠진다.

해설 가로세로비(AR)가 커지면
유도항력($C_{di} = \dfrac{C_L^2}{\pi eAR} = \dfrac{1.2^2}{\pi \times 1 \times 6}$)은 작아지고,
양항비(C_L/C_d)가 커진다.

38 날개의 양력분포가 타원인 항공기의 $C_L=1.2$이고 가로세로비가 6일 때 유도항력계수는 얼마인가?

① 0.012 ② 0.076
③ 1.076 ④ 1.012

해설 $C_{di} = \dfrac{C_L^2}{\pi eAR} = \dfrac{1.2^2}{\pi \times 1 \times 6}$

39 다음 중 유해항력(parasite drag)에 속하지 않는 것은?

① 간섭항력 ② 유도항력
③ 형상항력 ④ 조파항력

해설 유도항력(induced drag)은 양력발생에 관련한 항력이다. 항력 중 유도항력을 제외한 모든 항력은 유해항력이다.

40 형상항력(profile drag)은 다음 중 어떠한 항력을 의미하는가?

① 압력항력과 표면 마찰항력이다.
② 압력항력과 유도항력이다.
③ 표면 마찰항력과 유도항력이다.
④ 유해항력과 유도항력이다.

정답 34 ① 35 ③ 36 ② 37 ② 38 ② 39 ② 40 ①

[해설]
- 형상항력 : 물체의 모양에 따라 크기가 달라짐
- 압력항력 : 흐름이 물체 표면에서 떨어져 하류 쪽으로 와류를 발생시키기 때문에 생기는 항력
- 마찰항력 : 물체 표면과 유체사이에서 발생하는 점성 마찰에 의한 항력

41 최근 항공기의 비행성능을 좋게 하기 위하여 날개 끝부분에 윙렛(Winglet)을 장착하는데 이의 주목적은 무엇인가?

① 양력 증가
② 유도항력 감소
③ 마찰항력 감소
④ 실속 방지

[해설] 날개끝에서는 날개 상하면에 생기는 압력차이로 날개 아랫면에서 윗면으로 향해 공기흐름(up wash)이 생겨 유도 받음각을 감소시켜 양력이 감소되나, 윙렛을 설치하여 유도 항력을 감소시켜 실질적으로 가로세로비를 크게 한 것과 같은 효과를 준다.

42 Taper wing에서 wing tip stall이 발생하기 쉽다. 이 때의 방지책은 무엇인가?

① Slat을 tip 부근에 사용한다.
② 테이퍼를 크게 한다.
③ 상반각을 준다.
④ Wing tip 쪽의 받음각이 Wing root 쪽의 받음각보다 크게 한다.

[해설] 날개끝 실속 방지법
- 테이퍼를 크지 않게 한다.
- 기하학적 비틀림(날개뿌리에서 끝으로 감에 따라 받음각이 작아지도록 날개에 앞내림을 줌)을 준다. – wash out
- 날개끝 부분에 실속 특성이 좋은 날개골(두께비, 앞전 반지름, 캠버가 큰 날개골)을 사용한다. – 공력적 비틀림
- 날개 뿌리에 실속판인 스트립(strip)을 붙인다.
- 날개끝 부분에 슬롯(slot)을 설치한다.

43 다음 중에서 고양력 장치는 무엇인가?

① Slot
② Nacelle
③ Aileron
④ Vortex Generator

[해설]
- 앞전 플랩 : 크루거 플랩, 드루프 앞전, 슬롯
- 뒷전 플랩 : 단순플랩, 스플릿플랩, 파울러플랩, 이중 슬롯 플랩
※ Vortex generator : 날개에 설치되어 있는 작은 금속 strip로서 난류 흐름을 형성시켜 박리를 지연(압력 항력 감소)

44 다음 중 날개 윗면을 돌출시켜 간섭항력을 일으키고 양력을 감소시키는 장치는 어느 것인가?

① Flap
② Slot
③ Spoiler
④ 경계층 제어장치

[해설] 스포일러(Spoiler)
- 공중 스포일러 : 좌우 대칭으로 펼치면 브레이크 역할, 보조날개와 연동으로 비대칭으로 펼치면 보조날개의 역할
- 지상 스포일러 : 착륙 접지 후 펼쳐서 양력을 감소시켜 바퀴 브레이크의 효과를 높이고 항력을 증가시킴

[정답] 41 ② 42 ① 43 ① 44 ③

02 비행역학

01 최대출력 800마력으로 비행하는 항공기의 프로펠러 효율이 80%일 때 이 항공기의 이용마력은 얼마인가?

① 640PS ② 700PS
③ 800PS ④ 880PS

해설 이용마력, $P_a = \dfrac{TV}{75} = BHP \times \eta_P = 800 \times 0.8$

02 비행기가 수평비행 중 상승하려면 어떤 상태로 비행하여야 하는가?

① $P_a = P_r$ ② $P_a > P_r$
③ $P_a < P_r$ ④ $P_a \leq P_r$

해설 상승하려면 상승률(R.C)이 0 이상이어야 한다.
$R.C = \dfrac{75(P_a - P_r)}{W} > 0$
즉 P_a(이용마력) > P_r(필요마력)
※ 여유(잉여)마력(P_e) : 이용마력과 필요마력과의 차, $P_e > 0$일 때 상승 또는 가속 상태

03 등속수평비행을 하기 위한 조건은?

① 양력<중력, 항력>추력
② 양력<중력, 항력=추력
③ 양력=중력, 항력>추력
④ 양력=중력, 항력=추력

해설 • 수평비행 조건 : 양력(L) = 중력(W),
• 등속비행 조건 : 항력(D) = 추력(T)

04 등속도 수평비행이라 함은 어떠한 비행 형태인가?

① 일정한 가속도로 수평 비행하는 것을 말한다.
② 일정한 속도로 수평비행 함을 말한다.
③ 필요마력이 일정하게 되는 수평비행을 말한다.
④ 속도가 시간에 따라 일정하게 증가하면서 수평비행 함을 말한다.

05 비행중인 항공기의 항력이 추력보다 클 때의 비행 상태로 옳은 것은?

① 상승한다.
② 등속도 비행한다.
③ 감속 전진 운동한다.
④ 가속 전진 운동한다.

해설 $F = ma = \dfrac{W}{g}a = T - D,\ a = \dfrac{g(T-D)}{W} < 0$,
(D가 T보다 클 때)

06 항공기의 무게가 6,000kg, 양항비가 6, 날개면적 30m²의 제트기가 해발고도를 960km/h로 수평비행하고 있을 때의 추력은?

① 7,800kg ② 7,500kg
③ 6,000kg ④ 1,000kg

해설 수평 등속 비행 조건에서
$T = W \times \dfrac{C_D}{C_L} = W \times \dfrac{1}{양항비} = 6,000 \times \dfrac{1}{6}$

07 항공기의 중량이 일정한 경우에 항공기의 추력과 양항비(lift-drag ratio)와는 어떠한 관계가 있는가?

① 추력은 양항비에 비례한다.
② 추력은 양항비에 반비례한다.
③ 추력은 양항비의 제곱에 비례한다.
④ 추력은 양항비의 제곱에 반비례한다.

정답 [02. 비행역학] 01 ① 02 ③ 03 ④ 04 ② 05 ③ 06 ④ 07 ②

08 다음 중에서 실용상승 한계란?

① 상승률이 0 m/s가 되는 고도
② 상승률이 0.5 m/s가 되는 고도
③ 상승률이 2.5 m/s가 되는 고도
④ 상승률이 5 m/s가 되는 고도

해설
- 절대상승한계 : 상승률이 0m/s가 되는 고도
- 실용상승한계 : 상승률이 0.5m/s가 되는 고도
- 운용상승한계 : 상승률이 2.5m/s가 되는 고도

09 고도가 증가할수록 상승률은 감소하게 된다. 절대상승한계에서의 이용마력과 필요마력 사이의 관계는?

① 이용마력이 필요마력보다 크다.
② 이용마력과 필요마력이 같다.
③ 이용마력이 필요마력보다 작다.
④ 이용마력과 필요마력은 상승률과 무관하다.

해설 절대상승한계는 상승률이 0이므로
상승률 $(R.C) = \dfrac{75(P_a - P_r)}{W} = 0$,
$\therefore P_a - P_r = 0, \ P_a = P_r$

10 다음 이용마력 및 필요마력 곡선에서 최대 상승률을 얻을 수 있는 지점은?

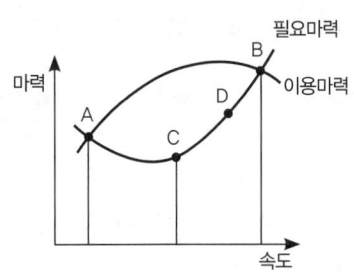

① A
② B
③ C
④ D

해설 최대 상승률을 얻으려면 여유 마력(잉여 마력)이 최대가 되는 지점이다.

11 활공기가 고도 2000m 상공에서 양항비가 30인 상태로 활공한다면 도달할 수 있는 수평활공거리는 얼마인가?

① 20,000
② 40,000
③ 60,000
④ 80,000

해설 $\tan\theta = \dfrac{\text{고도}}{\text{수평활공거리}} = \dfrac{1}{\text{양항비}}$
수평활공거리 = 30 × 2,000

12 항공기가 활공비행시 활공각을 θ라고 할 때 활공각을 나타내는 식은?

① sinθ = D/L
② cosθ = L/D
③ tanθ = D/L
④ tanθ = L/D

해설 $\tan\theta = \dfrac{D}{L} \times \dfrac{C_D}{C_L} = \dfrac{1}{\text{양항비}}$

13 무게가 2,000kg인 비행기가 5,000m 상공 (ρ=0.075)에서 급강하할 때 C_D=0.03이고, W/S=274kg/m²일 때 이 때의 급강하속도는?

① 108m/s
② 117m/s
③ 493.5m/s
④ 937.4m/s

해설 급강하 비행 조건 $W = D = C_D \dfrac{1}{2}\rho V^2 S$,
$\therefore V_t = \sqrt{\dfrac{2W}{\rho S C_D}} = \sqrt{\dfrac{2}{\rho C_D} \times \left(\dfrac{W}{S}\right)}$
$= \sqrt{\dfrac{2}{0.075 \times 0.03} \times 274}$

14 항공기가 기관이 정지한 상태에서 수직강하하고 있을 때 도달할 수 있는 최대속도를 종극속도라 한다. 종극속도는 어떠한 상태의 속도를 말하는가?

① 항공기 총중량과 항공기에 발생되는 양력과 같은 경우
② 항공기 총중량과 항공기에 발생되는 양력이 없는 경우 항력이 같아지는 속도

③ 항공기 양력의 수평분력과 항력의 수직 분력이 같은 경우
④ 항공기 양력과 항력이 같은 경우

해설 비행기가 수직강하를 시작할 때 점차 속도가 증가되다 어떤 속도 이상이 되면 더 이상 증가없이 일정 속도를 유지한다. 이 속도를 종극속도(terminal velocity)라 한다.

15 중량이 2,000kg인 비행기가 선회 비행시, 선회각이 40°이고 속도가 150km/h일 때 선회 반지름 R은 몇 m인가?

① 271
② 245
③ 211
④ 200

해설 $R = \dfrac{V^2}{g\tan\theta} = \dfrac{\left(\dfrac{150}{3.6}\right)^2}{9.8 \times \tan 40°}$

16 비행기가 상승하면서 선회비행을 하는 경우는?

① 양력의 수직분력이 중량보다 커야 한다.
② 양력의 수직분력이 중량보다 작아야 한다.
③ 양력의 수직분력과 중량이 같아야 한다.
④ 양력과 수직분력에 관계없다.

해설
• 정상선회 $W = L\cos\theta$(양력의 수직 성분)
• 상승선회 $W < L\cos\theta$

17 선회(Turn) 비행시 외측으로 Slip하는 이유는?

① 경사각이 작고 구심력이 원심력보다 클 때
② 경사각이 크고 구심력이 원심력보다 클 때
③ 경사각이 작고 원심력이 구심력보다 클 때
④ 경사각이 크고 원심력이 구심력보다 클 때

해설
• 슬립(Slip) : 원심력($\dfrac{WV}{gR}$) < 구심력($L\sin\phi$)
• 스키드(Skid) : 원심력 > 구심력

18 선회 비행시 선회반지름을 작게 하는 방법으로 올바른 것은?

① 비행속도를 증가시킨다.
② 저고도로 선회 비행한다.
③ 선회각을 줄여준다.
④ 날개면적을 줄여준다.

해설 선회반지름을 작게 하는 방법
• 선회속도를 작게, 경사각을 크게
• 공기 밀도 증가, 양력 계수 증가, 날개 면적 증가 (양력 증가-실속 속도 감소)

19 착륙시 프로펠러 항공기의 장애물 고도는?

① 10.7m
② 15m
③ 25m
④ 30m

해설
• 프로펠러 항공기 장애물 고도 : 15m
• 제트 항공기 장애물 고도 : 10.7m

20 프로펠러 비행기의 이륙거리는 무엇인가?

① 15m 고도에 도달하기까지의 지상 수평거리
② 바퀴가 땅에서 떠올라 가는 지점까지의 지상 수평거리
③ 양력이 최대가 되는 거리
④ 항력이 최대가 되는 거리

해설 이륙거리 = 지상활주거리 + 장애물고도까지 이륙하는데 소요되는 상승 거리

21 착륙거리를 짧게 하기 위한 설명으로 가장 올바른 것은?

① 항력을 작게 한다.
② 착륙속도를 크게 한다.
③ 마찰이 큰 활주로에 착륙한다.
④ 활주시 비행기 양력을 크게 한다.

해설 $S(\text{착륙거리}) = \dfrac{W}{2g}\dfrac{V^2}{(D+\mu W)}$를 짧게 하는 조건

정답 15 ③ 16 ① 17 ③ 18 ② 19 ② 20 ① 21 ③

- 이륙할 때와 같이 비행기의 착륙 무게가 가벼워야 지상 활주거리가 짧게 된다.
- 착륙 속도가 작아야 한다
- 착륙 활주 중에 항력을 크게 해야 한다.
- 착륙 활주 시 양력은 아주 작아 식에서 무시된다.

22 항공기의 무게가 2,500kg, 밀도가 0.125kg-s²/m⁴이고, 날개의 면적이 20m², 최대 양력계수가 1.8일 때 실속속도 V_S는 얼마인가?

① 44m/s ② 120km/h
③ 150km/h ④ 33.3km/h

해설 $V_s = \sqrt{\dfrac{2W}{\rho S C_{Lma}}}$
$= \sqrt{\dfrac{2 \times 2500}{0.125 \times 20 \times 1.8}} = 33.3 m/s$
$= 33.3 \times 3.6 ≒ 120 km/h$

23 받음각이 클 때 기체 전체가 실속되고 그 결과 롤링과 요잉을 수반함으로서 나선을 그리면서 고도가 감소되는 비행 상태는?

① 크랩 방식(Crab Method)에 의한 비행 상태
② 더치 롤(Dutch Roll)비행 상태
③ 윙다운 방식(Wing Down Method)에 의한 비행 상태
④ 스핀(spin) 비행 상태

해설 더치 롤은 가로 방향 불안정을 의미하며, 크랩 방식과 윙다운 방식은 측풍 착륙 방법이다.

24 비행기의 스핀(spin) 비행과 가장 관련이 깊은 현상은?

① 자전 현상(autorotation)
② 날개드롭 현상(wing drop)
③ 가로방향 불안정 현상(dutch roll)
④ 디프실속 현상(deep stall)

해설 스핀이란 자동회전과 수직강하가 조합된 비행으로 수직스핀과 수평스핀이 있다.

25 총중량 5,000kg, 선회속도가 360km/h인 비행기가 60°로 정상 선회할 때 하중배수는?

① 1 ② 1.5
③ 2 ④ 2.5

해설 선회비행 시의 하중배수
$n = \dfrac{L}{W} = \dfrac{L}{L\cos\theta} = \dfrac{1}{\cos\theta} = \dfrac{1}{\cos 60}$

26 등속 수평 비행중의 비행기에 걸리는 하중배수는?

① 0 ② 1
③ 0.5 ④ 1.7

해설 $n = \dfrac{W+F}{W} = 1 + \dfrac{F}{W} = 1 + \dfrac{a}{g}$,
수평 등속 조건에서 $a = 0$

27 다음 중에서 설계하중이란 무엇인가?

① 제한하중 × 안전계수
② 제한하중 ÷ 안전계수
③ 제한하중 + 안전계수
④ 제한하중 − 안전계수

해설
- 설계하중 = 극한하중 = 최대인장하중
  = 종극하중 = 제한하중×안전계수
- 기체의 모든 부분은 극한하중에 최소한 3초 동안은 파괴되지 않도록 설계해야 한다.

28 제트기의 항속거리를 최대로 하기 위한 조건 중 맞는 것은?

① 비연료 소비율을 크게 한다.
② $\left(\dfrac{C_L^{\frac{1}{2}}}{C_D}\right)_{max}$ 인 상태로 비행한다.
③ 출력을 최대로 비행한다.
④ 하중계수를 최대로 비행한다.

정답 22 ② 23 ④ 24 ① 25 ③ 26 ② 27 ① 28 ②

29 프로펠러 항공기가 최대항속시간으로 비행할 수 있기 위한 조건은?

① $\dfrac{C_L}{C_D}$이 최대   ② $\dfrac{(C_L)^{\frac{3}{2}}}{C_D}$이 최대

③ $\dfrac{(C_L)^{\frac{1}{2}}}{C_D}$이 최대   ④ $\dfrac{C_L}{(C_D)^{\frac{1}{2}}}$이 최대

해설

구분	프로펠러기	제트기
항속거리를 최대로 하는 조건	$\left(\dfrac{C_L}{C_D}\right)_{max}$	$\left(\dfrac{C_L^{\frac{1}{2}}}{C_D}\right)_{max} = \left(\dfrac{\sqrt{C_L}}{C_D}\right)_{max}$
항속시간을 최대로 하는 조건	$\left(\dfrac{C_L^{\frac{3}{2}}}{C_D}\right)_{max}$	$\left(\dfrac{C_L}{C_D}\right)_{max}$

30 비행기의 평형(trim)상태를 뜻하는 것이 아닌 것은?

① 작용하는 모든 힘의 합이 무게중심에서 "0"인 상태
② 속도변화가 없는 상태
③ 비행기의 기관이 추력을 일정하게 내는 상태
④ 비행기의 회전 모멘트 성분들이 없는 상태

31 정상수평비행에서 평형(trim) 상태일 때의 피칭모멘트계수 C_{Mcg}의 값은 얼마인가?

① $C_{Mcg} = -1$ ② $C_{Mcg} = 0$
③ $C_{Mcg} = 1$ ④ $C_{Mcg} = 2$

해설 • $C_{Mcg} > 0$: 기수를 올리는 모멘트
    • $C_{Mcg} = 0$: 중립
    • $C_{Mcg} < 0$: 기수를 내리는 모멘트

32 비행기의 받음각이 외부 교란을 받아 진동을 시작하여 점차적으로 진동이 감소하여 처음의 상태로 돌아가는 것을 가장 올바르게 표현한 것은?

① 정적안정
② 동적안정
③ 동적불안정
④ 정적불안정

33 다음 중 평형상태로부터 벗어난 뒤에 다시 평형 상태로 되돌아가려는 초기경향은?

① 정적 불안정
② 양의 정적안정
③ 정적 중립
④ 음의 정적안정

해설 양(+)의 안정 : 안정, 음(-)의 안정 : 불안정
  • 정적안정 : 원래의 평형상태로 되돌아가려는 비행기의 초기 경향
  • 동적안정 : 시간이 지남에 따라 운동의 진폭이 감소되어 안정 상태로 돌아가는 것

34 정적안정과 동적안정에 대한 설명 중 맞는 것은?

① 동적안정이 (+)이면 정적안정은 반드시 (+)이다.
② 동적안정이 (-)이면 정적안정은 반드시 (-)이다.
③ 정적안정이 (+)이면 동적안정은 반드시 (+)이다.
④ 정적안정이 (-)이면 동적안정은 반드시 (+)이다.

해설 일반적으로 정적 안정이 있다고 해서 동적 안정이 있다고는 할 수 없지만, 동적 안정이 있는 경우에는 정적 안정이 있다고 할 수 있다.

35 항공기의 안정성과 조종성은 어떠한 관계가 있는가?

① 안정성이 좋아지면 조종성도 좋아진다.
② 안정성이 좋아지면 조종성이 저하된다.

정답 29 ② 30 ③ 31 ② 32 ② 33 ② 34 ① 35 ②

③ 안정성과 조종성은 관계가 없다.
④ 안정성이 나빠지면 조종성도 나빠진다.

해설 안정과 조종은 서로 반대되는 성질을 나타내기 때문에, 조종성과 안정성을 동시에 만족시킬 수는 없다.

36 다음 중 잘못 연결된 것은 어느 것인가?

① yawing - elevator
② pitching - elevator
③ yawing - rudder
④ rolling - aileron

해설 항공기의 3축 주위의 운동과 조종 방법

구분	운동	조종면	조종간
가로축 (Y축)	키놀이 (pitching)	승강키 (elevator)	조종간을 전후로 이동
세로축 (X축)	옆놀이 (rolling)	도움날개 (aileron)	조종간을 좌우로 이동
수직축 (Z축)	빗놀이 (yawing)	방향키 (rudder)	좌우 페달을 밀어준다.

37 비행기 기체축에서 X축(세로축)에 관한 모멘트는?

① 옆놀이 모멘트
② 키놀이 모멘트
③ 빗놀이 모멘트
④ 옆놀이 모멘트 및 키놀이 모멘트

38 항공기가 이륙시 엘리베이터(elevator)의 조작은?

① 중립 위치에서 아래로 내린다.
② 중립 위치에서 위로 올린다.
③ 중립 위치에서 고정시킨다.
④ 중립 위치에서 아래로 내린 후 다시 위로 올린다.

39 세로 안정성과 가장 관련이 깊은 것은?

① 날개
② 수평 꼬리날개
③ 수직 꼬리날개
④ 도움날개

해설
• 세로안정 : 수평꼬리날개
• 가로안정 : 주날개
• 방향안정 : 수직꼬리날개

40 항공기 날개에 상반각을 주게 되면 다음과 같은 특성을 갖게 한다. 가장 올바른 내용은?

① 유도저항을 적게하고 방향 안정성을 좋게 한다.
② 옆미끄럼을 방지하고 가로 안정성을 좋게 한다.
③ 익단 실속을 방지하고 세로 안정성을 좋게 한다.
④ 선회성능을 향상시키나 가로 안정성을 해친다.

해설 상반각(쳐든각-dihedral effect)은 가로 안정에 있어 가장 중요한 요소로서 옆미끄럼에 대한 안정된 옆놀이 모멘트를 발생시킨다.

41 다음 중 어느 때 가로방향 불안정(Dutch roll)이 발생하는가?

① 항공기가 실속에 들어갈 때 발생
② 정적방향안정보다 쳐든각효과가 클 때
③ 엘리베이터를 급격히 조작하였을 때
④ 추력이 급격히 떨어질 때

해설
• 가로 방향 불안정 : Dutch roll이라고도 하며 가로 진동과 방향 진동이 결합된 것으로서 동적으로는 안정하지만 진동하는 성질 때문에 문제가 된다.(Dutch roll 방지 장치 - yaw damper)
• 나선 불안정 : 정적 방향 안정성이 정적 가로 안정성보다 훨씬 클 때 나타난다.

정답 36 ① 37 ① 38 ② 39 ② 40 ② 41 ②

42 항공기 동체 기준선 또는 세로축과 관계있는 안정 형태는?

① 가로안정
② 세로안정
③ 수평안정
④ 방향안정

해설
- 세로축 : 가로안정
- 가로축 : 세로안정
- 수직축 : 방향안정

43 다음 중 비행기의 방향안정에 일차적으로 영향을 주는 요소는?

① 수평꼬리날개
② 수직꼬리날개
③ 플랩
④ 슬랫

해설 수직꼬리날개는 방향안정에 일차적인 영향을 주며 가로안정에도 중요한 영향을 준다.

44 항공기 기수를 우측으로 선회할 경우 관련 모멘트가 맞는 것은?

① 음(-)의 롤링 모멘트
② 제로 롤링 모멘트
③ 양(+)의 피칭 모멘트
④ 양(+)의 요잉 모멘트

해설
- 기수가 상하로 움직임 : 키놀이(pitching) 모멘트-기수가 상승시 (+)모멘트
- 기수가 좌우로 움직임 : 빗놀이(yawing) 모멘트-기수가 우측으로 향할 때 (+) 모멘트
- 기체축을 중심으로 회전 : 옆놀이(rolling) 모멘트-기체가 우측으로 회전시 (+) 모멘트

45 수직꼬리날개가 실속하는 큰 미끄럼각에서도 방향안정성을 유지하기 위한 효과적인 장치는?

① 윙렛
② 도살핀
③ 서보 탭
④ 파울러 플랩

해설
- 윙렛(winglet) : 날개 끝에 유도항력을 줄이는 장치
- 서보탭(servo tab) : 조종력 경감장치로서 조종장치와 직접 연결
- 파울러 플랩(fowler flap) : 뒷전 플랩 중 가장 효율이 좋음

46 다음 중 빗놀이 모멘트(yawing moment : M)를 잘못 표현한 것은 어느 것인가?

① $M = C_m \frac{1}{2} \rho V^2 Sb$
② $M = C_m q Sb$
③ $M = C_m q b^2 c$
④ $M = C_m \frac{1}{2} \rho V^2 b^2 c$

해설 빗놀이 모멘트 $M = C_m \frac{1}{2} \rho V^2 Sb = C_m \rho Sb$
$= C_m q (b \times c) = C_m q b^2 c$

47 다음 중 고속 비행시 턱 언더(tuck under) 현상을 수정하기 위해 장치된 계통은 무엇인가?

① 고속 트리머(high speed trimmer)
② 밸런스 트리머(balance trimmer)
③ 조정 트리머(control trimmer)
④ 마하 트리머(mach trimmer)

해설 턱 언더 현상을 수정하는 장치에는 auto pilot 장치의 하나인 mach trimmer와 PTC(pitch trim compensator)가 있다.

정답 42 ① 43 ② 44 ④ 45 ② 46 ④ 47 ④

48 비행기가 하강비행을 하는 동안 조종간을 당겨 기수를 올리려 할 때, 받음각과 각속도가 특정 값을 넘게 되면 예상한 정도 이상으로 기수가 올라가게 되는 현상은?

① 스핀(spin)
② 더치롤(Duch roll)
③ 버페팅(buffeting)
④ 피치 업(pitch up)

> 해설 • 세로불안정 : 턱 언더, 피치 업, 딥 실속
> • 가로불안정 : 날개 드롭, 옆놀이 커플링

49 날개 드롭(wing drop)에 대한 설명으로 가장 관계가 먼 내용은?

① 받음각이 작을 때 강하게 나타나서 한쪽 날개에만 충격실속이 생긴다.
② 도움날개의 효율이 떨어져서 회복하기 어렵다.
③ 두꺼운 날개를 사용한 비행기가 천음속으로 비행시 발생한다.
④ 아음속에서 충격파가 과도할 경우 날개가 동체에서 떨어져 나갈 수 있다.

> 해설 wing drop 현상은 얇은 날개를 가지는 초음속 비행기가 천음속으로 비행할 때는 발생하지 않는다. 또한 아음속에서는 충격파가 발생하지 않는다.

50 초음속기 동체 하부에 설치하는 벤트럴 핀(ventral fin)의 목적은 무엇인가?

① 턱 언더 현상 방지
② 피치 업 현상 방지
③ 날개 드롭 현상 방지
④ 옆놀이 커플링 방지

51 조종면에서 앞전 밸런스(leading edge balance)를 설치하는 가장 큰 목적은?

① 양력 증가
② 조종력 경감
③ 항력 감소
④ 항공기 속도 증가

52 연동되는 도움날개에서 발생하는 힌지모멘트가 서로 상쇄되도록 조종력을 경감하는 장치는?

① Horn balance
② Leading edge balance
③ Frise balance
④ Internal balance

> 해설 • 앞전 밸런스(Leading edge balance) : 조종면의 앞전을 길게 하여 조종력 경감
> • 혼 밸런스(Horn balance) : 밸런스 역할을 하는 조종면을 플랩의 일부분에 집중시킴
> • 내부 밸런스 (Internal balance) : 플랩의 앞전이 밀폐, 압력차를 이용

53 비행기가 어떤 속도로 정상비행할 때 조종력을 사용하지 않고 조종력을 "0"으로 유지하기 위한 것은?

① servo tab
② balance tab
③ spring tab
④ trim tab

> 해설 • 서보 탭(servo tab) : 조종석의 조종장치와 직접 연결되어 탭만 작동시켜 조종면을 움직이도록 설계
> • 평형 탭(balance tab) : 조종면이 움직이는 방향과 반대 방향으로 움직일 수 있도록 기계적으로 연결되어 조종력 경감
> • 스프링 탭(spring tab) : 혼과 조종면 사이에 스프링을 설치하여 스프링의 장력으로써 항공기 속도에 따라 조종력 조절

정답 48 ④ 49 ① 50 ① 51 ② 52 ③ 53 ④

03 프로펠러 및 헬리콥터

01 프로펠러의 깃 각에 대해서 가장 올바르게 설명한 것은?

① 깃의 전 길이에 걸쳐 일정하다.
② 깃 뿌리에서 깃 끝으로 갈수록 작아진다.
③ 깃 뿌리에서 깃 끝으로 갈수록 커진다.
④ 일반적으로 프로펠러 중심에서 50% 되는 위치의 각도를 말한다.

해설 프로펠러는 깃 끝으로 갈수록 속도가 빨라지므로 깃 전체의 피치를 일정하게 하기 위하여 속도가 빠른 깃 끝 부분으로 갈수록 각도를 작게 한다.

02 프로펠러 깃각이 β, 직경이 D일 때 기하학적 피치는?

① $\dfrac{\pi D}{2}\tan\beta$ ② $\pi D \tan\beta$
③ $\dfrac{\pi D}{2}\sin\beta$ ④ $\pi D \sin\beta$

해설
• 기하학적 피치(GP) : 프로펠러 깃을 한바퀴 회전시켰을 때 앞으로 전진하는 이론적인 거리 (공기를 강체로 가정)
$GP = 2\pi r \times \tan\beta = \pi D \times \tan\beta$, ($\beta$는 깃각)
• 유효 피치(EP) : 공기 중에서 프러펠러가 1회전 할 때에 실제로 전진하는 거리
$EP = 2\pi r \times \tan\theta = V \times \dfrac{60}{n}$. ($\theta$는 유입각)

03 프로펠러 항공기의 비행속도가 V, 회전수가 Nrpm일 때, 이 항공기 프로펠러의 유효 피치는?

① $\dfrac{VN}{60}$ ② $\dfrac{60N}{V}$
③ $\dfrac{60V}{N}$ ④ $\dfrac{N}{60V}$

04 프로펠러의 슬립(slip)이란?

① 유효피치에서 기하학적피치를 뺀 값을 평균기하학적 피치의 백분율로 표시
② 기하학적피치에서 유효피치를 뺀 값을 평균 기하학적 피치의 백분율로 표시
③ 유효피치에서 기하학적피치를 나눈 값을 백분율로 표시
④ 유효피치와 기하학적피치를 합한 값을 백분율로 표시

해설 $Slip = \dfrac{GP-EP}{GP} \times 100\%$

05 프로펠러가 고속으로 회전할 때 발생하는 응력 중 추력(thrust)에 의해서 발생되는 것은?

① 인장응력 ② 전단응력
③ 비틀림응력 ④ 굽힘응력

해설
• 원심력 : 인장응력
• 추력 : 굽힘응력
• 비틀림 : 비틀림응력

06 프로펠러 효율에 대한 설명 중 가장 거리가 먼 것은?

① 추력에 비례한다.
② 비행속도에 비례한다.
③ 진행률(J)에 반비례한다.
④ 축동력에 반비례한다.

해설 $\eta_P = \dfrac{TV}{P} = \dfrac{C_t \rho n^2 D^4 V}{C_P \rho N^3 D^5}$
$= \dfrac{C_t}{C_P} \times \dfrac{V}{nD} = \dfrac{C_t}{C_P} \times J$

정답 [프로펠러 및 헬리콥터] 01 ② 02 ② 03 ③ 04 ② 05 ④ 06 ③

07 프로펠러의 진행률(advance ratio)이란?

① 프로펠러의 유효피치와 프로펠러 지름과의 비
② 추력과 토크와의 비
③ 프로펠러의 기하피치와 유효피치와의 비
④ 프로펠러의 기하피치와 프로펠러 지름과의 비

해설 • 진행률(J) = $\dfrac{V}{nD} = \dfrac{V}{n} \times \dfrac{1}{D}$
(V : 속도, n : rpm, D : 프로펠러 지름)
• 유효피치 = $\dfrac{V \times 60}{n}$
따라서, 진행률은 유효피치와 프로펠러 지름과의 비

08 헬리콥터에서 회전날개의 깃은 회전하면 회전면을 밑면으로 하는 원추의 모양을 만들게 된다. 이 때 이 회전면과 원추 모서리가 이루는 각을 무엇이라고 하는가?

① 받음각　　② 피치각
③ 코닝각　　④ 플래핑각

해설 회전 날개 회전시 발생하는 원심력과 양력의 합력에 의해 생기는 각도

09 헬리콥터 회전날개(rotor blade)에 적용되는 기본 힌지(hinge)는?

① 플래핑(flapping)힌지, 페더링(feathering)힌지, 전단(shear)힌지
② 플래핑 힌지, 페더링 힌지, 항력(lead-lag)힌지
③ 페더링 힌지, 항력 힌지, 전단 힌지
④ 플래핑 힌지, 항력 힌지, 경사(slope)힌지

해설 • 플래핑(flapping) 힌지 : 회전날개 깃이 위아래로 자유롭게 움직일 수 있도록 한 힌지(양력 불평형 해소)
• 항력(drag or lead-lag) 힌지 : 회전날개 깃이 회전면 내에서 앞뒤 방향으로 움직일 수 있도록 한 힌지(기하학적 불평형 해소)
• 페더링(feathering) 힌지 : 회전날개 깃의 피치가 변화되도록 하는 힌지

10 헬리콥터 회전날개의 회전면과 회전날개(원추 모서리) 사이의 각을 코닝각(Coning Angle)이라 부르는데 이러한 코닝각을 결정하는 요소는?

① 항력과 원심력의 합력
② 양력과 추력의 합력
③ 양력과 원심력의 합력
④ 양력과 항력의 합력

11 총중량 800kgf, 엔진출력 160HP, 회전날개 반경 2.8m 회전날개깃 수가 2개일 때 원판하중은 몇 kgf/m²인가?

① 28.5　　② 30.5
③ 32.5　　④ 35.5

해설 원판하중(회전면하중) : 고정익 항공기에서의 날개하중(W/S)과 같은 의미
$DL = \dfrac{W}{\pi R^2} = \dfrac{800}{\pi \times 2.8^2}$
※ 마력하중 = $\dfrac{W}{HP}$

12 헬리콥터는 자동회전을 행하기 위하여 프리휠(freewheel) 장치를 필요로 한다. 이 장치의 가장 중요한 역할은?

① 회전날개는 기관에 의해서 구동되나 회전날개가 기관을 구동시킬 수 없도록 하는 장치
② 회전날개는 기관에 의해 구동되며, 기관 정지시 회전날개가 기관을 구동시킬 수 있도록 하는 장치
③ 회전날개는 기관에 의해서 구동되나, 자전강하시 회전날개가 기관을 구동시킬 수 있는 장치
④ 기관 정지시 회전날개의 회전력으로 비상장비를 작동시킬 수 있게 만든 장치

정답 07 ① 08 ③ 09 ② 10 ③ 11 ③ 12 ①

해설 프리휠 클러치(freewheel clutch) : auto rotation 시 회전 날개만 회전할 수 있도록 엔진과 회전 날개를 분리시키는 장치

13 비행기가 무동력으로 하강하는 것에 대응하는 헬리콥터가 갖고 있는 가장 큰 특징은?

① 수직 비행 ② 자전하강
③ 플래핑   ④ 리드-래그

해설 자동회전(Autorotation) : 동력발생장치의 고장 시 로터를 분리해서 원래 방향대로 계속 활공하는 것으로 자동회전시키는 부분은 대략 blade의 25~75% 부분에 해당되고, 이 때 blade 폭과 같은 크기의 낙하산을 매단 것 같은 효과를 갖는다.

14 헬리콥터가 빠르게 비행할 수 없는 이유를 설명한 내용 중 틀린 것은?

① 후퇴하는 깃에서의 실속
② 후퇴하는 깃에서의 역풍지역
③ 전진하는 깃 끝의 항력감소
④ 전진하는 깃 끝의 속도증가

15 헬리콥터가 지면효과(ground effect)를 현저하게 느끼는 것은 언제인가?

① 지면에서 브레이드 회전면까지의 높이가 회전날개의 직경 이하일 때
② 지면에서 기체 랜딩기어까지의 높이가 회전날개의 직경이하일 때
③ 지면에서 브레이드 회전면까지의 높이가 회전날개 직경의 ¼ 이하일 때
④ 지면에서 브레이드 회전면까지의 높이가 회전날개 직경의 ½ 이하일 때

해설 지면 효과(ground effect) : 헬리콥터가 지면에 가깝게 접근하게 되면 정지비행 때의 후류가 지면에 영향을 줌으로써 회전날개 회전면 아래의 공기압력이 대기압보다 증가되어 양력증가의 효과를 주는 것

16 헬리콥터에서 세로축에 대한 움직임(Rolling : 횡요)은 무엇에 의해 움직이게 되는가?

① 트림 피치 컨트롤 레버(trim pitch control lever)
② 콜렉티브 피치 컨트롤 레버(collective pitch control lever)
③ 테일 로우터 피치 컨트롤(tail rotor pitch control)
④ 사이클릭 피치 컨트롤(cyclic pitch control lever)

17 헬리콥터 회전날개의 조종 장치 중 주기피치조종과 동시피치조종을 해야 할 필요성이 있다. 이를 위해서 사용되는 장치는?

① 안정 바(Stabilizer Bar)
② 트랜스미션(Transmission)
③ 평형 탭(Balance Tab)
④ 회전경사판(Swash Plate)

해설 • 전후좌우 비행 : 주기적 피치 제어간(cyclic pitch control lever) - 회전경사판(swash plate)을 이용
• 상승하강 비행 : 동시 피치 제어간(collective pitch control lever) - 회전경사판을 이용
• 방향 조종 : 페달 - 테일 로터의 피치 조절

18 헬리콥터를 전진시키는 힘으로 가장 올바른 것은?

① 회전판을 경사시켜 발생하는 추력의 수평성분
② 테일로터의 회전력
③ 로터 블레이드에서 나오는 유도속도 성분
④ 터보샤프트 엔진의 배기가스 추력

해설 • 전진시키는 힘 : 추력의 수평성분
• 양력 : 추력의 수직성분

정답 13 ② 14 ③ 15 ④ 16 ④ 17 ④ 18 ①

Chapter 02

Craftsman Aircraft Maintenance

항공기 정비

Section 1 | 정비와 정비작업
Section 2 | 기초 정비 및 지상안전 · 지원

| Section 1 |

정비와 정비작업

01 정비의 개요

1. 정비의 개념

가. 정비의 개요 및 목적

(1) **정비의 목적** : 항공기 운용의 목적을 달성하기 위해 감항성, 쾌적성, 정시성을 가지게 하며 항공기재의 품질을 유지하고 향상시켜 운송이 경제성을 달성될 수 있도록 하는 것을 목적으로 한다.

(2) **정비의 개요** : 고장의 발생 요인을 미리 발견하여 제거함으로써 지속적으로 완전한 기능을 유지할 수 있는 것을 정비의 개념이라 할 수 있다. 또한 항공기가 운항 중에 고장 없이 그 기능을 정확하고 안전하게 발휘할 수 있는 능력을 감항성이라 하며, 모든 항공기는 비행시 기내에 감항증명서를 비치 보관하여야 한다.

나. 정비의 특성(항공기 운송의 목적)

(1) **감항성** : 항공기가 운항 중에 고장없이 그 기능을 정확하고 안전하게 운항할 수 있는 능력(인명과 재산보호)

(2) **쾌적성** : 항공기가 운항 중에 객실(기내) 안의 청결 상태를 유지하는 능력(승객에게 만족감과 신뢰감을 준다)

(3) **정시성** : 항공기가 종착기지로 착륙을 해서 다음기지로 운항하기 위해서 시간 내에 작업을 끝내는 정시 출발 목적 달성을 위한 능력

(4) **경제성** : 최소의 정비 비용으로 최대의 효과를 얻기 위하여 모든 정비 작업을 경제적으로 운용하는 능력

다. 정비의 분류

(1) 예방정비(보수)

① 경미한 정비 : 항공기의 지상 취급, 세척, 보급 등 어느 정도 경험과 지식 및 기능을 가진 작업자가 유자격 정비사의 감독 하에서 할 수 있는 작업(항공기의 조종장치나 도어의 적절한 작동을

정비하기 위하여 조절하는 작업)

② 일반적인 정비(보수) : 감항성에 영향을 끼치는 항공기 각 부분의 점검, 조절, 검사 및 부품의 교환 등 반드시 유자격 정비사의 확인을 받아야 한다.

(2) **수리** : 항공기나 부품 및 장비의 손상이나 기능 불량 등을 원래의 상태로 회복시키는 작업

① 소수리 : 감항성에 큰 영향을 끼치지 않는 기체나 부품의 수리 및 수정작업 및 교환 작업

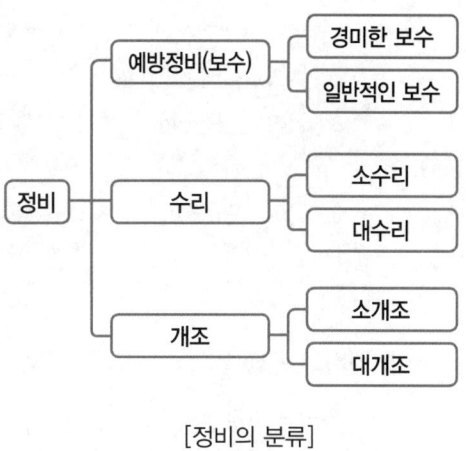

[정비의 분류]

② 대수리 : 감항성에 큰 영향을 끼치는 수리로서 기관, 프로펠러의 부품의 수리작업으로 관계기관의 확인이 필요

㉠ 기체의 일부 또는 전체 오버홀

㉡ 기본 구조 부분의 강도와 관계되는 수리 작업

㉢ 내부 부품의 복잡한 분해 작업

㉣ 기관, 프로펠러, 주요장비품의 성능에 영향을 끼치는 작업

㉤ 특수한 시설과 장비를 필요로 하는 작업

㉥ 예비품 검사 대상 부품의 오버홀

(3) **개조** : 항공기나 장비 및 부품에 대한 원래의 설계를 변경하거나 새로운 부품을 추가로 장착시킬 때 실시하는 작업

① 대개조

㉠ 항공기 중량, 강도, 기관의 성능, 비행성능 및 그 밖의 감항성 등에 중대한 영향을 끼치는 개조 작업으로 관계 기관의 확인이 필요

㉡ 기체에서 중량 및 중심 한계의 변경, 날개 형태의 변경, 항공기 표피 및 조종능력의 변경, 그 밖에 각 계통의 개조, 기관이나 장비에서 성능이나 구조의 변경

② 소개조 : 그 외의 작업

라. 정비의 단계

(1) **운항정비** : 항공기를 정비 대상으로 하는 정비로 비행 전 점검, 중간 점검, 비행 후 점검, 기체의 정시점검(A, B점검) 등이 있다.

(2) **공장정비** : 항공기를 정비하는데 많은 정비시설과 오랜 정비시간을 요구하며 항공기의 장비 및 부품을 장탈하여 전문 공장에서 정비하는 것

① 기체의 공장정비 : 운항정비에서 할 수 없는 항공기의 정시점검과 기체의 오버홀

② 기관의 공장정비 : 항공기로부터 장탈한 기관의 검사, 기관 중정비, 기관 상태정비, 기관 오버홀
③ 장비의 공장정비 : 장비의 벤치첵, 장비의 수리 및 오버홀

> **Note**
> ① 벤치첵 : 장치의 기능검사로서 장치를 시험벤치에 설치하여 적절히 작동하는 가를 확인하는 것이다.
> ② 오버홀 : 장치를 완전히 분해하여 상태를 검사하고, 손상된 부품을 교체하는 정비 절차이다.(Zero Setting)

마. 정비의 등급 및 정비기지의 종류

(1) 정비의 등급
① 일선 정비의 종류 : 비행 전 점검, 비행 후 점검, 중간 점검, A 점검, B 점검
② 후방 정비 : C 점검, 부서 정비
③ 창 정비(샵정비) : 항공기 각 부분의 상태를 생산 당시의 상태와 같은 정도로 재생시키는 작업으로 오버홀 정비라고도 한다.

(2) 정비 기지의 종류
① 모기지 : 정비작업을 위하여 설비 및 인원 부분품 등을 충분히 갖추고 정시 점검 이상의 정비 작업을 수행할 수 있는 기지
② 그 밖의 기지의 종류
㉠ 출발기지 : 항공기가 감항성에 영향을 주지 않을 정도로 정비를 마치고 이륙준비를 하는 기지
㉡ 종착기지 : 항공기가 안전하게 운항을 마치고 착륙을 하기 위해서 종착하는 기지
㉢ 반환기지 : 항공기가 갑작스럽게 어떠한 부분에 결함이 발생했을 때 다시 정비를 하기 위해 출발기지로 돌아가기는 위한 기지

> **Note**
> ① 단위 구성품(Unit) : 쉽게 장착, 장탈할 수 있는 종합적인 부품
> ② 부품(Part) : 볼트, 너트, 핀, 스크루 등 구조가 간단하고 모든 규격과 제조 공정이 표준화되어 있는 것

2. 정비관리

가. 정비관리의 개념

(1) 정비방식
① 시한성 정비
㉠ 장비나 부품의 상태는 관계하지 않고 정비시간의 한계 및 폐기시간의 한계를 정하여

정기적으로 분해, 점검하거나 폐기 한계에 도달한 장비나 부품을 새로운 것으로 교환하는 방식

　　ⓒ 오버홀, TRP(Time Regulated Parts, 시한성 부품) 등에 해당
② 상태정비
　　㉠ 정기적인 육안검사나 측정 및 기능시험 등의 수단에 의해 장비나 부품의 감항성이 유지하고 있는지를 확인하는 정비방식
　　ⓒ 성능 허용한계, 마멸한계, 부식한계를 가지는 장비나 부품에 활용
③ 신뢰성 정비 : 안정성에 직접 영향을 주지 않으며 정기적인 검사나 점검을 하지 않은 상태에서 고장을 일이키거나 그 상태가 나타날 때까지 사용할 수 있는 일반 부품이나 장비에 적용하는 것으로 고장률이나 운항 상황 등의 데이터를 분석하여 필요한 부분만을 정비하는 방식이다.

> **Note | 정비방식이 신뢰성으로 가고 있는 이유**
> ① 최근에 와서 항공기의 설계, 제작 기술이 크게 발전됨에 따라 구조의 부분적 손상 또는 장비품의 단독 고장 등 경미한 결함이 생기더라도 2중 시스템이나 3중 시스템 채택 등으로 비행의 안정이나 비행 능력에 거의 영향을 미치지 못한다.
> ② 비피괴 검사 기술의 발전과 OC 방식이 가능한 구조 개선으로 기체구조, 엔진 및 장비품의 내부 상태까지를 외부에서 손쉽게 점거할 수 있다.
> ③ 컴퓨터를 이용한 고장 데이터의 처리와 모니터링 기술의 발달로 기재의 신뢰성이 언제나 확인될 수 있다.

(2) **정비관리방식** : 감항성을 확보하고 항공기재의 품질을 향상시키는 정비작업
　① 예방 정비관리 : 장비나 부품의 고장 발생을 전제로 하여 그 상태에 관계없이 그 장비나 부품이 일정한 한계에 도달하면 항공기로부터 장탈하여 정기적으로 분해 정비하는 방식
　② 신뢰성 정비관리 : 항공 기재의 품질상태를 상태정비 방식이나 신뢰성 정비방식 등에 의해 수리로 감시하고 미리 설정된 품질 수준이 지켜지지 않을 때에는 바로 원인 규명, 대책 및 조치한 후에 다시 정보수집을 하는 일련의 활동을 기능적으로 수행하는 단계

> **Note | 예방정비의 모순점**
> ① 본래의 사용시간과 고장과는 상관관계가 없는 부품이 많고 장시간 만족스럽게 작동되는 장비나 부품을 고의로 장탈
> ② 장비나 부품을 장탈하거나 또는 분해 조립 시 고장 발생의 가능성
> ③ 만족스럽게 작동되는 부품을 조기에 장탈하기 때문에 본래의 결점을 파악하기 어려워 품질 개선이 이루어지지 않는다.

나. 정비조직

(1) **정비지원 업무의 조직**
　① **정비관리 업무** : 정비계획 및 통제업무를 담당하는 것으로 정비계획을 세우고 정비기술 인력, 정비지원 장비, 정비 시설 등을 운용하며 정비작업 통제 및 항공기 운용 업무를 담당
　② **품질 관리 업무** : 정비 품질을 유지 관리하는 조직

③ 보급 관리 업무 : 항공기 부품의 수습 계획 및 저장 관리
④ 기술 관리 업무 : 정비 기술 지시 및 정비규정의 작성, 고장의 대책, 기술자료의 관리
⑤ 정비 훈련 관리 업무 : 정비 기술 인력의 전문 교육 훈련을 담당

(2) **정비 업무의 조직** : 항공기 정비를 직접수행하는 업무
① 운항정비 공장 : 운항을 직접 지원
② 기체정비 공장 : 항공기 기체의 공장정비를 수행하는 부서
③ 기관정비 공장 : 항공기 기관의 공장정비를 담당
④ 장비정비 공장 : 전자기기나 기타 장비의 공장정비 수행

다. 정비기술관리

(1) **정비규정** : 항공법을 기준으로 하여 항공회사가 정비작업에 관한 안정성 확보 및 효과적인 정비작업의 수행을 목적으로 설정된 기술적인 규칙과 기준(정비규정은 항공운송사에서 정하지만 국토교통부장관의 허가를 받아서 사용)

① 정비에 종사하는 자의 직무
② 정비기지의 시설 및 기구
③ 기체 및 장비품 등의 정비방식
④ 장비품 등의 사용시간 한계
⑤ 장비품의 기록 작성 및 보관방법
⑥ 항공기의 운항허가 기준
⑦ 정비에 종사하는 자의 훈련방법

(2) **정비기술도서** : 항공기와 기관 및 기타 장비를 운용하고 정비하는데 요구되는 모든 기술 자료를 수록하고 있는 간행물로서 미국항공운송협회(ATA)의 규격에 따라 구성
① 정비기술정보 : 기체구조 수리교범, 오버홀 교범, 전기 배선도 교범, 검사 지침서
② 작동기술정보 : 비행교범(작동교범)
③ 부품기술정보 : 부품 도해목록(IPC), 구매 부품 목록, 가격 목록

(3) 정비 작업에 있어서 정비 규정 이외의 기술적인 지시를 망라하는 것으로 항공기의 개조, 계획적인 대수리, 일시검사, 부품의 제작, 정비 사항의 긴급한 실시 등의 특별 작업을 지시하는데 사용하는 기술자료
① 감항성 개선 명령(Airworthiness Directive, AD)
② 정비 지원 기술 정보(Service bulletin, SB)
③ 시한성 기술 지시(Time compliance technical order, TCTO)

> **Note**
> 감항성 개선 기술 지시(민간 항공기), 시한성 개선 기술 지시(군용 항공기)는 강제적으로 수행되어야 할 구속력을 갖는다.

3. 정비규정 및 업무

가. 정상작업 및 특별작업

(1) **정상 작업** : 정비 사항에 따라 일정한 기간마다 반복하여 수행되는 계획적인 정비 작업 또는 불가항력적으로 발생한 정비 사항을 필요에 따라 비계획적으로 수행하는 정비 작업을 말한다.

① 계획정비 : 감항성을 유지하고 확인하기 위한 점검, 검사, 보급, 정기적인 부품 교환 등을 포함하는 정비작업으로 넓은 의미에서 정시 점검과 시한성 부품의 교환 등으로 나뉜다.

② 비계획 정비 : 예측할 수 없는, 불가항력적으로 발생한 항공기 및 계통의 고장에 대한 수리 점검, 고장 탐구 및 항공 기재의 상태가 특정한 조건에 해당하였을 경우 수행하는 정비를 말한다.

(2) **특별 작업** : 특별 작업은 항공 기재의 품질을 향상시키거나 항공기 및 관련 장비의 기능 변경을 목적으로 하여 설계 변경을 시키는 개조 작업 및 일시적인 검사(AD, TCTO) 등을 수행하는 작업을 말한다.

나. 기체의 정비작업

(1) **비행조건**

① 최소구비 장비목록(MEL) : 경미한 결함의 수정이나 감항성에 영향이 없는 장비의 교환작업이 정시성에 해를 끼치게 될 경우에 안정성을 보장할 수 있는 한계에서 다음 기지까지 정비 작업을 이월시켜 운항하도록 하기 위한 것

② 부족허용 부품목록(MPL) : 감항성을 저해하는 요소가 없는 범위 내에서 운항 중에 분실 또는 멸실된 부품에 대하여 정시성의 확보를 목적으로 운항을 허용하기 위한 것으로 자재와 설비 및 예산이 확보될 때에는 즉시 원상태로 복원하는 것

(2) **지상 정비지원**

① 지상 취급 : 견인, 계류, 호이스트, 잭 작업, 지상 유도 작업 등

② 보급 : 연료, 윤활유, 작동유, 액체 산소 및 기체 산소, 압축 공기, 물 등을 보급

③ 세척 및 부식처리 : 수명을 연장하는 가장 쉬우면서도 적극적인 방법

④ 비행 가능 상태의 확인 : 비행 가능 상태의 확인 작업은 항공기가 비행할 수 있는 상태인지의 여부를 확인하기 위한 비행 전 점검과, 중간 기착지에 착륙하였다가 다시 비행하기 전의 중간 점검을 마치고, 감항성을 위한 모든 정비 작업의 이력을 확인하기 위하여 항공일지 등을 검토한 다음 정비사가 일지에 확인 서명을 함으로써 비행을 개시할 수 있도록 하는 작업이다.

(3) **기체의 점검**

① 비행 전 점검과 비행 후 점검

㉠ 비행 전 점검(T-check) : 비행 전에 외부점검과 세척, 운항 중에 소비할 액체 및 기체의

보충, 기관 및 필요한 계통의 점검, 그 밖에 항공기 시동의 지원 및 지상 동력장비의 지원 등을 통하여 항공기의 출발을 준비하는 것
- 비행 전 점검 내부 점검사항 : 외부 조명계통의 작동상태
- 비행 전 점검 외부 점검사항 : 각 계통의 배유 및 배수 상태 점검, 동·정압공의 가열 및 청결상태 점검, 조종계통의 장착 및 점검 상태 점검

ⓒ 비행 후 점검 : 최종 비행을 마치고 수행하는 점검으로 항공기 내부와 외부의 세척, 탑재물의 하역 액체 및 기체의 보급, 운항 중에 발생한 결함 교정 등을 하여 다음날의 비행을 준비하는 것

② **정시점검** : 일정한 점검주기를 가지고 반복하여 점검할 수 있도록 하는 정비
  ㉠ A 점검 : 항공기의 소모성 액체나 기체를 보급하고 비행 중 손상되기 쉬운 조종면, 타이어 제동장치, 기관들을 중심으로 행하는 점검으로 운항하는 사이사이 시간을 이용(결함 수정, 기내 청소)
  ㉡ B 점검 : A 점검의 점검 항목에 보충해서 기관점검을 위주로 하며 운항 중의 시간을 이용하여 행한다.
  ㉢ C 점검 : A 점검과 B 점검 이외에 보든 계통의 배관과 배선, 기관, 착륙장치 등에 대한 점검 항목, 기체 구조의 외부 점검 및 작동 부위의 윤활과 시한성 부품의 교환 등이 행해지는 점검으로 2~3일 정도 운항을 중지하여 점검
  ㉣ D 점검 : 오버홀 점검, 주로 기체 구조나 내부검사가 본래의 목적이지만 A 점검, B 점검, C 점검의 점검 항목 이외의 계통의 작동 점검이나 기능 점검 및 기체 중심의 측정 등과 항공기 도장 포함(감항성을 유지하기 위한 기체 점검의 최고 단계)
  ㉤ 내부 구조 검사(ISI) : 감항성에 일차적인 영향을 끼칠 수 있는 기체 구조를 중심으로 검사하여 감항성을 유지하기 위한 기체 내부 구조에 대한 표본 검사

③ **정기점검** : 일정한 기간 동안 비행을 하지 않았다면 비행시간을 기준하여 행해져야 하는 정시 점검이 수행되지 않게 된다. 그러나 각 부분에는 비행시간의 경과와는 관계없이 노화되는 부분이 있다. 따라서, 이러한 부분은 비행시간에 관계없이 일정한 기간이 지나면 정기적으로 점검하여야 하는데 이를 정기점검이라 한다.

④ **기체의 오버홀** : 항공기 기체 및 각 계통의 수리 순환 품목을 분해, 세척, 수리 및 조립하여 새것과 같은 상태로 만드는 것으로 사용시간을 "0"으로 환원한다.

⑤ **분할 오버홀** : 오버홀 점검 항목을 분할하여 일정한 시간마다 단계적으로 수행함으로서 일정한 시간이 항공기 전체가 오버홀 되도록 하는 정비방식으로 정비시간을 단축할 수 있는 장점이 있다.

⑥ **HT(HARD TIME)** : 일정한 사용시간에 도달한 장비품 등을 항공기에서 장탈하여 정비하거나 폐기하는 정비기법으로 폐기 및 오버홀 등이 요구

⑦ 수리 순환 품목 : 부품을 사용 후 수리 또는 오버홀하여 다시 항공기에 사용하고 항공기에서 장탈하여 다시 수리나 오버홀 과정을 거치는 품목

다. 기관의 정비작업

(1) 기관의 검사

① 윤활유 분광 검사(Spectrometric Oil Analysis Program, SOAP) : 정기적으로 사용중인 윤활유를 채취하여 분광 분석장치에 의해 혼합된 미량의 금속을 분석하여(추출된 샘플을 전기용광로에서 연소시켜 분광계로 분석) 윤활유가 순환되는 작동 부위의 이상 상태를 탐지

② 기관의 보어스코프 검사 : 보어스코프(간접 육안검사)를 이용하여 기관의 압축기 부분이나 터빈 부분의 결함 상태를 확인 검사하는 방법

③ 고열 부분의 검사(Hot Section Inspection, HSI) : 연소실이나 터빈 등 고열부분만을 중점적으로 점거하고 나머지 부분은 그대로 조립하는 검사 방법으로 목적은 다음과 같다.
　㉠ 기관의 감항성을 확인하기 위해서 뿐만 아니라 기관의 사용 시간 연장
　㉡ 불필요한 분해 정비하지 않기 위해 정비 시간 단축

(2) 기관 중정비(engine heavy maintenance) : 기관을 기체로부터 정기적으로 계획한 시간 간격으로 장탈하여 각 구성 부품에 따라 정해진 검사, 수리, 교환 등을 수행하는 정비

(3) 기관 상태 정비(on condition maintenance) : 가스터빈 기관의 효율적인 운영과 신뢰성 관리를 위하여 기과 정비에서의 점검과 검사 및 수리 등의 결과 부품 교환상황, 운항 중의 고장 상황 등 관련된 정보를 수집하고 분석하여 필요한 시기에 필요한 부품에 대해 요구되는 정비

(4) 기관의 오버홀 : 시한성 정비방식에 의해 사용시간 한계 내에서 기체로부터 기관을 장탈하여 완전 분해 수리함으로서 사용시간을 "0"으로 환원(주로 왕복기관에 적용)

> **Note**
> ① FDM(Flight Data Monitorring, 비행자료 수집장치) : 배기가스 온도, 연료 유량 및 진동 등을 기록하고 이것의 수치 변동 경향으로부터 기관 부품의 변형 등을 밝혀내는데 활용
> ② AIDS(Aircraft Integrated Data System, 비행기록 직접장치) : 기관을 비롯하여 모든계통의 각 부분에 감지기를 붙여 비행중의 압력, 유량, 온도 및 변위 등의 신호를 연속적으로 기록하고 이상이 있는 자료를 지상의 전자계산기로 처리하여 부품의 기능저하 결함의 탐지나 고장을 탐구하는데 활용

라. 장비의 정비작업

(1) 부품 상태 구분

① 사용가능 부품(serviceable parts) : 노란색 표찰(Tag)
② 수리요구 부품(repairable parts) : 초록색 표찰(Tag)
③ 폐기품(condemn parts) : 빨간색 표찰(Tag)

> **Note** | 수리중 : 파란색 표찰(Tag)

(2) 기능 점검 : 항공기의 계통 및 구성품의 작동이나 각종 작동유, 연료 등의 흐름상태, 온도, 압력 등이 규정된 지시 상태로 정상 기능을 발휘하는 허용 한계값 내에 있는가를 결정하기 위한 세부 검사로서 항공기에 장착된 상태에서 수행하는 정비

(3) 벤치 첵 : 작동점검이나 기능점검으로 구성품의 기능이나 성능을 알 수 없을 때 구성품을 장탈하여 전문 공장에서 시험 장비를 이용하여 작동시험 및 측정을 해보고 필요한 경우에 분해 세척한 후 단순한 조치를 취하는 단계까지의 정비 작업

(4) 장비의 수리 : 육안 검사, 비파괴 검사, 및 그 밖의 벤치 첵 등을 수행하여 고장의 원인을 알아낸 다음 고장 부분을 수리 또는 교환함으로서 정상 작동 기능을 가지도록 하는 작업으로 사용시간이 "0"으로 환원되지 않는다.

(5) 장비의 오버홀 : 분해, 세척, 검사, 수리, 품목의 교환, 조립, 시험 등의 정비 단계를 거쳐 새것과 같은 상태로 만드는 정비작업으로 부품의 사용시간을 "0"으로 환원

02 정비작업

1. 항공기 기계요소

가. 항공기용 볼트(Bolt)

(1) 볼트의 재질 : 항공기용 볼트는 일반적으로 니켈강이나 알루미늄 합금을 사용한다.

(2) 볼트의 구성 : 두부(Head)와 섕크(Shank)로 구성

① 섕크 : 나사에서 머리 부분을 제외한 나머지 몸통의 길이

② 그립(Grp)

  ㉠ 섕크에서 나사산 부분을 제외한 나사의 길이로서 체결하고자 하는 부품의 두께와 같거나 더 커야 하며 절대로 그립의 길이가 작아서는 안 된다.

  ㉡ 접시머리 볼트(Countersunk head bolt)의 경우 그립의 길이는 헤드까지 포함된 전체 길이에서 나사산 부분의 길이를 뺀 나머지 길이이다.

> **Note | AN 볼트 규격**
> AN 3 DD-6
> • AN 3 : 표준 육각머리 볼트
> • 3 : 볼트 지름(3/16 인치)
> • DD : 재질(2024 T)
> • 6 : 볼트의 길이(6/8 인치)
> ※ 표준 육각머리 볼트는 AN 3~AN 20까지 있다.

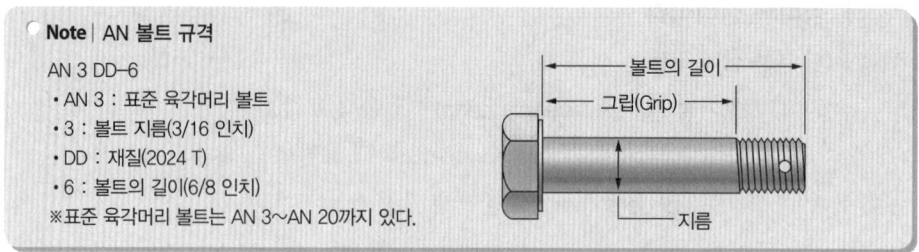

(4) 나사산 피치의 종류 및 나사의 등급

① 나사산 피치의 종류

    ㉠ NF(American National Fine Pitch) : 1인치당 나사산 수가 14개인 나사

    ㉡ UNF(American Standard Unified Fine Pitch) : 1인치당 나사산 수가 12개인 나사

    ㉢ NC(American National Coarse)

    ㉣ UNC(American Standard Unified Coarse)

② 나사 등급의 종류

    ㉠ 1등급(CLASS 1) : LOOSE FIT

    ㉡ 2등급(CLASS 2) : FREE FIT

    ㉢ 3등급(CLASS 3) : MEDIUM FIT – NF계열 나사산 사용

    ㉣ 4등급(CLASS 4) : CLOSE FIT

> **Note | 항공기용 볼트**
> 항공기용 볼트는 CLASS 3, NF 계열나사산을 사용한다.

(5) 볼트 머리 기호 식별

머리기호	종류	허용강도	비고
—	내식성 볼트		
=	내식성 볼트		
+	합금강 볼트	125,000~145,000 psi	
△	정밀공차볼트		
⚠	정밀공차볼트	160,000~180,000 psi	고강도볼트
⚠⚠	정밀공차볼트	125,000~145,000 psi	합금강볼트
R	열처리 볼트		
- -	알루미늄 합금 볼트		
=	황동 볼트		

(6) 항공기용 볼트의 종류

① 육각 볼트(HEX HEAD)(AN 3~AN 20) : 일반적인 인장 및 전단하중을 담당하는 구조부용 볼트로서 모든 목적에 사용된다.

    ㉠ 직경이 1/4IN 이하의 AL 합금볼트는 일차 구조 부분에 사용 불가하다.

    ㉡ 카드뮴 도금 강철 볼트에 알루미늄 합금 너트는 이질금속의 부식 때문에 해상 항공기에는 사용 불가능하다.

    ㉢ 알루미늄 합금 볼트나 너트는 정비 및 점검 목적으로 자주 장탈하는 부분에 사용해서는 안 된다.

② 정밀공차 볼트(AN 173~186) : 일반 볼트보다 정밀하게 가공된 볼트이다.
  ㉠ 심한 반복운동이나 진동이 발생하는 곳과 같이 단단히 조여야 할 곳에 사용한다.
  ㉡ 12~14 온스의 망치로 쳐야 제 위치로 들어간다.
③ 인터널 렌치 볼트(MS 20004~MS 20024) : 인터널 렌치 볼트라고도 한다.
  ㉠ 고강도강으로 만들어졌으며 특수 고강도 너트와 함께 사용한다.
  ㉡ 인장과 전단이 작용하는 부분에 사용하는 것이 좋다.
  ㉢ AN 육각 머리볼트와 강도 차이 때문에 교체 사용이 불가능하다.
  ㉣ 볼트 체결시 육각형의 L 렌치를 사용한다.
④ 드릴 헤드 볼트(AN 73~AN 81) : 안전결선 구멍이 마련되어 있으며 머리 부분의 두께가 일반적으로 두껍다.
⑤ 크레비스 볼트 : 보통 스크루 드라이버를 사용하여 장착하며 전단하중만 작용하는 곳에 사용되고 조종계통에 기계적 핀으로 자주 사용된다.
⑥ 아이볼트 : 외부에서 인장 하중이 작용하는 곳에 사용되며 고리(EYE)는 턴 버클, 크레비스 혹은 케이블 걸이가 걸리도록 되어 있다.
⑦ 로크 볼트(고정 볼트, lock bolt) : 고강도 볼트와 리벳으로 구성되며 날개의 연결부, 착륙장치의 연결부와 같은 구조부분에 사용된다. 재래식 볼트보다 신속하고 간편하게 장착할 수 있고 와셔를 사용하지 않아도 된다.
  ㉠ 풀(pull)형 고정 볼트 : 특수 공기총을 사용하여 혼자서 작업이 가능하다.
  ㉡ 스텀프(stump)형 고정 볼트 : 공간이 매우 좁은 경우에 사용한다.
  ㉢ 블라인드(blind)형 고정 볼트 : 한쪽 면에서만 작업이 가능한 부분에 사용한다.

(7) **볼트의 체결 방법** : 볼트와 너트가 헐거워졌을 때에 빠지지 않도록 하기 위한 방법
  ① 머리 방향이 비행 방향이나 윗 방향으로 향하게 체결
  ② 회전하는 부품에는 회전하는 방향으로 향하도록 체결
  ③ 볼트 그립의 길이는 결합 부재의 두께와 동일하거나 약간 긴 것을 선택하고 길이가 맞지 않을 때에는 와셔를 이용하여 길이를 조절해야 한다.

나. 항공기용 너트(NUT)

(1) **분류와 용도**
  ① 분류
    ㉠ 비자동 고정 너트 : 너트 자체만으로는 진동 등의 원인에 위해 나사가 풀리는 것을 방지할 수 없어 특별한 고정장치가 필요한 너트를 말한다.(Cotter Pin)
    ㉡ 자동 고정 너트 : 너트를 조여주면 자동적으로 고정되는 너트로 고정장치가 별도로 필요 하지 않다.

② 용도 : 볼트와 함께 사용되어 부품의 체결시 사용되며 임의로 풀고 조일 수 있는 특징이 있다.

(2) 비자동 고정너트
① 캐슬 너트(Castle Nut)
  ㉠ 용도 : 섕크에 안전핀 구멍이 있는 육각 볼트, 크레비스 볼트, 아이 볼트, 드릴 헤드 볼트 등에 사용하며 큰 인장하중에 잘 견디는 특성이 있다.
  ㉡ 고정 장치 : 코터 핀
② 평 너트(Plain Nut)
  ㉠ 용도 : 큰 인장 하중을 받는 곳에 적합
  ㉡ 고정 장치 : 체크 너트나 고정 와셔
③ 얇은 육각 너트
  ㉠ 용도 : 보통의 육각 너트보다 더 가벼운 너트로서 전단하중이 작용하는 곳에 사용
  ㉡ 고정 장치 : 체크 너트나 고정와셔
④ 나비 너트(Wing Nut) : 손가락으로 조일 수 있을 정도의 강도가 요구되는 부분이나 자주 장탈되는 곳에 사용
⑤ 평 체크 너트 : 평 너트, 세트 스크루(Set Screw) 끝에 나사산 로드(Rod)에 고정장치로 사용

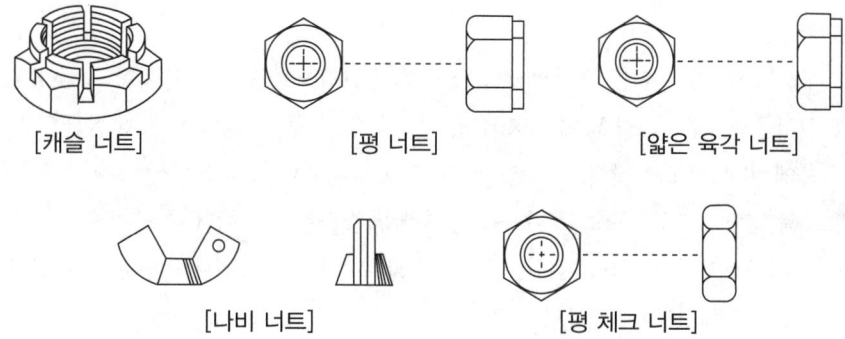

[캐슬 너트]   [평 너트]   [얇은 육각 너트]

[나비 너트]   [평 체크 너트]

(3) 자동 고정너트
① 분류 : 전금속형, 파이버형
② 사용장소
  ㉠ Antifriction(마찰방지 베어링)과 조종 풀리의 장착에 사용
  ㉡ 보기 검사창 주위의 앵커 너트 및 작은 탱크의 장착 구멍
  ㉢ Rocker Box 덮개와 배기관
  ㉣ 자동 고정 너트는 과도한 진동 하에서 쉽게 풀리지 않는 강도를 요하는 연결에 사용되며 볼트나 너트가 회전하는 연결부에 사용 불가

③ 전금속형 자동 고정 너트 : 전금속형은 스프링의 탄성을 이용하여 볼트를 꽉 잡아주어 고정되는 형태로 고온부에 주로 사용된다.

④ 파이버형 자동 고정 너트 : 파이버 고정형 너트는 너트 안쪽에 파이버 칼라를 끼워 탄력성을 줌으로써 자체가 스스로 체결되고, 동시에 고정작업이 이루어지는 너트이다. 일반적으로 자동 고정 너트는 일반적으로 사용 온도 한계인 121℃(250F) 이하에서 제한 횟수만큼 사용할 수 있게 되어 있으나, 경우에 따라서는 649℃(1200F)까지 사용할 수 있는 것도 있다. 재사용 가능 횟수는 다음과 같다.

　㉠ 파이버형 : 약 15회
　㉡ 나이론형 : 약 200회

⑤ 플레이트 너트(Plate Nut) : 앵커 너트(Anchor Nut)
　㉠ 용도 : 얇은 패널에 너트를 부착하여 사용할 수 있도록 고안되어 있으며 항공기 구조부의 폐쇄 표피에 점검창 등을 낼 때 사용한다.
　㉡ 재질 : 알루미늄 합금

> **Note | 너트의 식별 기호**
> AN310 D – 5 R
> • AN310 : 항공기용 캐슬 너트
> • D : AL 합금 (2017T)
> • 5 : 사용 볼트의 직경 (5/8in)
> • R : 오른나사

다. 항공기용 스크루(Screw)

(1) 종류

① 구조용 스크루 : 같은 크기의 볼트와 같은 전단강도를 가지면 명확한 그립을 갖고 있다.

② 기계용 스크루 : 가장 많이 사용되며, 저탄소강, 황동, 내식강이나 Al 합금으로 만들어 구조용에 비해 강도가 낮다. (예, 둥근 머리 스크루, 납작 머리 스크루, 필리스터 스크루)

③ 자동 탭핑 스크루 : 스스로 나사를 내면서 체결되는 부품이다.
　㉠ 비구조재의 영구적인 접합, 구조물에 얇은 판을 부착, 리벳 작업을 위해 일시적으로 판재를 접합하는 곳에 사용한다.
　㉡ 자동 탭핑 스크루는 1차 구조에 사용해서는 안 된다.

(2) 스크루와 볼트의 차이점

① 볼트보다 일반적으로 낮은 강도를 갖는다.　② 볼트보다 질이 낮다.
③ 명확한 그립을 가지고 있지 않다.　④ 나사 부분의 정밀도가 낮다.
⑤ 대부분 스크루 드라이버로 장탈된다.

(3) 나사못의 식별방법

① AN 501 A B P 416 8
　㉠ AN : AN 표준 기호
　㉡ 501 : 둥근 납작 머리 스크루(필리스터 머리 기계 나사)
　㉢ A : 나사에 구멍 유무(A : 있다, 무표시 : 없다)

ⓔ B : 나사못의 재질
- B : 황동, C : 내식강, DD : AL합금(2024T)
- D : AL합금(2017T), P : 머리의 홈(필립스)

ⓜ 416 : 나사못의 축의 지름(4/16 인치)

ⓗ 8 : 나사못의 길이(8/16 인치)

② AN 507 C 428 R 8

ⓐ AN : AN 표준 기호

ⓑ 507 : 100° 납작머리

ⓒ C : 내식강

ⓓ 428 : 축의 지름의 4/16, 1인치당 나사산의 수가 28개임

ⓔ R : + 홈이 머리에 있음

ⓗ 8 : 길이가 8/16인치

라. 항공기용 와셔(Washer)

(1) 평 와셔(Plane Washer) : AN 960, AN 970

① 너트에 평활한 면압을 형성하여 부품의 파손을 방지한다.
② 볼트와 너트 조립 시 알맞은 그립 길이를 확보한다.
③ 캐슬 너트 사용 시 볼트에 있는 코터 핀 구멍이 일치되도록 너트 위치를 조절한다.
④ 표면 재질을 손상시키지 않기 위하여 고정 와셔 밑에 사용한다.
⑤ 너트를 고정시키는 고정 장치로 사용되기도 한다.

(2) 고정 와셔(Lock Washer) : AN 935, AN 936

① 역할 : 자동 고정 너트나 캐슬 너트가 적합하지 않는 곳에 기계용 스크루나 볼트에 함께 사용되는 고정 장치

② 종류
ⓐ 스프링 와셔 : AN 935로 진동에 강한 특성을 갖고 있으며, 스프링의 탄성을 이용하여 너트를 고정시킨다. 또한 스프링 와셔는 재사용이 가능하다.
ⓑ 스타 와셔 : AN 936은 고온부에 사용되며 재사용되지는 않는다.

③ 고정 와셔가 사용될 수 없는 경우
ⓐ 파스너와 함께 1차, 2차 구조에 사용할 경우
ⓑ 파스너와 함께 항공기 어느 부품이든지 이 부품의 결함이 항공기나 인명에 손상이나 위험을 줄 수 있는 결과가 우려되는 곳
ⓒ 결함으로 틈새가 생겨 연결부위에서 공기 흐름이 누출되는 곳
ⓓ 스크루가 빈번하게 제거되는 곳

ⓜ 와셔가 공기 흐름에 노출되는 곳

ⓑ 와셔가 부식 조건에 영향을 받는 곳

ⓢ 표면의 결함을 막는 밑바닥에 평와셔가 없이 와셔가 직접 재료에 닿는 경우

(3) 특수 와셔(AN 950, AN 955) : 볼 소켓 와셔와 볼 시트 와셔는 표면에 어떤 각을 이루고 있는 볼트를 체결하는데 사용한다.

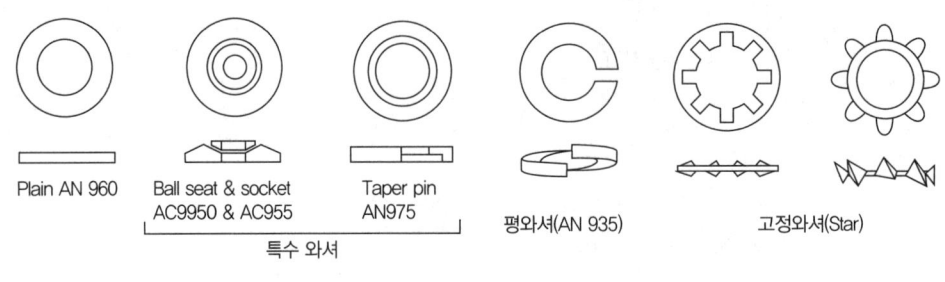

[와셔]

마. 항공기용 리벳(Rivet)

(1) 기능 : 구조 부재의 기계적 영구결합에 사용

(2) 머리 모양에 따른 종류

① 둥근 머리 리벳(Round head rivet, AN 430, AN 435, MS 20435) : 항공기 표면에는 공기 저항이 많아 사용하지 못하고 항공기 내부의 구조부에 사용되며 주로 두꺼운 금속판의 결합에 사용

② 납작 머리 리벳(Flat head rivet, AN 441, AN 442) : 둥근머리 리벳과 마찬가지로 외피에 사용하지 못하고 내부 구조 결합에 사용

③ 접시 머리 리벳(Counter sunk head rivet, AN 420, AN 425, MS 20426) : 일명 Flush 리벳, 접시머리 리벳이라 불리고 항공기 외피용 리벳으로 결합

④ 브래지어 리벳(AN 435) : 둥근머리 리벳과 카운트 성크 리벳의 중간 정도로서 머리의 직경이 큰 대신 머리 높이가 낮아 둥근머리 리벳이 비하여 표면이 매끈하여 공기에 대한 저항이 적은 대신 머리 면적이 커 면압이 넓게 분포되므로 얇은 판의 항공기 외피용으로 적합

⑤ 유니버설 리벳(AN 470) : 브래지어 리벳과 비슷하나 머리 부분이 강도가 더 강하고 항공기의 외피 및 내부 구조 결합용으로 많이 사용

> **Note** | 카운터 성크 각도
> - AN 420 : 90°
> - AN 425 : 78°
> - AN 426 : 100°

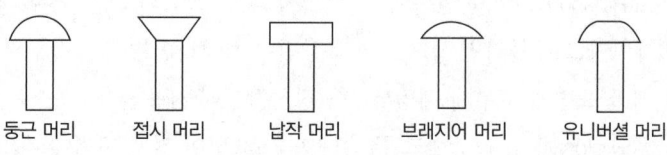

[리벳의 종류]

(3) 재질에 따른 분류

① 1100(2S) : A로도 표기하며 순수 알루미늄 리벳으로 비구조용 사용한다.

② 2117 T(AD) : A 17 ST로도 표기하며 항공기에 가장 많이 사용되며 열처리를 하지 않고 상온에서 작업을 할 수 있다.

③ 2017 T(D) : 17 ST로도 표기하며, Ice box rivet으로 2117 T 리벳보다 강도가 요구되는 곳에 사용되며 상온에서 너무 강해 풀림처리 후 사용한다. 상온 노출 후 1시간 후에 50% 정도 경화되며 4일쯤 지나면 100% 경화된다. 냉장고에서 보관하고 냉장고에서 꺼낸 후 1시간 이내 사용해야 한다.

④ 2024 T(DD) : 24 ST로도 표기하며, Ice box rivet으로 2017 T보다 강한 강도가 요구되는 곳에 사용하며 열처리 후 냉장 보관하고 상온 노출 후 10~20분 이내에 작업을 하여야 한다.

⑤ 5056(B) : 마그네슘(Mg)과 접촉할 때 내식성이 있는 리벳이며 마그네슘 합금 접합용으로 사용되며 머리에 + 표로 표시한다.

⑥ 모넬 리벳(M) : 니켈 합금강이나 니켈강 구조에 사용되며 내식강 리벳과 호환적으로 사용할 수 있는 리벳이다.

⑦ 구리(C) : 동합금, 가죽 및 비금속 재료에 사용한다.

⑧ 스테인레스강(F, CR Steel) : 내식강 리벳으로 방화벽, 배기관 브라켓 등에 사용한다.

(4) 리벳의 규격 및 식별
: 항공기용 AN 표준 규격 리벳은 종류와 재질, 직경 및 길이 등 리벳에 대한 필요한 사항을 나타낼 수 있는 다음과 같은 표시 기호가 정해진다.

① AN 470 AD 3 – 5

　㉠ AN 470 : 유니버설 리벳　　㉡ AD : 재질(2117)

　㉢ 3 : 직경(3/32 인치)　　㉣ 5 : 길이(5/16 인치)

② AN 426 D 5 – 12

　㉠ AN 426 : 카운트 성크 머리(100°)　㉡ D : 재질(2017)

　㉢ 5 : 직경(5/32 인치)　　㉣ 12 : 길이(12/16 인치)

(5) 특수 리벳

① 체리 리벳(Cherry rivet) : 버킹 바(bucking bar)를 댈 수 없는 곳에 쓰이며 돌출 부위를 가지고 있는 스템(stem)과 속이 비어있는 리벳 생크, 머리로 되어 있다.

② 리브 너트(Rib nut) : 생크 안쪽에 구멍이 뚫려 나사가 나있는 곳에 리브너트를 끼워 시계 끼워 시계방향으로 돌리면 생크가 압축을 받아 오그라들면서 돌출부위를 만든다. 항공기의 날개나 테일 표면에 고무재 제빙부츠를 장착하는데 사용한다.

③ 폭발 리벳(Explosive rivet) : 생크 끝 속에 화약을 넣어 리벳 머리에 가열된 인두로 폭발시켜 리벳작업을 하도록 되어 있다. 연료탱크나 화재 위험 있는 곳 사용을 금지한다.

④ 고전단 응력 리벳 : 블라인드형 리벳이 아니며(재료의 양편에서 작업) 전단응력만 작용하는 곳에 사용하고 그립 길이가 생크의 직경보다 작은 곳에는 사용이 불가하다.

> **Note | 리벳 이음의 특성**
> ① 초응력에 의한 잔류 변형률이 생기지 않으므로 취약 파괴가 일어나지 않는다.
> ② 구조물 등에서 현지 조립할 때에는 용접 이음보다 쉽다.
> ③ 경합금과 같이 용접이 곤란한 재료에는 신뢰성이 있다.
> ④ 강판의 두께에 한계가 있으며 이음 효율이 낮다.

바. 턴 록 파스너(Turn Lock Fastener)

(1) **용도** : 항공기에 있는 점검판, 창, 기타 장탈 가능한 판을 안전하게 고정시키며 검사와 정비를 목적으로 판넬을 쉽고 빠르게 장탈하는데 사용한다.

(2) **종류**

① 쥬스 파스너

㉠ 구성 : 스터드, 그로멧, 리셉터클

㉡ 종류 : 윙(Wing), 플러시(Flush), 오벌(Oval)

㉢ 규격 : 머리부에 몸체의 직경, 길이, 머리 모양이 표시되어 있다.

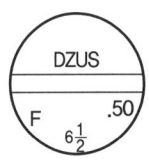

F : Flush head
$6\frac{1}{2}$: 몸체 직경(6.5/16 인치)
50 : 몸체의 길이(50/100 인치)

② 캠록 파스너

㉠ 구성 : 스터드 어셈블리, 그로멧, 리셉터클

㉡ 용도 : 엔진의 카울링(cowling)을 장착하는데 주로 사용

③ 에어록 파스너 : 스터드, 크로스 핀, 리셉터클로 구성

사. 항공기용 고정핀

(1) **기능** : 연결부의 고정장치로 사용

(2) **종류**

① 테이퍼 핀

㉠ 용도 : 전단하중을 전달하는 연결부와 유격이 있어서는 안 되는 곳에 사용

ⓛ 종류 : 평 테이퍼 핀, 나사산 테이퍼 핀
② 납작머리 핀(크레비스 핀)
　㉠ 용도 : 타이로드(Tie rod) 터미널과 계속적으로 작동하지 않는 부조종 계통에 사용
　㉡ 장착방법 : 보통 코터 핀으로 고정되며 핀이 파손되었거나 빠졌을 경우에도 그곳에 남아 있도록 항상 머리가 위로 향하도록 장착한다.
③ 코터 핀
　㉠ 용도 : 볼트, 스크루, 너트, 핀 등의 안전장치로 사용
　㉡ 주의사항 : 재사용 불가

> **Note** | 내식강 코터 핀
> 비자성 물질이 필요한 곳이나 부식에 강한 재질이 요구되는 곳에 사용된다.

아. 턴버클과 케이블

(1) 턴버클(turn buckle)

① 용도 : 조종 케이블의 장력을 조절하는데 사용
② 구성 : 턴 버클 배럴과 턴 버클 단자로 구성되며, 턴 버클 배럴은 한쪽은 오른나사, 다른 한 쪽은 왼나사로 되어 있어 배럴을 돌리면 동시에 잠기고 동시에 풀려 케이블이 장력을 규정된 장력으로 조일 수 있다.
③ 턴버클의 안전 고정작업
　㉠ 단선식 결선법(single wrap method) : 케이블 직경이 1/8인치 이하(3.3mm 이하)에 사용하며 턴버클 앤드에 5~6회(최소 4회) 정도 감아 마무리 한다.
　　• 턴버클의 죔이 적당한 지 확인한다. 확인 방법은 나사산이 3개 이상 밖으로 나와 있으면 안 되며 배럴 구멍에 핀을 꽂아보아 핀이 들어가면 제대로 체결이 되지 않은 것이다.
　　• 턴버클의 4배정도가 되게 와이어를 자른다.
　　• 턴버클 배럴에 있는 구멍에 와이어를 끼운다.
　　• 턴버클이 죄어지는 방향으로 와이어를 반회전시켜 턴 버클엔드, 접합기구의 구멍에 끼운 후 배럴의 중앙을 향하여 반대로 구부린다.
　　• 턴버클 생크 주위로 와이어를 5~6회(최소 4회) 감는다.
　　• 와이어를 절단하고 생크에 감아 안으로 구부린다.
　㉡ 복선식 결선법(double wrap method) : 케이블 직경이 1/8인치 이상(3.2mm 이상)인 경우에 사용한다.
　　• 턴버클 길이의 4배정도가 되도록 와이어를 두 가닥 자른다.
　　• 턴버클 중심에 있는 구멍에 2개의 와이어를 끼워 턴버클 끝을 향해 90도 되게 구부린다.

- 턴버클 안이나 포크 엔드의 갈라진 틈(yoke)속으로 와이어 끝을 집어 넣는다.
- 와이어를 양끝에서 턴 버클 중심을 향하여 다시 좁힌다.
- 남은 와이어로 생크 주위의 와이어를 4번 감는다.
- 구멍을 통과한 선을 잡고 턴버클의 중심을 향하여 먼저 감은 선과 반대방향으로 4번 감는다.
- 와이어 끝을 자른 다음에 이것을 생크의 몸통에 바싹 붙인다.
- 반대쪽도 같은 작업을 한다.

> **Note | 턴버클 고정 시 유의사항**
> ① 배럴의 검사 구멍에 핀을 꽂아 보아 핀이 들어가지 않으면 제대로 체결된 것이다.
> ② 턴버클 앤드의 나사산이 배럴 밖으로 3개 이상 나와 있으면 충분히 체결되지 않은 것이다.
> ③ 케이블 안내기구(풀리, 페어리드)의 반경 2인치 이내에 설치해서는 안 된다.

(2) 케이블(cable)

① 용도 : 배럴과 단자를 이음 작업하여 케이블의 장력을 유지

② 연결방법

㉠ 스웨징 방법(swaging method) : 스웨징 케이블 단자에 케이블을 끼우고 스웨징 공구나 장비로 압착하여 접착하는 방법으로 연결부분 케이블 강도는 케이블 강도의 100%를 유지하며 가장 일반적을 많이 사용한다.

㉡ 5단 엮기 케이블 이음 방법(5tuck woven cable splice method) : 부싱(bushing)이나 딤블(thimble)을 사용하여 케이블 가닥을 풀어서 엮은 다음 그 위에 와이어로 감아 씌우는 방법으로 7×7, 7×19 케이블로서 직경이 3/32인치 이상 케이블에 사용할 수 있다. 연결부분의 강도는 케이블 강도의 75%이다.

㉢ 랩 솔더 케이블 이음 방법(wrap solder cable splice) : 케이블 부싱이나 딤블 위로 구부려 돌린 다음 와이어를 감아 스테아르산의 땜납 용액에 담아 땜납용액이 케이블 사이에 스며들게 하는 방법으로 케이블 지름이 3/32인치 이하의 가요성 케이블이거나 1×19 케이블에 적용이다. 접합부분의 강노는 케이블 강도의 90%이고 고온 부분에는 사용을 금지한다.

㉣ 니코프레스 이음 방법(nicopress cable splice method)

③ 케이블의 세척 방법

㉠ 쉽게 닦아 낼 수 있는 녹이나 먼지는 마른 헝겊으로 닦아낸다.

㉡ 케이블 표면에 칠해져 있는 오래된 방부제나 오일로 인한 오물 등은 깨끗한 헝겊에 솔벤트나 케로신을 묻혀 닦아낸다.

㉢ 세척한 케이블은 깨끗한 마른 헝겊으로 닦아낸 다음 부식에 대한 방지를 한다.

④ 케이블 검사 방법
  ㉠ 케이블의 와이어에 잘림, 마멸, 부식 등이 없는지 검사한다.
  ㉡ 와이어의 잘린 선을 검사할 때는 헝겊으로 케이블을 감싸서 다치지 않도록 검사한다.
  ㉢ 풀리나 페어리드에 닿는 부분을 세밀히 검사한다.
  ㉣ 7×7케이블은 25.4 mm당(1인치당) 3가닥, 7×19케이블은 25.4mm당(1인치당) 6가닥이 잘려 있으면 교환해야 한다.
⑤ 케이블의 장력 측정 : 케이블 텐션 미터(cable tension meter)를 이용하여 케이블의 장력을 측정한다.

자. 항공기용 튜브와 호스 접합 기구

(1) 튜브(Tube)
  ① 용도 : 상대운동을 하지 않는 두 지점 사이의 배관에 사용
  ② 튜브의 호칭 치수 : 바깥지름×두께
  ③ 튜브의 접합방식
    ㉠ 플레어 방식 : 표준 플레어 각도는 37°
      • 단일 플레어 방식 : 플레어 공구를 사용하여 나팔 모양으로 성형하여 접합에 사용
      • 이중 플레어 방식 : 직경이 3/8 in 이하인 Al 튜브에 사용
    ㉡ 플레어리스 방식 : 플레어를 주지 않고 접합기구를 사용하여 연결
  ④ 튜브의 절단작업 : 튜브의 중심선에 대해 정확하게 90°로 튜브를 절단하는 작업으로 일반적으로 활톱을 이용하며 알루미늄, 구리, 연질 금속의 절단은 표준 절단 공구를 사용한다.
  ⑤ 튜브의 굽힘작업 : 튜브를 구부릴 때 튜브 지름에 대해 최소 굽힘 반지름이 규정되어 있으므로 그 이하의 반지름으로는 구부리지 않도록 한다.
  ⑥ 튜브 검사와 수리 : 알루미늄 합금 튜브에서 긁힘이 튜브 두께의 10% 이내이면 사포 등으로 문질러 사용하고 튜브 교환시 원래의 것과 동일한 것을 사용
  ⑦ 튜브의 사용 가능 압력
    ㉠ 알루미늄 합금 튜브 : 140 kg/cm^2 (2000 PSI) 이하
    ㉡ 강철 튜브 : 140 kg/cm^2 (2000 PSI) 이상에 사용

> **Note | 알루미늄 관의 색 띠에 의한 구별방법**
>
> 알루미늄 관을 식별하기 위한 색 띠는 관의 양끝이나 중간에 부착하며, 보통 10cm의 넓이를 가지고 있다. 두 가지 색깔로 표시되는 경우는 각각 절반의 너비를 차지한다.
>
> | 알루미늄 합금 번호 | 색 띠 | 알루미늄 합금 번호 | 색 띠 |
> |---|---|---|---|
> | 1100 | 흰색 | 5052 | 자주색 |
> | 2003 | 녹색 | 6053 | 검은색 |
> | 2014 | 회색 | 6061 | 파란색과 노란색 |
> | 2024 | 빨간색 | 7075 | 갈색과 노란색 |

(2) 호스(Hose)

① 용도 : 상대운동을 하는 두 지점 사이의 배관에 사용

② 호스의 치수(= 내경)

　㉠ 가요성 호스의 크기를 표시하는 방법은 호스의 안지름(내경)으로 표시하며 1인치의 16분비($x/16$ in)로 나타낸다.

　㉡ 예를 들어 No. 7인 호스는 안지름이 7/16 인치인 호스를 말한다.

③ 호스작업 : 테프론 호스나 고무 호스에 호스 접합 기루를 부착하여 배관용으로 사용할 수 있도록 호스를 조립하는 작업으로 호스를 장착시 유의사항은 다음과 같다.

　㉠ 호스가 꼬이지 않도록 한다.

　㉡ 압력이 가해지면 호스가 수축되므로 5~8% 여유를 준다.

　㉢ 호스의 진동을 막기 위해 60cm 마다 클램프로 고정한다.

④ 압력에 따른 분류

　㉠ 중압용 호스 : 125kg/cm^{2}까지 사용

　㉡ 고압용 호스 : 125~210kg/cm^{2}까지 사용

⑤ 재질에 따른 분류

　㉠ 고무호스

　　• 안쪽에 이음이 없는 합성고무 층이 있고 그 위에 무명과 철선의 망으로 덮여 있으며 맨 마지막 층에는 고무에 무명이 섞인 재질로 덮여있다.

　　• 연료계통, 오일 냉각 및 유압계통에 사용한다.

　㉡ 테프론 호스

　　• 항공기 유압계통에서 높은 작동온도와 압력에 견딜 수 있도록 만들어진 가요성 호스이다.

　　• 어떤 작동유에도 사용이 가능하고 고압용으로 많이 사용한다.

⑥ 호스의 보관 : 어둡고 서늘하고 건조한 곳에 보관하며 4년 이상 보관한 것은 사용을 금한다.

차. 안정, 고정작업

(1) 안전결선(Safety Wire)

① 복선식 안전결선 : 두 가닥을 이용하여 체결하는 방법
  ㉠ 고정 작업해야 할 부품의 간격이 4~6인치(10.2cm~15.2cm)일 때 3개까지 결선한다.
  ㉡ 좁은 간격으로 떨어져 있을 때는 24인치(61cm) 길이의 안전결선으로 함께 고정시킬 수 있는 범위까지 고정

② 단선식 안전결선
  ㉠ 3개 이상의 체결부품이 기하학적으로 밀착되어 복선식이 곤란하거나 전기계통 비상장치 등 단선식으로 작업이 적합할 때 사용
  ㉡ 단선식으로 고정 작업 시 연속적으로 고정시킬 수 있는 부품수는 24인치 길이의 안전결선으로 고정할 수 있는 숫자로 제한한다.

③ 안전결선 방법
  ㉠ 한번 사용한 와이어는 다시 사용해서는 안 된다.
  ㉡ 와이어를 꼬을 때 피막에 손상을 입혀서는 안 된다.
  ㉢ 와이어를 꼬을 때 팽팽한 상태가 되도록 해야 한다.
  ㉣ 안전결선은 당기는 방향이 부품의 죄는 방향이 되도록 한다.
  ㉤ 매듭을 만들기 위해 자를 때에는 자른 면이 직각이 되도록 하여 날카롭게 되지 않도록 한다.
  ㉥ 플라이어로 과도하게 당기면 꼬임 시작점에 응력이 집중되어 끊어질 염려가 있으므로 심하게 당기지 않도록 한다.
  ㉦ 안전 결선 끝 부분은 3~6회 정도 꼬아서 전단 후 구부린다.

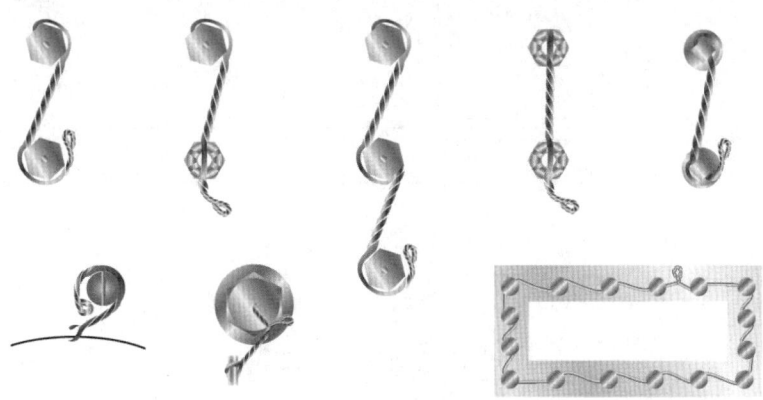

[안전결선법]

(2) 코터핀(cotter pin)

① 볼트 상단으로 구부리는 방법 : 볼트 상단으로 구부린 코터 핀의 가닥 길이가 볼트 지름을 벗어나서는 안 되고 아래쪽으로 구부린 가닥은 와셔의 표면에 얹히지 않도록 한다.
② 너트 둘레로 감아 구부리는 방법 : 코터 핀의 가닥이 너트 바깥지름을 벗어나지 않도록 한다.

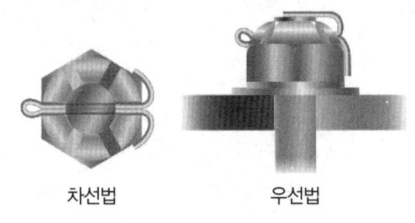

차선법   우선법
[코터핀 고정작업]

2. 측정기기 및 공구류

가. 측정기기

(1) 버니어 캘리퍼스(vernier calipers)

① 원통의 지름, 안지름 등을 측정하는 데 주로 사용된다.
② 본척과 본척 위를 이동하는 버니어(부척)로 되어 있는데 보통 사용되고 있는 것은 본척의 한 눈금이 1mm이고, 버니어의 눈금은 본척의 19눈금을 20등분한 것이다. 이것에 의하면, 읽을 수 있는 최소치수는 1/20mm이다. 이 밖에 최소치수가 1/50mm인 것도 있다.

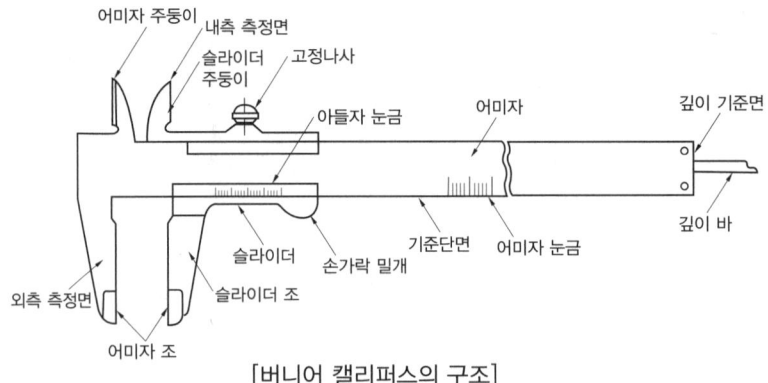

[버니어 캘리퍼스의 구조]

(2) 마이크로미터(micrometer)

① 물체의 바깥지름, 안지름 등을 측정하는데 일반적으로 0.01mm 단위까지 정확하게 길이를 측정할 수 있는 측정 기구이다.
② 앤빌과 스핀들, 슬리브와 딤블로 구성된다. 딤블에는 원주 방향으로 50등분한 눈금이 새겨져

있고, 한 바퀴 회전시켰을 때 슬리브의 한 눈금(0.5mm)만큼 움직이기 때문에 슬리브에서는 0.5mm까지 읽을 수 있고, 딤블에서 0.01mm까지 읽을 수 있다.

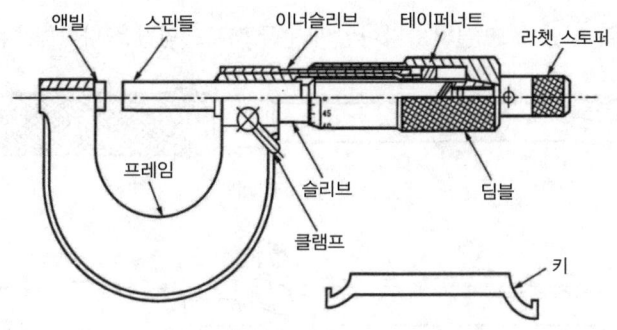

[마이크로미터 각 부 호칭]

(3) 하이트 게이지(height gauge)
① 높이 게이지라고도 한다. 앞쪽 끝은 단단하고 뾰족하게 되어 있으므로 재료에 금긋기를 할 수 있다. 높이 측정과 금긋기 작업을 한꺼번에 할 수 있으므로 작업을 능률적으로 진행할 수 있다.

② 하이트 게이지의 종류
  ㉠ HM형 : 견고하여 금긋기에 적당하며 비교적 대형이다. 0점 조정이 불가능하다.
  ㉡ HB형 : 경량 측정에 적당하나 금긋기용으로는 부적당하다. 스크라이버의 측정면이 베이스면까지 내려가지 않으며 0점 조정이 불가능하다.
  ㉢ HT형 : 표준형으로 본척의 이동이 가능하다.

(4) 다이얼 게이지(dial gauge)
① 측정물의 길이를 직접 측정하는 것이 아니라 길이를 비교하기 위한 것이다.
② 평면의 요철, 공작물 부착 상태, 축 중심의 흔들림, 직각의 흔들림 등을 검사하는 데 사용한다.

(5) 토크 렌치(torque wrench)
① 볼트와 너트, 스크루 등을 규정된 값으로 조일 때 사용하는 공구로 렌치로 단위는 kg-cm, kg-m, N/m, in-lb, ft-lb 이다.
② 토크 렌치의 종류
  ㉠ 고정식 토크 렌치
    • 프리셋 토크 드라이버 : 스크루를 규정된 죔값으로 조여 주는 공구
    • 오디블 인디케이팅 토크 렌치 : 규정된 죔값을 미리 설정한 후 그 값에 도달하면 "클릭" 하는 소리를 내어 조임값을 알려주는 공구

ⓒ 지시식 토크 렌치
- 디플렉팅 빔 토크 렌치 : 빔의 변형 탄성력을 이용하여 규정된 조임값으로 조여 주는 공구
- 리짓 프레임 토크 렌치 : 다이얼의 눈금으로 조임값을 나타내주는 공구

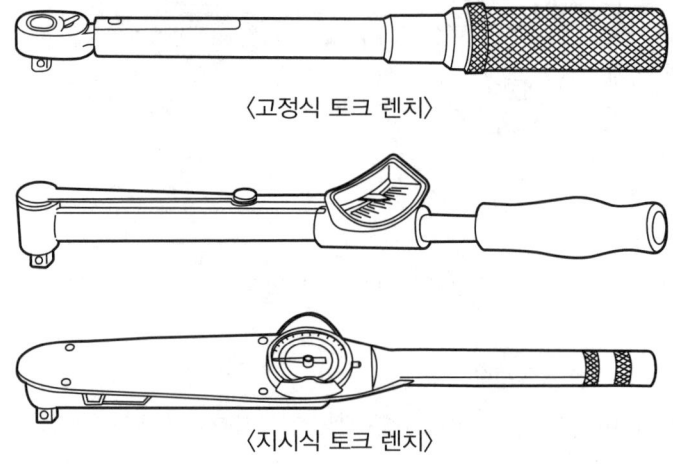

〈고정식 토크 렌치〉

〈지시식 토크 렌치〉

③ 토크 렌치 사용시 주의사항
  ㉠ 토크값을 측정할 때에는 자세를 바르게 하고 부드럽게 죄어야 한다.
  ㉡ 토크 렌치를 사용할 때에는 특별한 지시가 없으면 볼트의 나사산에 윤활유를 사용해서는 안 된다.
  ㉢ 토크 렌치를 사용할 때에는 너트를 죄어야 한다.
  ㉣ 규정된 토크로 죄어진 너트에 안전결선이나 고정핀을 끼우기 위해서 너트를 더 죄어서는 안 된다.

④ 연장 공구를 사용하는 경우의 죔값의 계산

$$T_W = \frac{T_A \times L}{L \pm A} \text{ 또는 } T_A = \frac{(L \pm E)T_W}{L}$$

T_W : 토크 렌치의 지시 토크값
T_A : 실제 죔 토크값
L : 토크렌치의 길이
A : 연장공구의 길이

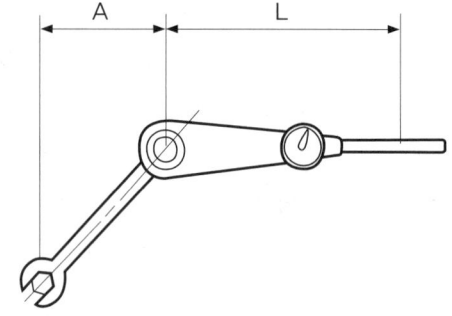

나. 공구류

(1) 탭(tap)
① 암나사를 가공할 때 사용한다.
② 탭 작업시 주의 사항
  ㉠ 공작물의 수평을 유지할 것
  ㉡ 탭 구멍은 나사의 골지름보다 조금 크게 뚫을 것
  ㉢ 2/3 회전 시 마다 반대로 조금 돌릴 것
  ㉣ 절삭유를 충분히 사용할 것

(2) 다이스(dies)
① 수나사를 가공할 때 사용한다.
② 다이스 작업시 주의 사항
  ㉠ 절삭량을 점차로 늘릴 것
  ㉡ 다이스의 앞쪽으로 절삭할 것
  ㉢ 다이스는 핸들에 정확히 고정할 것
  ㉣ 다이스와 재료는 항상 90°를 유지할 것

(3) 리머, 서피스게이지, 스크레이퍼
① 리머(reamer) : 드릴로 뚫어놓은 구멍을 정확한 치수의 지름으로 넓히거나 또는 구멍의 내면을 깨끗하게 다듬질하는 데 사용하는 공구
② 서피스게이지(surface gauge) : 정반 위에서 금긋기, 중심내기 등에 이용하는 금긋기 공구로 측정기능이 없음
③ 스크레이퍼(scraper) : 기계가공이나 줄작업 후 다듬는 공구

3. 기본작업

가. 판금작업

(1) 정의 : 얇은 판재를 성형, 가공하는 작업으로 필요한 구조부재를 제작하는데 주로 사용하는 방법이다.

(2) 판금 설계
① 최소 굽힘 반지름 : 판재를 최소 예각으로 굽힐 때 내접원의 반지름
  ㉠ 풀림처리한 판재의 최소 굽힘 반지름 : 그 두께와 같은 정도의 굽힘 반지름
  ㉡ 보통 판재의 최소 굽힘 반지름 : 판재 두께의 3배 정도

② 굽힘 여유(Bend Allowance : BA, 굴곡 허용량) : 평판을 구부려서 부품을 만들 때 완전히 직각으로 구부릴 수 없으므로 굽히는데 소요되는 여유길이

$$B_A = \frac{\theta}{360} \times 2\pi(R+\frac{1}{2}T)$$ θ : 굽힘 각도, R : 굽힘 반지름, T : 판재 두께

③ 세트 백(Set Back, SB) : 굴곡된 판 바깥면의 연장선의 교차점과 굽힘 접선과의 거리

$$SB = K(R+T)$$
$$K = \tan\frac{\theta}{2}$$ (90°일 때 $\tan\frac{90}{2}$ = tan45 = 1)

(3) 판재의 절단 및 굽힘 가공

① **전단가공** : 판재 작업시 불필요한 부분을 잘라내는 가공
  ㉠ 블랭킹(Blankimg) : 펀치와 다이를 프레스에 설치하여 판금 재료로부터 소정의 모양을 떠내는 작업
  ㉡ 펀칭(Puncking) : 필요한 구멍을 뚫는 작업
  ㉢ 트리밍(Trimming) : 가공된 제품의 불필요한 부분을 떼어내는 작업
  ㉣ 세이빙(Shaving) : 블랭킹 제품의 거스러미를 제거하는 끝 다듬질

② **굽힘가공** : 얇은 판을 굽히는 작업
  ㉠ 굽힘가공(Bending) : 판을 굽히는 것
  ㉡ 성형가공(Forming) : 판 두께의 크기를 줄이지 않고 금속 재료의 모양을 여러 가지로 변형시키는 가공
  ㉢ 비이딩(Beading) : 용기 또는 판재에 선모양의 돌기(비딩)를 만드는 가공
  ㉣ 버어링(Burling) : 뚫려 있는 구멍에 그 안지름보다 큰 지름의 펀치를 이용하여 구멍의 가장자리를 판면과 직각으로 구멍 둘레에 테를 만드는 가공
  ㉤ 커얼링(Curling) : 원통 용기의 끝 부분에 원형 단면 테두리를 만드는 가공으로 제품의 강도를 높이고, 끝 부분의 예리함을 없애 안전하게 하는 가공
  ㉥ 네킹가공(Necking) : 용기에 목을 만드는 것
  ㉦ 엠보싱(Embosing) : 소재의 두께를 변화시키지 않고 성형하는 것으로 상하가 서로 대응하는 형을 가지고 있다.
  ㉧ 플랜징가공(Flanging) : 원통의 가장자리를 늘려서 단을 짓는 가공
  ㉨ 크림핑가공(Crimping) : 길이를 짧게 하기 위해 판재를 주름잡는 가공
  ㉩ 범핑가공(Bumping) : 가운데가 움푹 들어간 구형의 면을 가공하는 작업
  ㉪ 포울딩(Folding) : 짧은 판을 접는 것

③ 드로잉(Drawing) 가공

　㉠ 딥 드로잉(Deep Drawing) : 깊게 드로잉하는 것

　㉡ 벌징(Bulging) : 용기를 부풀게 하는 것

　㉢ 스피닝(Spining) : 일명 판금 선반이라 하며 소재를 주축과 연결된 다이스에 고정한 후 주축을 회전시키며 가공봉으로 성형 가공하는 것

　㉣ 커핑(Cupping) : 컵 형상을 만드는 과정이며, 딥 드로잉을 하기 위한 과정

　㉤ 마르폼법(Marform Press) : 다이 측에 금속 다이 대신 고무를 사용하는 드로잉법

　㉥ 액압성형법(Hydro Forming) : 마르폼과 비슷한 형식이나 고무 대신 액체를 이용한 성형법

④ 압축가공

　㉠ 스웨이징(Swaging) : 소재를 짧고 굵게 만다는 것

　㉡ 압인가공(Coining) : 동전이나 메달 등의 앞, 뒤쪽 표면에 모양을 만드는 것

⑤ 이음가공 : 판재를 서로 연결하거나 접합하는 가공

　㉠ 시임작업(Seaming) : 판재를 서로 구부려 끼운 후 압착시켜 결합시키는 작업

　㉡ 리벳작업(Rivet) : 리벳을 사용하여 영구 접합시키는 가공

　㉢ 용접작업(Welding) : 용접기를 사용하여 금속을 녹여 접합시키는 작업

나. 용접작업(WELDING)

(1) 용접의 종류 및 장, 단점

① 용접의 종류

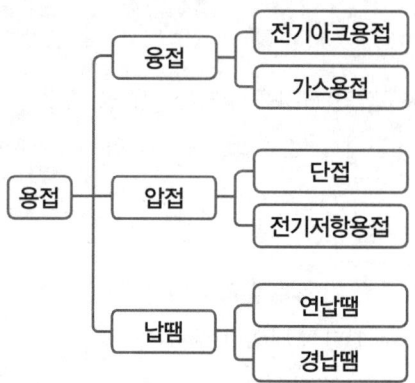

② 용접의 장점

　㉠ 기밀을 요할 수 있다.　　　　㉡ 작업 속도가 빠르다.

　㉢ 재료를 10~15% 절약할 수 있다.　㉣ 이음 효율이 향상된다.

　㉤ 주물보다 강도가 우수하고 중량 경감

③ 용접의 단점
　　㉠ 용접부의 결함 검사가 곤란하다.
　　㉡ 응력 집중 현상이 발생한다.
　　㉢ 용접성은 용접 모재의 재질에 좌우된다.

(2) 산소-아세틸렌 가스 용접
　① 호스(HOSE)
　　㉠ 산소호스
　　　• 검은색 또는 초록색에 바른 나사 결합부
　　　• 연결부에 기름이나 그리스 등을 칠하면 폭발 위험이 있다.
　　㉡ 아세틸렌 호스
　　　• 빨간색에 왼나사 결합부
　　　• 연결장치에 동, 황동제 부속을 써서는 안 된다.
　② 아세틸렌 가스(C_2H_2)
　　㉠ 성질
　　　• 무색, 무취, 무미로 비중은 0.9
　　　• 연소속도 330ft/sec^2
　　　• 저온, 저압에서는 안정하나 15psi 이상에서는 불안정하고 29.4 psi에서는 자동 폭발
　　　• 아세톤에 용해시키면 250psi까지 안전
　　　• 450~480℃에서 자연발화하며 505~515℃가 되면 자연 폭발
　　㉡ 발생 방법에 따른 종류
　　　• 용해 아세틸렌
　　　• 규조토, 목탄, 석면 등과 같은 다공질의 물질을 넣고 아세톤을 흡수시킨 후 아세틸렌 가스를 충전시켜 사용하며 보통 15℃에서 15 기압 정도로 가압하여 용해한 아세틸렌을 사용
　　㉢ 용해 아세틸렌의 장점
　　　• 아세틸렌을 발생시키는 발생기와 부속 기구가 필요치 않다.
　　　• 운반이 용이하며 어떠한 장소에서든 간단히 작업할 수 있다.
　　　• 발생기를 사용하지 않으므로 폭발할 위험성이 적다.
　　　• 아세틸렌의 순도가 높으므로 불순물에 의해 용접부의 강도가 저하되는 일이 없다.
　　　• 카바이트의 처리가 필요치 않다.
　③ 산소 가스
　　㉠ 성질
　　　• 무색, 무취, 무미로 비중은 1.105

- 자연 연소하지 않으나 그리스 및 기름 등과 접촉시키면 폭발 위험
ⓒ 제조 및 사용방법 : 액체 공기의 분류나 물의 전기 분해로 제조하며 35℃에서 약 150기압의 고압 용기에 담아서 사용(순도 99.5% 이상)

③ 압력 조절기(레귤레이터) : 가스통 안의 높은 압력을 사용 가능한 압력으로 낮추어 주고 또한 압력을 일정하게 조절해 준다.
㉠ 산소 사용 압력 : $3 \sim 4 kg/cm^2$
ⓒ 아세틸렌 사용 압력 : $0.1 \sim 0.5\ kg/cm^2$

④ 용접 토치
㉠ 산소와 아세틸렌을 혼합하고 토치 팁에서 점화시켜 불꽃을 만들어 용접할 모재를 접합시키는데 사용
ⓒ 토치 취급시 주의사항
- 팁 구멍은 반드시 팁 크리너로 닦을 것
- 토치에 기름이 묻지 않도록 할 것
- 팁이 막혔을 때 산소만 분출시키면서 물속에서 냉각시킬 것

⑤ 토오치 팁
㉠ 독일식 팁 : 용접작업에 사용되는 것은 용접하여야 할 판의 두께에 따라 번호를 붙임
ⓒ 프랑스식 팁 : 시간당 소비하는 아세틸렌 양으로 표시

⑥ 용접 불꽃
㉠ 산소, 아세틸렌의 양에 따른 종류

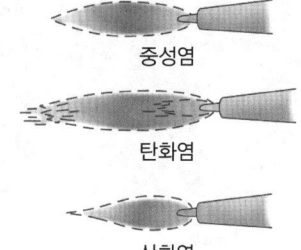

- 산화염 : 아세틸렌보다 산소가 많을 때의 불꽃으로 황동, 청동, 납땜 등 고온이 필요한 곳에 사용
- 탄화염 : 산소보다 아세틸렌 양이 많을 때의 불꽃으로 스테인레스강, Al, 모넬메탈 등 산화하기 쉬운 금속에 사용
- 중성염(표준염) : 토치에서 산소와 아세틸렌의 혼합비 1 : 1 일 때의 불꽃으로 일반 용접에 사용

ⓒ 불꽃의 구성
- 백심 : 환원성으로 가장 안쪽의 불꽃이며 백색이다. 온도는 1,500℃
- 속불꽃 : 무색에 가까우며 고열이 발생한다. 온도는 3,200~3,500℃
- 겉불꽃 : 완전 중성으로 온도는 2,000℃

⑦ 불량현상
　㉠ 역류 : 산소가 아세틸렌 호스로 들어가는 것
　㉡ 역화 : 가스 유출 속도보다 연소 속도가 빠를때 토치 속으로 연소가 진행되는 현상
　㉢ 인화 : 불꽃이 혼합실까지 들어가 그 곳에서 연소하는 현상으로 [새액] 소리가 나고 혼합실이 뜨겁다.

(3) 아크 용접 : 교류나 직류를 이용하여 모재와 용접봉 사이에 아크를 발생시켜 그 아크열로 용접하는 작업 방법

① 직류 전원 아크 용접 : 아크 발생이 안정하고 일정하다.
　㉠ 정극성 : 모재에 +극을 연결하는 방법으로 양극에서 열이 더 많이 발생하므로 모재의 용입이 깊어 많이 사용하는 방법
　㉡ 역극성 : 모재에 −극, 용접봉에 +극을 연결하는 방법으로 모재의 용입이 얇아 박판, 주철, 고탄소강, 합금강 및 비철금속 등의 용접에 사용

② 교류 전원 아크 용접 : 아크 전원일 일정하지 않고 불안정하여 피복 용접봉을 사용하기 전에는 실효성이 없었으나, 주파수 증가에 따른 미세하고 균일한 아크가 발생되는 장점 때문에 교류 아크 용접기를 현재 널리 사용한다.

③ 용접봉
　㉠ 심선
　　• 용접봉에서 용융금속을 보충하는 역할을 하며 심선의 재질에 따라서 용접부에 큰 영향을 주므로 심선은 가능한한 불순물이 적어야 한다.
　　• 심선은 직경이 3.2~6.0mm가 가장 많이 사용되며 모재의 재질과 같은 재질의 심선을 사용해야 한다.
　㉡ 피복제 역할
　　• 아크를 안정시켜 준다.
　　• 용접물을 외부 공기와 차단시켜 산화를 방지한다.
　　• 용착금속을 피복하여 급랭에 의한 조직 변화를 방지하여 작업효율이 좋아진다.
　　• 용착 금속의 기계적 성질을 개선한다.
　　• 용착 금속에 적당한 합금 원소를 첨가한다.
　　• 슬랙을 제거하고 비드를 깨끗이 한다.

④ 아크의 이상적 길이
　㉠ 3~5mm가 좋고 일정간격, 속도를 유지할 필요가 있다.
　㉡ 아크 길이가 너무 길면 용입불량, 공기와 접촉으로 재질 변화와 핀 홀(Pin-Hole)이 생기기 쉽다.
　㉢ 아크에 영향을 주는 요소 : 전류의 세기, 전압, 전력

⑤ 아크 용접기의 종류
  ㉠ 교류 용접기 : 가동 철심형, 가동 코일형
  ㉡ 직류 용접기 : 전동기 발전형, 엔진 구동형, 정류기형
⑥ 아크 용접 용구
  ㉠ 헬멧 및 핸드실드 : 아크나 유해 광선으로부터 작업자의 눈을 보호하기 위해서 사용
  ㉡ 장갑과 에이프런 : 감전과 유해 광선을 피하기 위하여 가죽으로 만든 것을 사용
  ㉢ 슬랙 해머 : 용접시 발생한 슬랙을 제거하는데 사용되는 망치

(4) 불활성 가스 아크 용접

① 원리 : 용접이 진행되는 동안 용접 부위를 대기와 차단시키기 위하여 아크 둘레에 보호 덮개로 불활성 가스인 아르곤이나 헬륨 가스를 사용하는 용접
② 특징
  ㉠ 작업이 쉽고 용접 속도가 빠르다.
  ㉡ 용접 부위가 견고하여 부식에 대한 저항이 높다.
  ㉢ 티타늄, 마그네슘, 내식강 및 산화되기 쉬운 금속에 매우 좋은 효과가 있다.
③ 텅스텐 불활성 가스 아크 용접(TIG 용접)
  ㉠ 아크를 일으키는데 소모되지 않는 (비소모성) 텅스텐 전극이 사용되며 용접작업 도중에 불활성 가스 (아르곤, 헬륨)가 용접부위의 공기를 차단하여 산화를 방지시키며 텅스텐 전극은 단지 아크를 일으키기 위해 사용된다.
  ㉡ 정전류 특성 전원에 직류 역극성, 직류 정극성, 교류 등이 사용
④ 금속 불활성 가스 아크 용접(MIG 용접)
  ㉠ TIG 용접에서의 비소모성 텅스텐 전극 대신 소모성 금속 와이어를 이용하는 용접으로 불활성 가스로는 보통 아르곤이 사용되고 경우에 따라 소량의 헬륨과 산소를 혼합하여 사용하기도 하며 저탄소강에는 이산화탄소와 아르곤에 산소가 2% 혼합된 가스를 사용한다.
  ㉡ 정전압 전원에 직류 역극성을 주로 사용
⑤ 불활성 가스 아크 용접의 장점
  ㉠ 모든 금속의 용접이 가능하다.
  ㉡ 슬랙이 발생하지 않으며 용접 부분이 깨끗하다.
  ㉢ 스패터 및 합금 성분의 손실이 적다.
  ㉣ 용착 금속의 상태가 좋다.
  ㉤ 용접 속도가 빠르고 변형이 적다.
  ㉥ 용접이 가능한 판 두께의 범위가 넓다.
  ㉦ 모든 자세의 용접이 가능하다.

⑥ 불활성 가스
　㉠ 성질 : 화학적으로 안정하여 용접 부위의 산화를 방지하는 기능이 있다.
　㉡ 아르곤 가스 : 알루미늄 합금이나 마그네슘 합금의 용접에 사용되며 가격이 저렴하고 헬륨보다 더 무거워 좋은 보호막의 역할을 수행하여 널리 사용된다.
　㉢ 헬륨 가스 : 열전도율이 높은 무거운 금속의 용접에 사용된다.

(5) 압접
① 단접 : 용접부에 열을 가한 후 에어 해머 등으로 단조시켜 접합시키는 방법
② 전기 저항 용접
　㉠ 점 용접 : 두 전극 사이에 놓인 모재에 전극으로 압력을 가하면 접촉 저항에 의한 열이 발생하고 플라스틱 상태가 되면 압력을 가해 접합시키는 방법
　㉡ 시임 용접 : 회전 롤러에 전선을 연결하고 롤러를 회전시키면 롤러 사이에 놓인 모재가 연속적으로 접합이 되며 기밀을 유지할 필요가 있을 때 사용하는 접합법
　㉢ 버트 용접 : 두 전극 봉의 끝을 접촉시키면 접촉 저항열이 발생하고 충분히 달구어진 후 압력을 가해 접합시키는 방법
　㉣ 플래시 용접 : 두 전극 봉에 약간의 간격을 주면 아크가 발생하고 아크열에 달구어진 후 압력을 가해 접합시키는 방법
　㉤ 숏트 용접 : 고전압을 순간적으로 보내 짧은 시간 동안에 접합을 완료하는 방법

(6) 납땜
① 의미 : 모재는 용융되지 않고 용가제만 용융되어 금속을 접합시키는 것
② 연납땜 : 용융점이 450℃ 이하인 납땜으로 주석과 납의 합금이 이용된다.
③ 경납땜 : 용융점이 450℃ 이상인 납땜으로 황동납, 양은납, 은납 등의 종류가 있다.
④ 납땜 인두 : 열전도율이 높고 친화력이 있는 구리가 사용된다.
⑤ 용제 : 납땜을 할때 모재 표면에 산화막을 제거하여 깨끗이 하고 납땜 중에 생성된 금속 산화물을 용해시켜 액체 상태로 만들며 납의 흐름을 좋게 한다.
　㉠ 경압용 용제 : 붕사
　㉡ 압납용 용제 : 붕산

(7) 이음의 종류에 따른 용접의 종류
① 이음의 종류에 따른 용접의 종류
　㉠ 맞대기 용접(Butting Welding)
　㉡ 필릿 용접(Fillet Welding)
　㉢ 모서리 용접(Edge Welding)
　㉣ 플러그 용접(Plug Welding)
　㉤ 플랜지 용접(Flange Welding)

　　　　ⓑ T 용접(T-Welding)
　　② 용접을 진행하는 방법
　　　　㉠ 전진법(좌진법) : 용접 시간이 길며 용접봉의 소비가 많고 용입이 얕아 용접부가 깨끗하다.
　　　　㉡ 후진법(우진법) : 용입이 깊고 용접부의 기계적 성질이 우수하며 가스의 소비량이 적으나 비드의 표면은 좌진법과 같이 매끄럽지 않다.
　　③ 용접 자세의 종류 : 위보기 용접, 수평 용접, 수직 용접, 아래보기 용접
(8) 가스 절단법
　　① 가스 절단 원리 : 빨갛게 가열된 철사를 순수한 산소에 넣으면 불꽃을 내면서 연소한다. 따라서 절단 토치로 철판을 예열(약 800~1000℃)하고, 순도 높은 산소를 분출시키면 철판은 급격한 연소 작용을 일으킨다. 이때 철판은 산화철이 되면서 연소열을 발생하고 계속 분출되는 산소에 의해 산화철은 밀려나면서 연소되지 않은 철판에 열을 전달한다. 이러한 열의 전달에 의해 연소가 계속되면서 철판의 절단이 진행된다.
　　② 가스 절단의 조건
　　　　㉠ 모재의 연소 온도가 모재의 융점보다 낮아야 한다.
　　　　㉡ 생성된 산화물의 용융 온도는 모재의 융점보다 낮아야 한다.
　　　　㉢ 생성된 산화물은 유동성이 좋아 잘 밀려 나가야 한다.
　　　　㉣ 모재의 성분 중에는 연소되지 않는 물질이 없어야 한다.
　　③ 작업 최적 재료 : 연강, 주강(주철, 스테인레스강, 구리, 알루미늄 등은 위의 조건 중 한 가지 이상을 만족하지 않아 산화물 제거 용제를 사용하거나 아크절단을 해야 한다.)

4. 수리작업

가. 샌드위치 구조재 수리작업

(1) 샌드위치의 구성 : 외피, 코어, 접착제
　　① 외피, 코어의 재질 : 알루미늄 또는 강화 플라스틱(FRP)
　　② 접착제 : 에폭시 계통의 열경화성(페놀수지, 폴리우레탄, 에폭시) 수지

(2) 샌드위치 구조의 특성
　　① 장점 : 가볍고 무게에 대한 강도비가 크며 충격에 강하다
　　② 단점
　　　　㉠ 우그러지기 쉽고 접착부로 습기가 스며들어 부식이 생길 수 있다.
　　　　㉡ 스며든 수분이 응결하여 팽창하므로 외피가 부풀어 오르거나 모서리의 박리현상이 생길 수 있다.

(3) 손상의 검사

① 손상의 종류 : 우그러짐, 균열, 뚫림, 외피분리, 모서리의 박리

② 손상 검사 벙법

　㉠ 육안검사

　㉡ 비파괴 검사 : X선 검사, 초음파 검사

　㉢ 금속 조각으로 두드려 소리로 판단하는 방법(coin tab)

나. 세척과 부식처리

(1) 세척

① 외부세척 : 기체 외부의 금속 표면이나 도장한 부분 및 배기계통 등을 세척

　㉠ 습식세척 : 윤활유나 그리스 등의 오물을 세척하는 것으로 알칼리나 에멀션 세척제를 분사하거나 물로 세척

　㉡ 건식세척 : 매연이 피막, 먼지 및 오물과 흙 등의 축적물을 제거하는데 사용되며 특히 기관의 배기부분에 있는 탄소, 그리스 또는 오일의 심한 퇴적물을 제거하는데 적합

　㉢ 광택작업 : 페인트칠이 되어 있지 않은 항공기 표면의 광택을 재생시키거나 산화 피막이나 부식을 제거하는 것

② 내부 세척 : 항공기의 내부를 중성세제나 알칼리성 세제를 사용하여 세척한다.

③ 세척제

　㉠ 알칼리 세척제 : 위험성이 없으며 세척효과가 우수해 널리 쓰인다. 또한 독성이 없어 페인트를 칠한 부분이나 플라스틱 표면에 대해 부작용이 없다.

　㉡ 솔벤트 세척제 : 추운 날씨나 오염이 심한 경우에 사용하며, 건식 세척용 솔벤트는 산소와 혼합하면 폭발의 위험이 있으므로 주의해야 한다.

(2) 부식처리

① 부식의 종류

　㉠ 표면 부식(Surface corrosion) : 세척용 화학 약품, 공기 중의 산소 등의 화학 작용에 의해 생기며, 습기가 접촉하게 되면 금속 표면에 에칭(etching)이 심해져, 까칠까칠한 서리가 얼어붙은 것처럼 된다.

　㉡ 점 부식(Pitting corrosion) : 주로 알루미늄 합금, 마그네슘 합금, 스테인레스 강의 표면에 발생. 초기에 백색이나 회색인 부식 생성물이 나타나서 홈(pit)내에 침전됨. 퇴적물 제거시 표면에 작은 홈이 보인다.

　㉢ 입자간 부식(Intergranular corrosion) : 합금의 결정 입자 경계에서 발생. 초기 단계에서 탐지하기 어렵고 초음파 검사 및 와전류 탐상 방법, X-ray 탐상 방법 등으로 탐지. 부적당한 열처리를 했을 경우 생긴다.

② 응력 부식(Stress corrosion) : 금속에 일정한 응력이 걸린 상태에서 부식되기 쉬운 환경에 노출되면 그들의 합성 효과에 의해 발생. 냉간 가공시나 높은 온도에서 급냉시킬 때 또는 성형할 때와 같이 내부 구조가 변화될 때 발생한다.

㉺ 이질금속간 부식(Galvanic corrosion) : 서로 다른 두 가지의 금속이 접촉되어 있는 상태에서 발생하는 부식으로 알루미늄 합금과 스테인레스 강과 같은 이질 금속이 접촉되는 부분에 전기 화학적 작용에 의해 발생한다.

㉻ 미생물 부식(Microbial corrosion) : 케로신을 연료로 하는 항공기의 연료 탱크에 발생한다.

㉼ 찰과 부식(Fretting corrosion) : 밀착된 2개의 금속판의 진동 등에 의해 서로 맞부딪혀 생긴다.

㉽ 필리폼 부식(Filiform corrosion) : 페인트 도장을 한 알루미늄 합금 표면에 세균 형태로 발생하는 부식한다.

② 부식 방지처리

㉠ 알로다인 처리(Alodine) : 알루미늄을 크롬산 용액으로 처리한다.

㉡ 양극처리(Anodizing) : 알루미늄 합금, 마그네슘 합금을 양극으로 하여 황산, 크롬산 등의 전해액에 담가 양극에 발생하는 산소에 의해 산화피막 형성한다.

㉢ 다우처리(Dow treatment) : 마그네슘을 크롬산 용액으로 처리하는 방법이다.

㉣ 알칼리 착색법 : 철금속에 산화물의 피막 형성한다.

㉤ 파커라이징(Parkerizing) : 철금속에 인산염 피막 형성한다.

㉥ 밴더라이징(Banderizing) : 철강재료 표면에 구리를 석출한다.

㉦ 메탈라이징(Metallizing) : 알루미늄이나 아연 같은 금속을 특수 분무기에 넣어서 방식처리 해야 할 부품에 용해 분착시키는 방법이다.

㉧ 알클래드(Alclad) : 알루미늄 합금 표면에 순수 알루미늄 피막을 실제 두께의 5~10%로 압연한다.

㉨ 금속, 알루미늄 내부 방식처리 : 뜨거운 아마인유로 세척한다.

|Section 2|
기초 정비 및 지상안전·지원

01 기초 항공기 정비

1. 조종 계통

가. 기본 구성

(1) **조종계통의 종류** : 1차 조종계통, 2차 조종계통, 보조 조종계통

(2) **로드 조종계통** : 조종 막대로 운동을 전달하는 방식

① 조종 로드 : 직선 운동을 전달

② 벨 크랭크 : 직선 운동의 방향을 변환시키고 직선운동과 회전운동을 상호 변환시킨다.

(3) **케이블 조종계통**

① 조종 케이블 : 조종력을 전달하며 반드시 복선으로 설치해야 한다.

㉠ 7×19 케이블 : 초가요성 케이블

㉡ 7×7 케이블 : 가요성 케이블

㉢ 1×19 케이블 : 비가요성 케이블

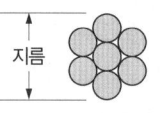
[1×7 비가요성 케이블]

[1×19 비가요성 케이블]

② 케이블 안내 기구

㉠ 페어리드 : 케이블이 상호 얽히는 것을 방지하고 케이블의 방향을 3° 이내로 바꿀 때 사용 한다.

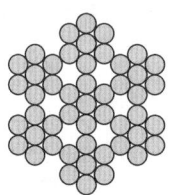
[7×7 가요성 케이블]

[7×19 초가요성 케이블]

㉡ 풀리 : 케이블이 방향을 변경시킬 때 사용

③ 케이블 장력 조절 장치

㉠ 턴 버클 : 케이블의 장력을 조절하는 장치

㉡ 텐션 레귤레이터 : 온도 변화에 관계없이 항상 일정한 케이블의 장력을 유지시켜 주는 장치

④ 케이블 장력 측정기 : 텐션미터(Tension Meter)

⑤ 케이블의 점검
　㉠ 점검사항
　　• 케이블이 끊어진 곳이 없는지 검사
　　• 케이블의 부식을 검사
　　• 케이블의 마모를 검사
　㉡ 점검시 준비사항 : 조종간을 움직여서 점검 케이블에 연결된 조종면을 한쪽으로 완전히 움직여서 케이블 안내 기구에 접촉된 부분이 보이게 한다.
　㉢ 조치사항
　　• 부식검사 : 장력을 느슨히 하고 반대 방향으로 비틀어 내부 부식을 검사한다. 내부 부식이 발견되면 케이블을 교환함, 내부 부식이 없으면 파이버 브러시나 거친 헝겊으로 외부 부식을 제거한다.
　　• 와이어의 마모 및 끊어짐 : 케이블의 마모와 끊어짐은 주로 풀리나 케이블 안내 기구와의 접촉된 부분에서 발생한다. 만약 마모나 끊어짐이 발견되면 케이블을 교환한다.
　　• 후처리 : 점검 후 재사용시 부식 방지용 컴파운드를 발라주어 부식방지 및 내부 윤활재의 역할을 수행하게 한다.

> **Note** | 케이블 세척 시 유의사항
> 케이블 세척시 금속재 울이나 솔벤트로 케이블을 닦게 되면 부식을 촉진하고 내부 윤활유를 제거하므로 더 심한 부식과 마모를 초래하므로 금한다.

나. 리그작업 (조절작업)

(1) 작업내용

① 조종면의 정확한 작동 조절
② 조종면 작동범위 및 평형상태 조절
③ 조종 케이블의 장력 조절
④ 항공기 조종계통의 리그작업은 항공기가 순항 속도로 비행시 조종간을 조작할 필요가 없도록 해야 한다.

(2) 확인방법

① 조종로드의 검사 구멍에 핀이 들어가지 않도록 장착한다.
② 턴버클 배럴 밖으로 나사산이 3개 이상 나와서는 안 된다.
③ 케이블 안내기구 변경 2인치 범위 이내에 케이블 연결기구가 위치해서는 안 된다.

(3) 사용 주요 장비

① 케이블 장력 측정기 : 텐션미터
② 케이블 장력 조절기 : 텐션 레귤레이터

③ 케이블의 장력 변화 : 텐션 레귤레이터가 케이블의 장력을 온도 변화에 따라 자동적으로 조절해준다.
  ㉠ 여름철 : 케이블의 장력 증가
  ㉡ 겨울철 : 케이블의 장력 감소
④ 리그 작업시 주의사항 : 리그 작업은 반드시 바람이 없는 상태에서 해야 하며 만약 바람이 불 때에는 꼬리가 바람 방향으로 향하도록 해야 한다.

2. 착륙장치 계통

가. 착륙장치 종류

(1) 사용 목적에 따른 분류
① 타이어 바퀴형(육상용)
② 플로트(float)형(수상용) & 비행정
③ 스키형(눈 위)

(2) 장착 방법에 따른 분류
① 접개들이형
② 고정형

[접개들이형]

[고정형]

(3) 착륙장치 장착 위치에 따른 분류
① 앞바퀴형(nose gear type)
  ㉠ 주 바퀴 앞에 앞바퀴가 있다.
  ㉡ 거의 대부분의 항공기에 사용한다.
  ㉢ 무게중심(C.G)은 주 바퀴 앞에 있다.
② 뒷바퀴형(tail gear type)
  ㉠ 동체 꼬리 부분에 뒷바퀴가 있다.
  ㉡ 소형기에 일부 사용된다.
  ㉢ 무게중심은 주 바퀴 뒤에 있다.

(4) 타이어 수에 따른 분류
① 단일식 : 타이어가 한 개인 방식으로 소형기에 사용한다.
② 이중식 : 타이어 2개가 1조가 된 형식으로 앞바퀴에 적용된다.
③ 보기식 : 타이어 4개가 1조가 된 형식을 주 바퀴에 적용된다.

(5) 완충장치 : 착륙시 항공기의 수직 속도 성분에 의한 운동에너지를 흡수함으로써 충격을 완화시켜 주기 위한 장치이다.
① 고무식 완충장치 : 고무의 탄성을 이용하여 충격을 흡수하며, 완충효율은 50% 정도이다.

② 평판 스프링식 완충장치 : 강철재의 판을 다리에 사용하여 그 평판의 탄성을 이용하여 충격을 흡수하는 형식으로 완충 효율이 50% 정도이다.
③ 공기 압축식 완충장치 : 공기의 압축성을 이용한 장치로 완충 효율이 47% 정도이다.
④ 올레오식(공유압식) 완충장치 : 현대 항공기에 가장 많이 사용형식으로 항공기가 착륙할 때 받는 충격을 유체의 운동에너지와 공기의 압축성으로 이용하여 충격을 흡수하는 장치로 완충효율이 70~80% 정도이다.

> **Note** | 앞바퀴형의 장점
> ① 이륙시 저항이 적다.   ② 착륙 성능이 좋다.
> ③ 승객에게 안정감을 준다.   ④ 조종사의 시야 확보가 양호하다.
> ⑤ 자세가 안정됨으로 지상 전복 위험이 적다.

나. 착륙장치 구조 및 항공기용 바퀴

(1) 착륙장치 구조

① 트러니언(trunnion) : 착륙장치를 동체 구조재에 연결시키는 부분으로 양끝은 베어링에 의해 지지되며 이를 회전축으로 하여 착륙장치가 펼쳐지거나 접어 들여진다.
② 토션 링크(torsion link, scissor link) : 2개의 A자 모양으로 윗부분은 완충 버팀대에 아래 부분은 오레오 피스톤과 축으로 연결되어 피스톤이 과도하게 빠지지 못하게 하고 스트러트의 축을 중심으로 안쪽 실린더가 회전하지 못하게 한다.
③ 트럭(truck) : 이·착륙할 때 항공기의 자세에 따라 힌지를 중심으로 앞과 뒤로 요동한다.
④ 센터링 실린더(centering cylinder) : 완충 스트러트가 항상 트럭에 대하여 수직이 되도록 하는 장치이다.
⑤ 이퀄라이저 로드(제동 평형 로드, equalizer rod) : 2개 또는 4개로 구성되며 바퀴가 전진함에 따라 항공기의 무게가 앞바퀴에 많이 걸리는 것을 뒷바퀴로 옮겨 앞뒤 바퀴가 같은 무게를 받도록 한다.
⑥ 스너버(snubber) : 센터링 실린더가 급격하게 작동되는 것을 방지하고 지상 활주시 진동을 감쇄시키기 위한 장치이다.
⑦ 항력 스트러트(drag strut, 항력 버팀대) : 착륙 장치의 앞뒤 방향의 힘을 지탱한다.
⑧ 옆 버팀대(side strut) : 착륙장치의 측면 방향의 힘을 지탱한다.
⑨ 로크 기구 : 다운 로크(down lock)와 업 로크(up lock)기구는 착륙장치를 내렸거나 올렸을 때 그 상태를 유지하도록 고정시키는 기구이다.
⑩ 바퀴 : 휠(wheel)과 타이어로 구성되며 휠은 바퀴축에 장착되는 부분이고 타이어는 튜브리스 타이어가 많이 사용된다.

⑪ 시미 댐퍼(shimmy damper) : 앞 착륙장치 및 뒷 착륙 장치에서 지상 활주중 지면과 타이어의 마찰에 의해 타이어 밑면의 가로축 방향의 변형과 바퀴의 선회축 둘레의 진동과의 합성된 진동이 좌우로 발생하는데 이러한 진동을 시미라 하며 시미현상을 감쇄, 방지하기 위한 장치가 시미댐퍼이다.

(2) 항공기용 바퀴

① 바퀴의 종류

　㉠ 스플릿형(split type, 분할형) 바퀴 : 대형기에 사용

　㉡ 드롭 센터 고정 플랜지형(drop center fixed flange type) 바퀴 : 소형기에 사용

　㉢ 플랜지형(flange type) 바퀴

② 바퀴 베어링에 그리스를 주입하는 방법

　㉠ 베어링에 그리스를 주입하는 방법 : 손으로 칠해주는 방법

　㉡ 사용 윤활유 : GA – MIL – G – 25760

　㉢ 작업 시간 간격 : 100시간 작업

　㉣ 주바퀴의 윤활유 종류 : GA 그리스

> **Note | 퓨즈 플러그(fuse plug)**
> 브레이크의 과열 등으로 타이어안의 공기 압력 및 온도가 과도하게 높아졌을 때 퓨즈 플러그가 녹아 공기의 압력이 빠져 나가 타이어가 터지는 것을 방지한다.

다. 타이어의 정비

(1) 타이어의 구조 : 고무와 철사 및 인견포를 적층하여 제작하며 일반적으로 튜브리스(tubeless) 타이어를 사용한다.

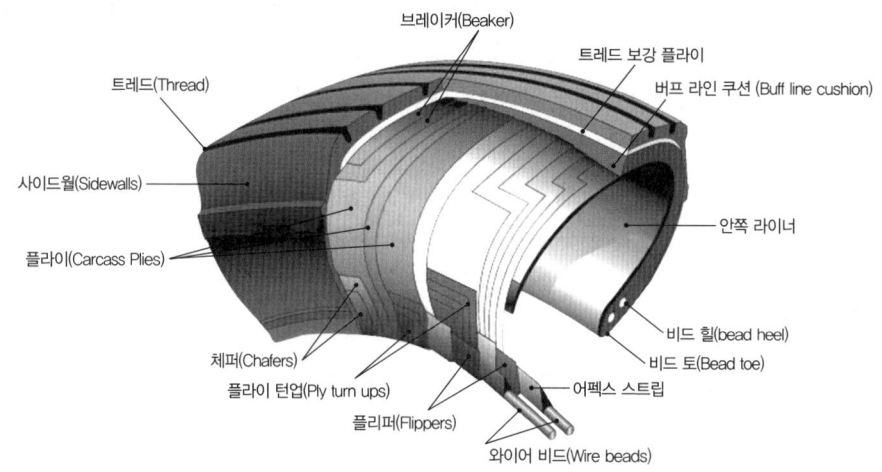

[타이어 구조]

(2) 타이어의 구성 요소
　① 트레드와 사이드 월 : 마멸을 담당하는 부분
　② 코어보디 : 나일론 섬유에 고무를 여러겹 적층
　③ 와이어 비드 : 타이어이 골격으로 타이어 강도를 유지하고 타이어를 바퀴에 단단히 고정
　④ 브레이커 : 코어보디와 트레드 사이에 있으며 외부 충격을 완화시키고 와이어 비드와 연결된 부분에 차퍼를 부착하여 제동장치로부터 오는 열을 차단한다.

(3) 타이어에 대한 일반사항
　① 타이어는 착륙시의 심한 충격시에 가장 큰 충격을 받는 것이 아니라 항공기가 지상에서 장거리 활주 중에 타이어 안의 온도가 높아질 때 발생한다.
　② 타이어의 손상을 방지하기 위해서는 활주 거리를 단축하고 활주 속도를 낮추고 브레이크 사용을 억제하고 알맞은 타이어를 운용하는 것이다.
　③ 정기적으로 트레드 깊이를 게이지로 측정해 주어야 한다.
　④ 타이어에 오일이나 가솔린이 묻어서는 안 된다. 그 이유는 타이어의 수명을 단축시키고 손상을 입히기 때문이다.
　⑤ 타이어 압력은 최소한 일주일에 한번 이상은 정확히 게이지로 검사하여야 한다. 압력 측정은 날씨가 더워 날씨가 차가운 날에 행하는 것이 좋다. 비행 후 최소2시간 이후에 압력을 체크한다. 튜브리스 타이어의 24시간 동안의 최대 허용 누설량은 5%를 초과해서는 안 된다.
　⑥ 항공기가 3일 이상 비행하지 않을 경우에는 48시간 마다 움직여 주거나 타이어에 하중이 가해지지 않도록 받침대로 들어준다.

(4) 경항공기 타이어의 공기압
　① 주바퀴 : 24~30psi
　② 앞바퀴 : 21~45psi
　③ 뒷바퀴 : 35~65psi

(5) 타이어의 종류
　① type Ⅰ : 비접개식 항공기용
　② type Ⅱ : 고압력 접개식 항공기용
　③ type Ⅲ : 저압력 항공기용
　④ type Ⅳ : 초저압력 항공기용
　⑤ type Ⅴ : 유선형 타이어

(6) 타이어의 규격 표시
　① 저압 타이어 : 타이어 나비(inch) × 타이어 안지름(inch) − 코어보디의 층수
　　(6.00×6 = 폭 − 안지름)

② 고압 타이어 : 타이어 바깥 지름(inch)×타이어의 나비(inch) − 림의 직경(inch)

(49×19-20-32-R2 − 외경×폭 − 휠 직경 − 32Ply − 2회 재생)

(7) 타이어의 색표지

① 슬립 페이지 마크 : 휠로부터 타이어까지의 색표지로 타이어가 휠부터 얼마나 미끄러졌는지를 확인하기 위한 색 표지

② 평형 마크 : 타이어의 가장 가벼운 위치를 붉은 색의 원으로 표시하여 타이어의 장착시 공기 밸브와 위치를 일치시킴으로 해서 진동을 최소화하기 위해 표시

라. 완충 버팀대 점검

(1) 점검방법 : 완충 버팀대의 팽창 도표를 이용하여 버팀대의 압력과 팽창 길이(노출된 부분의 길이)를 비교하여 점검한다.

(2) 완충 버팀대 블리딩 작업(Bleeding Shock Struts)

① 의미 : 완충 버팀대 안의 공기를 제거하고 알맞은 작동유의 보급과 알맞은 공기압을 조절하는 작업

② 불량현상

㉠ 완충 버팀대의 높이가 너무 낮을 때 : 공기압이 불충분할 때 발생

㉡ 공기가 완충 버팀대 안에 많이 차 있을 경우

㉢ 착륙 접지시 지나치게 많이 수축하는 경우 : 공기압은 적당하나 작동유가 부족하다.

마. 브레이크 계통

(1) 기능에 따른 분류

① 정상 브레이크 : 평상시에 사용

② 파킹 브레이크 : 공항 등에서 장시간 비행기를 계류시킬 때 사용

③ 비상 및 보조 브레이크 : 정상 브레이크가 고장 났을 때 사용하며 정상 브레이크와 별도로 장착되어 있다.

(2) 작동과 구조 형식에 따른 분류

① 팽창 튜브식 브레이크 : 소형 항공기에 사용

② 싱글 디스크식(단원판식) 브레이크 : 소형 항공기에 사용

③ 멀티 디스크식(다원판식) 브레이크 : 대형 항공기에 사용

④ 세그먼트 로터식 브레이브 : 대용량인 대형 항공기에 사용

(3) 제동장치 고장의 종류

① 드래깅 현상 : 제동장치에 공기가 차있어 제동 페달을 밟은 후 발을 떼더라도 페달이 원위치로 돌아오지 않는 것
② 페이딩 현상 : 제동장치가 가열되어 제동 라이닝이 소실되어 제동 효과가 감소하는 현상
③ 그래빙 현상 : 제동판이나 라이닝에 기름이나 오물이 묻어 제동 상태가 거칠어지는 현상

> **Note** | 무리한 착륙을 한 후 점검해야 하는 곳
> 착륙장치를 동체에 취부하는 언저리, 즉 착륙장치와 동체를 연결한 부분

(4) 브레이크 조립시 유의사항

① 항공기를 바람의 영향을 받지 않는 위치에 계류시켜야 한다.
② 항공기를 날개 잭으로 받쳐야 한다.
③ 항공기 주위에 작업 표시판을 설치하여 작업자 이외의 사람이 접근하지 못하도록 해야 한다.
④ 제동 작업을 할 때 브레이크 페달을 사용하여야 한다.
⑤ 제동 작업을 할 때 착륙장치 주위에 기름이 흐르지 않도록 주의해야 한다.
⑥ 공구와 장비는 지정된 것을 사용해야 한다.
⑦ 작업을 할 때 항공기가 움직이지 않도록 촉으로 안전하게 끼워 놓아야 한다.
⑧ 잭이 괴어져 있을 때 항공기 안에 탑승하거나 흔들어서는 안 된다.
⑨ 바퀴를 떼었다 붙일때 무리한 작업을 해서는 안 된다.
⑩ 타이어에 공기를 넣을 때에는 규정된 압력이 되도록 넣어야 한다.

(5) 브레이크의 간극 조절

① 라이닝 두께 : 브레이크 라이닝이 브레이크 하우징 밖으로 드릴 넘버 40번과 같은 두께 (0.098 인치)보다 크게 나와야 한다.
② 라이닝 교환시기 : 라이닝이 0.1인치 가량 마모가 되었을 때 실시한다.
③ 라이닝 교환방법 : 라이닝의 매끄러운 표면이 브레이크 원판 쪽으로 오도록 장착하며 장착된 상태에서 바퀴가 부드럽게 회전될 정도의 간극을 유지한다.
④ 브레이크 라이닝의 간극조절 : 최소 0.002~0.015인치를 유지해야 한다.

(6) 제동 압력관 내의 공기빼기 작업(Air Bleeding)

① 개요 : 공기빼기 작업을 에어블리딩이라 하며 이는 브레이크 유압계통에 공기가 차게 되면 스펀지 현상 즉, 브레이크 페달을 밟을 때 물렁물렁한 감촉이 느껴지면 효과적인 제동이 불가능하게 된다. 따라서 이 때에는 공기를 제거하는 작업을 하게 되는데 작업 방법에는 두 가지가 있다.

㉠ 중력식 브레이크 공기 제거
- 블리이딩 호스의 한쪽 끝을 블리드 밸브에 부착하고 다른 쪽은 작동유가 충분히 담긴 용기에 담근다.
- 브레이크를 작동시켜 마스터 실린더를 작동시킨다.
- 마스터 실린더에 의해서 브레이크 유압계통에 작동유가 공급된다.
- 공기가 섞인 작동유가 호스 끝으로 배출된다.
- 페달을 놓으면 마스터 실린더가 후퇴(릴리즈)되는데 이때 반드시 호스를 꺾어 밖으로 배출된 작동유가 역류되는 것을 막아야 한다.
- 이 작업을 공기가 작동유에 섞여 나오지 않을 때까지 반복한다.

㉡ 압력 브레이크 공기 제거하기
- 블리드 탱크를 브레이크의 블리드 밸브에 연결시킨다.
- 블리드 탱크의 공기 압력을 이용하여 작동유를 유압계통에 밀어 넣는다.
- 공기가 섞인 작동유는 따로 마련된 저유기로 배출된다.
- 공기가 섞인 작동유가 배출되지 않을 때까지 블리드 탱크의 작동유를 공급한다.
- 공기가 더 이상 배출되지 않으면 블리드 밸브를 잠그고 블리드 탱크를 떼어낸다.

② 에어 블리딩시 주의사항
㉠ 사용되는 블리딩 장비가 완전히 깨끗하며 알맞은 형식의 작동유가 채워져 있는지를 확인한다.
㉡ 완전히 작동되는 동안 공급 유체의 압력을 유지해야 한다. 압력이 낮으면 오히려 계통 내로 공기가 유입된다.
㉢ 블리딩은 공기가 더 이상 나오지 않을 때까지 계속한다.
㉣ 완전히 블리딩 작업을 끝낸 뒤 저유기의 유면의 높이를 확인한다.
㉤ 브레이크 계통에 압력을 가하고 누설 부위를 체크한다.

> **Note** | 제동 라인에 에어가 차는 이유
> 브레이크를 작동하게 되면 높은 열이 발생하고 이 열이 제동라인에 전달되어 작동유가 기화하기 때문이다.

바. 착륙장치의 UP & DOWN 작동

(1) 착륙장치를 올리는 순서

① 착륙장치 조절 레버를 UP 위치에 놓는다.
② DOWN 래치가 풀린다.
③ 착륙장치 작동 실린더가 착륙장치를 들어 올려 접는다.

④ 완전히 접힌 후 UP 래치가 잠긴다.

⑤ 착륙장치 도어가 닫힌다.

(2) 착륙장치를 내리는 순서

① 착륙장치 조절 레버를 DOWN 위치에 놓는다.

② 착륙장치 도어가 열린다.

③ UP 래치가 풀린다.

④ 착륙장치가 펼쳐진다.

⑤ 완전히 펴진 후 DOWN 위치에 놓는다.(착륙장치가 내려오는 동안에는 붉은색 등이 조종실에 점등되고 다운 래치가 걸려야만 초록색 등이 점등된다.)

⑥ 착륙장치 도어가 잠기는 경우도 있다.

(3) 기타 사항

① 착륙장치가 접힌 후 도어가 닫히는 순서를 정해주는 장치 : 시퀀스 밸브가 작동하여 장치의 순서를 결정하여 차례대로 작동되도록 한다.

② 토크 링크의 역할 : 완충장치가 위, 아래로 운동하는 것은 허용하지만 회전하는 것은 방지한다.

3. 헬리콥터의 정비

가. 세척

(1) 세척의 종류 : 내부세척, 외부세척

(2) 축전지 오염 시 중화방법

① 황산으로 오염 시 : 20% 희석된 중탄산나트륨 용액으로 중화시킨 후 세척

② 수산화칼륨으로 오염 시 : 3% 희석된 붕산으로 중화시킨 후 세척

(3) 세척방법 : 아래에서 위로 세척

나. 진동 특성

(1) 저주파수 진동

① 2/3회 진동 : 회전날개의 감쇄 장치가 원활하게 작동되지 않을 때 발생하는 진동

② 1회 진동 : 주회전 날개의 헤드나 회전 날개 깃이 불평형상태가 되었을 때 발생하는 진동으로 궤도가 벗어났을 때 발생

③ 가로방향의 횡전 진동 : 회전날개의 회전수가 너무 낮아 회전날개 자체의 하중을 지탱할 정도의 양력이 발생하지 못하는 경우에 회전날개깃이 궤도를 벗어남으로써 발생

④ 꼬리 진동 : 회전날개에 의해 교란된 공기 흐름이 헬리콥터의 꼬리 회전날개에 영향을 끼칠 때 발생

(2) 중간 주파수 진동
① 주회전 날개가 1회전시 주회전 날개의 깃수 만큼 진동이 발생하는 것
② 회전날개 깃의 공기 역학적인 하중 분포가 다를 때 발생하며 특히 전진 비행시 진동 효과가 커진다.

(3) 고주파수 진동 : 기관이나 동력 구동장치 등에 의해 발생된다.

다. 회전날개의 궤도 점검(저주파수 진동의 원인 제거 방법)
(1) 궤도 점검용 깃발 사용법
① 회전날개 깃 선단에 수성 펜으로 각기 다른 색을 칠한다.
② 회전날개 깃을 회전시켜 점검용 깃발을 스치게 한다.
③ 깃발에 찍힌 색깔을 확인하여 해당 회전날개 깃의 궤도를 수정한다.

(2) 스트로보스코프 이용법
① 자기 발생장치에서 나오는 자력선을 차단 장치가 차단할 때 전자 파동 신호가 발생된다.
② 이 파동 신호에 의해 스트로보의 섬광이 반사 표적에 반사되어 회전날개깃 영상이 스트로보스코프에 나타난다.
③ 궤도 이탈된 날개깃의 궤도를 조절한다.

(3) 궤도 조절 방법
① 완속 상태에서의 궤도 조정 : 피치 조종 로드의 길이를 조절하여 궤도를 수정
② 고속 상태에서의 궤도 조정 : 회전날개 깃의 조종탭을 조절하여 궤도를 수정

라. 평형 점검
(1) 시행 착오법
① 평형이 맞지 않는다고 판단되는 선회깃 선단에 약 5cm 폭의 테이프를 부착 후 비행하여 진동 측정
② 진동의 세기가 감소하면 테이프를 더 붙여 진동이 사라질 때까지 한 후 테이프의 무게와 같은 추를 선단에 부착한다. 단, 진동이 증가할 경우 반대쪽 선단에 테이프를 부착한다.

(2) 전자 평형 장비 이용법
① 스트로보스코프에서 얻은 전자 파동 신호와 가속도계에 의하여 감지된 진동 특성 신호를 전자 평형 기기에 입력시켜 계산함으로써 평형 점검 자료를 산출
② 자료로부터 도표를 이용하여 평형추의 위치, 무게를 구한다.

마. 동력 구동장치 계통의 정비
  (1) **변속기와 기어박스** : 변속기와 기어박스의 점검은 주로 윤활유와 연관된 것이다.
    ① 점검사항
      ㉠ 윤활유의 누설 점검
      ㉡ 윤활유의 오염 상태 점검
      ㉢ 기어박스의 사용 점검
    ② 변속기의 고장 탐구 : 변속기의 고장은 주로 윤활유와 관계가 있다.
      ㉠ 변속기 윤활유 압력 계기의 지시값이 흔들리는 경우 : 전기적 접속 상태가 헐겁거나 계기 및 변환기에 결함이 있음을 의미한다.
      ㉡ 윤활유 압력이 낮게 지시되는 경우 : 윤활유 섬프의 윤활유 수준이 낮거나 윤활유 펌프가 고장일 수 있으며 그리고 방열기가 막혔을 수도 있다.
    ③ 기어박스의 고장 탐구
      ㉠ 현상 : 기어박스에 고장이 생기면 고주파수 진동이 발생한다.
      ㉡ 원인 : 장착 볼트의 헐거움, 기어박스 베어링의 결함, 기어의 손상 및 기어의 불확실한 정렬 상태 등이 있다.
  (2) **동력 구동축**
    ① 점검사항 : 기계적인 손상과 변형 및 부식상태에 대한 육안점검을 하며 필요에 따라 비파괴 검사를 통하여 균열상태를 점검
    ② 동력 구동축의 고장탐구
      ㉠ 현상 : 기어박스에 고장이 생기면 고주파수 진동이 발생한다.
      ㉡ 원인 : 구동축의 부착 프랜지의 너트와 볼트의 헐거움, 구동축의 장착 상태의 불량, 구동축 및 구동축 커플링의 손상, 구동축의 불량한 평형 상태 및 지지 베어링의 결함

바. 기타 사항
  (1) **자동 회전 비행수 점검**
    ① 회전수 증가법 : 동시 피치 조종 로드의 길이를 증가
    ② 회전수 감소법 : 동시 피치 조종 로드의 길이를 감소
  (2) **꼬리 회전날개의 작동 점검 및 조절**
    ① 궤도 점검 : 궤도점검 후 궤도가 벗어난 경우 꼬리 회전날개를 통째로 교환하며, 평형 점검 전에 수행하는 것이 바람직하다.
    ② 평형점검 : 아버 지시계로 확인

02 지상안전 및 지원

1. 항공기의 지상안전

가. 지상안전의 책임과 사고 방지

(1) 지상안전의 책임 : 모든 작업자에게 그 책임이 있다.

① 작업 감독자의 책임
  ㉠ 작업자에게 작업 절차와 작업규칙 및 장비와 기기의 취급에 대한 교육을 실시한다.
  ㉡ 각종 재해에 대한 예방조치를 하여야 한다.
  ㉢ 필요한 안전시설 및 작업자의 작업상태 등을 항상 점검한다.
  ㉣ 위험하거나 사고의 우려가 있는 상태에 대한 수정 조치를 철저하게 취해야 한다.

② 작업자의 책임
  ㉠ 작업시에 반드시 규정과 절차를 준수하여 작업
  ㉡ 보호장구 착용이 필요한 작업시에는 반드시 보호장구 착용(단, 회전장비(절삭 공구) 사용 시에는 장갑 착용을 금함)
  ㉢ 작업장의 상태를 항상 철결히 유지
  ㉣ 정리 정돈하여 사고의 잠재 요인을 제거

(2) 사고방지

① 사고의 원인과 결과
  ㉠ 사람의 불안정한 행위 : 88%
  ㉡ 불안정한 조건 : 10%
  ㉢ 불가항력 : 2%

② 불안정한 행위의 요인 : 작업자의 능력부족, 규칙, 질서 및 규정의 무시, 주의력 집중의 산만, 불안정한 습관, 신체적 및 정신적 부적합, 작업지시에 대한 결함
  ㉠ 심리적 원인 : 무지, 과실, 숙련도의 부족, 난폭, 흥분, 소홀 및 고의적 행위
  ㉡ 생리적 원인 : 체력의 부적응, 신체의 결함, 질병, 음주, 수면, 피로

③ 사고의 분석
  ㉠ 하루 중 재해가 가장 많이 발생하는 시간 : 오후 2시~3시경
  ㉡ 근무 기간으로 사고가 가장 많이 발생하는 기간 : 근무 후 3~6개월 정도
  ㉢ 재해가 가장 많이 발생하는 계절 : 여름철(8월)

④ 사고방지의 원리
  ㉠ 안전에 대한 깊은 인식

   ⓒ 규칙 이행

   ⓓ 반복적인 교육과 훈련에 의해 해당 업무의 숙달

  ⑤ 일반적인 안전수칙

   ㉠ 바른 복장을 한다.
- 모자를 바로 쓴다.(안전모 착용)
- 작업복의 단추를 모두 채운다.
- 상의의 옷자락은 허리에 단단히 조여 맨다.
- 하의는 걷어 올리지 않는 것이 좋다.
- 구두는 작업하기 수월하고 안전한 것이 좋다.
- 작업에 따라 안전화를 신는다.

   ㉡ 보호구를 착용한다.(보호복, 보호장갑, 보호장화, 안전화, 신발커버, 안전모, 방진두건, 방독마스크, 귀마개, 보호안경 등)

   ㉢ 정리정돈을 잘한다.

   ㉣ 통행 및 통로를 제대로 시행, 설치한다.
- 일반적으로 통로는 1.8m 이상 잡으며 바닥에 백색선을 그려야 한다.
- 기계와 기계간의 간격은 80cm 이상 잡는다.
- 통로를 깨끗이 청소한다.

   ㉤ 운반시 안전에 유의한다.(등이나 허리가 다치지 않도록 조심)

   ㉥ 채광과 조명을 충분히 한다.(태양광선을 충분히 받아 조명)

   ㉦ 환기 통풍을 충분히 한다.(공기 흐름의 속도는 1m/s 정도)

   ㉧ 온도와 습도를 알맞게 유지한다.(온도 : 20℃, 습도 : 55%)

   ㉨ 안전표지를 설치한다.

   ㉩ 안전색채를 규정에 맞게 칠한다.

(3) 안전 및 구급조치

① 화상 치료제

② 화상 습포제 : 냉수, 붕산수

③ 치료제 : 참기름, 간유

④ 각성제 : 암모니아수

⑤ 인사불성 및 허약자의 흥분제 : 포도주(알콜)

⑥ 삼각건 밑변의 길이 : 1.5m

⑦ 방사선의 영향 : 방사선의 거리의 제곱에 반비례하여 감소하기 때문에 방사선 발원지에서 멀리 떨어져야 한다.

나. 상황별 지상안전

(1) 기관 작동시의 안전
① 감시요원과 소화기 비치
② 주변 청결
③ 통행 제한
④ 귀마개 착용(제트엔진 시동시)

> **Note | 제트엔진 조작 시 안전수칙**
> 공기 흡입구 흡입 부분은 팬형 엔진일 경우 25피트 주위는 위험지역으로 power run up 시 항공기 전방 200ft, 후방 500ft 이내에는 이유없이 접근하지 말 것

(2) 항공기 급유 및 배유시 안전
① 3점 접지 : 항공기, 연료차, 지면
② 지정된 위치에 소화기와 감시요원 배치(15m 이내 흡연금지)
③ 연료 차량은 항공기와 충분한 거리 유지(최소 3m 유지)
④ 번개치는 날 급·배유 작업 금지
⑤ 15m 이내에 고주파 장비 작동 금지
⑥ 급유 후 15분 이내에 전원 장비 작동 금지

(3) 항공기 주기 시의 안전
① 주위를 깨끗이 할 것
② 겨울에는 눈이나 얼음을 제거
③ 비행 조종계통은 중립상태에 고정
④ 기관 흡입구나 배기부 및 피토관 등에 덮개를 씌울 것
⑤ 휠 촉을 괸다.
⑥ 항공기를 접지시킨다.

> **Note | 글리콜(glycol, 부동액)**
> 얼음이 어는 것을 방지해 주는 부동액으로 주성분은 에틸렌, 프로필렌, 적색 또는 오렌지색 색소가 첨가되어 있으며 글리콜 사용시 서리 또는 눈이 쌓이는 것을 방지하도록 상태를 유지할 수 있는 시간은 10~12 시간 정도이나 매우 추운 날씨에는 1~1시간 30분 정도 그 기능을 유지한다.

(4) 가스 등 위험물질 취급시의 안전
① 산소 취급시 안전
  ㉠ 반드시 유자격자가 취급
  ㉡ 소화기를 비치하고 취급(15m 이내에서 담배를 피우거나 인화성 물질 취급금지)

ⓒ 산소 취급 장비, 공구 및 취급자의 의류 등에 유류가 묻지 않도록 해야 하고 산소 보급 및 취급시 환기
　　　ⓓ 액체 산소 취급시 인체에 노출되지 않도록 장갑, 앞치마, 고무장화 등을 착용하고 취급 시 그리스나 오일 등에 혼합되면 폭발하므로 주의
② 히드라진 취급시 안전
　　　㉠ 유자격자가 취급
　　　㉡ 피부에 묻으면 물로 씻고 의사의 진찰을 받도록 할 것
　　　㉢ 환기 철저
　　　㉣ 누설시 구간을 폐쇄하고 제독 요원의 제독 요청
③ 독극물 취급시 안전사항
　　　㉠ 유자격자가 취급
　　　㉡ 뚜껑이 있는 견고한 용기에 보관하고 용기 표면에는 독극물 표시를 할 것
　　　㉢ 관계자외의 접근을 금할 것

(5) 소음에 대한 안전
① 기관계통 업무에 종사하는 사람은 2년에 한 번씩 청력검사를 해야 한다.
② 귀마개의 종류
　　　㉠ 제1종 귀마개 : 저음부터 고음까지 차단
　　　㉡ 제2종 귀마개 : 고음만 차단

다. 화재 및 예방

(1) 화재의 분류 및 진화방법

구분	A급 화재	B급 화재	C급 화재	D급 화재
명칭	보통화재	유류, 가스화재	전기화재	금속화재 (Al분, Mg분)
주 소화효과	냉각	질식	냉각, 질식	질식
적응 소화재	물 소화기 강화액 소화기	포말 소화기 CO_2 소화기 분말 소화기 증발성 액체 소화기	유기성 소화액 CO_2 소화기 분말 소화기	건조사 팽창 질석 팽창 진주암
구분 색	백색	황색	청색	-

① A급 화재(보통화재)
　　　㉠ 나무, 종이, 직물, 각종 가연성 물질에 의해 발생되는 화재
　　　㉡ 진화방법 : 냉각법(물 소화기, 강화액 소화기)
② B급 화재(유류, 가스화재)
　　　㉠ 윤활유, 휘발유, 그리스 등에 의한 화재(유류, 가스화재)

ⓒ 진화방법 : 질식법(CO_2 소화기, 브로모클로로메탄 소화기, 포말 소화기 등을 사용)

ⓒ B급 화재에는 물을 절대로 사용할 수 없음

③ C급 화재(전기화재)

㉠ 전기기기, 전기계통 등에 의한 화재

ⓒ 진화방법 : 냉각법, 질식법(유기성 소화액, CO_2 소화기, 분말 소화기)

④ D급 화재(금속화재)

㉠ 마그네슘, 알루미늄, 티타늄, 두랄루민과 같은 금속 가루에 발생하는 화재

ⓒ 진화방법 : 건조사, 팽창질석, 팽창진주암

⑤ E급 화재

㉠ LPG, LNG 가스로 인한 화재

ⓒ 진화방법 : 차단법(AFFF, FFFP, 분말 소화기, CO_2 소화기, 할론 소화기)

(2) 소화기의 종류

① 물펌프 소화기 : A급 화재를 진화하며 유류, 전기 화재에 사용불가

② 이산화탄소(CO_2) 소화기 : 1~3m의 단거리의 B, C급 화재 소화에 사용

㉠ 20LB 이산화탄소 소화기 : 3~6ft에서 사용

ⓒ 35~50LB 이산화탄소 소화기 : 7~9ft에서 사용

③ 포말 소화기 : B, C급 화재 소화에 사용(2~3회 흔들어 사용)

④ 브로모클로로메탄 소화기

㉠ 성능이 이산화탄소 소화기의 3배 이상으로 B, C급 화재 소화에 사용

ⓒ 산소를 흡수하므로 질식에 주의할 것

⑤ 분말 소화기

㉠ 중탄산칼륨, 나트륨, 인산염 등 화학적으로 분말 형태로 된 것을 실린더 속에 넣어 가압하여 사용

ⓒ B, C급 화재에 사용

라. 안전·보건표지 및 안전색채 표시

(1) 안전·보건표지의 색채, 색도기준 및 용도

색채	색도기준	용도	사용례
빨간색	7.5R 4/14	금지	정지신호, 소화설비 및 그 장소, 유해행위의 금지
		경고	화학물질 취급장소에서의 유해·위험 경고
노란색	5Y 8.5/12	경고	화학물질 취급장소에서의 유해·위험 경고 이외의 위험 경고, 주의표지 또는 기계방호물
파란색	2.5PB 4/10	지시	특정 행위의 지시 및 사실의 고지

색채	색도기준	용도	사용례
녹색	2.5G 4/10	안내	비상구 및 피난소 사람 또는 차량의 통행 표시
흰색	N9.5	-	파란색 또는 녹색에 대한 보조색
검은색	N0.5	-	문자 및 빨간색 또는 노란색에 대한 보조색

(2) 항공 관련 안전색채 표시

① 붉은색 안전색채 : 고압선, 폭발물, 인화성 물질, 위험한 기계류 등의 비상 정지 스위치, 소화기, 화재 경보 장치 및 소화전 등에 표시

② 노란색 안전색채 : 충돌, 추돌, 전복 및 이에 유사한 사고의 위험이 있는 장비 및 시설물에 표시

③ 녹색 안전색채 : 안전에 직접 관련된 설비 및 구급용 치료 설비 등에 사용

④ 파란색 안전색채 : 장비 및 기기 수리, 조절 및 검사 중일 때 이들 장비의 작동을 방지하기 위해 사용

⑤ 오렌지색 안전색채 : 기계 또는 전기 설비의 위험 위치를 식별하도록 사용

2. 항공기의 지상 정비지원

가. 항공기의 지상 취급

(1) 지상유도

① 항공기 자체동력을 사용하여 지상에서 운행시 안전을 위해 유도하는 작업을 말한다.

② 조종사가 잘 보이는 위치에 유도수가 위치한 후 두 팔을 높이 올리고 조종사와 눈이 마주친 후부터 유도를 시작한다.

(2) 견인작업

항공기 기관은 정지한 상태에서 외부의 힘으로 지상에서 이동시키는 작업으로 견인차, 견인봉으로 작업

① 유자격자가 작업한다.

② 견인시 3~7명이 필요하며 작업 조건이 좋을 때는 3명이서도 견인이 가능하다.

③ 견인 속도는 8km/h(5mph) 이내로 한다.

④ 견인 요원은 날개끝, 꼬리 부분 등에 배치한다.

⑤ 견인차에는 1명만 탑승한다.

⑥ 조종석에 탑승한 자는 위급한 상황이 아니면 브레이크를 조절해서는 안 된다.

⑦ 주변의 장애물은 사전에 제거한다.

(3) 계류작업

① 지상에 주기시켜 놓은 항공기를 강풍으로부터 보호하기 위해 지상에 고정시키는 작업을 말한다.

② 계류작업시 항공기의 기수는 바람이 부는 방향으로 향한다.

(4) 호이스트 및 잭 작업

① 호이스트 작업 : 항공기를 공중에 매다는 작업으로 소형기에만 적용 가능

② 잭 작업 : 잭을 사용하여 항공기를 위로 들어 올리는 작업으로 잭 작업시에는 가장 먼저 응력 판넬의 위치를 확인하여야 한다.

㉠ 표면이 단단하고 평평한 장소에서 수행한다.

㉡ 풍속이 24 km/h 이내인 경우에만 작업한다.

㉢ 작업장 주변을 완전히 정리한 후 작업한다.

㉣ 수평으로 서서히 들어 올린다.

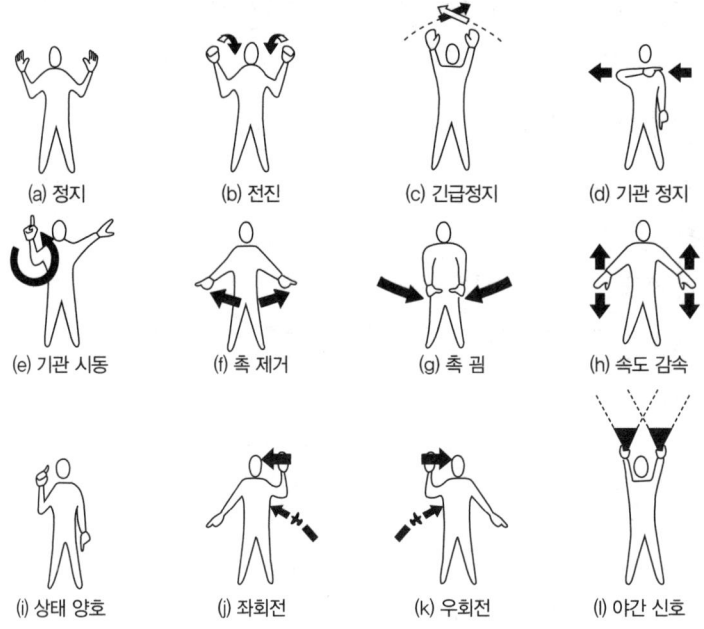

[항공기의 표준유도 신호]

나. 지상보급

(1) 연료의 보급

① 항상 소화기를 비치한다.

② 15m 이내에 인화성 물질이나 흡연금지

③ 모든 동력장치의 작동을 중지

④ 항공기와 연료차, 지면을 3점 접지시킨다.
⑤ 연료 보급 후 15분 이내에 지상 장비 가동 금지
⑥ 연료차와 항공기는 가급적 많이 띄우며 최소한 3m 이상의 거리를 유지한다.
⑦ 번개치는 날 급배유 작업을 금한다.
⑧ 15m 이내에서 고주파 장비의 작동을 금한다.

(2) 윤활유의 보급
정확한 양을 검사하기 위해 기관을 정지시킨 후 충분한 시간 경과 후 확인하여 정확한 양을 보급할 것

(3) 작동유의 보급
① 종류
  ㉠ 광물성 작동유 : 빨간색
  ㉡ 합성유 : 자주색
② 주의사항
  ㉠ 깨끗이 취급할 것
  ㉡ 다른 종류를 서로 혼합시키지 말 것
  ㉢ 한번 사용한 작동유는 다시 사용 금지
  ㉣ 작동유 계통 세척시에는 솔벤트를 사용

(4) 산소의 보급
① 15m 이내에 화기나 흡연을 금지한다.
② 통풍이 잘되는 장소에서 보급한다.
③ 동상에 대비하여 보호구를 착용한다.
④ 기체 산소가 그리스나 오일에 접촉하면 폭발의 위험이 있으므로 주의를 요한다.

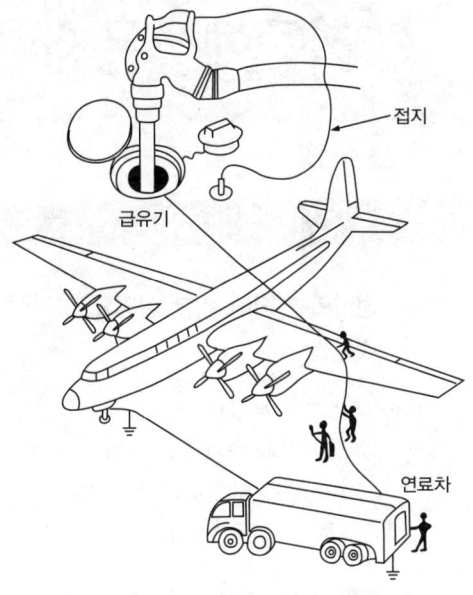

[항공기 연료의 급유]

제2장 항공기정비 적중예상문제

01 정비와 정비작업

01 정비의 개념에 대한 설명으로 가장 적합한 것은?

① 연료를 보급하는 일
② 항공기를 수리하는 행위
③ 항공기를 깨끗하게 하는 일
④ 감항성을 유지하는 행위

[해설] 정비란 감항성을 유지하기 위한 행위로서, 고장의 발생요인을 미리 발견하여 제거함으로써 항상 지속적으로 완전한 기능을 유지할 수 있도록 항공기를 검사, 점검, 보급, 세척, 수리하는 행위를 정비라 한다.

02 다음 중 항공기 운송의 목적이 아닌 것은?

① 감항성   ② 정밀성
③ 쾌적성   ④ 경제성

[해설] 정비의 목적(항공기 운송의 목적)은 감항성, 정시성, 쾌적성, 경제성이다.

03 다음 중 감항성에 영향을 끼치는 대수리 작업으로 관계기관의 확인을 받아야 하는 정비작업이 아닌 것은?

① 기본 구조부분의 강도와 관계되는 정비작업
② 예비품 검사대상 부품의 오버홀
③ 특수한 시설과 장비를 필요로 하는 정비작업
④ 항공기 중량 및 중심한계가 변경되는 정비작업

[해설] 중량 및 중심한계의 변경은 개조 작업이다.

04 다음 설명 중 잘못된 것은?

① 항공기 정비는 감항성, 정시성, 쾌적성을 유지시키는 데 있다.
② 항공기 정비는 부속품 유용, 수리, 제작의 3가지로 분류할 수 있다.
③ 사용가능 부품에 사용되는 표찰의 색깔은 노란색이다.
④ 운항으로 소비되는 기체 및 액체류를 보충하는 용어는 보급이다.

[해설] 항공기 정비는 보수, 수리, 개조로 분류한다.

05 다음 중 운항정비가 아닌 것은?

① 비행 전 점검
② 비행 후 점검
③ 기체의 정시점검
④ 기체의 정기점검

[해설] 운항정비란 운항의 정시성을 확보하기 위해 구성품의 장탈 및 장착을 위주로 수행하는 정비로서, 비행 전·후 점검, 기체의 정시점검이 있다.

06 항공기 정비시 많은 정비시설과 시간이 요구되는 경우, 항공기의 장비 및 부품을 장탈하여 전문공장에서 수행하는 정비는 무엇인가?

① 운항정비   ② 공장정비

[정답] [01. 정비와 정비작업] 01 ④ 02 ② 03 ④ 04 ② 05 ④ 06 ②

③ 벤치체크   ④ 오버홀

해설 공장정비는 기체 공장정비, 기관 공장정비, 장비 공장정비가 있다.

07 성능한계 마멸한계, 부식한계 등을 가지는 장비나 부품의 정비에 사용되는 정비방식은?

① 계획정비   ② 시한성 정비
③ 상태정비   ④ 신뢰성 정비

해설 상태정비는 정기적인 육안검사, 측정, 기능시험 등의 수단에 의해 감항성의 유지를 확인하는 정비 방식이다.

08 정기적 검사나 수리를 하지 않고 고장의 발생 또는 징후가 나타날 때 까지 사용할 수 있는 일반 부품이나 장비에 적용되는 정비방식은?

① 시한성정비   ② 상태정비
③ 신뢰성정비   ④ 예방정비

해설 고장을 일으키더라도 안전성에 직접 문제가 없는 일반적 부품이나 구성품에 적용되는 정비방식은 신뢰성 정비이다.

09 정비기술 도서의 체계를 구성하는데 사용되는 규격은 무엇인가?

① 국제 민간항공기구(ICAO)
② 미국 항공운송협회(ATA)
③ 국제 항공운송협회(IATA)
④ 대한민국 교통부(KCAB)

해설 정비기술 도서는 미국 항공운송협회(ATA)규격에 따라 체계가 구성되어 있다.

10 다음 정비기술 도서 중 정비기술 정보를 수록하고 있는 도서는?

① 검사지침서   ② 비행교범
③ 작동교범   ④ 도해부품목록

해설 정비기술 정보에는 정비교범, 기체수리 교범, 오버홀 교범, 전기 배선도, 검사 지침서 등이 있다.

11 정비규정에 포함되지 않는 기술적인 사항으로서, 취항하고 있는 항공기에서 발견된 결함 개선대책을 지시하는 것이 아닌 것은?

① 감항성 개선명령(AD)
② 정비지원 기술정보(SB)
③ 시한성 기술지시(TCTO)
④ 작업시트(WS)

해설 작업카드(WC)와 작업시트(WS)는 검사 지침서를 기준으로 작성하여 정비에 직접 활용되는 것이다.

12 감항성에 관계없는 정비작업이 정시성에 영향을 줄 때 안전성을 보장할 수 있는 한계 내에서 다음 기지로 정비를 이월할 수 있는 것을 무엇이라 하는가?

① 최소 구비장비 목록(MEL)
② 부족 허용부품목록(MPL)
③ 도해부품 목록(IPC)
④ 정비 이월부품 목록

해설 최소 구비장비 목록은 비행조종 계통, 기관 착륙장치 등 감항성에 치명적인 영향을 끼치는 부분은 제외 된다.

13 운항에 따른 일차적 지원정비 사항이 아닌 것은?

① 정시점검   ② 지상 취급
③ 보급   ④ 세척 및 부식처리

정답 07 ③ 08 ③ 09 ② 10 ① 11 ④ 12 ② 13 ①

[해설] 운항에 따른 일차적인 지원정비를 지상정비 지원이라 하며 지상취급, 보급, 세척 및 부식처리, 비행가능 상태의 확인작업 등이 있다.

14 다음 중 비행가능 상태의 확인 작업이 아닌 것은?

① 비행 전 점검
② 비행 후 점검
③ 외부점검
④ 항공일지 서명

[해설] 비행가능 상태 확인을 위해서는 비행 전 점검, 중간 기착지의 중간점검(상태점검, 작동점검), 외부점검 후 항공일지에 서명해야 비행을 개시할 수 있다.

15 다음 중 기체의 정시점검이 아닌 것은?

① A점검 ② C점검
③ ISI   ④ HSI

[해설] 기체의 정시점검 : A점검, B점검, C점검, D점검, 내부구조 검사(ISI)

16 정시점검의 주기, 시한성 교환 품목의 교환주기 등 항공기 정비 계획을 수립할 때 기준이 되는 시간은 무엇인가?

① 비행시간
② 운항시간
③ 실제시간
④ 사용시간

[해설]
• 비행시간 : 항공기가 비행을 목적으로 자력으로 움직이기 시작한 시간부터 정지할 때의 시간
• 사용시간 : 작동시간이라고도 하며, 항공기가 이륙하여 착륙할 때까지의 시간으로 정비분야에서 사용하는 시간

17 항공기용 Bolt Grip의 길이는 어떻게 결정되는가?

① 체결해야 할 부재의 두께와 일치
② Bolt의 직경과 나사산의 수
③ Bolt의 직경과 일치
④ Bolt 전체길이에서 나사부분의 길이

18 볼트머리에 X로 표시된 기호의 볼트는?

① 합금강 볼트
② 알루미늄 합금 볼트
③ 정밀 볼트
④ 특수 볼트

19 Bolt의 부품번호 AN 3 DD H 5에서 3은 무엇인가?

① Bolt의 길이가 3/16″이다.
② Bolt의 지름이 3/16″이다.
③ Bolt의 지름이 3/8″이다.
④ Bolt의 길이가 3/8″이다.

[해설] AN 3 DD H 5 A
• AN : 규격(AN 표준기호)
• 3 : 볼트 지름이 3/16인치
• DD : 볼트 재질로 2024 알루미늄 합금을 나타낸다.(C : 내식강), H : 머리에 구멍 유무(H : 구멍 유, 무표시 : 구멍 무)
• 5 : 볼트 길이가 5/8인치
• A : 나사 끝에 구멍 유무(A : 구멍 무, 무표시 : 구멍 유)

20 일반 볼트보다 정밀하게 가공되어 심한 반복운동이나 진동이 작용하는 곳에 사용하는 볼트의 종류는 무엇인가?

① 표준 육각 볼트
② 정밀 공차 볼트
③ 인터널 렌칭 볼트
④ 드릴 헤드 볼트

정답 14 ② 15 ④ 16 ④ 17 ① 18 ① 19 ② 20 ②

해설 정밀 공차 볼트 : 일반 볼트보다 정밀하게 가공된 볼트로서 심한 반복운동과 진동 받는 부분에 사용하며 볼트를 제자리에 넣기 위해서는 타격을 가해야만 한다.

21 Internal Wrenching Bolt를 사용하는 곳은?

① 1차 구조부에 사용한다.
② 2차 구조부에 사용한다.
③ 전단하중이 작용하는 부분에 사용한다.
④ 인장, 전단하중이 작용하는 부분에 사용한다.

22 항공용 볼트의 식별 부호 중 알루미늄 합금 볼트의 머리 표시는?

① 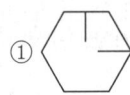   ②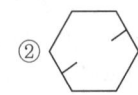

③    ④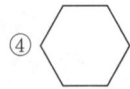

해설 볼트의 머리 기호에 의한 식별
• AL 합금 볼트 : 쌍대시 (– –)
• 내식강 : 대시(–)
• 특수 볼트 : SPEC 또는 S
• 정밀 공차 볼트 : △
• 정밀 공차 볼트 : △, ○ (고강도 볼트로 허용강도가 160000~180000PSI)
• 정밀 공차 볼트 : △, × (합금강 볼트로 허용강도가 125000~145000PSI)
• 합금강 볼트 : +, *
• 열처리 볼트 : R
• 황동 볼트 : =

23 카드뮴이 도금된 너트를 사용하는 경우 사용해서는 안 되는 너트는?

① 알루미늄 너트   ② 니켈강 너트
③ 카드뮴 너트   ④ 탄소강 너트

해설 카드뮴 도금 너트에 알루미늄 너트 사용 시 이질 금속간의 부식이 발생할 수 있다.

24 파이버 계통의 자동 고정너트를 사용하였다. 몇 회까지 재 사용할 수 있는가?

① 15회   ② 25회
③ 200회   ④ 250회

해설 • 자동 고정너트 : 온도외 사용횟수 제한
• 파이버 계통 : 15회
• 나이론 계통 : 200회

25 AN 310 D – 5 너트에서 5의 식별은?

① 사용 볼트의 지름 5/32″
② 재료 식별 기호이다.
③ 평 너트를 의미하는 번호
④ 사용 볼트의 지름 5/16″

해설 AN 310 D – 5R
• AN : AN 표준기호
• 310 : 너트 종류(캐슬 너트)
• D : 재질(2017 T), (F : 강, B : 황동, D : 2017 T (알루미늄), DD : 2024 TC : 스테인리스강)
• 5 : 사용 볼트의 지름(5/16인치)
• R : 오른나사

26 비자동 고정 너트의 설명이 틀린 것은?

① 나비 너트는 자주 장탈 및 장착하는 곳에는 사용하지 않는다.
② 평 너트는 인장하중을 받는 곳에 사용한다.
③ 캐슬 너트는 코터핀을 사용한다.
④ 평 너트 사용 시 Lock Washer를 사용한다.

27 Self Locking Nut는 어떤 곳에 주로 사용하는가?

① 진동이 심한 곳
② 엔진 흡입구
③ 수시로 장탈착하는 점검창
④ 비행의 안전성에 영향을 주는 곳

정답 21 ④ 22 ② 23 ① 24 ① 25 ④ 26 ① 27 ①

해설 자동 고정 너트(Self Locking Nut) : 안전을 위한 보조방법이 필요 없고 구조 전체적으로 고정역할을 하며 과도한 진동 하에서 쉽게 풀리지 않는 긴 도를 요하는 연결부에 사용. 회전하는 부분에는 사용할 수 없다.

28 손으로 돌려도 돌아갈 정도의 Free Fit Hardware의 나사 등급은?

① 1등급　　② 2등급
③ 3등급　　④ 4등급

해설 나사의 등급
- 1등급(Class 1) : Loose Fit로 강도를 필요로 하지 않는 곳에 사용한다.
- 2등급(Class 2) : Free Fit로 강도를 필요로 하지 않는 곳에 사용하며 항공기용 스크루 제작에 사용한다.
- 3등급(Class 3) : Medium Fit로 강도를 필요로 하는 곳에 사용하며 항공기용 볼트는 거의 3등급으로 제작된다.
- 4등급(Class 4) : Close Fit로 너트를 볼트에 끼우기 위해서는 렌치를 사용해야 한다.

29 스크루의 분류에 속하지 않는 것은?

① 고정 스크루　　② 구조용 스크루
③ 기계용 스크루　　④ 자동 탭핑 스크루

해설 Screw의 분류 : 구조용 스크루, 기계용 스크루, 자동 탭핑 스크루

30 항공기용 스크루(screw)에 대한 설명이 틀린 것은?

① 재질의 강도가 낮고, 비교적 헐겁다.
② 스스로 나사를 만들면서 고정하는 스크루는 자동태핑 스크루이다.
③ 모든 스크루는 강도가 낮으며 그립이 없는 것이 특징이다.
④ 그 용도와 모양이 가장 다양한 스크루는 기계용 스크루이다.

해설 스크루의 종류 : 구조용 스크루(명확한 그립을 가짐), 기계용 스크루, 자동 태핑 스크루

31 볼트와 스크루의 차이 중 틀린 것은?

① 스크루의 강도가 더 크다.
② 스크루의 머리에는 스크루 드라이버를 쓸 수 있는 홈이 있다.
③ 볼트는 나사산의 구분이 확실하다.
④ 볼트에 그립이 있다.

해설 볼트와 스크루의 차이점 : 스크루의 재질의 강도가 낮다. 스크루는 드라이버를 쓸 수 있도록 머리에 홈이 파져있고 나사가 비교적 헐겁다. 명확한 그립의 길이를 갖고 있지 않다.

32 Shake Proof Lock Washer는 어떤 곳에 사용하는가?

① 회전을 방지하기 위하여 고정 와셔가 필요한 곳에 사용한다.
② 고열에 잘 견딜 수 있고 또한 심한 진동에도 안전하게 사용할 수 있으므로 Control System 및 Engine 계통에 사용한다.
③ 기체구조 접합물에 많이 사용된다.
④ 기체외피와 구조물의 접착에 일반적으로 사용한다.

해설 Shake Proof Lock Washer : 고열에 잘 견딜 수 있고 또한 심한진동에도 안전하게 사용할 수 있으므로 Control System 및 Engine 계통에 사용한다.

33 와셔(Washer)의 용도가 아닌 것은?

① 볼트와 너트의 작용력을 분산
② 빈번하게 장탈, 장착하는 곳의 부재를 보호하기 위해
③ 자동 고정 너트의 고정용으로 사용
④ 볼트 그립의 길이를 조절하기 위해

정답 28 ② 29 ① 30 ③ 31 ① 32 ② 33 ③

34 Rivet Head 모양을 보고 알 수 있는 것은?

① 재료 종류
② 리벳 지름
③ 리벳의 강도
④ Making Head 모양

해설 리벳 머리에는 리벳의 재질을 나타내는 기호가 표시되어 있다.
- 1100 : 무표시
- 2117 : 리벳 머리 중심에 오목한 점
- 2017 : 리벳 머리 중심에 볼록한 점
- 2024 : 리벳 머리에 돌출된 두 개의 대시(Dash)
- 5056 : 리벳 머리 중심에 돌출된 + 표시

35 리벳의 종류 중 2017, 2024를 ice box에 보관하는 이유로 적당한 것은?

① 입자간 부식방지   ② 시효경화 촉진
③ 시효경화 지연   ④ 내부응력 제거

해설 알루미늄 합금의 시효경화 : 상온에 그대로 방치하는 상온시효와 상온보다 높은 100~200℃ 정도에서 처리하는 인공시효가 있다. 2017과 2024는 시효경화성이 있기 때문에 사용 전에 열처리하여 ice box에 보관하며 이는 시효경과를 지연시킨다.

36 길이를 짧게 하기 위해 판재를 주름잡는 가공은?

① 수축 가공   ② 프랜징
③ 범핑 가공   ④ 크림핑 가공

해설 크림핑(Crimping) 가공 : 길이를 짧게 하기 위해 판재를 주름잡는 가공

37 0.032in 두께의 알루미늄 두 판을 접합시키는 데 필요한 Universal Rivet은?

① AN 430 AD-4-3
② AN 470 AD-4-4
③ AN 426 AD-3-5
④ AN 430 AD-4-4

해설 머리모양에 따른 리벳의 분류
- Round Rivet : AN 430
- Flat Rivet : AN 440
- Brazier Rivet : AN 450
- Universal Rivet : AN 470

38 열처리가 요구되지 않는 곳에 사용하는 리벳은?

① 2017-T
② 2024-T
③ 2117-T
④ 2024-T(3/16 이상)

39 리벳의 지름은 어떻게 정하는가?

① 리벳 간의 거리
② 판재의 모양에 따라
③ 성크(Sunk)의 길이
④ 판재의 두께에 따라

40 같은 열에 있는 리벳 중심과 리벳 중심 간의 거리를 무엇이라 하는가?

① 연거리   ② 리벳 피치
③ 열간 간격   ④ 가공거리

41 리벳 작업시 벅 테일 머리 크기로 적당한 것은?

① 폭은 지름의 1.5배, 높이는 지름의 0.5배
② 폭은 지름의 2.5배, 높이는 지름의 0.3배
③ 폭은 지름의 2.0배, 높이는 지름의 1.0배
④ 폭은 지름의 3.0배, 높이는 지름의 1.5배

해설 벅 테일 머리 크기 : 벅 테일의 높이는 0.5D이고 두께는 1.5D이다.

정답 34 ① 35 ③ 36 ④ 37 ② 38 ③ 39 ④ 40 ② 41 ①

42 버킹바(Bucking Bar)를 가까이 댈 수 없는 좁은 장소에 사용할 수 있는 Rivet은?

① Countersink Rivet
② Universal Rivet
③ Blind Rivet
④ Brazier Head Rivet

해설 블라인드 리벳(Blind Rivet) : 버킹바를 가까이 댈 수 없는 좁은 장소 또는 어떤 방향에서도 손을 넣을 수 없는 박스 구조에서는 한쪽에서의 작업만으로 리베팅을 할 수 있는 리벳

43 알루미늄 합금 리벳 표면의 색이 황색을 띠면 어떤 보호처리를 하였는가?

① 니켈보호 도장
② 양극 처리
③ 금속도료 도장
④ 크롬산아연 보호 도장

해설 리벳의 방식 처리법 : 리벳의 표면에 보호막을 사용하며 크롬산아연(황색), 메탈스프레이(은빛), 양극 처리(진주빛) 등이 있다.

44 다음 중 2장의 두께가 다른 알루미늄 판을 리베팅 시 리벳의 머리의 위치는?

① 두꺼운 판 쪽
② 어느 쪽이라도 상관없다.
③ 적당한 공구를 사용하면 어느 쪽이라도 상관없다.
④ 얇은 판 쪽

45 식별기호가 AN 430 AD-4 8 리벳에서 직경과 길이를 바르게 나타낸 것은?

① 4/32인치 직경×8/16인치 길이
② 4/16인치 직경×8/16인치 길이
③ 1/8인치 직경×1/2인치 길이
④ 4/16인치 직경×8/32인치 길이

해설 AN 430 AD-4 8
• AN 430 : 리벳 머리 모양(둥근머리)
• AD : 재질
• 4 : 리벳 직경 4/32인치
• 8 : 리벳 길이 8/16인치

46 캠록 패스너(Cam Lock Fastener)의 설명이 아닌 것은?

① 머리 모양은 윙(Wing), 플러시(Flush), 오벌(Oval)
② 페어링(Fairing)을 장착하는 데 사용한다.
③ 카울링(Cowling)을 장착하는 데 사용한다.
④ 스터드(Stud), 그로밋(Grommet), 리셉터클(Receptacle)로 구성

47 Cowling에 자주 사용되는 주스 패스너(Dzus Fastener)의 Head에 표시되어 있는 것은?

① 제품의 제조업자 및 종류
② 몸체 지름, 머리 종류, 파스너의 길이
③ 제조업체
④ 몸체 종류, 머리 지름, 재료

해설 주스 패스너 : 스터드(Stud), 그로밋(Grommet), 리셉터클(Receptacle)로 구성되며 반시계방향으로 1/4 회전시키면 풀어지고 시계방향으로 회전시키면 고정된다.

48 사용 온도 범위가 넓고 모든 액체류에 많이 사용하는 호스는?

① 테프론(Teflon)   ② 네오프렌(Neoprene)
③ 부틸(Butyl)   ④ 부나 N(Buna-N)

해설 호스의 재질
• 부나 N : 석유류에 잘 견디는 성질을 가지고 있으며, 합성류에 사용해서는 안 된다.
• 네오프렌 : 아세틸렌 기를 가진 합성고무로 석유류에 잘 견디는 성질은 부나 N보다는 못하지만 내마멸성은 오히려 강하며, 합성류에 사용해서는 안 된다.

정답 42 ③ 43 ④ 44 ④ 45 ① 46 ① 47 ④ 48 ④

- 부틸 : 천연 석유제품으로 만들어지며 합성류에 사용할 수 있으나 석유류와 같이 사용해서는 안 된다.
- 테프론 : 사용 온도범위가 넓고 모든 액체 류에 사용할 수 있고, 고무보다 부피의 변형이 적고 수명도 반영구적이다.

49 호스장착 시의 주의사항이 아닌 것은?

① 교환하고자 하는 부분과 같은 형태, 크기, 길이의 호스를 사용한다.
② 호스의 직선 띠(linear stripe)를 바르게 장착한다.
③ 비틀린 호스에 압력이가해지면 결함이 발생하거나 너트가 풀린다.
④ 호스가 길 때는 90cm마다 클램프(clamp)하여 지지한다.

해설 호스장착시의 주의사항
- 교환하고자 하는 부분과 같은 형태, 크기, 길이의 호스를 사용한다.
- 호스의 직선 띠(linear stripe)를 바르게 장착한다.
- 비틀린 호스에 압력이가해지면 결함이 발생하거나 너트가 풀린다.
- 호스 길이의 5~8% 정도의 여유를 두고 장착하여야 한다.
- 호스가 길 때는 60cm마다 클램프(clamp)하여 지지한다.

50 고무호스의 외부 표시 내용이 아닌 것은?

① 제작공장
② 종류 식별
③ 저장시간
④ 제작년월일

해설 고무호스의 외부 표시
- 선과 문자로 이루어진 식별 표시는 호스에 인쇄되어 있다.
- 표시부호에는 호스 크기, 제조 년 월일과 압력 및 온도 한계 등이 표시되어 있다.
- 표시부호는 호스를 같은 규격으로 추천되는 대체 호스와 교환하는데 유용하다.

51 고압의 유압관 검사 및 수리에 대한 설명이 잘못된 것은?

① 관의 덴트(dent)의 허용값은 만곡 부분에서 처음 바깥지름의 75%보다 작아져서는 안 된다.
② 관의 덴트(dent)의 허용값은 만곡 부분 이외의 기타부분에서 처음 바깥지름의 20% 이하는 허용된다.
③ 관의 긁힘, 찍힘이 두께의 10% 넘으면 수공구로 갈아 수리할 수 있다.
④ 가요성 호스의 길이는 5~8%의 굴곡여유를 충분히 주어야 한다.

해설 금속 튜브의 검사 및 수리
- 튜브의 긁힘, 찍힘이 두께의 10%가 넘을 때 교환한다.
- 플레어 부분에 균열이나 변형이 발생하였을 때는 교환한다.
- dent가 튜브 지름의 20%보다 적고 휘어진 분이 아니라면 수리한다.
- 굽힘에 있어 미소한 평평해짐은 무시하나 만곡 부분에서 처음 바깥지름의 75%보다 작아져서는 안 된다.

52 유압 라인 피팅에 이용되는 더블 플레어에 대한 설명은?

① 모든 유압 배관은 더블 플레어를 필요로 한다.
② 모든 유압 배관은 타우너형 플레어를 필요로 한다.
③ 3/8in 외경 이하의 알루미늄 관에는 더블 플레어가 사용되고 그 외는 싱글 플레어가 이용된다.
④ 1/4in 외경 이하의 관에는 45°의 더블 플레어가 사용되고 그 외는 싱글 플레어가 이용된다.

해설 플레어 작업
- 더블 플레어 : 비교적 얇은 두께의 튜브에 사용되는 외경 3/8 in 이하의 주로 Al 합금 튜브에 사용된다. 항공기에서는 뉴메틱 센싱 라인 등에 이용
- 싱글 플레어 : 일반적으로 널리 이용

53 다음은 마이크로미터의 사용상 주의사항에 대한 설명이다. 옳지 않은 것은?

① 마이크로미터는 눈금이 작으므로 천천히 정확히 측정해야 한다.
② 동일한 장소에서 5회 이상 측정하여 평균치를 낸다.
③ 사용 전에 0점 확인을 한다.
④ 체온에 의한 오차를 줄이기 위해 스탠드 사용이 바람직하다.

해설 마이크로미터 사용상 주의
- 스핀들은 언제나 균일한 속도로 돌려야 한다.
- 동일한 장소에서 3회 이상 측정하여 평균치를 측정값을 낸다.
- 공작물에 마이크로미터를 댈 때에는 스핀들의 축선에 정확하게(직각 또는 평행 밀착) 댄다.
- 장시간 손에 들고 있으면 체온에 의한 오차가 생긴다.

54 M형 캘리퍼스는 본척 눈금이 1mm이며, 부척의 눈금은 본척의 19눈금을 20등분한 것인데 측정 가능한 최소치는?

① 1/5mm
② 1/10mm
③ 1/15mm
④ 1/20mm

해설 본척 눈금이 1mm이고, 부척이 20등분이라면 읽을 수 있는 최소치수는 1/20mm이다.

55 버니어 캘리퍼스 사용 시 주의사항으로 옳지 않은 것은?

① 측정 시 시차(parallex)를 없애기 위해 눈금과 직각 위치에서 읽는다.
② 정압 장치가 있으므로 무리한 힘을 주어서는 안 된다.
③ 깨끗한 헝겊으로 닦아서 슬라이딩이 좋게 한다.
④ 측정 전에 측정면 검사와 0점을 일치한다.

해설 버니어 캘리퍼스는 정압장치가 없다. 다만 측정 시 무리한 힘을 주지 않아야 한다.

56 하이트 게이지의 사용 목적 중 틀린 것은?

① 실제 높이를 측정할 수 있다.
② 금긋기를 할 수 있다.
③ 다이얼 게이지를 붙여 비교 측정할 수 있다.
④ 안지름을 측정할 수 있다.

해설 물체의 바깥지름, 안지름 등을 측정하는 기구는 마이크로미터이다.

57 하이트 게이지 사용상의 주의사항으로 틀린 것은?

① 사용 전에 0점을 맞출 필요가 없다.
② 스크라이버의 길이를 필요 이상 늘리지 않는다.
③ 시차에 주의한다.
④ 금긋기를 할 때에는 조임나사를 충분히 조여야 한다.

해설 사용 전에 0점을 맞추어 보아야 한다.

정답 53 ② 54 ④ 55 ② 56 ④ 57 ①

58 토크렌치(torque wrench)의 사용방법 중 틀린 것은?

① 사용 중이던 것을 계속 사용한다.
② 적정 토크의 토크렌치 사용한다.
③ 사용 중 다른 작업에 사용한다.
④ 정기적으로 교정되는 측정기이므로 사용 시 유효한 것인지 확인한다.

해설 토크렌치 사용 시 주의사항
- 토크렌치는 정기적으로 교정되는 측정기이므로 사용할 때는 유효 기간 이내의 것인가를 확인해야 한다.
- 토크값에 적합한 범위의 토크렌치를 선택한다.
- 토크렌치를 용도 이외에 사용해서는 안 된다.
- 떨어뜨리거나 충격을 주지 말아야 한다.
- 토크렌치를 사용하기 시작했다면 다른 토크렌치와 교환해서 사용해서는 안 된다.

59 다음 중 토크렌치 사용 시 주의사항에 대한 설명으로 틀린 것은?

① 토크값을 측정할 때에는 자세를 바르게 하고 부드럽게 죄어야 한다.
② 토크렌치를 사용할 때에는 볼트의 나사산에 윤활유를 사용한다.
③ 토크렌치를 사용할 때에는 너트를 죄어야 한다.
④ 규정된 토크로 죄어진 너트에 고정핀을 끼우기 위해서 너트를 더 죄어서는 안 된다.

해설 토크렌치를 사용할 때에는 특별한 지시가 없으면 볼트의 나사산에 윤활유를 사용해서는 안 된다.

60 고정 토크렌치로 규정된 죔값을 미리 설정한 후 그 값에 도달하면 "클릭"하는 소리를 내어 죔값을 알려주는 것은?

① 프리셋 토크 드라이버
② 디플렉팅 빔 토크렌치
③ 오디블 인디케이팅 토크렌치
④ 리짓 프레임 토크렌치

해설 고정식 토크렌치에는 프리셋 토크 드라이버와 오디블 인디케이팅 토크렌치가 있으며, 소리를 내서 죔값을 알려주는 것은 오디블 인디케이팅 토크렌치이다.

61 볼트와 너트 체결시 1,500lbs로 조이려 한다. 토크렌치의 길이가 16″, 연장공구의 길이가 4″이다. reading 토크값은?

① 1,000lbs   ② 1,200lbs
③ 1,500lbs   ④ 1,700lbs

해설 토크렌치의 지시값(T_W) = $\dfrac{L}{L \pm A} \times T_A$(실제값)
= $\dfrac{16}{16+4} \times 1,500$

62 드릴로 뚫은 구멍에 암나사를 내는 데 쓰이는 공구는?

① 나사다이   ② 탭
③ 리머   ④ 다이스

해설 탭은 암나사를 가공할 때, 다이스는 수나사를 가공할 때 사용하는 공구이다.

63 탭 작업 시 주의사항으로 옳지 않은 것은?

① 공작물을 수평으로 단단히 고정한다.
② 구멍의 중심과 탭의 중심을 일치시킨다.
③ 기름을 충분히 넣는다.
④ 탭은 한쪽방향으로만 계속 돌린다.

해설 탭 작업시 주의 사항
- 공작물의 수평을 유지할 것
- 탭 구멍은 나사의 골지름보다 조금 크게 뚫을 것
- 2/3 회전 시 마다 반대로 조금 돌릴 것
- 절삭유를 충분히 사용할 것

정답 58 ③ 59 ② 60 ③ 61 ② 62 ② 63 ④

64 다음 중 드릴로 뚫어놓은 구멍을 정확한 치수의 지름으로 넓히거나 또는 구멍의 내면을 깨끗하게 다듬질하는 데 사용하는 공구는?

① 리머   ② 서피스게이지
③ 스크레이퍼   ④ 다이스

해설
- 서피스게이지 : 정반 위에서 금긋기, 중심내기 등에 이용하는 금긋기 공구로 측정기능이 없음
- 스크레이퍼(scraper) : 기계가공이나 줄작업 후 다듬는 공구
- 다이스(dies) : 수나사를 가공할 때 사용하는 공구

65 다음은 복선식 안전결선 작업에 대한 설명이다. 틀린 것은?

① 일반적으로 부품의 수는 3개로 제한
② 불가피한 경우 결선의 길이는 24인치 이내까지 가능
③ 전기 계통, 비상계통에 적합
④ 안전결선을 반복 사용하는 것은 불가능

해설 체결용 부품 중 안전결선이 불필요한 경우
- 자동고정 너트나 고정너트 사용 시
- 고정와셔 사용 시
- 단선식 안전 결선법이 사용되는 경우로는 비상용 장치 비상구, 산소 조정기, 소화제 발사 장치 등이 있다.

66 다음 중 안전결선 작업에 대한 사항 중 틀린 것은?

① 안전결선은 감기는 방향이 부품을 죄는 반대 방향이 되도록 한다.
② 안전결선은 한번 사용한 것은 다시 사용하지 못한다.
③ 복선식 안전결선에서 부품 구멍 지름이 0.045인치 이상일 때는 0.032인치 이상의 안전결선을 사용한다.
④ 복선식 안전결선에서 부품 구멍이 0.045인치 이하일 때는 0.020인치인 안전결선을 사용한다.

해설 안전결선은 감기는 방향이 부품을 죄는 방향이 되도록 한다.

67 와이어 크기의 선택에 대한 설명이 틀린 것은?

① 안전 지선의 크기(지름)에 따라 최저 조건을 만족시켜야 한다.
② 보통 3/8in 볼트에는 지름이 최저 0.032in인 와이어를 사용한다.
③ 스크루와 볼트가 좁게 배열되어 있을 때는 0.020in인 와이어를 사용한다.
④ 비상용 장치에는 특별한 지시가 없는 한 0.032in인 와이어를 사용한다.

68 Safety Wire 시 유의사항이 잘못된 것은?

① Wire의 지름이 0.020인 경우 1당 6~8회 꼰다.
② Wire 끝부분은 Pig Tail로 1/4~1/2in 당 3~5회 꼰다.
③ Safety Wire의 당기는 방향은 부품의 죄는 반대방향으로 한다.
④ Wire를 자를 때는 수직으로 잘라 안전에 유의한다.

69 굽힘여유와 관계없는 것은?

① 굽힘 강도
② 굽힘 반지름
③ 굽힘 상수
④ 판재 두께

해설 굽힘여유 : 판재의 굽힘 작업시 구부러지는 여유 길이

정답 64 ① 65 ③ 66 ① 67 ④ 68 ① 69 ③

70 폭이 20cm, 두께가 8mm인 알루미늄판을 그림과 같이 구부리고자 한다. 필요한 알루미늄 판의 set back은 얼마인가?

① 12mm ② 16mm
③ 18mm ④ 20mm

해설 S.B = K(R+T), (K : 굽힘 각의 tangent, R : 굽힘 반지름, T : 판의 두께)

71 두께가 0.25cm인 판재를 굽힘 반지름 30cm로 60° 굽히려고 할 때 굽힘 여유는?

① 30.53 ② 35.13
③ 31.54 ④ 33.15

해설 (R : 굽힘 반지름, T : 두께)

72 다음 판재의 가공 중 움푹 들어간 구형 면을 만드는 가공은?

① 신장 가공
② 범핑 가공
③ 수축 가공
④ 크림핑 가공

해설 • 크림핑 가공 : 길이를 짧게 하기 위해 판재를 주름잡는 가공
• 범핑 가공 : 가운데가 움푹 들어간 구형의 면을 가공하는 작업

73 두께 1mm인 판과 두께 2mm인 판을 리벳 작업하려고 한다. 리벳 직경 D는 어느 것이 적합한가?

① 2mm ② 3mm
③ 5mm ④ 6mm

해설 D = 3T = 3×2 (T : 두께운 판의 두께)

74 연강이나 알루미늄 합금 절삭 시 정상적인 드릴의 각도는?

① 59° ② 118°
③ 135° ④ 80°

해설 드릴 각도
• 목재, 가죽 등의 아주 연한 재질 절삭 시 : 90°
• 연강이나 알루미늄 합금 절삭 시 : 118°
• 열처리된 강 절삭 시 : 150°

75 연한 재료에 드릴 작업을 할 때 드릴의 각도는?

① 90° 각도로 고속회전
② 0° 각도로 저속회전
③ 118° 각도의 고압으로 고속회전
④ 118° 각도의 저압으로 저속회전

해설 재질에 따른 드릴 날의 각도
• 경질 재료 또는 얇은 판일 경우 : 118°, 저속, 고압 작업
• 연질 재료 또는 두꺼운 판일 경우 : 90°, 고속, 저압 작업
• 재질에 따른 드릴 날의 각도(일반 재질 : 118°, 알루미늄 : 90°, 스테인리스강 : 140°)

76 금속 불활성 가스 용접의 장점이 아닌 것은?

① 용접부위가 깨끗하다.
② 모든 자세의 용접이 가능하다.
③ 모든 금속의 용접이 가능하다.
④ 합금 성분이 구조강도에 유리하게 강해진다.

해설 금속 불활성 가스 아크용접의 장점
• 용접이 깨끗하다.
• 용착금속 상태가 좋다.
• 용접속도가 빠르고 변형이 적다.
• 용접이 가능한 판 두께의 범위가 넓다.

정답 70 ② 71 ③ 72 ② 73 ④ 74 ② 75 ① 76 ④

77 산소-아세틸렌 가스 용접시 아세틸렌 호스의 색은?

① 적색　　② 백색
③ 검정색　　④ 녹색

해설
- 아세틸렌 호스 : 적색
- 산소 호스 : 검정색 또는 녹색

78 용접의 장점이 아닌 것은?

① 자재 절감
② 이음 효율의 향상
③ 기밀, 수밀, 유밀성이 우수
④ 유해광선, 폭발 위험

해설 용접의 단점
- 품질검사 곤란(비파괴검사)
- 응력집중에 대하여 민감(변형, 파괴의 원인)
- 용접모재의 재질이 변질되기 쉽다.(열에 의한 조직이나 함유량 변화)
- 용접사의 능력에 따라 이음부의 강도가 좌우
- 저온 취성 파괴가 발생될 우려
- 유해광선, 폭발 위험

79 다음 중 Galvanic Corrosion에 대한 설명으로 적절한 것은?

① 인장응력과 부식이 동시에 일어나서 생기는 부식
② 금속판이 진동에 의해 서로 부딪쳐 발생한 부식
③ 서로 다른 금속이 습기로 인하여 외부 회로가 생겨서 생기는 부식
④ 세척용 화학 약품의 화학 작용으로 생기는 부식

해설 Galvanic Corrosion(이질 금속 간 부식) : 상이한 두 금속이 접촉할 때 습기로 인하여, 외부 회로가 생겨서 일어나는 부식으로 금속 간의 전위차에 의해서 결정된다.

80 항공기 구조물에 프레팅 부식이 생기는 원인은?

① 이질금속간의 접촉
② 부적당한 열처리
③ 볼트로 결합된 부품 사이의 미세한 움직임
④ 산화 물질로 인한 표면 부식

81 양극 산화 처리(Anodizing)란 무엇인가?

① 표면에 하는 용융금속 분사방법이다.
② 산화물에 피막을 입히는 방법이다.
③ 수산화 피막을 인공적으로 입히는 방법이다.
④ 전기적인 도금방법이다.

해설 양극 산화 처리(Anodizing) : 마그네슘 합금과 알루미늄 합금을 양극으로 하여 크롬산 용액에 담그면 양극으로 된 부분에서 산소가 발생하여 산화피막이 형성된다.

82 인산염 피막을 철제 표면에 형성시켜 부식을 방식하는 방법은?

① Alclade　　② Parkerizing
③ Anodizing　　④ Alodine

해설 파커라이징(Parkerizing) : 부식 방지법 중의 하나로 검은 갈색의 인산염 피막을 철제 표면에 형성시켜 부식을 방식하는 방법

정답 77 ① 78 ④ 79 ③ 80 ③ 81 ③ 82 ②

02 기초 정비 및 지상안전 · 지원

01 다음 중 7×19의 모양과 주로 사용하는 곳은?

① 7개의 와이어로 된 19개의 Strand로 구성되며 전반적인 조종계통에 사용된다.
② 19개의 와이어로 된 7개의 Strand로 구성되며 전반적인 조종계통에 사용된다.
③ 7개의 와이어로 된 19개의 Strand로 구성되며 트림 탭 조종계통에 사용된다.
④ 19개의 와이어로 된 7개의 Strand로 구성되며 주조종계통에 주로 사용된다.

02 푸시 풀 로드 조종계통(Push Pull Rod Control System)의 특징으로 맞지 않는 것은?

① 양방향으로 힘을 전단
② 단선 방식
③ 케이블 계통에 비해 경량
④ 느슨함이 생길 수 있음

> **해설** 푸시 풀 로드 조종계통
> - 장점 : 케이블 조종계통에 비해 마찰이 적고 늘어나지 않으며, 온도변화에 의한 팽창 등의 영향을 받지 않는다.
> - 단점 : 케이블 조종계통에 비해 무겁고, 관성력이 크며, 느슨함이 생길 수 있고, 값이 비싸다.

03 조종계통 케이블 정비에 대한 설명이 틀린 것은?

① 손상의 주원인은 풀리나 페어리드 및 케이블 드럼과 접촉에 의한 것이다.
② 케이블 가닥 손상 검사는 헝겊을 케이블에 감고 길이 방향으로 움직여 본다.
③ 부식된 케이블은 브러쉬로 부식을 제거한 후 솔벤트 등으로 깨끗이 세척한다.
④ 케이블 장력은 장력계수의 눈금에 장력환산표를 대조하여 산출한다.

> **해설** 케이블의 세척방법
> - 쉽게 닦아낼 수 있는 녹이나 먼지는 마른 헝겊으로 닦는다.
> - 케이블 표면에 칠해져 있는 오래된 방부제나 오일로 인한 오물 등은 깨끗한 수건에 케로신을 묻혀서 닦아낸다. 이 경우 케로신이 너무 많으면 케이블 내부의 방부제가 스며 나와 와이어 마모나 부식의 원인이 되어 케이블 수명을 단축시킨다.
> - 세척한 케이블은 마른 수건으로 닦은 후 방식 처리를 한다.

04 터미널 피팅에 케이블을 끼우고 공구나 장비로 압착하는 방법은?

① 5단 엮기 이음방법(5 Tick Woven Cable Splice)
② 납땜 이음방법(Wrap Solder Cable Splice)
③ 니코 프레스(Nico Press)
④ 스웨징 방법(Swaging Method)

> **해설** 케이블을 터미널 피팅에 연결하는 방법
> - 스웨이징 방법 : 터미널 피팅에 케이블을 끼우고 스웨이징 공구나 장비로 압착하는 방법으로 연결부분 케이블 강도는 케이블 강도의 100%를 유지하며 가장 일반적으로 많이 사용한다.
> - 5단 엮기 이음방법 : 부싱이나 딤블을 사용하여 케이블 가닥을 풀어서 엮은 다음 그 위에 와이어를 감아 씌우는 방법으로 7×7, 7×19 케이블이나 지름이 3/32″ 이상케이블에 사용할 수 있다. 연결부분의 강도는 케이블 강도의 75%이다.
> - 납땜 이음방법 : 케이블 부싱이나 딤블 위로 구부려 돌린 다음 와이어를 감아 스테아르산의 땜납 용액에 담가 땜납 용액이 케이블 사이에 스며들게 하는 방법으로 지름이 3/32 이하의 가요성 케이블이나 1×19 케이블에 적용되며 집합부분의 강도는 케이블 강도의 90%이고, 고온 부분에는 사용을 금한다.

정답 [02. 기초 정비 및 지상안전 · 지원] 01 ④ 02 ④ 03 ③ 04 ④

05 케이블 스웨이지 후 검사 방법이 아닌 것은?

① 스웨이지된 피팅에 손상이 없는가 검사한다.
② 스웨이지가 규정 치수에 맞는가 검사한다.
③ 볼 형은 규정된 길이로 스웨이지하고 있는가 확인한다.
④ 치수는 Go-no-go Gage로 측정한다.

해설 스웨이지 후 검사 방법
- 스웨이지된 피팅에 손상이 없는가 검사한다.
- Go-Gage를 사용하여 스웨이지가 규정 치수에 맞는가 검사한다.
- 규정된 길이로 스웨이지하고 있는가 확인한다.(볼 형은 제외)
- 볼 형의 피팅은 앤드보다 케이블이 나와 있는 한계가 정해져 있고 1/16in 이상인 경우에는 그것 이하로 한다.
- 양 끝도 스웨이지가 종료되면 길이 검사를 한다.

06 케이블 검사 및 정비 방법이 아닌 것은?

① 케이블의 와이어 잘림, 마멸, 부식 등을 검사한다.
② 와이어의 잘림은 헝겊으로 케이블을 감싸서 손에 상처가 없도록 검사한다.
③ 케이블이 풀리와 페어리드에 닿는 부분을 검사한다.
④ 7×7 케이블은 25.4mm당 8가닥 이상 잘려 있으면 교환한다.

해설 케이블 교환
- 7×7 케이블 : 6개 이상 마모 시, 단선수가 3개에 이르기 전에 케이블을 교환
- 7×19 케이블 : 12개 이상 마모시, 단선수가 6개에 이르기 전에 케이블을 교환

07 케이블의 장력에 대하여 바르게 설명한 것은?

① 외기 온도가 낮아지면 조종 케이블의 장력은 증가한다.
② 외기 온도가 낮아지면 조종 케이블의 장력은 감소한다.
③ 날씨가 더울 때는 조종 케이블의 장력은 감소한다.
④ 온도에 관계없이 조종 케이블의 장력은 일정하다.

해설 케이블의 장력 : 항공기 케이블(탄소강, 내식강)과 기체(알루미늄 합금)의 재질이 다름으로 해서 열팽창계수가 달라 기체는 케이블의 2배 정도로 팽창 또는 수축하므로 여름에는 케이블의 장력이 증가하고, 겨울에는 케이블의 장력이 감소한다.

08 조종 케이블의 장력을 측정할 때 올바른 방법은 어느 것인가?

① 표준 대기상태에서 실시한다.
② 조종 케이블의 장력은 온도에 따라 변하므로 일정하게 20℃를 유지한다.
③ 장력계를 사용할 때는 조종 케이블 지름을 먼저 측정한다.
④ 측정 장소는 가능한 한 케이블피팅에 가까이서 한다.

해설 케이블 장력 측정
- 케이블 장력 측정기(Calbe Tension Meter)가 필요한데 장력 측정기를 사용하기 위해서는 먼저 케이블의 지름 및 외기 온도를 알아야 한다.
- 측정 장소는 턴버클이나 케이블 피팅으로부터 최소한 6″ 이상 떨어져서 측정한다.
- 측정 후에는 장력의 온도 변화의 보정에 적용되는 케이블 장력 도표에서 해당되는 온도의 장력 값을 확인한 후 규정 범위에 들지 않으면 턴버클을 돌려서 장력을 조절한다.

09 온도변화에 따라 자동적으로 케이블의 장력을 조절하여 주는 부품은?

① 턴버클
② 케이블 텐션 미터
③ 케이블 텐션 레귤레이터
④ 케이블 드럼

해설 케이블 조종계통의 부품
- 턴버클 : 케이블의 장력을 조절하는 부품
- 케이블 텐션미터 : 케이블의 장력을 측정하는 기구
- 벨크랭크 : 로드와 케이블의 운동방향 전환
- 풀리 : 케이블 유도 및 방향전환
- 페어리드 : 케이블을 3° 이내의 범위에서 방향 유도 및 처짐과 진동 방지
- 쿼드란트 : 1/4 부채꼴 형태로 케이블 운동전달

10 조종계통 케이블 정비에 대한 설명이 틀린 것은?

① 손상의 주원인은 풀리나 페어리드 및 케이블 드럼과 접촉에 의한 것이다.
② 케이블 가닥 손상 검사는 헝겊을 케이블에 감고 길이 방향으로 움직여 본다.
③ 부식된 케이블은 브러시로 부식을 제거한 후 솔벤트 등으로 깨끗이 세척한다.
④ 케이블 장력은 장력계수의 눈금에 장력환산표를 대조하여 산출한다.

11 케이블 장력 조절기의 사용 목적은?

① 조종 케이블의 장력을 조절한다.
② 조종사가 케이블의 장력을 조절한다.
③ 주 조종면과 부 조종면에 의하여 조절한다.
④ 온도변화에 관계없이 자동적으로 항상 일정한 케이블 장력을 유지한다.

12 다음 중 케이블의 장력을 조절하는 부품은?

① 턴버클
② 케이블 텐션 미터
③ 케이블 스웨이징 공구
④ 케이블 터미널

해설
- 턴버클 : 케이블의 장력조절
- 케이블 텐션 미터 : 케이블의 장력측정
- 케이블 장력조절기 : 온도변화에 따른 케이블의 장력조절

13 턴버클 장착 및 검사 방법이 아닌 것은?

① 조종 케이블의 장력을 조절한다.
② 검사 구멍에 핀이 들어가게 한다.
③ 나사산이 3개 이상 보이면 안 된다.
④ 턴버클 양쪽 끝도 안전 결선을 한다.

해설 턴버클(Turn Buckle) 검사 : 나사산이 3개 이상 배럴 밖으로 나와 있으면 안 되며 배럴 검사구멍에 핀을 꽂아보아 핀이 들어가면 제대로 체결되지 않은 것이다. 턴버클 섕크 주위로 와이어를 5~6회(최소 4회) 감는다.

14 조종계통 케이블의 방향을 바꾸어 주는 것은?

① 풀리(pulley)
② 턴 버클(turn buckle)
③ 페어 리드(fair lead)
④ 벨 크랭크(bell crank)

해설 케이블 조종계통의 부품
- 풀리 : 케이블을 유도하고 케이블의 방향을 바꾸는데 사용
- 턴 버클 : 케이블의 장력을 조절하기 위해 사용
- 페어 리드 : 조종 케이블의 작동 중 최소의 마찰력으로 케이블과 접촉하여 직선운동을 하며 케이블을 3° 이내에서 방향을 유도
- 벨 크랭크 : 로드와 케이블의 운동방향을 전환하고자 할 때 사용하며 회전축에 대하여 2개의 암을 가지고 있어 회전운동을 직선운동으로 변환

정답 09 ③ 10 ③ 11 ④ 12 ① 13 ② 14 ①

15 항공기의 지상 정비지원과 관계없는 것은?

① 소모성 액체, 기체의 보급
② 부품의 수리, 교환
③ 세척 및 부식관리
④ 시동 및 작동점검

해설 지상 정비지원 : 항공기 지상 취급, 소모성 액체 및 기체 보급, 세척, 부식관리, 시동 및 작동점검

16 지상에서 항공기를 취급하는 행위에 해당되지 않는 것은?

① 수리 및 개조
② 견인작업
③ 호이스트 및 잭 작업
④ 연료보급

해설 항공기 지상취급 : 지상유도, 견인작업, 계류작업, 호이스트 및 잭 작업

17 솔벤트 세척법과 관계되는 옳은 설명은?

① 독성과 인화성이 없다.
② 심하게 오염된 경우 사용할 수 있다.
③ 추운날씨에 사용이 불가능하다.
④ 페인트 표면, 무늬표면의 세척에 사용된다.

해설 세척의 종류 : 알칼리 세척, 솔벤트 세척

18 착륙장치가 펼쳐지지 않을 때 고장의 원인으로 부적당한 것은?

① 유압기구의 작동불능
② 착륙장치 고정기구의 고착
③ 착륙장치 작동레버의 조절 불량
④ 완충버팀대가 완전히 펼쳐짐

해설 완충버팀대가 완전히 펼쳐지면 조향작동이 되지 않는다.

19 실린더 냉각 핀의 균열 및 절단부분의 손상이 얼마 이상일 때 수리한계를 넘었으므로 실린더를 교환해야 하는가?

① 5%   ② 10%
③ 15% ④ 20%

해설 냉각 핀 전체면적의 10% 이상일 때 실린더 자체를 교환해야 한다.

20 실린더에서 밸브와 피스톤 링에 의하여 연소실 내의 기밀이 정상적으로 유지되는지를 검사하는 것을 무엇이라 하는가?

① 압축시험   ② 압력시험
③ 기밀시험   ④ 밀폐시험

해설 실린더 압축시험은 준비단계와 시험단계로 나누어 실시하며, 공기 압축기와 압축시험기가 필요하다.

21 실린더 배럴의 마멸 허용한계값을 측정하는 계기는?

① 마이크로미터
② 실린더 보어 게이지
③ 버니어 캘리퍼스
④ 텔레스코핑 게이지

해설 • 마이크로미터, 버니어 캘리퍼스 : 측정공구
• 텔레스코핑 게이지 : 간접측정(눈금 없음)

22 크랭크 축의 균열검사는 주로 어떤 방법을 이용하는가?

① 초음파 검사   ② 와전류 검사
③ 자력검사   ④ 방사선 검사

해설 크랭크 축 균열검사는 주로 침투탐상검사, 자력검사를 이용한다.

정답 15 ② 16 ① 17 ④ 18 ④ 19 ② 20 ① 21 ② 22 ③

23 점화시기 조절시 기준이 되는 실린더는 어떤 실린더인가?

① 마스터 실린더
② 1번 실린더
③ 맨 아래쪽 실린더
④ 어떤 실린더든 상관없다.

[해설] 마스터 실린더는 주 커넥팅 로드가 들어 있는 실린더이다. 점화시기 조절의 기준이 되는 실린더는 1번 실린더이다.

24 성형기관에서 피스톤의 압축상사점을 맞추는데 사용되는 계기는?

① 타임 라이트
② 타이밍 라이트
③ 위치 검사기
④ 막대를 이용

[해설] • 타임 라이트 : 피스톤을 점화진각에 위치시키는데 사용
• 타이밍 라이트 : E-GAP을 맞추는데 사용

25 왕복기관의 저장 중 14일 이내 기관을 저장하는 저장방법은?

① 단기저장
② 일시저장
③ 장기저장
④ 초기저장

[해설] • 단기 저장 : 14일 이내
• 일시 저장 : 14~45일
• 장기 저장 : 45일 이상

26 왕복기관을 저장하는 철기용기에 습도지시계를 장착한다. 안전상태일 때의 색깔은 어떤 색인가?

① 흰색
② 붉은색
③ 청색
④ 자색

[해설] • 안정 상태 : 청색
• 불안정한 상태 : 붉은색

27 프로펠러의 깃 끝 위치를 서로 비교하여 그 값이 정해진 기준에 맞는가를 검사하는 것을 무엇이라고 하는가?

① 평형 점검
② 궤도 점검
③ 진동 점검
④ 깃각 점검

[해설] 궤도 점검 : 트랙 점검

28 가스 터빈기관 중 민간 항공분야에 최초로 도입한 기관은?

① 터보제트 기관
② 터보팬 기관
③ 터보프롭 기관
④ 터보샤프트 기관

[해설] 민간 항공분야에 최초로 도입한 가스 터빈기관은 1948년 터보프롭 기관이었다.

29 F.O.D란 무슨 뜻인가?

① 외부물질에 의한 손상
② 내부물질에 의한 손상
③ 압축기 실속에 의한 손상
④ 열효율 감소현상

[해설] F.O.D : Foreign Object Damage

30 터빈 깃의 균열에서 과열로 인한 변형은 어떤 모양으로 나타나는가?

① 머리카락 모양
② 구름 모양
③ 물결무늬 모양
④ 빗줄기 모양

[해설] • 과열로 인한 변형 : 물결무늬 모양
• 열응력에 의한 변형 : 머리카락 모양

31 헬리콥터의 지상 정비 지원은 어디에 속하는가?

① 운항정비
② 시한성 정비
③ 공장정비
④ 벤치체크

[정답] 23 ② 24 ① 25 ① 26 ③ 27 ② 28 ③ 29 ① 30 ③ 31 ①

해설 지상정비 지원 : 지상취급, 보급, 세척, 작동점검

32 지상안전에 대한 책임 중 작업 감독자의 책임이 아닌 것은?

① 안전에 대한 교육　② 안전시설의 설치
③ 작업상태의 점검　④ 보호장구 착용

해설 지상안전의 궁극적인 책임은 작업자 본인에 있다.

33 사고방지의 원리에서 인적 결함의 제거와 작업장 환경을 개선함으로써 방지할 수 있는 사고는 얼마인가?

① 98%　② 88%
③ 10%　④ 2%

해설 사고는 사람의 불안전한 행위(인적 결함)에 의해 88%, 불안전조건(작업장 환경)에 의해 10%가 발생하므로 전체 사고의 98%는 방지할 수 있다.

34 항공기에 사용되는 부동액은?

① 알콜　② 글리콜
③ 에틸렌　④ 프로필렌

해설 • 글리콜 사용 시 서리방지 : 10시간~12시간
• 글리콜 사용 시 눈의 결빙 방지 : 1시간~1시간 30분

35 귀마개 중 고음과 저음을 모두 차단할 수 있는 것은?

① 제1종 귀마개　② 제2종 귀마개
③ 제3종 귀마개　④ 제4종 귀마개

해설 • 제1종 귀마개 : 저음에서 고음 모두 차단
• 제2종 귀마개 : 고음만 차단

36 자분 탐상검사에 대한 설명으로 옳지 못한 것은?

① 비철금속, 비금속 재료의 표면결함은 탐지할 수 있다.
② 검사물에 남아 있는 자분은 마모와 부식의 원인이 될 수 있다.
③ 검사 후에는 반드시 탈자를 해야 한다.
④ 자화 방법은 검사물의 형상이나 예상되는 결함에 의해 선택한다.

해설 자분 탐상검사는 철이나 강과 같은 강자성체의 표면결함이나 표면하의 결함을 탐지하는 비파괴 검사이다.

37 침투 탐상검사에 대한 설명으로 옳지 못한 것은?

① 대부분의 재료의 표면결함을 탐지할 수 있다.
② 검사비가 저렴하다.
③ 표면결함만 탐지할 수 있다.
④ 검사물의 표면상태와 관계없다.

해설 검사물의 표면이 거친 것은 침투검사에 적합하지 않다.

38 다음의 비파괴검사 방법 중 검사 대상물과 검사방법이 잘못 연결된 것은?

① 침투 탐상검사 - 금속재료, 비금속재료
② 자분 탐상검사 - 강자성 재료
③ 초음파 탐상검사 - 금속재료, 비금속재료
④ 방사선 투과검사 - 전도성 재료

해설 방사선 투과검사는 금속 및 비금속재료의 결함을 탐지할 수 있고, 전도성 재료는 와전류 탐상검사로 결함을 탐지할 수 있다.

정답 32 ④　33 ①　34 ②　35 ①　36 ①　37 ④　38 ④

Chapter 03

Craftsman Aircraft Maintenance

항공기관

Section 1 | 항공기 기관의 개요
Section 2 | 항공용 왕복기관
Section 3 | 프로펠러
Section 4 | 항공용 가스터빈기관

| Section 1 |

항공기 기관의 개요

01 항공기 기관의 개요 및 분류

1. 기관의 개요

가. 왕복 기관
1876년 독일의 오토(Otto, August)와 란겐(Langen, Eugen)이 최초로 4행정 사이클 기관 개발

나. 가스터빈 기관
1939년 독일의 오하인(Ohain, Hans von)이 하인켈(Heinkel) 사에서 He-178 항공기의 원심식 터보 제트 기관으로 특허를 획득하여 최초로 제트 기관(추진원리 : 뉴튼의 제3법칙) 비행에 성공

(1) 장점
① 소형 경량으로 큰 출력을 낼 수 있다.
② 진동이 작다.
③ 시동이 쉽고 난기 운전이 불필요하다.
④ 연료비가 싸고 오일 소비량이 적다.
⑤ 고속 비행이 가능하다.
⑥ 신뢰성이 높고 정비성이 좋다.

(2) 단점
① 연료의 소모량이 많고 소음이 심하다.
② FOD(Foreign Object Damage-외부 물질에 의한 손상)에 취약하다.

2. 기관의 분류

가. 왕복 기관(reciprocating engine)의 분류

(1) 실린더 배열방법에 의한 분류

직렬형(In-line type), V형(V type), 대향형(Opposed type), 성형(Radial type)

[대향형(6기통)과 성형(2열 14기통) 기관]

> **Note** | 엔진 명칭의 예
> ① O - 470 : O (Opposed type : 대향형), 470 (엔진 총 배기량-470 in^3)
> ② R - 985 : R (Radial type : 성형), 985 (엔진 총 배기량-985 in^3)

(2) 냉각 방법에 의한 분류
① 액냉식(liquid cooling)

② 공랭식(air cooling) : 주로 많이 사용

  ㉠ 냉각 핀(cooling fin) : 실린더의 벽을 얇은 금속 판 모양으로 하여 냉각 면적 증가

  ㉡ 배플(baffle) : 기관으로 유입되는 공기가 실린더 주위로 흐르도록 유도

  ㉢ 카울 플랩(cowl flap) : 카울링의 일부를 문으로 만들어 공기 흐름량 조절(이륙시, 기관 지상 작동시 완전히 열어준다.)

나. 가스 터빈 기관(gas turbine engine)의 분류
(1) 터보제트 기관(turbo-Jet) : 흡입덕트, 압축기, 연소실, 터빈, 배기덕트로 구성
(2) 터보 팬 기관(turbo Fan) : 배기 가스(1차 공기)와 팬 공기(2차 공기)에 의해 추력 발생

> **Note** | 바이패스비(BPR : By Pass Ratio)
> $$BPR = \frac{2차\ 공기의\ 중량\ 유량}{1차\ 공기의\ 중량\ 유량} = \frac{W_s}{W_p}$$

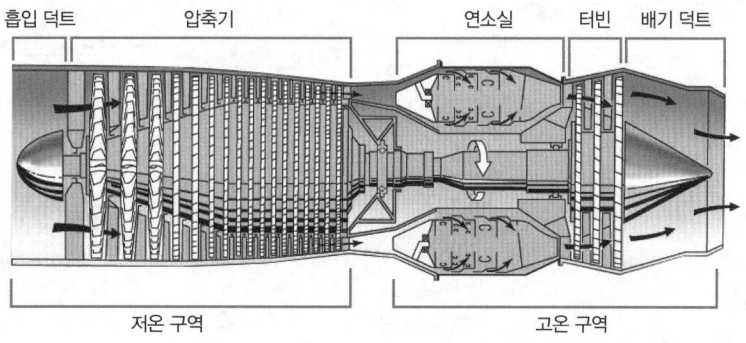

[터보 제트 기관의 구조]

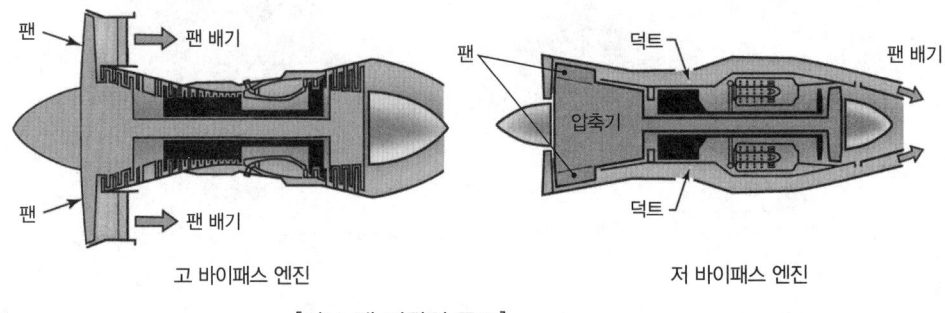

[터보 팬 기관의 구조]

(3) **터보 프롭 기관**(turbo Prop) : 프로펠러에 의한 추력(70~80%), 배기 가스에 의한 추력(20~30%)
(4) **터보 샤프트 기관**(turbo shaft) : 헬리콥터 기관에 사용

다. 기타 제트 기관의 분류

(1) **램제트 기관**(ram jet engine) : 흡입구, 연소실, 분사노즐로 구성되어 있다. 가장 간단한 구조이며 정지 상태에서 사용할 수 없다.(최소 M 0.2 이상의 흡입 공기 속도 필요)
(2) **펄스제트 기관**(pulse Jet engine) : 흡입구, 밸브망(flapper valve or shutter valve), 연소실, 배기노즐로 구성 (독일의 V-1 로켓 기관에 사용)
(3) **로켓 기관**(rocket engine) : 연료와 산화제를 탑재하여 공기가 없는 우주 공간에서도 사용 가능 (액체 연료와 고체 연료 사용)

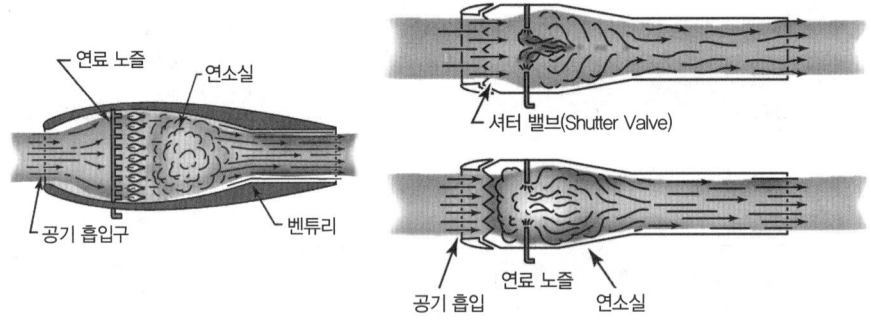

[램 제트 기관과 펄스 제트 기관의 원리]

02 열역학 및 열역학 사이클 기초이론

1. 열역학 기초이론

가. 기본 용어

(1) 힘(Force) : $F = m \cdot a$, $1N = 1kg \times 1m/s = 10^5 dyn$

(2) 일(Work) : $W = F \cdot S$, $1J = 1Nm = 10^7 erg$

(3) 일률(동력, Power) : $P = \dfrac{W}{t} = \dfrac{F \cdot S}{t} = F \cdot V$, $1W = 1J/\sec$

> **Note | 1HP와 1PS**
> 1 HP(영국식 마력) = 746W = 550 lb · ft/sec
> 1 PS(프랑스식 마력-미터 단위계에서 사용) = 736W = 75 kg · m/sec

(4) 온도와 절대 온도

① 온도(Temperature)

   ㉠ 섭씨(℃, Celcius, centigrade) : 물의 어는 점 0℃, 물의 끓는 점 100℃

   ㉡ 화씨(℉, Fahrenheit, 영국계) : 물의 어는 점 32℉, 물의 끓는 점 212℉

   $$t_C = \dfrac{5}{9}(t_F - 32), \quad t_F = \dfrac{5}{9}t_C + 32$$

② 절대온도(Absolute Temperature)

   ㉠ 섭씨의 절대온도는 캘빈(Kelvin), K = ℃ + 273

   ㉡ 화씨의 절대온도는 랭킨(Rankine), R = ℉ + 459

(5) 비열(specific heat)

① 정의 : 단위 질량의 물질을 단위 온도까지 올리는데 필요한 열량

② 종류 : 정적비열(C_V), 정압비열(C_P)

③ 비열비 : 정압비열과 정적비열의 비로 $k = \dfrac{C_P}{C_V}$ (공기의 비열비 1.4)

나. 열역학 제 1법칙

(1) 에너지 보존의 법칙

에너지에는 여러 가지가 있지만 상호간에 변환이 가능하고 그 물체가 가지고 있는 에너지의 총합은 외부와 에너지를 교환하지 않는 한 일정하다.

(2) 열과 일의 관계

$$W = JQ, \quad Q = \frac{1}{J}W$$

W : 일(kg · m)
Q : 온도상승에 필요한 열(kcal)
J : 열의 일당량(427 kg · m/kcal) ⇒ 1kcal의 열량이 427kg · m의 일로 변환
1/J = 1/427kcal/kg · m (일의 열당량)

다. 유체의 열역학적 특성

(1) 이상기체의 상태 방정식

$Pv = RT$ (P : 압력, v : 비체적, R : 기체상수, T : 절대온도)

(2) 과정과 사이클

① 과정(process) : 계가 어떤 열평형 상태에서 다른 열평형 상태로 변화하는 경로
② 사이클(cycle) : 어떤 계가 임의의 과정을 밟아서 맨 처음 상태로 되돌아오는 것
③ 가역과정(reversible process) : 계가 한 과정을 진행한 다음, 반대로 그 과정을 따라 처음 상태로 되돌아 올 수 있는 과정

라. 작동 유체의 상태 변화

(1) **등온과정**(isothermal process) : $Pv = C$(일정), 또는 $P_1v_1 = P_2v_2$

(2) **정적과정**(constant volume process) : $\dfrac{P}{T} = \dfrac{R}{v} = C$, 또는 $\dfrac{P_1}{T_1} = \dfrac{P_2}{T_2}$ 가 된다.

(3) **정압과정**(constant pressure process) : $\dfrac{v}{T} = \dfrac{R}{P} = C$, 또는 $\dfrac{v_1}{T_1} = \dfrac{v_2}{T_2}$ 가 된다.

(4) **단열과정**(adiabatic process) : $Pv^k = C$

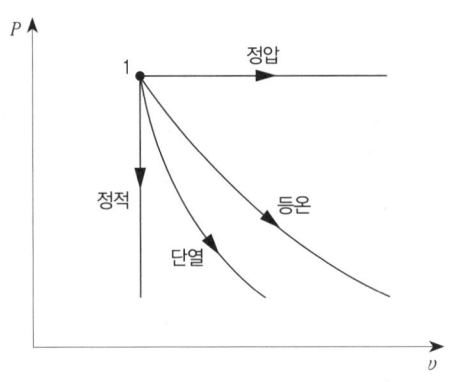

[여러 과정의 비교]

마. 열역학 제 2법칙 : 열의 방향성

(1) 클라지우스(Clausius)의 정의(열의 이동 방향)

열은 저온부로부터 고온부로 자연적으로는 전달되지 않는다. 즉, 일을 소비하지 않고 열을 저온부에서 고온부로 이동시키는 것은 불가능하다.

(2) 캘빈-플랭크(Kelvin-Plank)의 정의(열의 변환 방향)

단지 하나만의 열원과 열 교환함으로서 사이클에 의해 열을 일로 변화시킬 수 있는 열기관을 제작할 수 없다.

2. 열역학 사이클 기초이론

가. 열기관의 이상적 사이클

(1) **카르노 사이클**(Carnot's cycle) : 열기관 중에서 열효율이 가장 좋은 이상적인 기관으로 2개의 등온 과정과 2개의 단열과정으로 이루어진다.

(2) **카르노 사이클의 열효율**

$$\eta_{th} = \frac{W}{Q_1} = \frac{Q_1 - Q_2}{Q_1} = 1 - \frac{W}{Q_1} = 1 - \frac{T_2}{T_1}$$

(이상적 열기관에서는 $\frac{Q_2}{Q_1} = \frac{T_2}{T_1}$ 이 성립, W : 기관이 한 일, Q_1 : 공급 열량, Q_2 : 방출 열량)

나. 왕복 기관의 기본 사이클

(1) **오토 사이클**(Otto cycle)

1876년 독일의 오토가 고안한 4행정기관의 사이클로서 점화 플러그(Spark plug)로 점화되는 내연기관의 이상적인 사이클이며 '정적 사이클'이라 한다.

※오토 사이클의 과정 : 단열 압축 → 정적 수열(가열) → 단열 팽창 → 정적 방열

(2) **이론 열효율**

$$\eta_{tha} = 1 - \left(\frac{V_2}{V_1}\right)^{K-1} = 1 - \left(\frac{1}{\varepsilon}\right)^{K-1}, \quad \text{여기서 } \varepsilon \text{는 실린더의 압축비이며 } \frac{V_1}{V_2} \text{이다.}$$

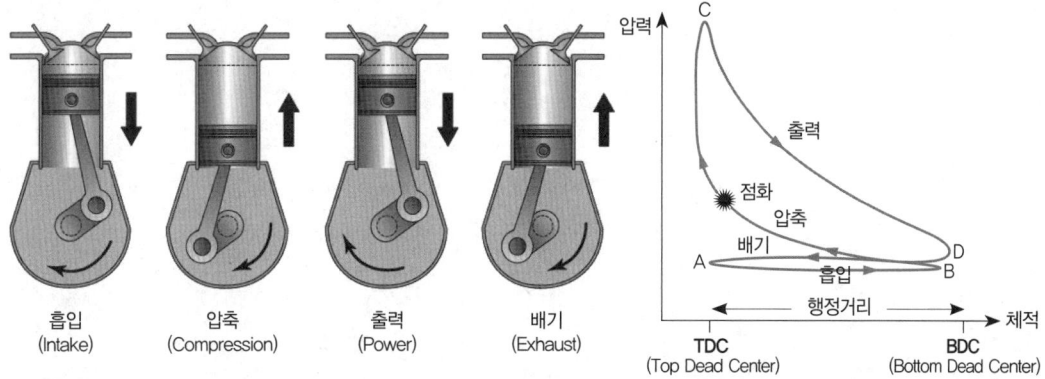

[왕복기관의 4행정과 오토사이클의 P-V 선도]

다. 가스 터빈 기관의 기본 사이클

(1) 브레이튼(Brayton) 사이클

1872년 브레이튼에 의해 고안된 가스터빈 기관의 이상적인 사이클로서 연소 과정이 정압 상태에서 이루어지므로 정압 사이클이라 한다.

※ 브레이튼 사이클의 과정 : 단열 압축, 정압 수열(가열), 단열 팽창, 정압 방열

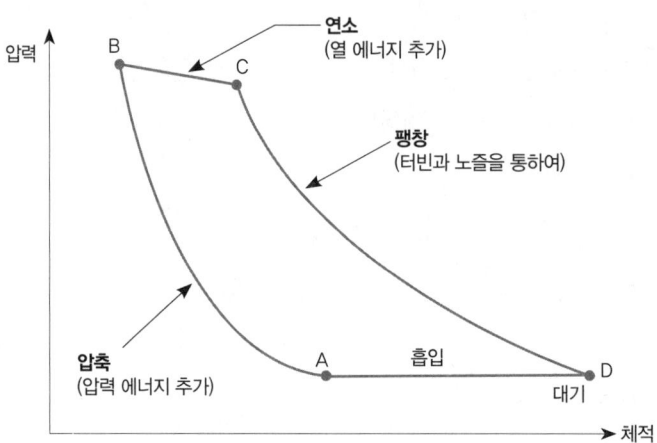

[브레이튼 사이클의 P-V 선도]

(2) 열효율

$$\eta_B = 1 - \frac{T_1}{T_2} = 1 - \left(\frac{1}{\gamma_P}\right)^{\frac{k-1}{k}}$$, 여기서 γ_P는 압축기의 압력비 $\frac{P_2}{P_1}$이다.

압력비가 클수록 열효율은 증가하나 터빈 입구 온도(TIT)가 상승한다.

| Section 2 |

항공용 왕복기관

01 항공용 왕복기관의 작동원리 및 구조

1. 작동원리

가. 마력과 효율

(1) 마 력

① 지시마력(도시 마력, indicated Horse Power, iHP) : 실린더 내에서 발생한 마력

$$iHP = \frac{P_{mi}LANK}{75 \times 2 \times 60} = \frac{P_{mi}LANK}{2 \times 4,500} (PS)$$

P_{mi} : 지시평균유효압력(kgf/cm^2)
L : 행정거리(m)
A : 실린더 단면의 넓이, $A = \frac{\pi D^2}{4}$, (D는 실린더 안지름)
N : 기관의 분당 회전수(rpm)
K : 실린더 수

> **Note**
> ① 단위가 P(lb/in^2), L(ft), A(in^2), N(rpm/2)일 때의 마력
> $iHP = \frac{PLANK}{550 \times 60} = \frac{PLANK}{33000}(HP)$
> ② Torque(T), rpm(n)이 주어질 때의 마력
> 마력 $= \frac{2\pi nT}{75 \times 60} = \frac{nT}{716}(PS)$

② 마찰마력(friction Horse Power, fHP) : 전달되면서 손실되는 마력

③ 제동마력(brake Horse Power, bHP, 축마력) : 실제 프로펠러에 전달되는 마력

$$bHP = iHP - fHP$$

제동마력은 크랭크축에 부착하는 prony brake나 dynamometer로 측정할 수 있으며 지시마력의 85~90%의 값을 가진다.

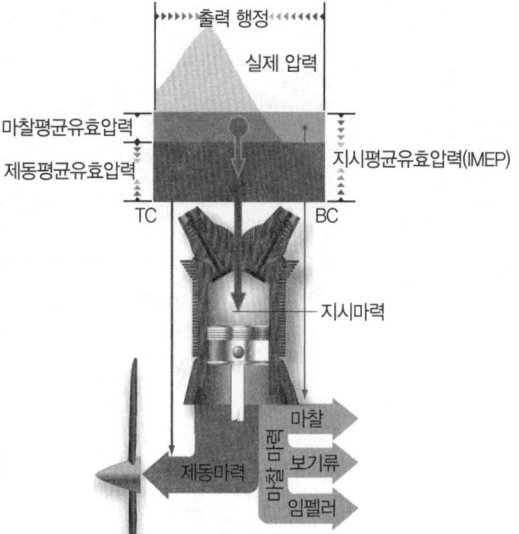

[왕복기관에서 발생하는 마력]

(2) 기계 효율(mechanical efficiency)

제동마력과 지시마력의 비로서 현재 약 85~95% 정도이다.

$$\eta_m = \frac{bHP}{iHP}$$

(3) 비연료소비율(specific fuel consumption)

1시간당 1마력을 발생시키는데 소비된 연료의 질량

$$f_b = \frac{F_b}{bHP} \times 3,600 \times 1,000 \, (g/PS-h)$$

나. 4행정 기관의 원리

(1) 용어의 정의

① 상사점 전, 후(BTC-Before top center, ATC-After top center)

② 하사점 전, 후(BBC-Before bottom center, ABC-After bottom center)

③ 실린더 보어(cylinder bore) : 실린더 안지름

④ 행정(stroke) : 상사점과 하사점 사이의 거리

⑤ 주기(cycle) : 실린더 내의 피스톤에 의해 4행정 5현상의 열역학 제법칙을 1회 완료하는 것으로 크랭크축의 완전한 2회전, 즉 720° 회전하는 것이다.

(2) 밸브 오버랩(valve overlap)

① 정의 : 배기행정 말기에서 흡입행정 초기까지 두 밸브가 동시에 열려있는 상태

② 장점 : 체적효율 증가, 실린더 및 배기밸브의 냉각, 배기가스의 완전배출

③ 단점 : 연료소모의 증가, 역화(back fire)의 유발 가능성

```
IO 15° BTC,  EO 60° BBC,  IC 60° ABC,  EC 10° ATC
점화(ignition) : 30° BTC
```

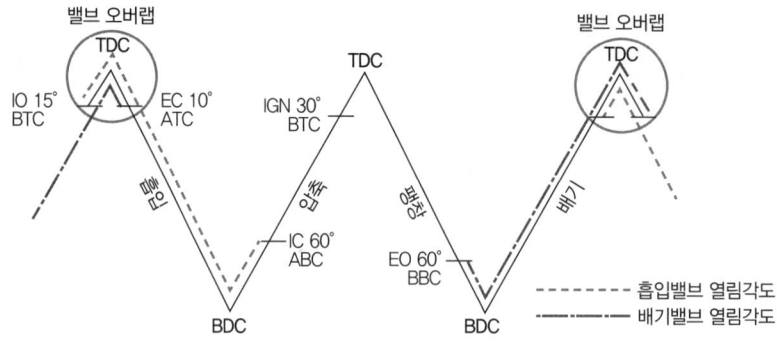

① 흡입 밸브(intake valve) 열려있는 기간 : 15+180+60=255°

② 배기 밸브(exhaust valve) 열려 있는 기간 : 60+180+10=250°

③ 밸브 오버랩(valve overlap) : 15+10=25°

④ 파워 오버랩(power overlap) : 한 실린더가 팽창(폭발) 행정 중에 있을 때, 다음 점화되는 실린더가 폭발하여 팽창(폭발)행정이 겹치는 동안의 크랭크 축 회전 각도를 말한다.

[밸브 작동 시기와 밸브 오버랩의 예]

2. 구조 및 성능

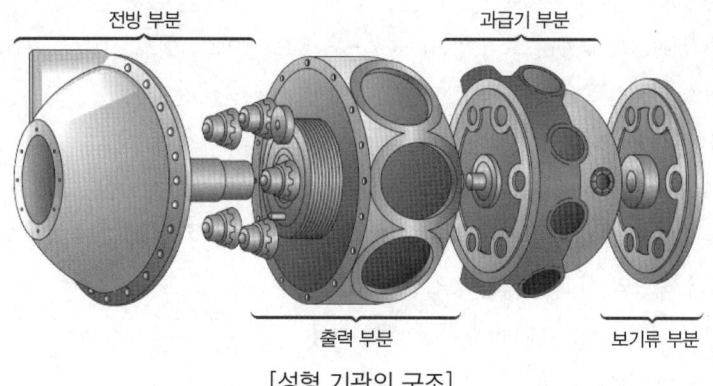

[성형 기관의 구조]

가. 전방 부분(front or nose section)
  (1) 프로펠러 축(propeller shaft)
  (2) 감속 기어(reduction Gear)
    ① 목적 : 크랭크축의 회전속도를 크게 하여 출력을 증가시키되 프로펠러의 깃 끝 속도를 음속 이하로 감소시키기 위해 사용
    ② 종류
      ㉠ 평기어식(spur-reduction gear) : 일부의 저출력기관에 사용
      ㉡ 유성기어식(planetary reduction gear system) : 대부분의 성형기관에 사용
  (3) 추력베어링(thrust bearing) : 볼 베어링이 많이 사용

나. 동력부분(Power section)

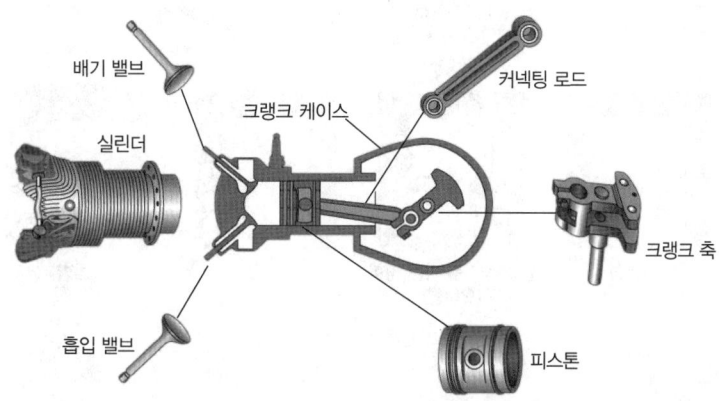

[왕복 기관 동력부분의 구성요소]

(1) 실린더(cylinder)
① 실린더 헤드(cylinder head)
  ㉠ 냉각 핀(cooling fin), 로커 암(rocker arm), 밸브 가이드, 밸브 시트(valve seat)
  ㉡ 연소실 : 원통형, 반구형(많이 사용), 원뿔형
② 실린더 동체(cylinder barrel)
  ㉠ 표면 경화(안쪽 면) : 질화처리(nitriding-암모니아 가스 이용), 크롬도금(Cr plating)
  ㉡ 종통형(choke bore) : 실린더의 열팽창을 고려하여 상사점 부근의 직경을 작게 한 것
③ 실린더 헤드와 실린더 배럴의 접합 방법
  ㉠ 나사 접합(threaded joint) : 가장 많이 사용
  ㉡ 수축 접합(shrink fit)
  ㉢ 스터드와 너트 접합(stud & nut joint)

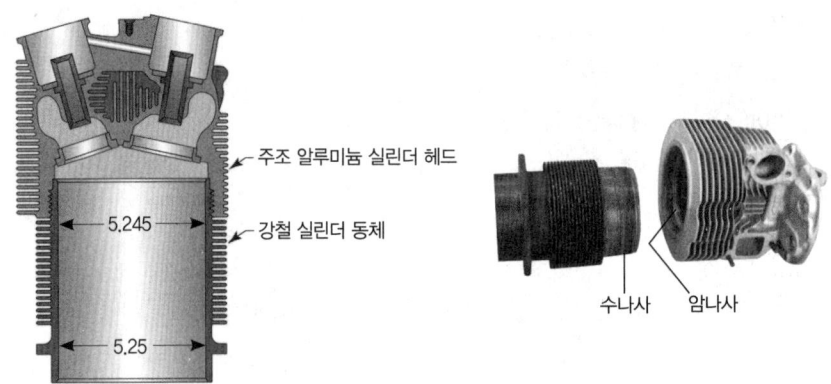

[종통형 실린더와 나사 접합된 상태와 나사 접합]

(2) 피스톤(piston)
① 헤드(head)의 모양 : 평면형, 오목형, 컵형, 돔형, 반원뿔형

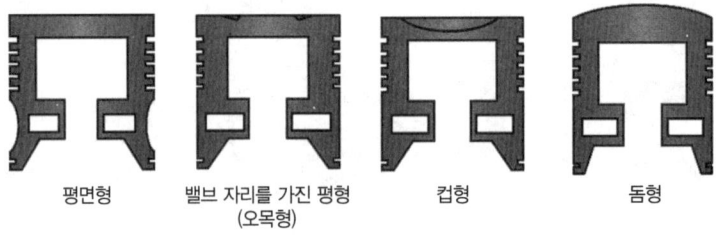

[피스톤 헤드의 종류]

> **Note | 피스톤 간격과 랜드**
> ① 피스톤 간격(piston clearance) : 열팽창에 의해 피스톤이 실린더에 달라붙는 것을 방지하기 위하여 피스톤의 바깥지름을 실린더의 안지름보다 조금 작게 만들어 실린더와 피스톤 사이에 간격을 둔다.
> ② 랜드(groove land) : 피스톤에서 링 홈(groove)과 홈 사이

② 피스톤 링(piston ring)

　㉠ 목적 : 기밀 유지, 오일 제어(윤활유 조절), 열 전도

　㉡ 재질 : 마멸에 잘 견디고 고온에서도 탄성을 유지할 수 있으며 열전도율이 좋은 고급 회주철 사용

　㉢ 종류
　　• 압축 링(compression ring)
　　• 오일 링 : 오일 조절링(oil control ring), 오일 제거링(oil wiper ring)

　㉣ 링의 단면 모양 : 직사각형, 경사형, 쐐기형

　㉤ 링의 끝 간격 모양 : 맞대기형(많이 사용), 계단형, 경사형

③ 피스톤 핀(piston pin) : 전부동식(full floating type)이 많이 사용

(3) 밸브 및 밸브 기구

① 밸브(valve) : 헤드의 모양에 따라

　㉠ 평면형(flat type) : 저출력기관의 흡, 배기 밸브
　㉡ 튤립형(tulip type) : 고출력기관의 흡기 밸브
　㉢ 버섯형(mushroom type) : 고출력기관의 배기 밸브

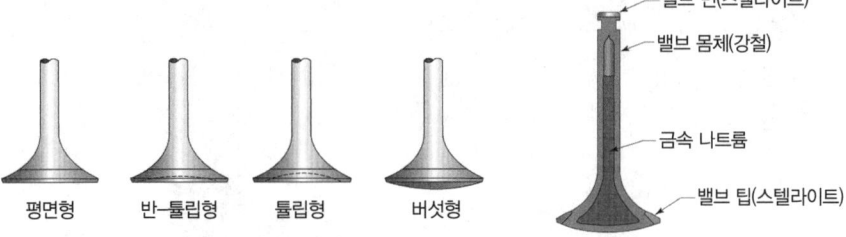

[밸브 헤드의 종류 및 성형 기관 배기 밸브의 단면]

> **Note | 냉각제**
> 배기밸브(exhaust valve) 스템 속에 sodium(금속나트륨 : 약 93℃(200°F)에서 녹아 대류 작용)을 넣어 냉각시킨다.

② 밸브 스프링 : 2개씩 사용(안전과 원활한 작동을 위해)

③ 밸브 작동 기구

㉠ 대향형 기관의 밸브 기구 : 크랭크축 1/2 회전 → 캠 축 회전(크랭크축의 회전) → 유압 태핏 (유압식 밸브 리프터) → 푸시로드 → 로커 암 → 밸브 (밸브 닫힘 : 밸브스프링)

㉡ 성형 기관의 밸브 기구 : 크랭크축 회전 → 캠 플레이트(판) 회전 → 태핏 → 푸시로드 → 로커 암 → 밸브(밸브 닫힘 : 밸브스프링)

> **Note** | 캠판(cam plate, cam ring)
> 크랭크축에 대한 캠판의 속도는 $\frac{1}{\text{로브수} \times 2}$, n(캠로브 수) $= \frac{N \pm 1}{2}$, r(회전비) $= \frac{1}{N \pm 1}$ (N : 실린더 수)
> (+ : 크랭크축과 캠판의 회전방향이 같을 때, - : 반대일 때)

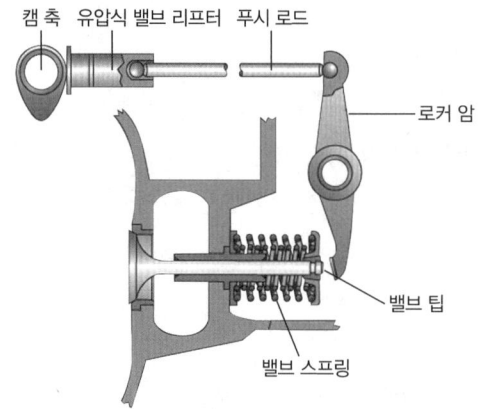

[대향형 기관의 밸브 기구]

(4) 커넥팅 로드(connecting rod)

① 평형(plain type) : 대향형 기관에 사용

② 주 및 부 커넥팅 로드(master & articulated rod type) : 성형 기관에 사용
　※ master rod의 운동 궤적 : 원, articulated rod의 운동 궤적 : 타원

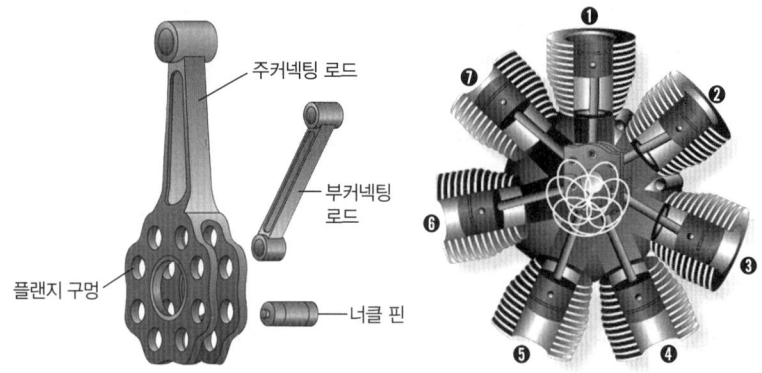

[성형기관의 커넥팅 로드와 운동 궤적]

(5) 크랭크 축(crank shaft)

① 주 저널(main journal)

② 크랭크 암(crank arm, crank cheek)

③ 크랭크 핀(crank pin) : 무게 경감과 오일통로 및 슬러지 챔버(sludge chamber)의 역할을 위해 중공(hollow)이다.

④ 평형추(counter weight)와 댐퍼(damper)

  ㉠ 평형추 : 크랭크축의 정적 평형 유지

  ㉡ 다이나믹 댐퍼 : 크랭크축의 변형과 비틀림 진동 방지

(6) 크랭크 케이스(crankcase) : 기관의 몸체를 이루고 있는 부분

(7) 베어링(bearing)

① 평 베어링(plain bearing) : 방사상 하중만 담당

② 로울러 베어링(Roller bearing)

  ㉠ 직선 로울러 베어링(straight roller bearing) : 방사상 하중에만 사용

  ㉡ 테이퍼 로울러 베어링(taper roller bearing) : 방사상 하중과 추력 하중에 사용

③ 볼 베어링(ball bearing) : 추력하중과 방사상 하중에 강하므로 추력 베어링으로 사용

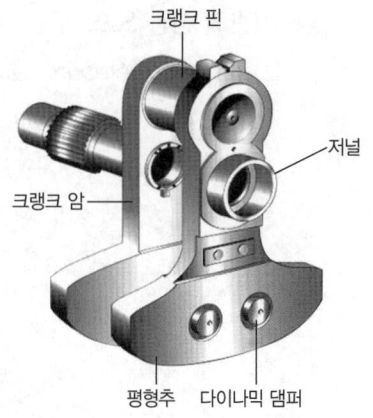

[크랭크 축의 구성 요소]

다. 뒷부분 (rear section, accessory section)

오일 펌프, 마그네토, 기화기, 시동기, 제너레이터, 타코미터 제너레이터, 연료 펌프 등

3. 왕복기관의 성능

가. 항공기용 왕복기관의 구비조건

(1) 마력당 중량비가 작을 것(소형 경량화) : 0.61~1.22 kg/kW(0.45~0.9 kg/PS)

(2) 신뢰성이 클 것

(5) 내구성이 좋을 것(수명시간이 길 것)

(3) 열효율이 높을 것(낮은 연료 소비율)

(6) 진동이 적을 것

(4) 정비가 용이할 것

(7) 적응성이 높을 것(작동의 유연성)

나. 기관의 성능 요소

(1) 압축비(compression ratio)

피스톤이 상사점에 있을 때 연소실 체적과 피스톤이 하사점에 있을 때 실린더 전체 체적(연소실 체적+행정 체적)의 비로 ε이라 하며 다음 공식으로 구할 수 있다.

$$\varepsilon = \frac{V_c(연소실\ 체적) + V_d(행정\ 체적)}{V_c(연소실\ 체적)} = 1 + \frac{V_d(행정\ 체적)}{V_c(연소실\ 체적)}$$

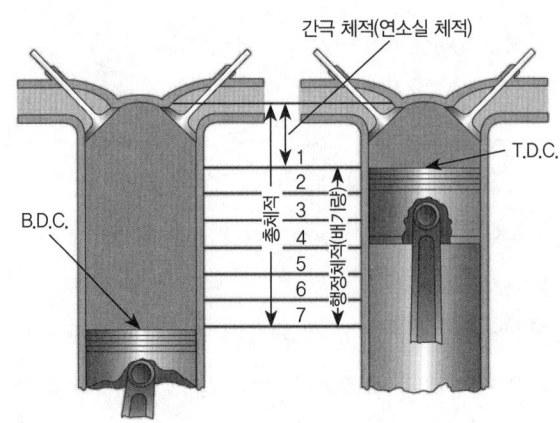

[실린더 체적의 정의]

(2) 총배기량(total displacement, 총 행정체적)

전체 실린더가 연소하여 배출하는 배기가스의 양을 말한다.

$$\frac{\pi D^2}{4} \times l \times N \quad (실린더\ 단면적 \times 행정거리 \times 실린더\ 수)$$

(3) 왕복 기관의 동력

① 이륙마력 : 기관이 낼 수 있는 최대 마력으로 1~5분 정도 시간 제한을 둔다.

② 정격(METO, Maximum Except Take-Off)마력 : 연속적으로 낼 수 있는 최대 마력

> **Note** | 임계고도(critical altitude)
> 정격마력을 유지할 수 있는 최고고도로 무과급 기관에서는 해면 고도가 된다.

③ 순항마력(경제 마력) : 연료 소비율이 가장 적은 상태에서 얻어지는 동력

(4) 체적효율

$$\eta_V = \frac{실제\ 흡입된\ 가스의\ 체적}{행정\ 체적}$$

02 항공용 왕복기관의 계통

1. 흡·배기계통

가. 공기 흡입과 과급기 부분

(1) 공기 흡입 부분(air induction system)

공기 여과기(air filter), 대체 공기 밸브(alternate air valve, 기화기 결빙 방지), 히터 머프(heater muff), 기화기(carburetor), 흡입 매니폴드(intake manifold) 등

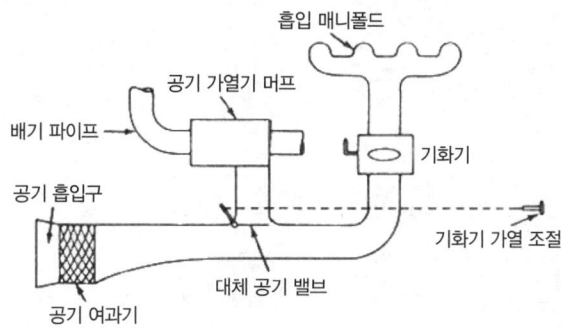

[공기 및 혼합가스 공급 부분]

(2) 과급기(supercharger)

① 이륙시 짧은 시간 동안에 최대출력을 증가시키고 기압이 낮은 고고도 비행시 출력 감소를 방지한다.

② 종류
  ㉠ 형식에 따라 : 원심력식, 루우츠식, 베인식
  ㉡ 회전 동력원에 따라 : 기계식과 배기 터빈식

③ 원심력식 과급기(왕복 기관에 많이 사용) : 임펠러, 디퓨저, 매니폴드로 구성

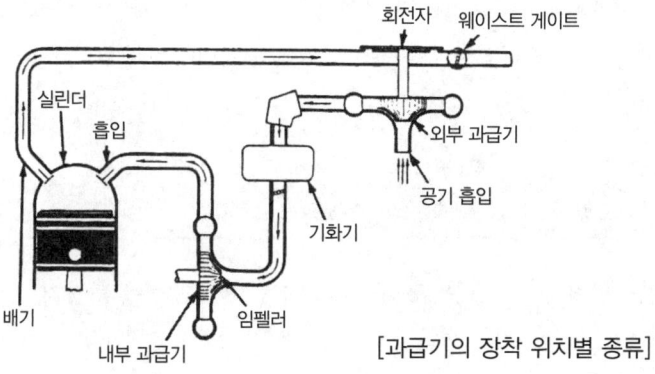

[과급기의 장착 위치별 종류]

(3) 터보 컴파운드 기관 (turbo compound engine)

터보 수퍼차저(turbo supercharger)의 원리를 이용하여 배기가스로 power recovery turbine을 구동하고 이 회전력을 내부의 감속기어 장치에서 감속하여 크랭크축에 추가 동력을 공급한다.

나. 배기 계통

(1) 배기 다기관(exhaust manifold) : 배기 가스 배출
(2) 열교환기(heat exchanger) : 흡입 공기 가열
(3) 머플러(muffler) : 배기 소음 감소
(4) 오그멘터(augmentor) : 배기 증대 장치(원활한 기관 작동 효과)

2. 연료계통

가. 연소

(1) 항공용 연료 : 탄소(C)와 수소(H)가 화합된 탄화수소(C_mH_n)
(2) 발열량
   ① 고 발열량 : 연소 생성물중 물(H_2O)이 액체로 존재할 경우의 발열량
   ② 저 발열량 : 연소 생성물중 물이 기체로 존재할 경우의 발열량
(3) 연소 형태 : 예혼합 화염(왕복 기관), 확산 화염(가스터빈 기관), 자연 발화

나. 연료 : 항공용 가솔린(AV GAS, aviation gasoline)

(1) 항공용 가솔린의 구비조건

① 발열량이 클 것   ② 기화성이 좋을 것
③ 증기 폐색을 잘 일으키지 않을 것   ④ 안티노크성이 클 것
⑤ 안전성, 내한성이 클 것   ⑥ 부식성이 작을 것

(2) 기화성

① ASTM(American Society for Testing Materials) 증류시험장치 : 연료의 기화성 측정
② 증기 폐색(증기 폐쇄, vapor lock) : 기화성이 너무 높은 연료가 관 속을 흐를 때 열을 받아 기포가 생기고, 기포가 많아지면 연료의 흐름을 차단하는 현상

> **Note | 증기 폐색의 원인**
> ① 연료 증기압이 연료 압력보다 클 때
> ② 연료관에 열이 가해질 때
> ③ 연료관이 굴곡이 심하거나 오리피스(orifice)가 있을 때

③ 레이드 증기압력계(reid vapor pressure bomb) : 연료 증기압 측정 장치

(3) 연료의 안티노크성(antiknock, 제폭성)

① CFR(Cooperative Fuel Research) 기관 : 연료의 안티노크성을 측정(가변압축비를 가진 단일 기통 4행정 액냉식 기관)

② 옥탄가(Octan Number, O.N) : 이소옥탄과 노말헵탄으로 만든 표준연료 중 이소옥탄의 함유된 %(체적 비율) − 최대 O.N 100

③ 성능가(Performance Number, P.N) : 이소옥탄만으로 이루어진 연료에 4에틸납(안티노크제)을 섞어 증가된 출력 증가량(%) − 최대 100 이상

④ 안티노크제 : 4에틸납(산화납 형성 방지 목적으로 TCP(인산트리크레실)를 첨가)

⑤ 데토네이션(detonation) : 연소실 내에서 정상적으로 점화되어 연소가 일어날 때 압축비가 너무 크면 미 연소된 부분의 혼합기가 부분적으로 단열 압축되어 고온 고압이 되고 자연 발화하는 충격파의 일종으로 이 때 발생하는 소리를 노크(knock)라 한다. 이 현상이 생기면 실린더 내부 압력과 온도가 급상승하고 출력이 감소하며 기관 파손의 원인이 된다.

> **Note** | 데토네이션 방지
> 물분사 장치(ADI, Anti Detonant Injection) : 물+알콜(물의 빙결 방지)혼합액

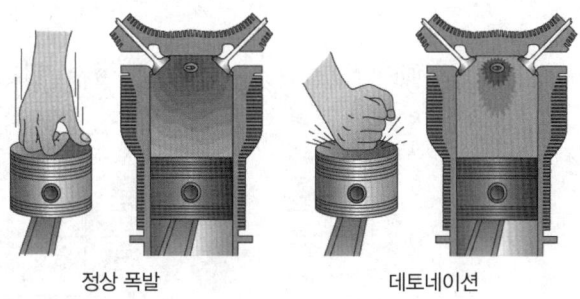

[정상 폭발과 데토네이션의 비교]

다. 연료계통(fuel system)

(1) **종류** : 중력식 연료 공급계통, 압력식 연료 공급계통

(2) **주요 구성**

① 연료 탱크(fuel tank)

② 부스터 펌프(booster pump)

　㉠ 형식 : 전기로 작동되는 원심력식

　㉡ 작동시기 : 시동시, 이륙(상승)시, 비상시, 연료이송(배출)시

③ 선택 및 차단 밸브(selector & shut off valve)

④ 여과기(filter)

　㉠ 종류 : 카트리지형(cartridge, 1회 사용), 스크린(screen)형

ⓒ 위치 : 탱크의 입출구, 계통의 최저부(주필터), 기화기 입구 등
⑤ 주 연료 펌프(engine driven fuel pump) : 베인식(vane type)이 많이 사용
    ㉠ 릴리프 밸브 : 펌프 출구 압력이 규정값 이상이면 흐름을 펌프 입구로 되돌려 줌
    ㉡ 바이패스 밸브 : 펌프 고장시 우회하여 연료를 공급함
    ㉢ 체크 밸브 : 흐름의 역류를 방지
⑥ 프라이머(primer) : 시동시의 저온 상태에서는 연료의 기화가 되지 못해 과희박(overlean) 상태로 시동이 어려우므로 실린더 벽에 직접 연료를 분사하여 농후한 혼합가스를 만들어 줌으로서 시동을 용이하게 한다.

라. 기화기 (carburetor)

(1) 혼합비와 기관출력

① 혼합비(mixture ratio) : 연료와 공기의 혼합 중량비(무게비)
   이론혼합비 : 1 : 15(0.067 : 1), 가연범위 : 1 : 8~18, 적정출력 혼합비 : 1 : 12~14
② 후화(after fire) : 과농후(overrich) 혼합비에서 발생
③ 역화(back fire) : 과희박(overlean) 혼합비에서 발생

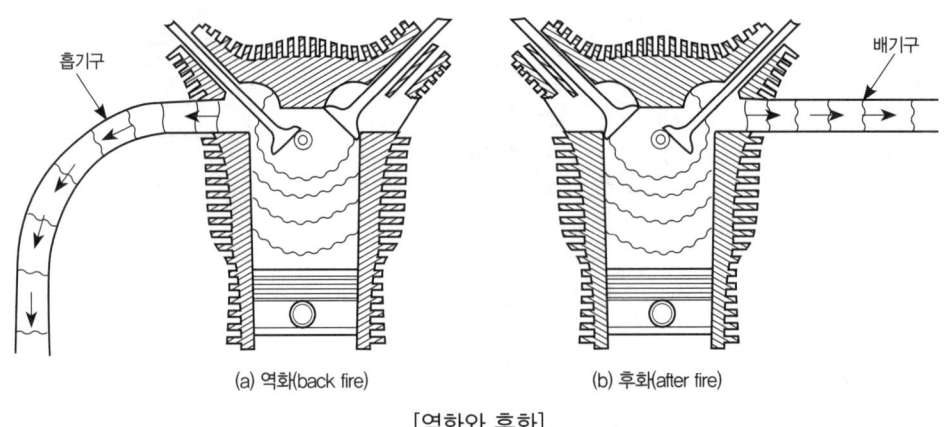

[역화와 후화]

(2) 기화기 이론

① 이론과 기능 : 연속 방정식(단면적과 속도 반비례)과 베르누이 정리(속도와 압력 반비례)에 의해 흡입 공기가 벤츄리 관의 목부분을 통과할 때 속도가 가장 빠르고 압력이 가장 낮게 형성된다.
② 공기 블리드(air bleed) : 연료의 분무화를 용이하게 하기 위해 연료 분사 전에 공기를 섞어주는 장치

(3) 부자식 기화기 (float type carburetor)

① 특징
  ㉠ 구조가 간단하고 소형에 알맞다.
  ㉡ 비행자세의 영향이 크고 기화열에 의한 온도 강하로 결빙이 쉽다.
  ㉢ 대형 및 곡예용으로는 부적합하다.

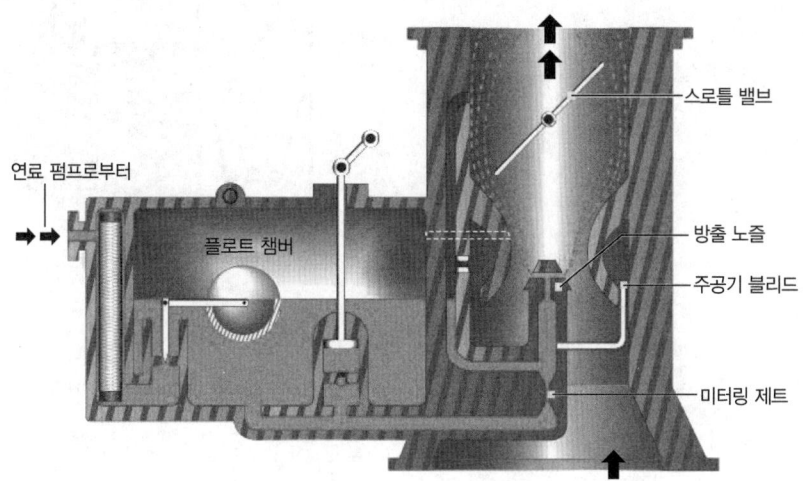

[플로트식 기화기의 단면]

② 각 구성품과 작동
  ㉠ 주 메터링 장치(main metering system)
    • 구성 : 주 미터링 제트(main metering jet), 주 방출 노즐(main discharge nozzle)
    • 기능 : 연료공기 혼합비를 맞춤, 방출노즐의 압력을 낮춤, 스로틀 전개시 공기 양을 조절
  ㉡ 완속 장치(idle system) : 스로틀 밸브를 최대로 닫았을 때만 연료를 공급하는 장치
  ㉢ 이코노마이저 장치(economizing system) : 정상 출력 이상의 고출력에서 추가 연료 공급하는 장치로 needle valve type, piston type, manifold pressure operated type이 있다.
  ㉣ 가속 장치(acceleration system) : 엔진 급가속시에 추가적인 연료를 공급하는 장치
  ㉤ 혼합비 조정장치(mixture control system)
    • 기능 : 고고도에서 과농후 혼합비 방지, 순항시 lean으로 연료절감
    • 종류 : back suction type, needle valve type, air port type
    • 자동 혼합비 조정장치(AMC : Automatic Mixture Control unit)

(4) 압력분사식 기화기 (pressure injection type carburetor)

① 특징

㉠ 결빙이 없다.

㉡ 비행자세에 관계없이 효율증가

㉢ 정확한 비율로 공급

㉣ 압력   분사하므로 경제적이다.

㉤ 출력맞춤이 간단하고 균일하다.

㉥ 증기폐색의 염려가 없다.

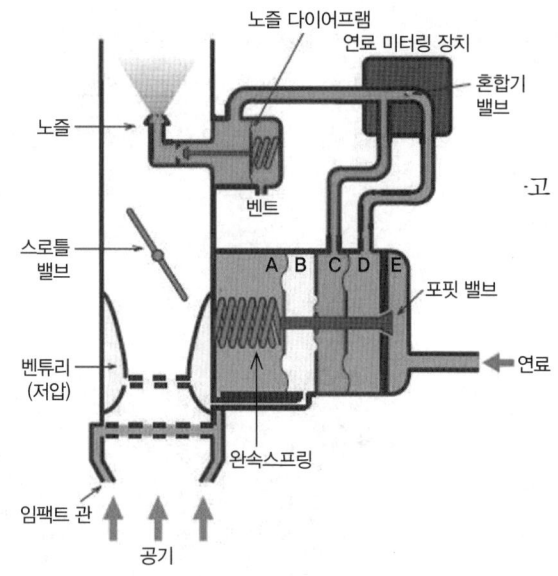

[압력 분사식 기화기 단면도]

② 작동원리

㉠ A chamber : 임팩트 공기 압력 (impact air pressure)

㉡ B chamber : 벤츄리 목 부분 압력(부압-venturi suction pressure)

㉢ C chamber : 계량된 연료 압력 (metered fuel pressure)

㉣ D chamber : 미계량된 연료 압력 (unmetered fuel pressure)

㉤ A-B = 공기 계량 힘(air metering force) : △Pa

㉥ D-C = 연료 계량 힘(fuel metering force) : △Pf

㉦ △Pa와 △Pf의 힘의 차이에 의해 포핏 밸브 개폐되어 연료량 조절

※ A chamber 내의 완속 스프링 : 부자식 기화기의 완속 장치와 같은 역할

(5) 직접 연료 분사 장치 (direct fuel injection system)

① 장점

㉠ 비행자세에 영향을 받지 않는다.   ㉡ 결빙의 염려가 없다.

㉢ 연료분배가 균일하다.   ㉣ 역화(back fire)의 우려가 없다.

㉤ 시동성 및 가속성이 좋다.   ㉥ 엔진 효율이 증가한다.

② 구성품

㉠ fuel air control unit   ㉡ fuel injection pump

㉢ discharge nozzle

3. 윤활계통

가. 윤활유(oil, lubricant)

(1) 윤활유의 종류

① 식물성(vegetable lubricant)

② 동물성(animal lubricant)

③ 광물성(mineral lubricant)

④ 합성유(synthetic lubricant) : 가장 많이 사용

㉠ MIL-L-7808 (type I) : 1960년대 사용

㉡ MIL-L-23699 (type II) : 1970년대부터 현재까지 사용

(2) 윤활유의 작용 : 윤활작용, 냉각작용, 기밀작용, 청결작용, 방청작용(부식방지 작용)

(3) 윤활유 공급방식 : 비산식(splash), 압송식(pressure), 복합식

(4) 윤활유의 구비조건

① 점도지수가 높을 것 : 온도 변화에 따른 점도의 변화가 적을 것

② 점도가 적당할 것   ③ 유성이 좋을 것

④ 유동점이 낮을 것   ⑤ 산화, 탄화, 부식성이 적을 것

나. 윤활계통(lubricating system)

(1) 윤활계통의 종류

① 습식 섬프 계통(wet sump system)

② 건식 섬프 계통(dry sump system) : 탱크와 섬프가 별도로 있으며, scavenge pump(배유 펌프, 귀유 펌프)가 있다.

(2) 윤활계통의 구성품

① 오일 탱크(oil tank)

㉠ hot tank : oil cooler가 공급 라인에 위치

㉡ cold tank : oil cooler가 귀유(배유) 라인에 위치

> **Note** | 오일 희석(oil dilution)
> 추운 기후에서 엔진 시동시 오일 점도를 낮추기(저점도) 위해 엔진을 정지시키기 직전에 오일 계통에 연료를 분사하는 방식으로 사용

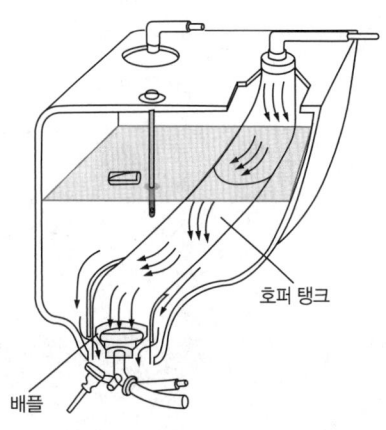

[윤활유 탱크 내의 호퍼 탱크]

② 압력 펌프(oil pressure pump) : gear type을 많이 사용

③ 오일 냉각기(oil cooler) : 공냉식

※ 오일 온도 조절 밸브(바이패스 밸브) : 냉각기 입구에 위치하여 귀유되는 오일의 온도가 규정 온도보다 낮으면 냉각기를 거치지 않고 바로 공급

4. 시동 및 점화계통

가. 시동계통(starting system)

(1) 수동식(hand cranking)

(2) 전기식

① 관성식 시동기(inertia type starter)

② 직접구동 시동기(direct cranking starter) : 현재 대부분의 항공기 왕복 기관에서 사용

나. 점화계통(ignition system)

(1) 종류 : 축전지식(자동차에 사용), 마그네토식(항공용 왕복기관에 사용)

(2) 계통의 종류

① 고압 점화 계통(high tension ignition system)

② 저압 점화 계통(low tension ignition system) : 변압기 코일이 점화 플러그마다 필요

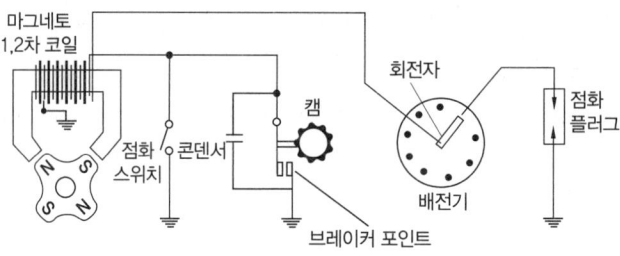

고압 점화 계통

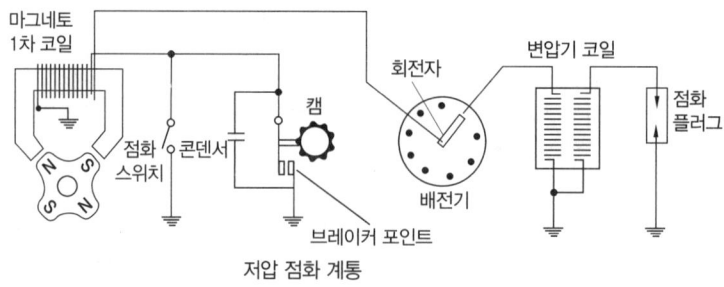

저압 점화 계통

[고압 점화 계통과 저압 점화 계통의 비교]

(4) 마그네토 작동원리와 구성

① 회전 영구 자석(rotating magnet)

② 폴 슈(pole shoe)

③ 코일 어셈블리(coil assembly) : 1차 코일(primary coil), 2차 코일(secondary coil)

④ 브레이커 포인트(breaker point) : 콘덴서(condenser)와 함께 1차 회로에 병렬, 브레이커 포인트의 재질은 백금과 이리디움의 합금

⑤ 콘덴서(condenser) : 브레이커 포인트와 1차 회로에 병렬로 연결되어 브레이커 포인트에 생기는 과도한 전기 불꽃(arcing)을 방지하고 철심의 잔류 자기를 빨리 소멸시키는 역할을 한다.

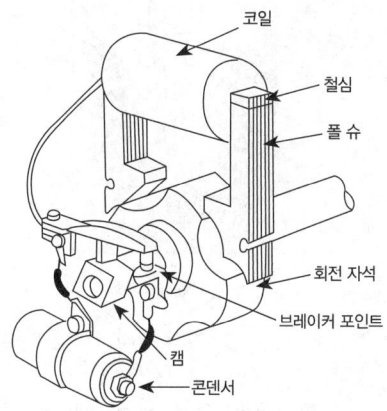

[마그네토 내부 구성요소]

⑥ 배전기(distributor) : 각 실린더에 점화 순서대로 고전압 공급

> **Note | E-gap과 보상 캠**
> ① E-gap : 회전 자석이 중립점을 출발하여 브레이커 포인트가 떨어질려는 순간까지 회전하는 각도를 크랭크축의 회전 각도로 환산한 각도
> ② 보상 캠(compensated cam) : 성형기관의 커넥팅로드는 주 및 부 커넥팅 로드의 운동 궤적 차이로 인해 실린더마다 점화 시기의 차이가 발생할 수 있다. 이를 보상하기 위해 각 기관에 맞는 고유한 cam lobe를 가진 보상 캠을 사용한다.

⑦ 하네스(harness) : 마그네토와 점화 플러그를 연결하는 전선

⑧ 점화 플러그(spark plug)

　㉠ 구성 : 전극(중심전극, 접지전극), 세라믹 절연체, 금속 쉘

　㉡ 분류

　　• 접지전극 수에 의한 분류 : 1극, 2극, 3극, 4극

　　• 열에 의한 분류 : hot형, cold형

　　• 직경에 의한 분류 : 14mm, 18mm

⑨ 점화 스위치(ignition(magneto) switch) 위치 : BOTH, R, L, OFF, START

⑩ P-lead : switch와 magneto의 1차회로(breaker point)를 병렬연결하여 switch의 기능을 magneto에 전달하는 1차선

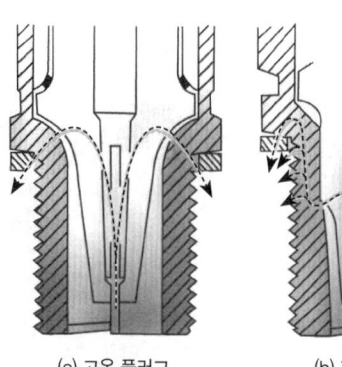
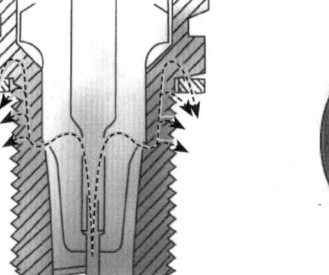

(a) 고온 플러그　　　(b) 저온 플러그

[점화 플러그의 종류(방열 면적에 따라)]　　　[Key type 점화 스위치]

(5) 점화 순서(firing order)

기관	점화 순서
4기통 대향형	1-3-2-4 또는 1-4-2-3
6기통 대향형	1-4-5-2-3-6 또는 1-6-3-2-5-4
9기통 성형 (1열)	1-3-5-7-9-2-4-6-8
14기통 성형 (2열) (+9, -5)	1-10-5-14-9-4-13-8-3-12-7-2-11-6
18기통 성형 (2열) (+11, -7)	1-12-5-16-9-2-13-6-17-10-3-14-7-18-11-4-15-8

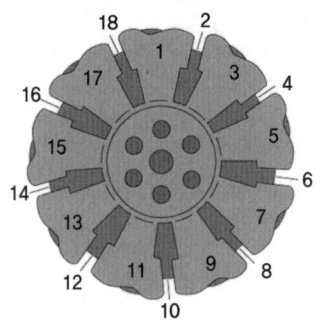

1열 성형 기관
1-3-5-7-9-2-4-6-8

2열 성형 기관
1-12-5-16-9-2-13-6-17-10-3-
14-7-18-11-4-15-8

[성형 기관의 점화 순서]

(6) 점화 보조 장치 : 시동시 마그네토가 유효 회전 속도에 도달되지 못할 때 사용

① 임펄스 커플링(impulse coupling) : 순간적인 고속 회전으로 유효 회전 속도 이상으로 만들어 줌(대향형 기관에 많이 사용)

② 부스터 코일(booster coil) : 축전지에서 전기를 받아 마그네토의 역할을 대신 함

③ 인덕션 바이브레이터(induction vibrator) : 축전지에서 전기를 받아 마그네토의 1차 코일에 맥류를 공급(시동기와 연동)

5. 기관의 작동과 지시

가. 유압 폐쇄(hydraulic lock)

성형기관의 하부에 장착된 실린더에는 작동 후 정지되어 있는 동안 묽어진 오일이나 습기 응축물 기타의 액체가 중력에 의해 스며 내려와 연소실내에 갇혀 있다가 다음 시동을 시도할 때 액체의 비압축성으로 피스톤이 멈추고 억지로 시동을 시도하면 엔진에 큰 손상을 일으키는 현상이다. 그러므로 성형기관 제작시 하부 실린더는 스커트를 길게 제작하며, 장시간 보관 후 다시 사용하기 전에는 하부 실린더의 점화 플러그를 뽑고 프로펠러를 몇 번 회전시켜 점화 플러그 구멍을 통해 액체를 배출시켜야 한다.

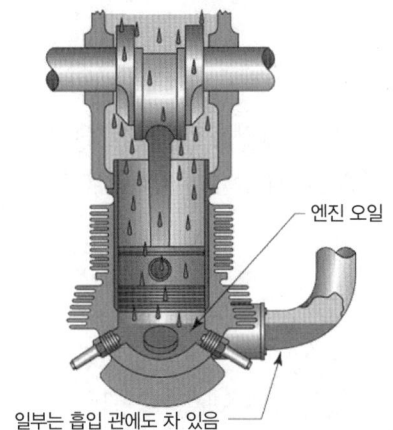  

[유압 폐쇄(hydraulic lock) 현상과 그 결과]

나. 실린더 장·탈착시 피스톤의 위치 : 압축 상사점

밸브가 닫힌 상태가 되어야 푸시로드가 로커 암을 누르지 않아 로커 암을 장탈할 수 있음

다. 실린더 압축 시험(차압 시험)

(1) 실린더의 압축력을 유지하기 위해 실린더가 제대로 기밀을 유지하고 있는 지 검사

(2) 압축 시험시 피스톤의 위치 : 압축 상사점(밸브가 모두 닫혀 있어야 함)

라. 피스톤 링 간극 측정

(1) **옆간극(side clearance)** : 피스톤 링과 피스톤의 링 홈 사이의 간극

(2) **끝간극(end clearance)** : 피스톤 링을 실린더에 장착했을 때 링 끝과 끝 사이의 간극

(3) **측정 공구** : 두께 게이지(thickness gauge)

(4) **옆간극이 규정값보다 크면** : 링 교환, 작으면 : 래핑 컴파운드로 갈아 규정값에 맞춘다.

(5) **끝간극이 규정값보다 크면** : 링 교환, 작으면 : 줄로 갈아 규정값에 맞춘다.

마. 밸브 간극 조절

(1) 밸브 간극(valve clearance) : 푸시로드에 힘이 가해지지 않을 때 밸브 끝과 로커 암 사이의 간격. (밸브 기구의 원활한 작동을 위해 필요)

(2) 열간 간격(작동 간격-기관 작동 중의 간극) : 0.07 inch

(3) 냉간 간격(검사 간격-기관 정지 시의 간극) : 0.01 inch

(4) 간격이 너무 좁으면 빨리 열리고 늦게 닫히고, 간격이 너무 넓으면 늦게 열리고 빨리 닫힌다.

(5) 성형기관에서는 밸브 간극 조절

(6) 대향형 기관에서는 유압식 밸브 리프터(hydraulic valve lifter)로 되어 있어 오일압력에 의해 작동 중 밸브간격을 항상 0으로 유지하므로 정비가 간단(Overhaul시에만 간격 검사-간격이 맞지 않으면 푸시로드 교환)하고 작동이 유연해진다.

바. 윤활유 분광 시험 (SOAP : Spectrometic Oil Analysis Program)

사람의 혈액검사와 비슷한 것으로서 기관정지 후 30분 이내에 윤활유 탱크에서 윤활유를 채취하여 윤활유에 섞여있는 금속입자들을 검사하는 것으로 금속입자의 종류에 따라 기관의 이상 부위를 찾아낼 수 있다.

사. 마그네토 점화시기 조절

(1) 내부 점화시기 조절 : 마그네토 자체의 타이밍을 맞추는 것

(2) 외부 점화시기 조절 : 마그네토와 엔진 사이의 타이밍을 맞추는 것(1번 실린더 기준)

(3) 타임 라이트(timerite) : 실린더 내에서 피스톤의 위치 측정하는 데 사용

(4) 타이밍 라이트(timing light) : 내부 점화 시기 조절에 사용

아. 마그네토 낙차 시험

(1) 마그네토가 정상적으로 작동하는지 기관의 회전수를 점검하는 것으로 두 개의 마그네토를 작동하다가 한 개만 작동하도록 하여 회전수의 감소폭을 측정하여 규정값 이내인지 확인

(2) 점화 스위치 작동 순서 : Both-Right(Left)-Both-Left(Right)-Both

Section 3

프로펠러

01 프로펠러의 구조 및 명칭

가. 구조

왕복기관 또는 터보 프롭 기관으로부터 마력을 받아 추력을 발생시킨다.

(1) 스피너(spinner) : 프로펠러 허브를 덮는 유선형의 커버 (D형과 E형이 있음)

(2) 커프스(cuffs) : 프로펠러 깃 뿌리 부분을 날개골(airfoil) 모양으로 하기 위해 장착하는 것으로 원활한 공기 흐름을 통한 기관의 냉각과 추력을 증대시키기 위한 장치

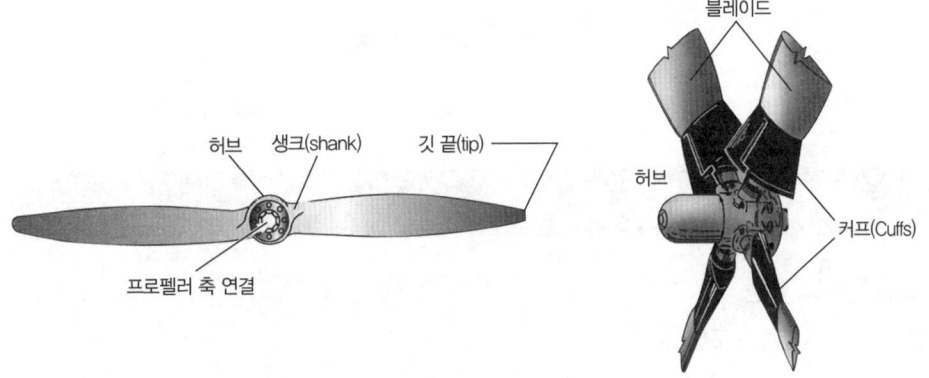

[프로펠러 각 부분의 명칭 및 깃 커프의 형태와 위치]

나. 프로펠러 축

플랜지 축(대향형기관), 테이퍼 축, 스플라인 축(성형기관)

　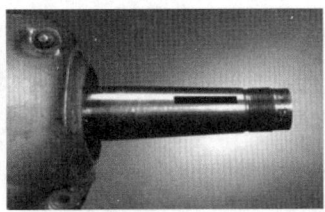　

(a) 플랜지 축　　　(b) 테이퍼 축　　　(c) 스플라인 축

[프로펠러 축의 종류]

다. 프로펠러의 분류
  (1) 피치(깃 각) 변경 방법에 따른 분류
    ① 고정피치(fixed pitch) : 순항 시 최대 효율이 되도록 고정
    ② 조정피치(ground adjustable pitch) : 비행 전 지상 정지한 상태에서 수동으로 피치 변경
    ③ 가변피치(variable pitch) : 2단 가변피치(저피치, 고피치), 정속(constant speed)
  (2) 프로펠러 위치에 따른 분류 : 견인식(항공기 전방에 위치), 추진식(항공기 후방에 위치)

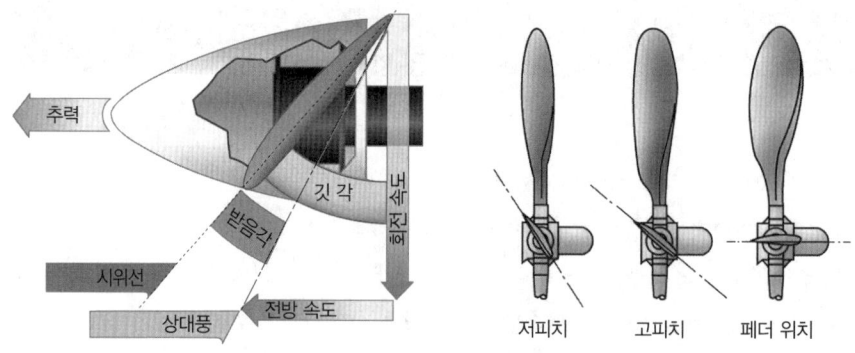

[깃 각(피치)의 정의 및 종류]

02 프로펠러의 계통 및 작동

가. 프로펠러의 작동
  (1) 2단 가변피치 프로펠러
    ① 3-way 밸브를 수동으로 작동하여 피치 변경
    ② 저피치→ 저속(이 착륙시), 고피치→ 고속(순항, 강하시)
    ③ 저피치가 되게 하는 힘 : 엔진 오일압력
    ④ 고피치가 되게 하는 힘 : 카운터 웨이트(counter weight)의 원심력
  (2) 정속 프로펠러(constant speed propeller)
    ① 2단 가변피치에서의 3way valve 대신에 조속기(governor)를 사용
    ② 정해진 출력에서 조종사가 prop′ lever로 정한 회전속도(ON SPEED)를 자동으로 깃 각을 변경시켜 유지
      ㉠ 저 피치가 되게 하는 힘 : 조속기 오일압력
      ㉡ 고 피치가 되게 하는 힘 : 카운터 웨이트의 원심력

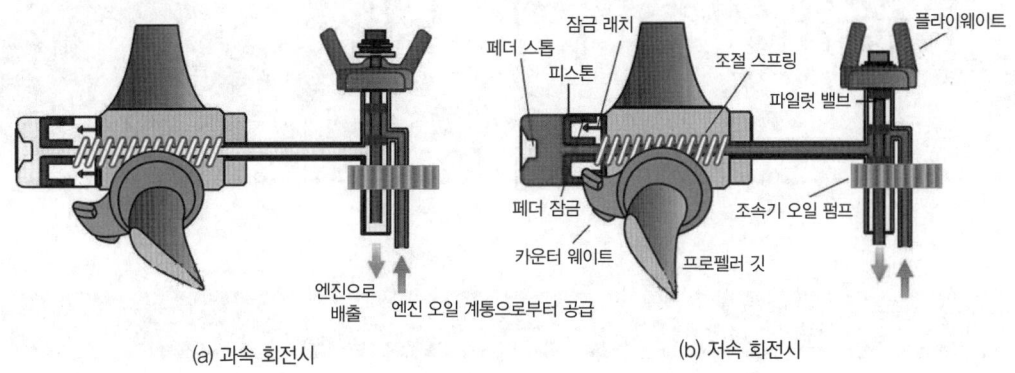

(a) 과속 회전시   (b) 저속 회전시

[정속 프로펠러의 내부 구조 및 작동 원리]

나. 출력변경방법

(1) 엔진의 출력 감소 : 먼저 스로틀(throttle)로 매니폴드 압력을 줄인 후 프로펠러 레버로 회전수를 줄인다.

(2) 엔진의 출력 증가 : 먼저 prop' lever로 회전수를 증가시킨 후 스로틀로 출력을 증가시킨다.

다. 페더링(feathering)

다발 항공기가 비행 중에 엔진이 고장나면 엔진이 정지하더라도 비행속도에 의해 프로펠러가 풍차 회전하여 엔진을 구동하므로 고장이 확대되고 프로펠러는 전면저항을 많이 받아 항공기에 큰 항력을 주게 된다. 이를 방지하도록 엔진 고장시는 프로펠러의 깃 각을 최대각 (90° 가까이)으로 만들어 엔진 정지와 저항 감소 효과를 얻게 한다.

라. 역피치(reverse pitch)

착륙활주거리를 단축시키기 위해 깃 각을 저각으로 계속 줄이면 부(-)의 각이 되어 추력의 방향이 반대로 되어 역추력이 발생한다. 역추력은 반드시 바퀴가 접지된 후에 사용해야 한다.

> **Note** | 프로펠러 트랙검사(propeller tracking)
> 지상에서 기관이 정지한 상태로 프로펠러를 회전시켜 한쪽 끝이 그리는 원주 궤적과 다른 끝이 그리는 궤적과의 차이를 검사하는 것

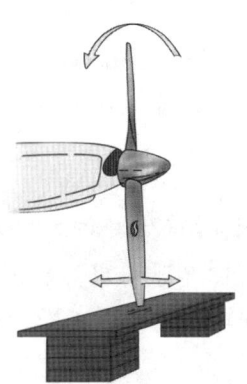

[궤도 점검(트랙 검사)]

Section 4

항공용 가스터빈 기관

01 항공용 가스터빈 기관의 작동원리 및 구조

1. 작동원리

가. 가스터빈 기관의 분류

(1) **압축기 형태에 따른 분류** : 원심식, 축류식, 축류-원심식 압축기 기관

(2) **출력 형태에 따른 분류**

① 제트 기관 : 터보 제트와 터보팬

② 회전 동력 기관 : 터보 프롭과 터보 샤프트

나. 가스터빈 기관의 특성

(1) 연소가 연속적이므로 중량당 출력이 크다.

(2) 왕복운동부분이 없어 진동이 적고 고회전이다.

(3) 추운 기후에서도 시동이 쉽고 윤활유 소모가 적다.

(4) 비교적 저급연료를 사용한다.

(5) 비행속도가 클수록 효율이 높고 초음속비행이 가능하다.

(6) 연료소모량이 많고, 소음이 심하다.

2. 가스터빈 기관의 구조

가. 가스 발생기(gas generator)

압축기(compressor), 연소실(combustion chamber), 터빈(turbine)

나. 압축기(compressor)

(1) **원심력식 압축기**(centrifugal force type compressor)

① 구성 : 임펠러, 디퓨져(확산통로-속도를 감소시키고 압력 증가), 매니폴드

② 종류 : 외쪽흡입, 겹흡입, 다단식

③ 장·단점

장점	단점
• 단당 압력비가 높다. • 제작이 쉽고 값이 싸다. • 구조가 튼튼하고 경량이다. • 물분사 효과가 크고 가속이 빠르다. • 정비가 쉽고 신뢰성이 높다.	• 입출구의 압력비가 낮다. • 대량공기의 처리가 불가능하여 대형으로 부적합하다. • 효율이 낮고 전면저항이 크다.

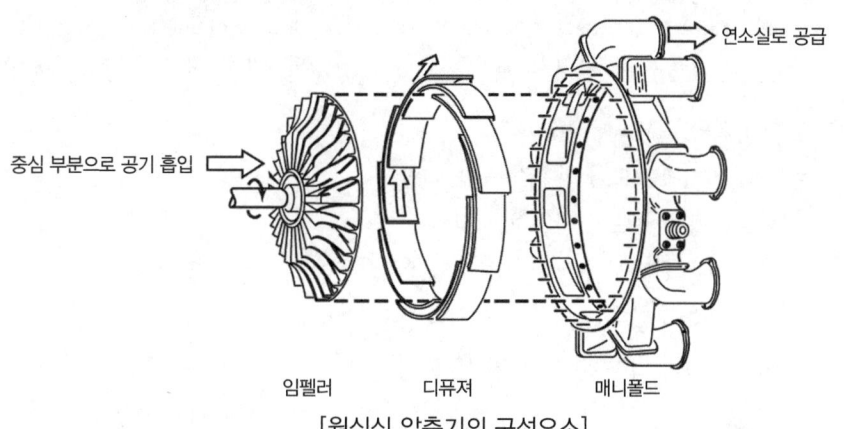

[원심식 압축기의 구성요소]

(2) **축류식 압축기**(axial flow type compressor) : 가장 많이 사용

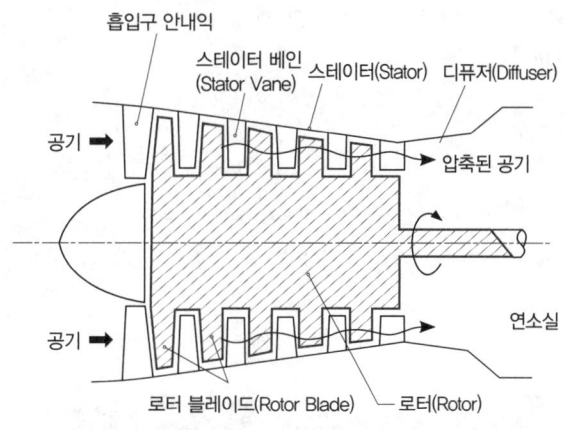

[축류식 압축기의 구조]

① 구성 : 로터(rotor, 회전자)와 스테이터(stator, 고정자)

② 1단(1stage) : 1열의 로터 깃과 1열의 스테이터 깃

③ 압축기의 압력비

　㉠ $\gamma = \dfrac{\text{압축기 출구의 압력}}{\text{압축기 입구의 압력}}$

　㉡ $\gamma = \gamma_s^{\,n}$ (n : 압축기의 단 수, r_s : 단당 압력비)

④ 반동도 : 1단에서 일어날 수 있는 압력상승 중 로터 깃에 의한 압력상승의 백분율

$$반동도 = \frac{로터깃에 의한 압력상승}{단의 압력상승} \times 100$$

⑤ 장・단점

장점	단점
• 대량으로 공기 처리가 가능하다. • 압력비 증가를 위해 다단으로 제작 가능하다. • 입・출구의 압력비가 높다. • 효율이 높고 고성능기관에 사용할 수 있다.	• FOD(Foreign Object Damage : 외부물질에 의한 손상)에 약하다. • 제작비용이 비싸다. • 무게가 무겁다.

⑥ 압축기 실속(compressor stall)

㉠ 실속 원인 : 과도한 받음각 증가가 원인
- 흡입 공기 속도가 감소하는 경우
  - 기관 가속시 연료의 흐름이 너무 많아 압축기 출구 압력(CDP)이 높아진 경우
  - 압축기 입구 압력(CIP)이 낮은 경우
  - 압축기 입구 온도(CIT)가 높은 경우
  - 지상 기관 작동시 회전 속도가 설계점 이하로 낮아지는 경우
    (압축기 뒤쪽 공기의 비체적이 커지고 공기누적(choking)현상이 생김)
- 압축기 로터의 회전속도가 너무 빠를 경우

㉡ 실속 결과 : 기관의 진동을 초래하고 배기가스온도(EGT)가 급상승하며, 출력이 감소한다.

㉢ 실속 방지법
- 다축식 구조(multi spool)
- 가변 스테이터 깃(VSV : variable stator vane) : 압축기 전방 단에 설치
- 가변 입구 안내 깃(VIGV : variable inlet guide vane)
- 블리드 밸브 : 기관 시동시, 저출력시, 역추력시, 급감속시 열림(압축기 출구 쪽 설치)

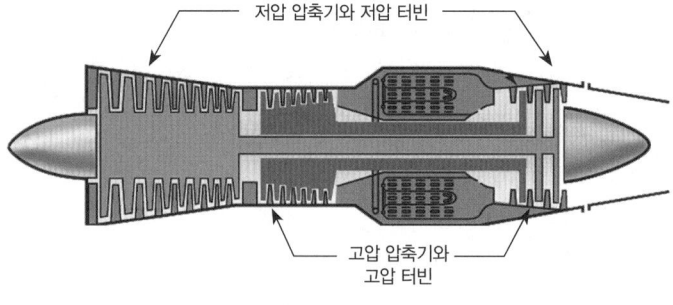

[다축식 구조(2축식)]

다. 연소실(combustion chamber)

(1) 종류와 구성

① 캔형(can type)

  ㉠ 장점 : 구조 튼튼, 설계 및 정비 간단

  ㉡ 단점 : 고공 저기압에서 연소 불안정으로 연소 정지(flame out), 시동시 과열시동(hot start), 온도분포 불균일

② 애뉼러형(annular type) : 가장 많이 사용

  ㉠ 장점 : 구조 간단, 짧은 전장, 연소안정, 온도분포 균일, 제작비 저렴

  ㉡ 단점 : 구조가 약하고 정비 불편

③ 캔-애뉼러형(can-annular type)

  ㉠ 구조 견고, 온도분포 균일, 짧은 전장

  ㉡ 연소 및 냉각면적이 큼, 정비 간단

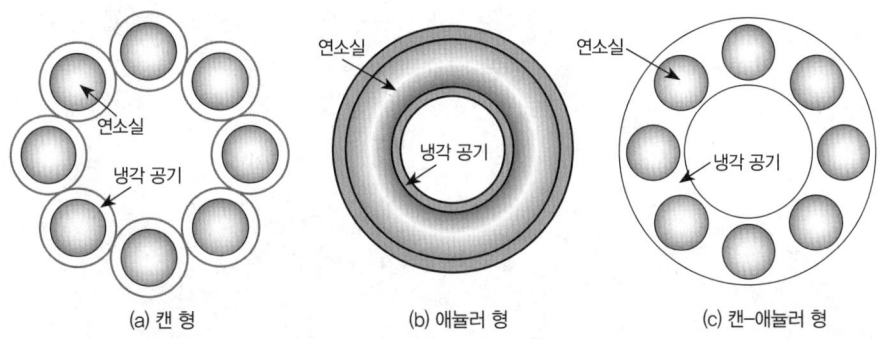

[연소실 종류별 단면]

(2) 연소실의 작동원리

① 1차 연소영역(연소영역)

② 2차 연소영역(혼합 및 냉각영역) : 2차 공기는 압축기 흡입 공기 중 70~80% 차지

(3) 연소실의 성능을 좌우하는 요소 : 연소효율, 압력손실, 출구온도분포, 고공재시동특성

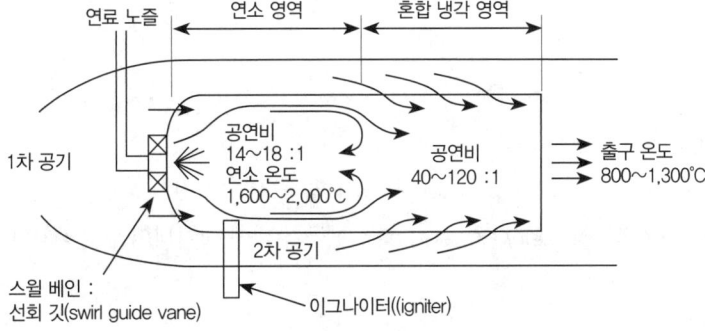

[연소실의 내부 구조 및 영역별 역할]

183

라. 터빈

(1) 원심형 터빈(radial flow type turbine)
① 장점 : 제작용이, 소형에서 효율이 양호비
② 단점 : 다단으로 할 경우 효율이 감소하고 구조가 복잡해지므로 대형으로는 부적합

(2) 축류형 터빈(axial flow type turbine) : 많이 사용
① 구조 : 고정자(stator), 회전자(rotor blade)
② 반동도 : 1 단의 압력 팽창 중 로터 깃에 의한 팽창의 백분율

$$반동도 = \frac{로터깃에 의한 압력팽창}{단의 압력팽창} \times 100$$

③ 종류
  ㉠ 반동 터빈(reaction turbine) : 반동도 50
  ㉡ 충동 터빈(impulse turbine) : 반동도 0
  ㉢ 실제 터빈 깃(충동-반동 터빈) : 깃 뿌리는 충동 터빈, 깃 끝으로 갈수록 반동터빈
④ 터빈 깃의 냉각방법 : 압축기의 블리드 공기(bleed air) 이용

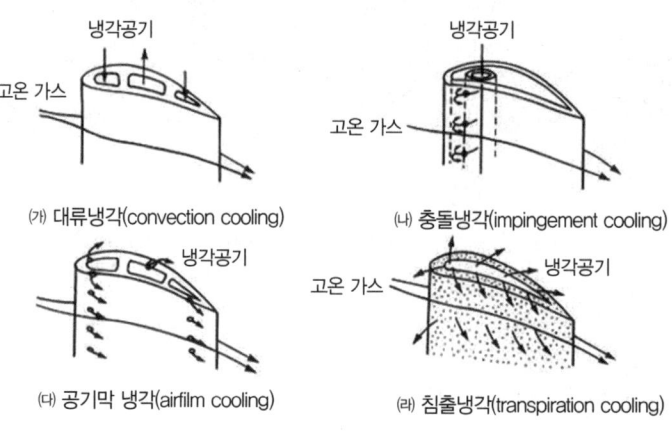

(가) 대류냉각(convection cooling)　　(나) 충돌냉각(impingement cooling)
(다) 공기막 냉각(airfilm cooling)　　(라) 침출냉각(transpiration cooling)

[터빈 깃의 냉각 방법]

마. 보조 장비

(1) 지상동력장비(GPU, Ground Power Unit)
① GTC(Gas Turbine Compressor) : 압축 공기 생산
② GTG(Gas Turbine Compressor & Generator) : 압축 공기와 전기 생산

(2) 보조동력장비(APU, Auxiliary Power Uint) : 항공기 내에 설치되어 압축공기와 전기생산

3. 가스터빈 기관의 성능

가. 가스 터빈 기관의 출력

(1) 진추력(F_n, net thrust)

turbo jet : $F_n = \dfrac{W_a}{g}(V_j - V_a)$, (W_a : 흡입 공기량, V_j : 배기가스 속도, V_a : 비행 속도)

(2) 총추력(F_g, gross Thrust)

turbo jet : $F_g = \dfrac{W_a}{g}$

(3) 비추력(F_s, specific thrust)

turbo jet : $F_s = \dfrac{F_n}{W_a} = \dfrac{V_j - V_a}{g}$

(4) 추력 비연료소비율(TSFC)

1N(kg·m/s²)의 추력을 발생하기 위해 1시간 동안 기관이 소비하는 연료의 중량

$TSFC = \dfrac{W_f \times 3600}{F_n}$ (kg/N·h)

나. 추력에 영향을 끼치는 요소

속도, 밀도(온도), 고도

다. 가스터빈기관의 효율

(1) 추진 효율(propulsive efficiency)

공기가 기관을 통과하면서 얻은 운동에너지에 의한 동력과 추진동력(진추력×비행속도)의 비, 즉 공기에 공급된 전체에너지와 추력 발생에 사용된 에너지의 비

(2) 열효율(thermal efficiency)

공급된 열에너지와 그 중 기계적 에너지로 바뀐 양의 비

(3) 전효율(overall efficiency)

공급된 열량(연료에너지)에 의한 동력과 추력동력으로 변한 양의 비로 열효율과 추진효율의 곱으로 나타난다.

η_o(전효율) $= \eta_p$(추진효율)$\times \eta_{th}$(열효율)

02 항공용 가스터빈 기관의 계통

1. 흡·배기계통

가. 공기흡입덕트

(1) **용도** : 흡입 공기를 압축기에서 압축할 수 있는 속도로 감소시킨다.

(2) **종류**

① **확산형**(divergent duct) : 아음속 시 사용
② **수축-확산형**(convergent-divergent duct) : 초음속 시 사용
③ **가변형**(variable type duct) : 초음속 항공기에서 사용

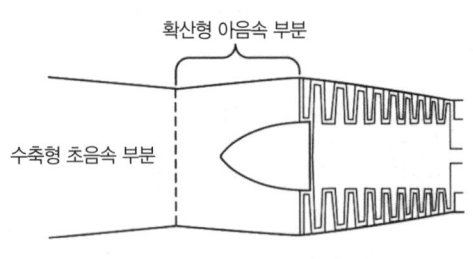

[수축-확산형 흡입 덕트]

나. 배기덕트

(1) **역할** : 터빈을 통과한 배기가스를 정류하는 동시에 압력에너지를 속도에너지로 바꾸어 추력을 증가시킨다.(속도를 증가)

(2) **종류**

① **수축형** : 아음속 시 사용
② **수축-확산형** : 초음속 시 사용
③ **가변형** : 초음속 항공기에서 사용(흡입덕트와 연동)

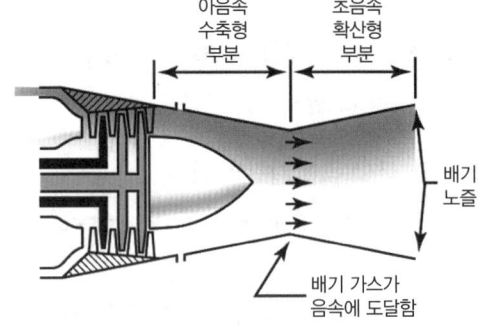

[수축 확산형 배기 덕트]

2. 연료계통

가. 연료(fuel)

(1) **가스터빈기관 연료의 구비조건**

① 증기압이 낮을 것
② 어는점이 낮을 것
③ 인화점이 높을 것
④ 대량생산이 가능하고 가격이 저렴할 것
⑤ 발열량이 크고 부식성이 없을 것
⑥ 점성이 낮고 깨끗하며 균질일 것

(2) **연료의 종류**

① 민간용 : 제트A-1, 제트A, 제트B
② 군용 : JP-3, JP-4, JP-5, JP-6, JP-7, JP-8

나. 연료계통(fuel system)

(1) 연료 계통의 구성

① 주 연료 펌프 : 원심형, 기어형(많이 사용), 피스톤형

② 연료조정장치(FCU)

　㉠ 종류 : 유압기계식과 전자식

　㉡ 구성 요소 : 수감부분(computing section)과 유량조절부분(metering section)으로 구성

　㉢ 수감 요소 : 기관회전수(RPM, revolution per minute), 압축기 출구 압력(CDP, compressor discharge pressure), 압축기 입구 온도(CIT, compressor inlet temperature), 스러스트 레버 위치 (PLA, power lever angle)

③ 여압 및 드레인 밸브(P&D valve, Pressurizing & Drain valve)

　㉠ 위치 : 연료조정장치와 연료매니폴드사이

　㉡ 목적 : • 연료의 흐름을 1, 2차로 분리
　　　　　　• 일정한 압력이 될 때까지 여압
　　　　　　• 엔진 정지시 매니폴드나 연료노즐에 남아있는 연료를 배출

④ 연료 매니폴드(fuel manifold) : 연료 노즐로 연료를 분배해 주는 통로

⑤ 연료 노즐(fuel nozzle)

　㉠ 증발식(vaporizing tube type)

　㉡ 분무식(atomizer type) : 고압에 의해 분사

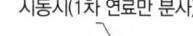

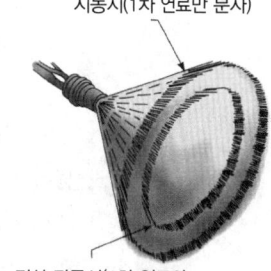

[복식 연료 노즐의 상황별 분사 위치]

> **Note**
> ① 단식노즐(simplex nozzle) : 구조는 간단하나 대형에는 불가능
> ② 복식노즐(duplex nozzle)
> 　-1차 연료 : 노즐중심의 작은 오리피스로부터 150° 각도로 넓게 분사, 시동시 착화 용이
> 　-2차 연료 : 큰 오리피스로부터 50° 각도로 좁고 멀리 분사, 균등한 연소가능

⑥ 연료 여과기 : cartridge type(종이), screen type, screen-disc type

3. 윤활계통

가. 윤활

(1) 윤활 부분

① 압축기와 터빈을 지지하는 주 베어링들

② 악세서리를 구동하는 구동기어들과 그 축의 베어링들

(2) 윤활 방법 : 고압 분무식(pressure spray)

(3) **윤활 목적** : 윤활 작용, 냉각 작용

나. 윤활유

(1) **구비 조건**

① 점성과 유동점이 낮을 것(-56~250℃)

② 점도 지수가 높을 것(온도 변화에 따른 점도의 변화가 적을 것)

③ 공기와 윤활유의 분리성이 좋을 것

④ 인화점, 산화 안정성, 열적 안정성이 높고 기화성이 낮을 것

(2) **종류**

① 광물성유, ② 합성유

다. 윤활 계통

(1) **탱크**

① 섬프 벤트 체크 밸브 : 섬프내의 공기압력이 너무 높을 때 탱크로 방출

② 압력 조절 밸브 : 탱크안의 압력이 너무 클 때 대기 중으로 방출

(2) **펌프의 종류** : 기어형, 제로터형, 베인형

> **Note | 귀유 펌프(배유 펌프, Scavenge pump)**
> 섬프에 모인 오일을 탱크로 되돌려 주는 펌프로 압력 펌프보다 용량이 크다. (공기와 혼합되어 체적이 증가)

(3) **여과기** : 카트리지형, 스크린형, 스크린-디스크형

(4) **연료-윤활유 냉각기** : 오일은 냉각, 연료는 가열시키며, 윤활유 온도조절 밸브에 의해 오일의 온도가 낮으면 바이패스(bypass)시키고 높으면 냉각기를 통하게 한다.

(5) **브리더 및 여압계통** : 고도 및 대기압이 변하더라도 오일공급을 원활히 하고, 배유펌프가 기능을 충분히 발휘하도록 하며, 섬프 내부압력을 대기압보다 약간 낮은 일정한 부압으로 유지한다.

4. 시동 및 점화계통

가. 시동계통

(1) **전기식 시동계통**(electric starting system)

① 전동기식 시동기

② 시동기 발전기식 시동계통(starter-generator type) : 시동기가 시동 후에는 발전기로 사용

(2) **공기식 시동계통**(pneumatic starting system)

① 공기 터빈식 시동기(air turbine type) : 가장 많이 사용

압축 공기 공급원- GPU, APU, 작동 중인 다른 기관의 블리드 공기

② 가스터빈 시동기(gas turbine type) : 자체 시동이 가능한 시동기
③ 공기 충돌식 시동기(air impingement type) : 가장 간단한 시동기

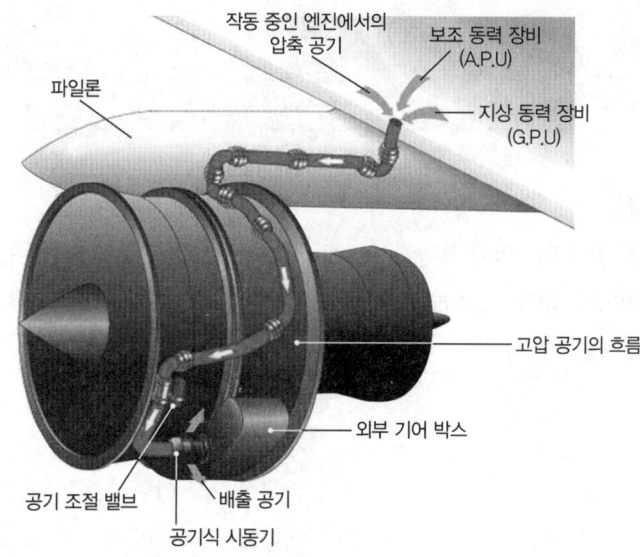

공기식 시동기에 공급되는 압축 공기 종류

나. 점화계통(ignition system)

(1) 종류

① 유도형 점화계통 : 직류 유도형(28V DC), 교류 유도형(115V 400Hz)

② 용량형 점화계통 : 직류 고전압 용량형, 교류 고전압 용량형

(2) 이그나이터(ignitor) : annular gap type, constrained gap type

(3) 왕복 기관과의 차이점

① 시동할 때만 점화가 필요하다.　　② 탑재용 분석 장비가 필요 없다.
③ Ignitor의 교환이 빈번하지 않다.　④ Ignitor가 두개 정도만 필요하다.
⑤ 교류전력을 이용할 수 있다.　　　⑥ 타이밍 장치가 필요 없다.

5. 가스터빈 기관의 작동과 검사

가. 비정상 시동

(1) 과열시동(hot start) : 시동시 배기가스온도(EGT, Exhaust Gas Temperature)가 규정치 이상 올라가는 현상

(2) 결핍시동(hung start) : 시동시 스러스트 레버를 idle까지 전진시켰으나 RPM이 올라가지 못하는 현상

(3) 시동불능(no start, abort start) : 규정된 시간 내에 시동이 완료되지 않는 상태이며 RPM이나 EGT 계기가 상승하지 않는 것으로 알 수 있다.

> **Note** | 가스터빈 기관의 시동 순서
> 시동 스위치 ON – 점화 스위치 ON – 연료 공급 – 불꽃 발생 – 자립회전 속도 – 점화 스위치 OFF – 시동기 OFF – 압축기의 완속 rpm

나. 기관의 조절

(1) 정격추력을 위한 기관의 특정 상태 : CIT & CIP, RPM, EPR, TDP, A8 등

(2) 추력 측정방법(간접적으로 비교) : 초기 – RPM, 현재 – EPR(Engine Pressure Ratio)

$$※ EPR = \frac{TDP}{CIP} = \frac{P_{t7}}{P_{t2}}, \text{ (EPR은 추력에 정비례함)}$$

(3) 정격추력

① 제작회사에서 이륙, 상승, 순항, 완속 등에 필요한 압력비를 미리 정해 둔 것이다.

② 스러스트 레버를 해당 압력비에 맞추면 해당 추력이 발생하고, 대기의 압력이나 온도, 기관의 상태에 따라 변한다.

(4) 기관 트리밍(engine trimming)

① 제작회사에서 정한 정격에 맞도록 엔진을 조절하는 것으로, 제작회사의 지시에 따라 수행하여야 하며 비행기는 정풍이 되도록 하거나 무풍일 때가 좋다.

② 시기는 주기 검사시, 엔진 교환시, 연료조정장치(FCU) 교환시, 배기 노즐 교환시

6. 추력 증가 장치

가. 후기 연소기(AB, after burner)

(1) 배기 덕트에서 재연소

(2) 총추력의 50%까지 추력증가가 가능하나 연료는 3배 정도 소모되므로 군용에만 사용

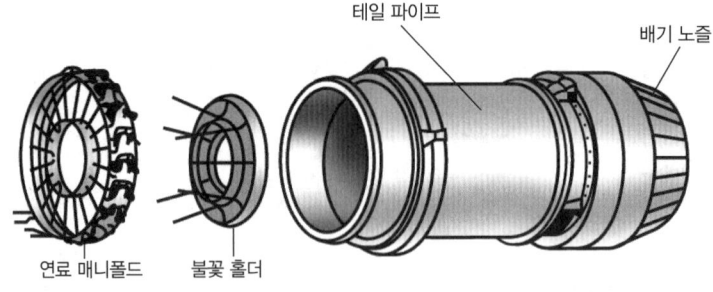

[후기 연소기의 구성요소]

나. 물 분사 장치(water injection system)

(1) 물이나 물과 알콜의 혼합액을 이륙시에만 압축기 입구나 디퓨저 출구에 분사하여 흡입공기의 온도를 감소시키고 공기밀도가 증가하여 추력이 증가한다.

(2) 추력증가량은 10~30%이다.

(3) 대기온도가 높을수록 물분사 효과가 크다.

(4) 알콜을 사용하는 이유는 물의 결빙을 막고 연소온도를 높이기 위함이다.

7. 역추력 및 소음감소장치

가. 역추력 장치(thrust reverser)

(1) **항공역학적 차단방식**(cascade type)

(2) **기계적 차단방식**(calm shell type)

※ 역추력 장치의 작동 : thrust lever assembly의 reverse thrust lever

 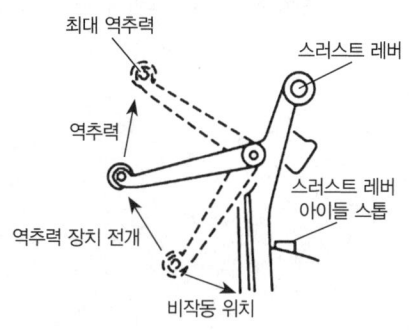

[역추력 장치와 역추력 장치 레버의 작동]

나. 소음 감소 장치(noise suppressor)

(1) 개요

① 소음의 원인은 배기소음(저주파)이다.

② 배기가스가 대기와 부딪혀 혼합되므로 발생

③ 소음의 크기는 가스속도의 6~8제곱에 비례하고 노즐지름의 제곱에 비례한다.

④ 터보제트에서 특히 심하다.

(2) 종류 : 꽃무늬형 또는 다공형(multi tube) jet nozzle, 기관 내부에 소음 흡수재 사용

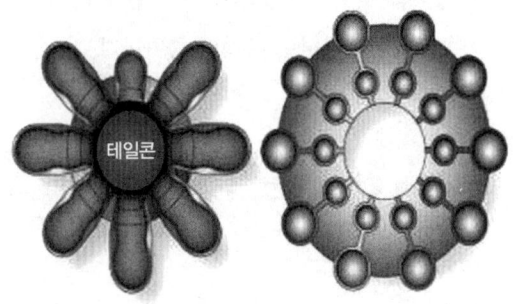

[배기소음 감소 장치의 종류]

(3) 소음 감소의 원리
① 저주파음을 고주파음으로 바꾼다.
② 분출가스에 대한 대기의 상대속도를 줄인다.
③ 대기와 혼합되는 면적을 넓힌다.

제3장 항공기관 적중예상문제

01 항공기기관의 개요

01 중량당 마력비가 가장 큰 기관의 실린더 배열 형식은?

① 직렬형 ② V형
③ 대향형 ④ 성형

[해설] 성형 기관(radial engine)은 왕복 기관 중에서 가장 낮은 마력당 중량비를 가지지만 전면면적이 넓어 항력이 커지고, 열 수가 증가하면 냉각에도 문제가 발생한다.

02 왕복 엔진 실린더의 과냉각이 기관에 미치는 영향을 옳게 설명한 것은?

① 연료 소비율이 감소한다.
② 연소가 활발히 진행된다.
③ 완전연소 되며 배기가스와 불순물이 생성되지 않는다.
④ 연소를 나쁘게 하여 열효율이 떨어진다.

[해설]
• 기관의 냉각이 불충분할 때 : 노크현상이나 조기점화의 원인이 되고, 재질이 손상되어 기관의 수명이 짧아진다.
• 기관 과냉각 시 : 연소가 불완전하게 되어 열효율이 떨어진다.

03 왕복 기관에서 카울 플랩(cowl flap)은 항공기 이륙시 얼마나 열어 주어야 하는가?

① 완전히 열어준다.
② 1/2만 열어준다.
③ 1/3 열어준다.
④ 닫아 둔다.

[해설] 카울 플랩은 기관으로의 공기 유입량을 조절해 주는 장치로서 최대 출력시(이륙시, 상승시)와 지상 작동시 완전히 열어준다.

04 연소 가스를 빠른 속도로 분사시킴으로서 소형, 경량으로 큰 추력을 낼 수 있고 비행속도가 빠를수록 추진 효율이 좋고, 아음속에서 초음속에 걸쳐 우수한 성능을 가지는 엔진의 형식은?

① 터보 제트 ② 터보샤프트
③ 램제트 ④ 터보프롭

05 다음 중 아음속에서 추진효율이 우수하고 소음이 적어 민간항공기에 사용하는 엔진은?

① 램제트 ② 펄스제트
③ 터보팬 ④ 터보제트

06 터보 팬 엔진에서 바이패스비(BPR)란 무엇인가?

① $\dfrac{2차\ 유입\ 공기량}{1차\ 유입\ 공기량}$
② $\dfrac{1차\ 유입\ 공기량}{2차\ 유입\ 공기량}$
③ $\dfrac{1차\ 유입\ 공기량}{전체\ 유입\ 공기량}$
④ $\dfrac{2차\ 유입\ 공기량}{전체\ 유입\ 공기량}$

[해설] $BPR = \dfrac{2차\ 유입\ 공기량}{1차\ 유입\ 공기량} = \dfrac{W_s}{W_P}$

[정답] [01. 항공기기관의 개요] 01 ④ 02 ④ 03 ① 04 ① 05 ③ 06 ①

07 가스터빈 기관 중에서 출력이 감속장치를 통해 프로펠러를 구동하고 배기가스에서 약간의 추력을 얻는 기관은 무엇인가?

① 터보제트 ② 터보팬
③ 터보프롭 ④ 터보샤프트

해설 터보프롭 기관은 추력의 75~80% 정도를 프로펠러에서 얻고 나머지는 배기 노즐을 통한 배기가스에 의해 얻는다.

08 다음 중 램제트 기관의 구성요소가 아닌 것은?

① 흡입구 ② 밸브망
③ 연소실 ④ 배기 노즐

해설
- 램제트 : 흡입구, 연소실, 분사노즐로 구성되며, 제트 기관 중에서 가장 간단한 구조, 정지 상태에서는 작동이 불가능하다.
- 펄스제트 : 흡입구, 밸브망, 연소실, 분사노즐로 구성, 밸브의 개폐작용에 의해 간헐적으로 연소가 이루어지므로 밸브의 수명이 짧고 폭발성이 강해 소음이 크다.

09 다음 중 1마력(PS)은 몇 kg · m/s인가?

① 860 ② 632.5
③ 550 ④ 75

해설 1PS = 75 kg · m/s = 736 J/s [W], 1HP = 550 lb · ft/sec = 746 J/s [W]

10 공기의 정압비열(Cp)이 0.24이다. 이때 정적비열(Cv)의 값은 몇인가? (단 비열비는 1.4)

① 0.17 ② 0.34
③ 0.53 ④ 5.83

해설 $k = \frac{C_P}{C_V}$ 이므로 $C_V = \frac{C_P}{k} = \frac{0.24}{1.4}$

11 다음 열역학 제1법칙에 대한 설명 중 맞는 것은?

① 밀폐계가 사이클을 이룰 때의 열 전달량은 이루어진 열보다 항상 많다.
② 밀폐계가 사이클을 이룰 때의 열 전달량은 이루어진 열과 정비례 관계를 가진다.
③ 밀폐계가 사이클을 이룰 때의 열 전달량은 이루어진 열과 반비례 관계를 가진다.
④ 밀폐계가 사이클을 이룰 때의 열 전달량은 이루어진 열보다 항상 적다.

해설
- 열역학 제1법칙 : 에너지 보존 법칙으로 에너지에는 여러 가지가 있지만 상호간에 변환이 가능하고 그 물체가 가지고 있는 에너지의 총합은 외부와 에너지를 교환하지 않는 한 일정하다.
- 열역학 제2법칙 : 열과 일사이의 비가역성에 관한 법칙으로 역학적 일은 열로 모두 변환시키는 것은 가능하지만 주어진 열을 일로 모두 변환시키는 것은 불가능하다는 것이다. (열의 방향성)

12 내부 에너지와 외부로의 열량을 합한 상태량을 무엇이라고 하는가?

① 비열 ② 열량
③ 체적 ④ 엔탈피

해설
- 엔트로피(entropy) : 더 이상 사용할 수 없는 에너지, 즉 무효 에너지(무질서도)
- 엔탈피(enthalpy) : 내부 에너지와 유동 에너지의 합

13 이상 기체에서 압력이 2배, 체적이 3배로 증가했을 경우 온도는 어떻게 되는가?

① 변함이 없다. ② 1.5배 증가
③ 6배 증가 ④ 8배 증가

해설 $\frac{P_1 v_1}{T_1} = \frac{P_2 v_2}{T_2} = \frac{2P_1 3v_1}{xT_1} = \frac{6}{x}\frac{P_1 v_1}{T_1}$

정답 07 ③ 08 ② 09 ④ 10 ① 11 ② 12 ④ 13 ③

14 다음의 P-V선도를 설명한 것으로 옳은 것은?

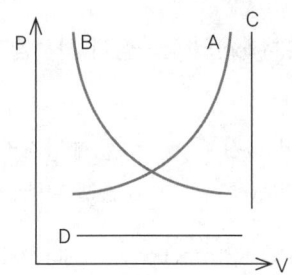

① A – 단열 과정　② B – 등온 과정
③ C – 정압 과정　④ D – 정적 과정

해설 B : 단열 또는 등온 과정, C : 정적 과정, D : 정압 과정

15 "단지 하나만의 열원과 열교환을 함으로써 사이클에 의해 일로 변화시킬 수 있는 열기관을 제작할 수는 없다" 누구의 서술인가?

① 카르노
② 캘빈-프랭크
③ 클로지우스
④ 보일-샤를

해설 열역학 제2법칙
- 클로지우스 : 열은 저온부로부터 고온부로 자연적으로는 전달되지 않는다.
- 캘빈-플랭크 : 단지 하나만의 열원과 열교환을 함으로서 사이클에 의해 열을 일로 변화시킬 수 있는 열기관을 제작할 수는 없다.

16 다음 중 열기관의 열효율을 바르게 나타낸 것은?

① 열효율=방출열량/공급열량
② 열효율=공급열량/방출열량
③ 열효율=방출열량/일
④ 열효율=일/공급열량

해설 $\eta_{th} = \dfrac{\text{유효한 일}}{\text{공급된 열량}}$
$= \dfrac{W}{Q_1} = \dfrac{Q_1 - Q_2}{Q_1} = 1 - \dfrac{Q_2}{Q_1}$

17 다음 열기관 중에서 열효율이 가장 좋은 기관은?

① 카르노 기관
② 브레이튼 기관
③ 오토 기관
④ 디젤 기관

해설 카르노 사이클 : 두 개의 단열과정과 두 개의 등온과정으로 구성

18 다음은 오토사이클의 P-V 선도이다. 3-4 과정은?

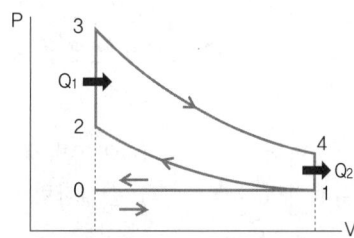

① 단열압축　② 정적수열
③ 단열팽창　④ 정적방열

해설
- 1-2 : 단열압축,　• 2-3 : 정적수열(가열)
- 3-4 : 단열팽창,　• 4-1 : 정적방열

19 다음 중에서 왕복기관의 열효율을 구하는 공식은? (단, ε : 압축비, γ_p : 압력비, k : 비열비이다.)

① $1 - \left(\dfrac{1}{\varepsilon}\right)^{k-1}$　② $1 - \dfrac{1}{\varepsilon^{k-1}}$

③ $1 + \left(\dfrac{1}{\varepsilon}\right)^{k-1}$　④ $1 - \left(\dfrac{1}{\gamma_p}\right)^{\frac{k-1}{k}}$

02 항공용 왕복기관

01 제동마력을 구하는 식으로 옳은 것은?
[단, bHP : 제동마력, P : 제동평균유효압력(psi), L : 행정거리(ft), A : 피스톤 면적(in²), N : 기관 회전수(4행정 기관일 때 rpm/2), K : 실린더 수]

① $bHP = \dfrac{PLANK}{375}$

② $bHP = \dfrac{PLANK}{475}$

③ $bHP = \dfrac{PLANK}{550}$

④ $bHP = \dfrac{PLANK}{33000}$

해설 33,000 = 550[lb · ft/sec]×60[sec]

02 지시마력에서 마찰마력을 뺀 값을 무엇이라 하는가?

① 제동마력   ② 일 마력
③ 유효마력   ④ 손실마력

해설
- 지시마력(iHP, 도시마력) : 실린더 안에 있는 연소 가스가 피스톤에 작용하여 얻어진 동력
- 제동마력(bHP, 축마력) : 실제 기관의 크랭크축에서 나오는 동력
- 마찰마력(fHP) : 피스톤으로부터 크랭크 기구를 통하여 크랭크축에 전달되면서 손실된 마력
- fHP = iHP − bHP, η_m(기계효율) = bHP/iHP (기계효율은 85~95% 정도이다.)

03 피스톤의 지름이 16cm인 피스톤에 65kgf/cm²의 가스압력이 작용하면 피스톤에 미치는 힘은 얼마인가?

① 10.06t   ② 11.06t
③ 12.06t   ④ 13.06t

해설 $P = F/A$, $F = P \cdot A$
$= 65 \cdot \pi \cdot 8^2$ (1ton = 1,000kgf)

04 피스톤(Piston)의 상사점과 하사점 사이의 거리는?

① 보어(Bore)   ② 행정거리(Stroke)
③ 주기(Cycle)   ④ 오버랩(Overlap)

해설
- 보어(cylinder bore) : 실린더 안지름
- 주기(cycle) : 실린더 내의 piston에 의해 4행정(흡입, 압축, 팽창, 배기)을 1회 완료하는 것
- 밸브 오버랩(valve overlap) : 배기행정 말기에서 흡입행정 초기까지 두 밸브가 동시에 열려있는 상태

05 배기밸브가 닫혀있고, 흡입밸브가 막 닫히려 할 때 피스톤의 행정은?

① 흡입 행정   ② 압축행정
③ 팽창 행정   ④ 배기 행정

06 4행정 왕복기관에서 점화가 1분에 200번 점화되었다. 크랭크축의 회전속도는?

① 200rpm   ② 400rpm
③ 800rpm   ④ 1600rpm

해설 1cycle 동안 점화는 1회, 크랭크축은 2회전한다.

07 다음 왕복기관의 경우 밸브 오버랩(valve overlap)은 얼마인가?

| I.O BTC 25°, E.O BBC 50°, |
| I.C ABC 60°, E.C ATC 20° |

① 25°   ② 45°
③ 50°   ④ 75°

해설 밸브 오버랩 = 흡입밸브 상사점 전 열림 각도 + 배기밸브 상사점 후 닫힘 각도

정답 [02. 항공용 왕복기관] 01 ④ 02 ① 03 ④ 04 ② 05 ② 06 ② 07 ②

08 왕복기관에서 밸브 오버랩의 가장 큰 장점은?

① 배기밸브 냉각을 돕고, 더 많은 출력을 낼 수 있게 한다.
② 후화를 방지한다.
③ 배기가스를 속히 배출한다.
④ 혼합기를 더 많이 실린더 안으로 들어오게 한다.

해설 밸브 오버랩의 장점 : 체적효율 증가, 실린더 및 배기밸브의 냉각, 배기가스의 완전배출

09 실린더의 연소실 모양 중에서 가장 많이 사용되는 형태는 무엇인가?

① 원통형　　② 반구형
③ 원뿔형　　④ 돔형

10 종통형(chock bore) 실린더의 설명으로 옳은 것은?

① 정상 작동시 실린더 내경을 직선으로 해주기 위해서
② 연소실의 마모 방지
③ 피스톤 링의 고착 방지
④ 윤활유의 탄소찌꺼기 제거

해설 초크보어 실린더 : 실린더의 열팽창을 고려하여 상사점 부근의 직경을 하사점보다 작게 만든 실린더

11 실린더의 내벽을 경화시키는 방법은?

① nitriding　　② shot peening
③ Ni plating　　④ Zn plating

해설 실린더 안지름 경화방법 : 질화처리(Nitriding), 크롬 도금(chrome plating), 강철의 실린더 라이너(cylinder liner)

12 피스톤 링은 연소실을 밀폐시키는 역할 이외에 어떤 역할을 하는가?

① 피스톤 핀(pin)을 윤활시킨다.
② 크랭크 케이스(case) 압력을 축소시킨다.
③ 실린더가 헤드(head)로 너무 가까이 접근하는 것을 방지한다.
④ 열 분산을 돕는다.

해설 피스톤 링의 작용 : 기밀작용, 열전도 작용, 윤활유 조절작용

13 피스톤에 링 장착 방법으로 옳은 것은?

① 링과 홈 사이의 간격이 없게 한다.
② 모든 링 조인트는 일직선이 되게 한다.
③ 모든 링 조인트는 간격을 없이 한다.
④ 모든 링 조인트는 서로 일정 간격으로 배열한다.

해설 실린더 내의 가스 누설을 방지하기 위해 서로 다른 각도로 배열한다. 예를 들어 3개를 장착할 경우 120°(360°÷3) 간격으로 배열한다.

14 성형 엔진에서 실린더의 배기밸브는 흡기밸브보다 과열되므로 밸브의 내부에 어떤 물질을 넣어서 냉각하는가?

① 암모니아액　　② 금속나트륨
③ 수은　　④ 실리카겔

15 항공기용 왕복기관의 밸브에 2개 이상의 밸브스프링을 사용하는 이유는?

① 밸브가 인장되는 것을 방지
② 밸브 스프링에 균등한 압력을 주기 위해
③ 밸브 스프링의 파동을 줄이기 위해
④ 밸브 스프링이 파손되는 것을 방지

해설 밸브 스프링을 2개 사용하는 이유 : 밸브의 서지 진동 방지와 안전 고려

정답　08 ④　09 ②　10 ①　11 ①　12 ④　13 ④　14 ②　15 ③

16 왕복엔진의 로커암과 밸브 끝의 간극이 작다면?

① 밸브가 늦게 열리고 늦게 닫힌다.
② 밸브가 열려 있는 기간이 짧다.
③ 밸브가 일찍 열리고 일찍 닫힌다.
④ 밸브가 일찍 열리고 늦게 닫힌다.

17 크랭크축의 주요 3부분에 속하지 않는 것은?

① Main Journal
② Crank Pin
③ Connecting Rod
④ Crank Arm

18 크랭크 핀이 중공(hollow)으로 된 이유와 관계가 먼 것은?

① 무게 경감을 위해서
② 슬러지 챔버(Sludge Chamber)로 사용하기 위해
③ 윤활유의 통로 역할을 위해
④ 커넥팅로드와 연결을 위해

해설
- 중공(hollow) : 가운데를 비게 한 것
- 슬러지 챔버(sludge chamber) : 불순물 저장 장소

19 성형 기관의 크랭크축에서 정적평형을 위한 장치는 무엇인가?

① 카운터 웨이트(counter weight)
② 다이나믹 댐퍼(dynamic damper)
③ 다이나믹 센서(dynamic senser)
④ 플라이 휠(fly wheel)

해설
- 평형추(counter weight) : 크랭크축 회전시 무게의 균형을 맞추어 준다. (정적 평형)
- 다이나믹 댐퍼(dynamic damper) : 크랭크축의 변형이나 비틀림 및 진동을 줄여준다.

20 다음 중 왕복 기관의 압축비를 구하는 식은 무엇인가? (ε : 압축비, V_C : 연소실 체적, V_s : 행정 체적)

① $\varepsilon = \dfrac{V_s}{V_C}$ ② $\varepsilon = \dfrac{V_C}{V_s}$

③ $\varepsilon = 1 + \dfrac{V_s}{V_C}$ ④ $\varepsilon = 1 + \dfrac{V_C}{V_s}$

해설 압축비 =

$\dfrac{\text{피스톤이 하사점에 있을 때의 실린더 체적}}{\text{피스톤이 상사점에 있을 때의 실린더 체적}} = \dfrac{\text{연소실 체적} + \text{행정 체적}}{\text{연소실 체적}}$

21 왕복기관 실린더의 지름이 16cm, 행정길이가 0.16m, 실린더 수가 4개일 때 총행정체적은?

① 10.95L ② 11.28L
③ 12.87L ④ 15.98L

해설 총배기량(총 행정체적) = 실린더 단면적×행정거리×실린더 수 = $\dfrac{\pi D^2}{4} \times l \times N$
= $\dfrac{\pi \cdot 16^2}{4} \times 16 \times 4 (cm^3)$, $1l = 1000 cm^3$

22 M.E.T.O 마력을 가장 올바르게 설명한 것은?

① 순항마력이다.
② 시간제한 없이 장시간 연속작동을 보증할 수 있는 연속 최대마력이다.
③ 기관이 낼 수 있는 최대의 마력이다.
④ 열효율이 가장 좋은 상태에서 얻어지는 동력이다.

해설 정격마력(METO, Maximum Except Take-Off) : 연속적으로 낼 수 있는 최대 마력

정답 16 ④ 17 ③ 18 ④ 19 ① 20 ③ 21 ③ 22 ②

제3장 항공기관 적중예상문제

23 흡입계통에서 기화기 공기 히터의 열원은?

① electron heating
② cabin heater
③ 열전대(thermo couple)
④ 배기가스

해설 기화기 공기 히터(air heater muff)
- 기화기의 결빙 방지를 위해 흡입 공기를 가열
- 제어 밸브 : 알터네이트 에어 밸브(alternate air valve)
- 배기관에 있는 히터 머프(heater muff)가 배기 가스의 열을 이용하여 공기 가열

24 일종의 압축기로 흡입 가스를 압축시켜 많은 양의 공기 또는 혼합 가스를 실린더로 보내어 큰 출력을 내는 장치는?

① 기화기   ② 공기덕트
③ 매니폴드   ④ 과급기

해설
- 과급기(supercharger)의 목적 : 고고도에서 출력감소 방지, 이륙시 출력 증가
- 과급기의 형태상 종류 : 원심식(많이 사용), 루츠식, 베인식

25 터보차저(turbocharger)의 동력원은?

① 크랭크축   ② 배터리
③ 발전기   ④ 배기가스

해설 과급기의 동력원에 의한 종류
- 기계식 : 크랭크축의 회전력을 이용하여 임펠러 구동
- 배기 터빈식(turbocharger) : 배기 가스 이용

26 연료 계통의 증기 폐색(vapor lock) 현상이란?

① 액체 연료가 기화기에 이르기 전에 기화되어 기화기에 이르는 통로를 차단하는 현상
② 기화기에서 분사된 혼합가스가 거품을 형성하여 실린더의 연료 유입을 차단하는 현상
③ 혼합가스가 아주 희박해짐으로서 실린더로의 연료 유입이 차단되는 현상
④ 기화기의 이상으로 액체연료와 공기가 혼합되지 않는 현상

해설 증기 폐색(베이퍼 록, vapor lock)
연료가 파이프 속을 흐를 때 기화성이 너무 좋으면 약간의 열만 받아도 증발되어연료 속에 거품이 생기기 쉽고, 이 거품이 연료 파이프에 차서 연료의 흐름을 방해하는 현상

27 항공기 왕복엔진 연료의 안티 노크(Anti-knock)제로 가장 많이 쓰이는 물질은?

① 메틸알코올(CH_3OH)
② 4에틸납($Pb(C_2H_5)_4$)
③ 톨루엔($C_6H_5CH_3$)
④ 벤젠(C_6H_6)

28 다음 중 퍼포먼스수(Performance number) 115를 바르게 설명한 것은?

① 옥탄가 115에 해당하는 안티노크성을 갖는 연료
② 옥탄가 100의 연료에 질량비로서 4에틸납을 15% 더 첨가한 연료
③ 옥탄가 100의 연료에 체적비로서 4에틸납을 15% 더 첨가한 연료
④ 옥탄가 100의 연료를 사용할 때보다 4에틸납을 첨가하여 기관의 출력을 15% 증가시켜 노크현상을 일으키지 않는 연료

해설 안티노크제 : 4 에틸납을 주로 사용
- 옥탄가 : 표준연료(이소옥탄(C_8H_{18})과 정헵탄(C_7H_{16})의 혼합연료)에서 이소옥탄이 차지하는 체적 비율

$$= \frac{\text{이소옥탄의 체적비율}}{\text{표준연료(이소옥탄+정헵탄)}}$$

- 퍼포먼스 수 : 옥탄가 100 이상의 안티노크성을 가진 연료의 안티노크성 측정 (이소옥탄으로 운전할 때보다 노크없이 발생한 출력증가분으로 표시)
- 표준연료 : 이소옥탄에 4에틸납 혼합

정답 23 ④ 24 ④ 25 ④ 26 ① 27 ② 28 ④

29 왕복기관에서 실린더 안티노크성(anti-knock characteristic)을 가진 연료를 사용하는 가장 큰 이유는 무엇을 방지하기 위한 것인가?

① 역화(Back fire)
② 후화(After fire)
③ 킥백(Kick Back)
④ 디토네이션(Detonation)

해설
- 후화 : 과농후(over rich) 혼합비상태로 연소시 배기행정 후에도 연소가 진행되어 배기관을 통해 불꽃이 배출되는 현상
- 역화 : 과희박(over lean) 혼합비상태로 연소시 흡입행정에서 실린더 안에 남아 있는 화염불꽃에 의해 흡입 매니폴드로 인화되는 현상
- 킥백 : 피스톤이 점화 위치에 도달하기 전에 점화가 이루어져 크랭크축이 역회전하는 현상으로 시동시 발생할 수 있다.
- 디토네이션 : 정상 점화에 의한 불꽃 전파가 도달하기 전에 미연소 가스가 자연 발화에 의해 폭발하는 현상

30 이상 폭발과 조기 점화의 주된 차이점은?

① 이상 폭발은 정상 점화 전에서 일어나고, 조기 점화는 정상 점화 후에 일어난다.
② 조기 점화는 정상 점화 전에서 일어나고, 이상 폭발은 정상 점화 후에 일어난다.
③ 양쪽 모두 과도한 온도 상승이 되는 것 외에 차이점이 없다.
④ 양쪽 모두 실린더 내에서 일어난다는 점에서 차이가 없다.

해설 조기 점화(preignition) : 점화플러그에 의한 정상 점화 이전에 연소실 내의 국부적인 과열 등에 의해 혼합가스가 점화하여 연소하는 현상

31 다음 물분사(water injection) 장치에 대한 설명으로 잘못된 것은?

① 물을 분사시키면 흡입공기의 온도가 낮아지고 공기밀도가 증가한다.
② 이륙시 10~30% 정도의 추력을 증가한다.
③ 물분사에 의한 추력 증가량은 대기 온도가 높을 때 효과가 크다.
④ 물과 알콜을 혼합하는 이유는 연소가스 압력을 증가시키기 위한 것이다.

해설 물분사는 일명 ADI(Anti Detonant Injection)라고도 하며, 물에 알콜을 혼합하는 이유는 물이 어는 것을 방지하고, 또 물에 의해 낮아진 연소가스의 온도를 알콜이 연소됨으로써 증가시킬 수 있기 때문이다.

32 연료 계통에 사용하는 부스터 펌프는 어떤 형태를 많이 사용하는가?

① 기어식
② 베인식
③ 원심식
④ 피스톤식

해설 부스터 펌프는 전기로 작동되는 원심식을 많이 사용하며, 시동시, 이륙시, 비상시, 탱크간의 연료 이송시에 사용된다.

33 왕복기관의 주연료펌프에서 펌프 출구 압력이 규정값 이상이 될 때 연료를 다시 펌프 입구로 되돌려 주는 밸브는?

① 바이패스 밸브
② 체크 밸브
③ 릴리프 밸브
④ 선택 및 차단밸브

해설
- 바이패스 밸브 : 펌프 고장시 우회하여 연료를 공급함
- 체크 밸브 : 흐름의 역류를 방지
- 선택 및 차단 밸브 : 사용할 연료 탱크의 선택과 엔진 정시시 연료 공급을 차단

34 왕복기관을 시동할 때 실린더 안에 직접 연료를 분사시켜 농후한 혼합가스를 만들어 줌으로써 시동을 쉽게 하는 장치는?

① 프라이머
② 기화기
③ 과급기
④ 주연료펌프

정답 29 ④ 30 ② 31 ④ 32 ③ 33 ③ 34 ①

35 연료 공기 혼합비에 대한 설명 중 가장 올바른 것은?

① 최적의 출력을 내는 혼합비는 경제적인 혼합비보다 농후하다.
② 정상 혼합비보다 희박한 혼합이 더 빨리 연소된다.
③ 정상 혼합비보다 농후한 혼합이 더 빨리 연소된다.
④ 설계된 최적혼합비가 가장 경제적이다.

[해설] • 최대출력혼합비-12.5 : 1, 이론혼합비-15 : 1, 최량경제혼합비-16 : 1
• 연소속도 : 정상 혼합비 > 농후 혼합비 > 희박 혼합비

36 저속으로 작동 중인 왕복 기관에서 흡입계통으로 역화되고 있다면 다음 중 그 원인은?

① 너무 낮은 저속운전
② 너무 과도한 혼합기
③ 인리치먼트 밸브의 막힘
④ 매우 희박한 혼합기

37 기화기에서 연료의 분무화를 용이하게 하기 위해 연료가 분사되기 전에 공기를 섞어주는 장치는?

① 연료 미터링 ② 공기 블리드
③ 연료 블리드 ④ 공기 미터링

38 부자식 기화기(float-type carburetor)에 있는 이코노마이저 밸브(economizer valve)의 주목적은 무엇인가?

① 최대 출력에서 농후한 혼합비가 되게 한다.
② 유로 계통에 분출되는 연료의 양을 경제적으로 한다.
③ 순항시 최적의 출력을 얻기 위하여 가장 희박한 혼합비를 유지한다.
④ 엔진의 갑작스런 가속을 위하여 추가적인 연료를 공급한다.

[해설] 부자식 기화기의 부속 장치
• 완속 장치(idle system) : 완속시에만(스로틀 밸브가 완전히 닫혔을 때) 연료 공급
• 이코노마이저(economizer) : 순항 출력 이상의 고출력에서 추가 연료 공급
• 가속 장치(accelerating system) : 급가속시에만 추가 연료 공급
• 혼합비 조정 장치(mixture control) : 고고도에서 농후 혼합비 방지

39 다음 중 왕복 기관의 기화기에 있는 혼합기 조절장치에 대한 설명으로 틀린 것은?

① 후방 흡입형, 니들형, 공기구(air port)형 등이 있다.
② 해당 출력에 적합한 혼합비가 되도록 연료량을 조정한다.
③ 혼합비 조정 밸브를 닫으면 연료의 분출량이 줄어들어 혼합비가 희박해진다.
④ 고도 증가에 따른 공기밀도의 감소로 인하여 혼합비가 희박한 상태로 되는 것을 방지한다.

40 압력 분사식 기화기에서 완속시에만 연료를 공급시킬 수 있는 장치로 완속 스프링이 있다. 이 스프링은 어디에 위치하는가?

① A chamber ② B chamber
③ C chamber ④ D chamber

41 다음 중 직접연료분사장치의 구성요소가 아닌 것은?

① 주공기 블리드 ② 연료분사펌프
③ 주조정 장치 ④ 분사 노즐

[해설] 직접연료분사장치는 기화기가 없이 연료를 실린더 내에 직접 분사하여 혼합가스가 만들어 연소시키는 장치이다.

[정답] 35 ① 36 ④ 37 ② 38 ① 39 ④ 40 ① 41 ①

42 왕복 엔진오일의 기능이 아닌 것은?

① 재생작용 ② 기밀작용
③ 윤활작용 ④ 냉각작용

해설 윤활유의 기능 : 윤활, 기밀, 냉각, 청결, 방청(방녹)작용

43 항공기 기관용 윤활유의 점도지수(Viscosity Index)가 높다는 것은 무엇을 뜻하는가?

① 온도변화에 따라 윤활유의 점도 변화가 적다.
② 온도변화에 따라 윤활유의 점도 변화가 크다.
③ 압력변화에 따라 윤활유의 점도 변화가 적다.
④ 압력변화에 따라 윤활유의 점도 변화가 크다.

44 다음 중에서 고출력 왕복기관의 오일 계통에 쓰이는 형식은 무엇인가?

① Gravity Fed dry sump
② Pressure Fed dry sump
③ Gravity Fed wet sump
④ Pressure Fed wet sump

해설
- 건식윤활계통(dry sump) : 공급라인과 배유(귀유)라인이 별도로 존재하며 섬프와 배유펌프가 있다.
- 습식윤활계통(wet sump) : 공급라인만 있으며 중력에 의해 탱크로 귀유된다.

45 윤활유 시스템에서 고온 탱크형(Hot Tank System)이란?

① 고온의 귀유 오일이 냉각되어서 직접 탱크로 들어가는 방식
② 고온의 귀유 오일이 냉각되지 않고 직접 탱크로 들어가는 방식
③ 오일 냉각기가 Scavenge System에 있어 오일이 연료 가열기에 의한 가열방식
④ 오일 냉각기가 Scavenge System에 있어 오일탱크의 오일이 가열기에 의한 가열방식

해설
- hot tank : oil cooler가 공급 라인에 위치(냉각되지 않고 탱크에 저장)
- cold tank : oil cooler가 귀유(배유) 라인에 위치(냉각되어 탱크로 저장)

46 항공기 기관 소기펌프가 압력펌프보다 용량이 큰 이유는?

① 압력펌프보다 압력이 낮으므로
② 공기가 혼합되어 체적이 증가하므로
③ 윤활유가 고온이 되어 팽창하므로
④ 소기펌프가 파괴되기 쉬우므로

47 추운 날 엔진 시동을 돕기 위해 사용하는 오일 희석 장치는 엔진 오일을 다음 어느 것으로 희석하는가?

① 등유   ② 가솔린(연료)
③ 알콜   ④ 냉각수

해설 오일 희석 장치(oil dilution system) : 추운 기후에 시동시 윤활유를 저점도로 만들기 위해, 기관 정지전 연료(가솔린)를 윤활계통에 보내 희석

48 왕복엔진의 오일 냉각 흐름조절 밸브(oil cooling flow control vavle)가 열릴 만한 조건은?

① 엔진으로부터 나오는 오일의 온도가 너무 높을 때
② 엔진오일 펌프 배출체적이 소기펌프 출구 체적보다 클 때
③ 엔진으로부터 나오는 오일의 온도가 너무 낮을 때

정답 42 ① 43 ① 44 ② 45 ② 46 ② 47 ② 48 ③

④ 소기펌프의 배출체적이 엔진오일 펌프 입구체적보다 클 때

해설 오일 온도 조절 밸브(바이패스 밸브) : 냉각기 입구에 위치하여 귀유되는 오일의 온도가 규정 온도보다 낮으면 냉각기를 거치지 않고 바로 공급

49 윤활유 필터가 막혔을 때 발생하는 현상은?

① 어떤 현상도 없이 바이패스 밸브를 통하여 윤활유가 공급된다.
② 윤활유가 누수된다.
③ 필터가 막힘으로 인하여 고장이 발생
④ 흐름이 역류하여 체크밸브를 통해 엔진 계통에 윤활유가 스며든다.

해설 여과기의 바이패스밸브는 여과기가 막혔거나 추운 상태에서 시동할 때에 여과기를 거치지 않고 윤활유가 직접 기관의 안쪽으로 공급되도록 한다.

50 대형 왕복기관에서 많이 사용되는 시동기는 무엇인가?

① 수동식
② 관성식
③ 공기압식
④ 직접 구동식

해설 시동기는 전기식이며 직권식 전동기를 사용한다.

51 E-gap 각이란 마그네토 폴(pole)의 중립 위치로부터 어떤 지점까지의 각도인가?

① 브레이커 포인트가 닫히는 점
② 브레이커 포인트가 열리는 점
③ 2차 전류 낮은 점
④ 1차 전류 낮은 점

해설 E-gap angle이란 마그네토의 회전 영구 자석이 회전하면서 중립 위치를 지나 중립 위치와 브레이커 포인트가 열리는 사이에 크랭크축의 회전 각도이다.

52 저압 마그네토를 사용하는 2열 18기통 성형 기관에서 변압기코일(승압장치)은 몇 개가 설치되는가?

① 2개
② 9개
③ 18개
④ 36개

해설 저압 마그네토에서 변압기 코일은 점화 플러그마다 설치되므로 18기통일 경우 점화플러그의 수는 2배이다.

53 마그네토(Magneto)의 브레이커 포인트는 일반적으로 어떤 재료로 되어 있는가?

① 은(silver)
② 구리(copper)
③ 백금(Platinum)-이리듐(Iridium) 합금
④ 코발트(Cobalt)

54 항공기 왕복기관의 마그네토(magneto)에서 발생하는 전류는?

① 교류
② 직류
③ 스텝파류
④ 구형파류

해설 마그네토 : 왕복 기관의 점화플러그에 전기 불꽃을 발생시키기 위한, 회전 영구 자석을 가진 교류 발전기

55 브레이커 포인트에 생기는 과도한 전기 불꽃을 방지하고 철심의 잔류 자기를 빨리 없애주는 역할을 하는 장치는?

① 폴 슈(Pole shoe)
② 콘덴서(Condensor)
③ 배전기(Distributor)
④ 점화 플러그(Spark plug)

정답 49 ① 50 ④ 51 ② 52 ④ 53 ③ 54 ① 55 ②

Chapter 03 항공기관

56 왕복기관 마그네토의 점화스위치 연결 방법으로 올바른 것은?

① 2차 코일에 직렬로 연결된다.
② 2차 코일에 병렬로 연결된다.
③ 접점과 병렬로 연결된다.
④ 1차 콘덴서와 직렬로 연결된다.

해설 조종석에 위치한 점화 스위치와 마그네토 1차회로(breaker point)는 P-lead 선으로 병렬 연결된다.

57 9개 실린더를 갖고 있는 성형 엔진의 마그네토 배전기 6번 전극에 꽂혀 있는 점화 케이블은 몇 번 실린더에 연결시켜야 하는가?

① 2   ② 4
③ 6   ④ 8

해설
- 9기통 성형엔진의 배전기 번호와 실린더 점화 순서와의 관계 : 1(1) → 2(3) → 3(5) → 4(7) → 5(9) → 6(2) → 7(4) → 8(6) → 9(8)
- 성형 2열 14실린더(+9, -5) : 1-10-5-14-9-4-13-8-3-12-7-2-11-6
- 성형 2열 18실린더(+11,-7) : 1-12-5-16-9-2-13-6-17-10-3-14-7-18-11-4-15-8

58 왕복 엔진에 사용되는 부스터 코일에 대한 설명으로 맞는 것은?

① 축전지의 직류를 맥류로 만들어 마그네토에서 고전압으로 승압시킨다.
② 점화시에만 마그네토의 회전속도를 순간적으로 가속시킨다.
③ 마그네토가 유효회전속도에 도달할 때까지 스파크 플러그에 점화불꽃을 일으키는 역할을 한다.
④ 시동스위치와 별도로 조작되는 점화보조 장비이다.

해설 ① 인덕션 바이브레이터, ② 임펄스 커플링, ③ 부스터 코일

인덕션 바이브레이터와 부스터 코일은 시동스위치와 연동되어 조작되며, 전원으로는 축전지(배터리)가 이용된다.

59 다음 중에서 임펄스 커플링(Impulse coupling)의 역할은?

① 시동시 고전압을 공급한다.
② 점화시기를 앞당겨서 킥백(kick back)을 방지한다.
③ 배전기로 고전압을 전달한다.
④ 배터리에서 온 전기를 1차 코일로 직접 공급한다.

해설 임펄스 커플링 : 점화 보조 장치로 주로 대향형 기관에 사용하며, 기관 시동시 유효회전속도(comming in speed)에 도달하기 전 불꽃점화가 필요할 때에만 마그네토의 회전영구자석의 회전속도를 순간적으로 가속시켜 고전압을 발생

60 하이드로릭 락(hydraulic lock) 현상은 어디에서 많이 발생하는가?

① 성형 기관의 상부 실린더
② 성형 기관의 하부 실린더
③ 대향향 기관의 우측 실린더
④ 대향형 기관의 좌측 실린더

해설 유압 폐쇄((hydraulic lock) 현상 : 성형기관의 하부에 장착된 실린더에는 작동 후 정지되어 있는 동안 묽어진 오일이나 습기 응축물 기타의 액체가 중력에 의해 스며 내려와 연소실 내에 갇혀 있다가 다음 시동을 시도할 때 액체의 비압축성으로 피스톤이 멈추고 억지로 시동을 시도하면 엔진에 큰 손상을 일으키는 현상이다.

정답 56 ③ 57 ① 58 ③ 59 ① 60 ②

61 엔진 실린더를 장탈할 때 피스톤의 위치는 어디에 위치해야 하는가?

① 아무 곳이나 손쉬운 위치
② 압축 상사점
③ 배기 상사점
④ 흡입 하사점

해설 피스톤의 위치가 압축 상사점에 있어야 두 개의 밸브가 완전히 닫혀 있는 상태가 되며, 실린더 장탈착 시, 실린더 압축 시험 시에 피스톤의 위치는 압축상사점에 있어야 한다.

62 유압 타펫(hydraulic tappet)을 사용하는 엔진의 작동 밸브간극은 얼마인가?

① 0.15~0.18 inch
② 0 inch
③ 0.25~0.32 inch
④ 0.30~0.410 inch

해설 유압식 밸브 리프터라고도 하며 내부에 엔진 오일이 공급되어 그 압력에 의해 밸브 간극을 없애주는 것으로 대향형 왕복 기관의 밸브 기구에 사용된다.

63 윤활유 분광시험(SOAP) 시에 윤활유는 언제 탱크에서 채취하는가?

① 기관 정지 전 30분 이내
② 기관 정지 전 30분 이후
③ 기관 정지 후 30분 이내
④ 기관 정지 후 30분 이후

해설 SOAP(Spectrometic Oil Analysis Program) : 사람의 혈액검사와 비슷한 것으로서 기관정지 후 30분 이내에 윤활유 탱크에서 윤활유를 채취하여 윤활유에 섞여있는 금속입자들을 검사하는 것으로 금속입자의 종류에 따라 기관의 이상 부위를 찾아낼 수 있다.

64 다음은 타이밍 라이트(timing light) 사용 방법에 대한 설명이다. 옳은 것은?

① 검은색 도선은 기관에 접지한다.
② 붉은색 도선은 기관에 접지한다.
③ 검은색 도선은 브레이커 포인트에 연결한다.
④ 검은색 도선은 콘덴서에 연결한다.

해설 타이밍 라이트 : 마그네토의 내부점화시기조정(브레이커 포인트의 E gap을 맞추는 것)할 때 사용하는 것으로 붉은색 도선은 브레이커 포인트에 연결하고 검은 색 도선은 기관에 접지시킨다.

65 지상에서 왕복기관 시운전 중 점화스위치를 Both에서 Left나 Right로 전환시키면 rpm은 어떻게 변화하는가?

① 크게 떨어진다.
② rpm이 약간 증가한다.
③ rpm이 변화없다.
④ rpm이 약간 감소한다.

해설 마그네토 낙차시험(magneto drop check)
• 마그네토가 정상적으로 작동하는 지를 검사
• 점화스위치 전환 : Both – Right(Left) – Both – Left(Right) – Both
• 점화스위치를 Both에서 Right나 Left 위치로 전환시 rpm이 규정값 이내로 감소해야 한다.

정답 61 ② 62 ② 63 ③ 64 ① 65 ④

03 프로펠러

01 프로펠러에서 블레이드 면(blade face)이란?

① propeller의 깃 끝
② propeller의 깃 평평한 면(flat surface)
③ propeller의 깃 캠버된 면
④ propeller의 깃 뿌리

해설 프로펠러의 캠버가 있는 부분 : blade back (추력 발생 부분)

02 회전하는 프로펠러에 발생하는 추력은 무엇에 기인하는가?

① 프로펠러의 슬립
② 프로펠러 깃 뒤쪽의 저압부
③ 프로펠러 깃 바로 앞쪽에 감소된 압력부
④ 프로펠러의 상대풍과 회전속도의 각도

해설 프로펠러의 깃 등(blade back)으로 흐르는 빠른 속도와 낮은 압력의 공기에 의해 추력이 발생한다.

03 수평 대향형 기관의 프로펠러 축으로 많이 사용되는 형태는?

① 테이퍼 축   ② 플랜지 축
③ 스플라인 축 ④ 크랭크 축

해설
• 플랜지 축 : 대향형 기관에 많이 사용
• 스플라인 축 : 성형 기관에 많이 사용

04 지상에서 기관이 작동하지 않을 때에만 비행 목적에 따라 피치를 조정할 수 있는 프로펠러는?

① 조정 피치 프로펠러
② 가변 피치 프로펠러
③ 정속 프로펠러
④ 완전 페더링 프로펠러

해설
• 고정피치 프로펠러 : 순항시 최대 효율이 되도록 피치각 고정
• 가변피치 프로펠러 : 공중에서 비행 목적에 따라 조종사에 의해서 피치의 조정이 가능
  – 2단 가변피치 : 저피치(저속시-이착륙시), 고피치(고속시-순항시)
  – 정속 프로펠러 : 조속기를 통해 자유 피치변경 가능
  – 완전 페더링 프로펠러 : 기관 고장시 깃을 비행방향과 평행이 되도록하여 기관의 고장확대 방지
  – 역피치 프로펠러 : 역추력 발생으로 착륙거리 단축

05 프로펠러 중 저피치와 고피치 사이에서 피치각을 취하며 항상 일정한 회전속도로 유지하여 가장 좋은 프로펠러 효율을 갖게 하는 것은?

① 고정 피치 프로펠러
② 조정 피치 프로펠러
③ 정속 프로펠러
④ 가변 피치 프로펠러

06 정속 프로펠러의 깃 각(pitch)을 조정해 주는 것은 무엇인가?

① 공기 밀도   ② 조속기
③ 오일 압력   ④ 평형스프링

해설 정속 프로펠러는 조속기(governor)에 의해, 2단 가변피치 프로펠러는 세 길 밸브(3-way selecting valve)에 의해 피치각 조절

07 트랙터 프로펠러(Tractor Propeller)에 대해서 가장 올바르게 설명한 것은?

① 기관의 뒤쪽에 장착되어 있는 프로펠러 형태이다.

정답 [03. 프로펠러] 01 ② 02 ③ 03 ② 04 ① 05 ③ 06 ② 07 ④

② 수상 항공기나 수륙 양용 항공기에 적합한 프로펠러 형태이다.
③ 날개 위와 뒤쪽에 장착되어 있는 프로펠러 형태이다.
④ 기관의 앞쪽에 장착되어 있는 프로펠러 형태이다.

> **해설** 프로펠러 장착 방법에 따른 분류
> - 견인식(tractor type) : 프로펠러를 비행기 앞에 장착한 형태, 가장 많이 사용되고 있는 방법
> - 추진식(pusher type) : 프로펠러를 비행기 뒷부분에 장착한 형태
> - 이중반전식 : 비행기 앞이나 뒤 어느 쪽이든 한 축에 이중으로 된 회전축에 프로펠러 장착하여 서로 반대로 돌게 만든 것
> - 탠덤식(tandem type) : 비행기 앞과 뒤에 견인식과 추진식 프로펠러를 모두 갖춘 방법

08 프로펠러가 항공기에 장착되어 있을 때 블레이드의 각을 측정하는 측정기구는?

① 다이얼 게이지
② 버어니어 캘리퍼스
③ 유니버설 프로펠러 프로트랙터
④ 블레이드 앵글 섹터

09 정속프로펠러에서 깃 각을 작게(저피치 상태) 하는 것은 어떤 구성품의 기능인가?

① 가버너 펌프(governor pump)의 유압
② 카운터 웨이트(counter weight)의 회전관성
③ 페더링(feathering)펌프의 유압
④ 가버너의(governor)의 원심력

> **해설**
> - 고피치로 만들어주는 힘 : 프로펠러의 원심력
> - 저피치로 만들어주는 힘 : 조속기(governor) 오일 압력

10 2포지션 프로펠러(two-position Propeller)의 깃 각(Blade angle)을 증가시키는 힘은?

① 엔진오일 압력(Engine Oil pressure)
② 스프링(Springs)
③ 원심력(Centrifugal Force)
④ 가버너 오일 압력(Governor Oil Pressure)

> **해설**
> - 2단 가변 피치 프로펠러에서 고피치로 변경시키는 힘 : 프로펠러 원심력
> - 2단 가변 피치 프로펠러에서 저피치로 변경시키는 힘 : 엔진 오일 압력

11 프로펠러의 역추력(Reverse Thrust)은 어떻게 발생하는가?

① 프로펠러를 시계방향을 회전시킨다.
② 프로펠러를 반시계 방향으로 회전시킨다.
③ 부(Negative)의 블레이드 각으로 회전시킨다.
④ 정(Positive)의 블레이드 각으로 회전시킨다

12 다발 항공기가 비행 중에 엔진이 고장 나면 엔진이 정지하더라도 비행속도에 의해 프로펠러가 풍차 회전하여 엔진을 구동하므로 고장이 확대되고 프로펠러는 전면저항을 많이 받아 항공기에 큰 항력을 주게 된다. 이를 방지하도록 엔진 고장시에 프로펠러의 깃 각을 최대각(90° 가까이)으로 만들어 주는 장치는?

① 페더링   ② 역피치
③ 조속기   ④ 커프

13 프로펠러의 트랙(Track)이란 무엇인가?

① 프로펠러의 피치각이다.
② 프로펠러 브레이드 선단 회전의 궤적이다.
③ 프로펠러 1회전하여 전진한 거리이다.
④ 프로펠러 1회전하여 생기는 와류이다.

> **해설** 트랙이란 프로펠러 브레이드 팁의 회전 궤도이며 각 브레이드의 상대 위치를 나타내는 것이다. 그리고 어느 한 개의 브레이드를 기준으로 해서 다른 브레이드 팁이 같은 원 주위를 회전하는 지를 점검하는 것을 궤도 검사(Tracking)라고 한다.

04 항공용 가스터빈기관

01 터보 제트 엔진에서 중요한 부분 3가지는?

① 흡입구, 압축기, 노즐
② 흡입구, 압축기, 연소실
③ 압축기, 연소실, 배기관
④ 압축기, 연소실, 터빈

02 아음속 여객기에 장착된 터보팬 기관의 공기 흡입구 형식으로 적합한 것은?

① 확산형 (Divergent)
② 수축형 (Convergent)
③ 수축-확산형 (Convergent-divergent)
④ 확산-축소형 (Divergent-convergent)

해설
• 아음속 항공기 : 확산형
• 초음속 항공기 : 가변 (초음속시-수축 확산형)

03 수축 및 확산 덕트에 대한 기술 중 틀린 것은?

① 아음속시 수축 덕트에서 압력은 감소하고 속도는 증가한다.
② 초음속시 수축 덕트에서 압력은 감소하고 속도는 증가한다.
③ 초음속시 확산 덕트에서 압력은 감소하고 속도는 증가한다.
④ 아음속시 확산 덕트에서 압력은 증가하고 속도는 감소한다.

04 원심형 압축기에서 고속의 운동에너지가 저속의 압력에너지로 바뀌는 곳은 어느 부분인가?

① 임펠러 ② 디퓨져
③ 매니폴드 ④ 배기 노즐

해설
• 임펠러 : 흡입 공기를 받아 원주방향으로 빠르게 가속시켜 디퓨져로 공급한다.
• 디퓨져 : 흡입 공기의 속도를 감소시키고 압력을 증가시켜 매니폴드로 보내준다.
• 매니폴드 : 디퓨져에서 압축된 공기를 뒤쪽 연소실로 보내준다.

05 축류식 압축기에 대한 설명으로 옳은 것은?

① 전면 면적에 비해 많은 양의 공기를 처리할 수 있다.
② 손상에 강하다.
③ 다단으로 제작하기 곤란하다.
④ 구조가 간단하다.

해설
• 장점 : 전면 면적에 비해 다량의 공기를 흡입·압축할 수 있고, 다단 제작이 가능하며, 입구와 출구와의 압력비 및 압축기 효율이 높다.
• 단점 : 제작하기 힘들고, 값이 비싸며, 비교적 무게가 많이 나간다. 또한 높은 시동 파워가 필요하다.

06 축류식 압축기에서 스테이터 베인(stator vanes)의 가장 중요한 목적은?

① 배기가스의 압력을 증가시킨다.
② 배기가스의 속도를 증가시킨다.
③ 공기흐름의 속도를 감소시킨다.
④ 공기흐름의 압력을 감소시킨다.

07 축류식 압축기에서 디퓨져(Diffuser)는 어디에 위치하는가?

① 두개의 압축기 사이
② 압축기와 연소실 사이
③ 연소실과 터빈 사이
④ 터빈 입구

해설 디퓨져는 속도를 감소시키고 압력을 증가시키는 (속도에너지를 압력에너지로 바꾸어주는) 확산 통로로서 공기 흐름의 압력이 가장 높은 곳이다.

정답 [04. 항공용 가스터빈기관] 01 ④ 02 ① 03 ② 04 ② 05 ① 06 ③ 07 ②

08 축류형 압축기에서 1단(stage)이란?

① 저압 압축기
② 고압 압축기
③ 1열 로우터와 1열 스테이터
④ 저압 압축기와 고압 압축기를 합한 것

09 가스터빈 엔진에서 흡입 속도가 감소하여 압축기 로터 블레이드 받음각이 증가함으로서 압축기 압력비가 급격히 떨어지고 엔진 출력이 감소하여 작동이 불가능해진다. 이러한 현상을 무엇이라 하는가?

① 동력   ② 압축기 실속
③ 날개 실속   ④ 헝 스타트

해설 결핍시동(hung start) : 비정상 시동(과열시동, 결핍시동, 시동불능)의 일종으로 시동이 시작된 다음 기관의 회전수가 완속 회전수까지 증가하지 않고 이보다 낮은 회전수에 머물러 있는 현상

10 다음 중 연소가스 출구온도가 균일한 연소실은?

① 캔형   ② 애뉼러형
③ 캔 애뉼러형   ④ 라이너형

해설
• 캔형(can type) : 정비가 용이, 과열시동 유발 가능성, 출구온도 불균일
• 애뉼러형(annular type) : 구조가 간단, 연소 안정, 출구 온도 균일, 정비 불편
• 캔 애뉼러형 : 캔형과 애뉼러형의 중간 성질

11 다음 중 축류형 압축기의 실속 방지 장치가 아닌 것은?

① 다축식 구조
② 가변 스테이터 베인
③ 블리드 밸브
④ 공기흡입덕트

해설 압축기 실속 방지법
• 다축식 구조(multi spool) : 2축식 이상
• 가변 스테이터 베인(가변정익, VSV) : 압축기 전방 쪽의 베인을 가변으로 하여 로터로 유입되는 공기의 받음각을 일정하게 한다.
• 블리드 밸브 : 압축기 출구 쪽에서 기관을 저속 회전시킬 때에 자동적으로 밸브가 열려 누적된 공기를 배출시킨다.

12 가스터빈 엔진의 연소실에 대한 설명 내용으로 가장 올바른 것은?

① 압축기 출구에서 공기와 연료가 혼합되어 연소실로 분사된다.
② 연소실로 유입된 공기의 75% 정도는 연소에 이용되고 나머지 25% 정도의 공기는 냉각에 이용된다.
③ 1차 연소영역을 연소영역이라 하고 2차 연소영역을 혼합 냉각 영역이라고 한다.
④ 최근 JT9D, CF6, RB-211 엔진 등은 물론 엔진 크기에 관계없이 캔형의 연소실이 사용된다.

해설 ① 연소실에서 공기와 연료 혼합
② 연소에 이용되는 공기(1차 공기)는 25%, 나머지는 냉각(2차 공기)에 이용
④ 최근의 터보팬 엔진은 모두 애뉼러형 연소실 사용

13 가스터빈 연소실의 공기흡입구부에 있는 선회 베인(Swirl vane)에 대하여 가장 올바르게 설명한 것은?

① 캔형 연소실에는 없다.
② 연소 영역을 길게 한다.
③ 1차 공기에 선회를 준다.
④ 연료노즐 부근의 공기속도를 빠르게 한다.

해설 선회 깃(swirl guide vane) : 연소실로 들어오는 1차 공기에 강한 선회(와류)를 주어 공기흐름에 적당한 난류를 일으켜서 유입 속도의 감소와 화염 전파속도를 증가시킨다.

14 제트엔진 터빈 깃의 냉각 방법 중에서 다공성 재료로 만든 후 블레이드의 내부를 중공으로 하여 냉각하는 것을 무엇이라고 하는가?

① 침출 냉각 ② 공기막 냉각
③ 충돌 냉각 ④ 대류 냉각

> **해설**
> • 공기막 냉각 : 터빈 깃의 안쪽에 공기통로를 만들고, 터빈 깃 표면에 작은 구멍을뚫어 이 구멍을 통해 찬 공기가 나오게 한다.
> • 대류냉각 : 터빈 깃의 내부에 공기통로를 만들어 이곳으로 차가운 공기가 지나가도록 한다.
> • 충돌냉각 : 터빈 깃의 내부에 작은 공기통로를 만들어 이 통로에서 터빈 깃의 앞 전 안쪽 표면에 냉각 공기를 충돌시켜 깃을 냉각시킨다.
> • 침출냉각 : 가장 냉각 성능이 우수하지만, 강도에 따른 문제가 아직 해결되지 않아 실용화되지 못하고 있다.

15 제트기관의 터빈 반동도가 0%일 때의 설명으로 가장 올바른 것은?

① 단당압력 상승이 모두 터빈에서 일어난다.
② 단당압력 상승이 모두 정익(터빈 노즐)에서 일어난다.
③ 단당압력 강하가 모두 터빈에서 일어난다.
④ 단당압력 강하가 모두 정익에서 일어난다.

> **해설** 반동도가 0이면 로터 깃에서는 압력 팽창(압력 강하)가 전혀 일어나지 않는 것으로 반동도가 0인 터빈을 충동 터빈이라 한다. 실제 터빈 깃은 뿌리부분은 충동터빈(반동도 0)으로, 깃 끝부분은 반동터빈(반동도 50)으로 되어 있다.

16 제트 엔진에서 배기노즐(exhaust nozzle)의 가장 중요한 기능은?

① 배기가스의 속도와 압력을 증가시킨다.
② 배기가스의 속도를 증가시키고 압력을 감소시킨다.
③ 배기가스의 속도와 압력을 감소시킨다.
④ 배기가스의 속도를 감소시키고 압력을 증가시킨다.

17 항공기가 속도 720km/h로 비행시, 항공기에 장착된 터보 제트 기관이 300kg/s로 공기를 흡입하여 400m/s로 배기시킨다. 진추력(Fn)은 얼마인가? (단, g = 10m/s²)

① 3,000kg ② 6,000kg
③ 8,000kg ④ 18,000kg

> **해설** $F_n = \dfrac{W_a}{g}(V_j - V_a) = \dfrac{300}{10}(400 - \dfrac{720}{3.6})$

18 가스터빈 엔진에서 추력 비연료 소비율(TSFC)이란?

① 단위 추력당 연료소비량
② 단위 시간당 연료소비량
③ 단위 거리당 연료소비량
④ 단위 추력당 단위 시간당 연료소비량

> **해설** TSFC(Thrust Specific Fuel Consumption) = $\dfrac{W_f \times 3600}{F_n}(kg/kg - h)$

19 비행고도가 증가할 때 추력은 어떻게 변화하는가?

① 점차 증가하다가 감소
② 점차 감소하다가 증가
③ 감소
④ 증가

> **해설** 추력에 영향을 끼치는 요소
> • 공기 밀도 : 추력과 비례
> • 비행 속도 : 추력과 비례 (비행속도가 증가하면 추력은 약간 감소하다가 증가)
> • 공기 습도 : 추력과 반비례
> • 비행 고도 : 추력과 반비례

정답 14 ① 15 ④ 16 ② 17 ② 18 ④ 19 ③

20 다음 중 가스터빈 엔진 효율의 종류가 아닌 것은?

① 추진효율 ② 열효율
③ 전체효율 ④ 압축효율

해설 • 추진효율 = $\dfrac{\text{추력동력}}{\text{운동에너지}}$
• 열효율 = $\dfrac{\text{기계적 에너지}}{\text{열에너지}}$
• 전(체)효율 = 추진효율 × 열효율

21 가스터빈 기관에 사용하는 연료 중 등유와 낮은 증기압의 가솔린과 합성연료이며 주로 군용으로 사용되는 것은?

① Jet A ② Jet A-1
③ JP-4 ④ Jet B

해설 • 군용 : JP-4, JP-5, JP-6, JP-7, JP-8
• 민간용 : Jet A, Jet A-1, Jet B

22 다음 중에서 가스터빈 엔진 연료의 필요조건이 아닌 것은?

① 발열량이 클 것
② 어는 점이 낮을 것
③ 부식성이 없을 것
④ 증기압이 높을 것

해설 항공기는 상승률이 크고 고고도에서는 대기압이 낮아지므로 베이퍼 록(vapour lock)의 위험성이 항상 존재하므로 연료의 증기압은 낮아야 한다.

23 항공기가 어떤 작동조건에서도 최적의 엔진 작동 특성을 유지하도록 만들어 주는 엔진의 연료 부품은?

① 연료 조절기(Fuel Control Unit)
② 연료 펌프(Fuel Pump)
③ 연료 오일 냉각기(Fuel Oil Cooler)
④ 연료 노즐(Fuel Nozzle)

24 가스터빈 기관의 주연료 펌프에서 펌프 출구 압력을 조절하는 것은?

① 릴리프 밸브
② 체크 밸브
③ 바이패스 밸브
④ 드레인 밸브

해설 • 릴리프 밸브 : 계통내의 압력이 과도할 때 흐름을 펌프 입구로 되돌려 압력을 일정하게 유지
• 바이패스 밸브 : 여과기가 막히거나 펌프가 고장날 때 그 장치를 거치지 않고 직접 흐름을 만들어 줌
• 체크 밸브 : 흐름의 역류를 방지

25 다음 중에서 연료조정장치(FCU)의 수감 요소가 아닌 것은?

① 연소실 압력
② 압축기 입구 온도
③ 압축기 출구 온도
④ rpm

해설 연료조정장치(FCU)의 수감요소
• 기관 회전수(RPM)
• 압축기 출구 압력 (CDP) 또는 연소실 압력(P_b)
• 압축기 입구 온도 (CIT)
• 동력 레버(스러스트 레버)의 위치(PLA : power lever angle)

26 가스터빈 엔진의 연료 흐름 순서로 맞는 것은?

① 주연료펌프 → 연료 필터 → 연료조정장치 → 매니폴드 → 여압 및 드레인 밸브 → 연료 노즐
② 주연료펌프 → 연료 필터 → 여압 및 드레인 밸브 → 연료조정장치 → 매니폴드 → 연료 노즐
③ 연료 필터 → 주연료펌프 → 연료조정장치 → 여압 및 드레인 밸브 → 매니폴드 →

연료 노즐
④ 주연료펌프 → 연료 필터 → 연료조정장치 → 여압 및 드레인 밸브 → 매니폴드 → 연료 노즐

27 가스터빈 연료계통에서 Pressure and Dump valve의 역할은?

① 연료탱크의 연료에 압력을 가해 연료조정장치로 보내준다.
② 연료에 압력을 가하고, 엔진 정지시 연료를 배출시킨다.
③ 연료노즐에서 1차 연료와 2차 연료를 보내준다.
④ 엔진의 상태에 따라 연료를 보내준다.

해설 여압 및 드레인 밸브는 FCU와 연료 매니폴드 사이에 위치

28 FADEC(Full Authority Digital Electronic Control)이라는 엔진 제어 기능 중 잘못된 것은?

① 엔진 연료 유량
② 압축기 가변 스테이터 각도
③ 실속 방지용 압축기 블리드 밸브
④ 오일 압력

해설 FADEC : 기존의 유압식 FCU(연료조정장치)나 전자식 FCU보다 더 발달된 개념으로서 다수의 입력 신호(기관 상태량 외에 비행 상태량을 포함)를 전산 처리하고 출력은 기관 연료 유량 만이 아니라 압축기 가변 스테이터 각도, 실속 방지용 압축기 블리드 밸브, ACCS 등의 기관 특성을 종합적으로 일괄 조절하는 장치

29 인티그럴(integral) 연료탱크의 장점은?

① 연료 누설 방지가 용이하다.
② 화재 위험이 적다.
③ 무게가 감소된다.
④ 연료공급을 용이하게 한다.

해설 인티그럴 연료탱크 : 대형기에서 날개 안에 날개 모양과 같게 연료탱크를 만든 것
• 장점 : 무게감소, 내부 공간 활용 최대
• 단점 : 화재위험, 누설위험

30 복식 연료 노즐에 설명 내용으로 가장 올바른 것은?

① 리버스 인젝션을 한다.
② 연료에 회전 에너지를 주면서 분사하는 것이다.
③ 공기 흐름량과 압력에 따라 분사각을 변화시킨다.
④ 낮은 흐름량일 때와 높은 흐름량일 때의 2단계의 분사를 한다.

해설 • 1차 연료 : 노즐 중심의 작은 구멍에서 분사되며, 시동 할때 점화를 쉽게 하기 위하여 넓은 각도로 이그나이터에 가깝게 분사 (기관 작동 중 항상 분사)
• 2차 연료 : 가장 자리의 큰 구멍에서 분사되며, 비교적 좁은 각도로 멀리 분사된다. 완속 회전 속도 이상에서 작동된다.

31 다음 중 가스터빈 오일의 구비조건으로 틀린 것은?

① 점성이 높을 것
② 유동점이 낮을 것
③ 인화점이 높을 것
④ 거품 저항성이 클 것

해설 고고도를 비행해야 하므로 점성은 어느 정도 낮아야 하며, 점도지수가 높아야(온도 변화에 따른 점도의 변화가 적어야) 한다.

정답 27 ② 28 ④ 29 ③ 30 ④ 31 ①

32 가스터빈 엔진에서 오일을 냉각시키기 위한 방법은?

① 오일을 냉각시키기 위해 작동유를 이용
② 오일을 냉각시키기 위해 연료를 이용
③ 오일을 냉각시키기 위해 알콜을 이용
④ 오일을 냉각시키기 위해 물을 이용

해설 • 왕복 기관 : 공랭식(air cooling)
• 가스 터빈 기관 : 연료-윤활유 냉각기(fuel-oil cooler), 윤활유는 냉각, 연료는 가열

33 가스터빈 기관의 기어형 윤활유 펌프에 관한 내용이다. 가장 바른 것은?

① 배유펌프가 압력펌프보다 용량이 더 크다.
② 압력펌프가 배유펌프보다 용량이 더 크다.
③ 압력펌프와 배유펌프와 용량이 같다.
④ 압력펌프와 배유펌프의 용량은 서로 무관하다.

해설 탱크로 윤활유를 되돌릴 때는 기관 내부에서 공기와 혼합되어 체적이 증가하기 때문에 배유펌프(Scavenge pump)가 압력펌프(Pressure pump)보다 용량이 더 커야 한다.

34 연료-윤활유 냉각기에 있는 오일냉각 흐름 조절밸브(oil cooling flow control valve)가 열리는 조건은?

① 엔진으로부터 나오는 오일의 온도가 너무 높을 때
② 엔진 오일펌프 배출체적이 소기펌프 출구 체적보다 클 때
③ 엔진으로부터 나오는 오일의 온도가 너무 낮을 때
④ 소기펌프 배출체적이 엔진 오일펌프 입구 체적보다 클 때

해설 윤활유 온도 조절 밸브라고도 하며 온도가 규정값보다 높으면 닫혀서 윤활유가 냉각기를 거치게 하고, 낮을 때는 열려서 바이패스시켜 준다.

35 터보제트 엔진의 통상적인 오일 계통의 형(type)은?

① wet sump, spray and splash
② wet sump, dip and pressure
③ dry sump, pressure and spray
④ dry sump, dip and splash

36 다음 시동기 중에서 그 구조가 가장 간단한 것은?

① 공기 충돌식
② 가스 터빈식
③ 시동-발전기식
④ 전동기식

해설 • 공기 충돌식 : 압축 공기를 기관 터빈에 직접 공급하는 방식
• 가스 터빈식 : 외부의 동력 없이 자체적으로 기관 시동
• 공기 터빈식 : 출력이 큰 대형기관에 적합하며 별도의 보조 가스터빈기관에 의해 형성된 기관 압축공기를 이용하여 시동하며, 가장 많이 사용
• 전동기식 : 직권식 직류전동기를 이용하여 30초 이내에 시동(외부전원 : 발전기, 축전지 사용)
• 시동-발전기식 : 항공기 무게를 감소시킬 목적으로 시동 시에는 시동기 역할, 자립회전속도 도달 후에는 발전기 역할

37 가스터빈 엔진의 공압 시동기(pneumatic starter)에 대해 잘못된 설명은?

① APU 또는 지상 시설에서의 고압 공기를 사용한다.
② 기어박스를 매개로 엔진의 압축기를 구동시킨다.

정답 32 ② 33 ① 34 ③ 35 ④ 36 ① 37 ③

③ 시동완료 후 발전기로서 작동한다.
④ 사용시간에 제한이 있다.

해설 시동시에만 점화가 필요하며 점화시기 조절장치가 필요 없고 왕복기관에 비해 그 구조와 작동이 간편하다.

38 대형 터보팬(Turbo fan)엔진을 장착한 항공기에서 점화계통(Ignition system)이 자화되었을 때, 익사이터(Exciter)의 1차 코일에 공급되는 전원은?

① AC 115V, 60Hz
② AC 115V, 400Hz
③ DC 28V, 400Hz
④ AC 220V, 60Hz

해설 익사이터(Exciter) : 이그나이터(igniter, 점화 플러그)에서 고온 고에너지의 강력한 전 기 불꽃을 튀게 하기 위해 항공기의 저전원 전압을 고전압으로 변환하는 장치

39 가스터빈 기관의 용량형 점화계통에서 높은 에너지의 점화 불꽃을 일으키는데 사용하는 것은?

① 유도 코일
② 콘덴서
③ 바이브레이터
④ 점화 계전기

해설
• 용량형 점화계통(capacitor type) : 콘덴서에 많은 전하를 저장했다가 짧은 시간에 방전시켜 높은 에너지의 점화불꽃을 일으키는 것
• 유도형 점화계통(induction type) : 유도코일에 의해 높은 전압을 유도시켜 점화 불꽃 생성

40 가스터빈 기관의 점화장치 작동에 대한 설명 내용으로 가장 올바른 것은?

① 처음 시동시 1회만 작동한다.
② 기관이 작동되는 중엔 계속 작동된다.
③ 정상적인 점화가 되면 정지한다.
④ 30분 주기로 점화가 반복된다.

41 가스터빈 엔진 후기연소기(after burner)의 역할을 가장 올바르게 설명한 것은?

① 엔진 열효율이 증가된다.
② 추력을 크게 할 수 있다.
③ 착륙 때 사용한다.
④ 여객기 엔진에 주로 장착된다.

42 물분사(water injection) 장치에 대한 설명으로 가장 관계가 먼 것은?

① 물을 분사시키면 흡입공기의 온도가 낮아지고 공기의 밀도가 증가한다.
② 물분사를 하면 이륙할 때 10~30%의 추력 증가를 얻을 수 있다.
③ 물분사에 의한 추력증가량은 대기의 온도가 높을 때 효과가 크다.
④ 물과 알콜을 혼합시키는 이유는 연소가스의 압력을 증가시키기 위한 것이다.

해설 알콜을 사용하는 이유는 물이 어는 것을 방지하고, 알콜의 연소로 통해 낮아진 연소실 온도를 높이기 위한 것이다.

43 터빈엔진 시동시 과열시동(hot start)은 엔진의 어떤 현상을 말하는가?

① 시동 중 EGT가 최대한계를 넘은 현상이다.
② 시동 중 RPM이 최대한계를 넘은 현상이다.
③ 엔진을 비행 중 시동하는 비상조치 중의 하나이다.
④ 엔진이 냉각되지 않은 채로 시동을 거는 현상을 말한다.

정답 38 ② 39 ② 40 ③ 41 ② 42 ④ 43 ①

44 시동이 시작된 다음 기관의 회전수가 완속 회전수까지 증가하지 않고 이보다 낮은 회전수에 머물러 있는 현상은?

① 과열 시동
② 결핍 시동
③ 시동 불능
④ 과다 시동

해설
- 과열시동(hot start) : 시동시 배기가스의 온도가 규정치 이상으로 증가하는 현상
- 결핍시동(hung start, false start) : 시동이 시작된 다음 기관의 회전수가 완속 회전수까지 증가하지 않고 이보다 낮은 회전수에 머물러 있는 현상
- 시동불능(no start, abort start) : 기관이 규정된 시간 안에 시동되지 않는 현상

45 가스터빈 시동 순서를 올바르게 나열한 것은?

① 연료 공급 - 시동 스위치 ON - 점화 스위치 ON
② 시동 스위치 ON - 점화 스위치 ON - 연료 공급
③ 점화 스위치 ON - 연료 공급 - 시동 스위치 ON
④ 시동 스위치 ON - 연료 공급 - 점화 스위치 ON

해설 시동을 한 후 연료 공급보다 점화를 먼저 하는 이유는 과열 시동(hot start)을 방지하기 위한 것이다.

46 가스터빈 엔진 작동 중 다음 엔진 변수 중 어느 것이 가장 중요한 변수인가?

① 압축기 rpm
② 터빈 입구 온도
③ 연소실 압력
④ 압축기 입구 공기온도

해설 가스터빈 기관 시동시에는 EGT(Exhaust Gas Temperature)가 중요한 변수이다.

47 일반적인 Turbo Jet 엔진의 제어방식 중 옳은 것은?

① 기관 RPM 제어방식과 Torque 제어 방식
② 기관 RPM 제어방식과 기관 EPR 제어 방식
③ 기관 EPR 제어방식과 Torque 제어 방식
④ 기관 EPR 제어방식과 Throttle 제어 방식

해설 초기의 가스터빈기관은 추력을 나타내는 작동변수로 기관의 회전수만을 사용하였으나, 현재 생산되는 대부분의 기관은 추력을 측정하는 변수로 기관 압력비(EPR)를 사용한다.

48 가스터빈기관이 정해진 회전수에서 정격출력을 낼 수 있도록 연료조절장치와 각종 기구를 조정하는 작업을 무엇이라 하는가?

① 고장탐구
② 크래킹
③ 트리밍
④ 모터링

49 역추력 장치 레버(reverse thrust lever)는 조종석의 어디에 위치하는가?

① control stick
② pedal
③ front panel
④ thrust lever

정답 44 ② 45 ② 46 ② 47 ② 48 ③ 49 ④

50 터빈 엔진의 배기가스 특징으로 가장 올바른 것은?

① 아이들 시 일산화탄소가 작다.
② 가속 시 일산화탄소가 많다.
③ 가속 시 질소산화물이 많다.
④ 아이들 시 질소화합물이 많다.

해설 아이들이나 저출력 작동 중에는 HC(미연소 탄화수소)와 CO(일산화탄소)의 배출량이 최대가 되지만 NOx(질소산화물)은 거의 배출되지 않는다. 또 기관 출력의 증가에 따라 HC와 CO의 배출량은 감소하지만 그 대신 NOx의 배출량이 증가하기 시작하여 이륙 최대 출력시에 최대가 된다.

51 가스터빈 기관의 배기가스 소음을 줄이는 방법으로 옳은 것은?

① 고주파를 저주파로 변환시킨다.
② 대기와 혼합되는 면적을 줄인다.
③ 배기노즐의 면적을 넓혀 가스 속도를 줄인다.
④ 대기와 혼합되는 면적을 넓힌다.

해설
- 배기 소음의 크기는 배기가스 속도의 6~8제곱에 비례하고, 배기노즐 지름의 제곱에 비례한다.
- 배기 소음 감소장치의 원리
  - 배기소음의 저주파수를 고주파수로 바꾸어 준다.
  - 배기가스의 상대속도를 줄여준다.
  - 배기가스가 대기와 혼합되는 면적을 넓게 한다.

Chapter 04

Craftsman Aircraft Maintenance

항공 기체

Section 1 │ 기체의 구조
Section 2 │ 기체의 재료
Section 3 │ 기체의 구조강도

| Section 1 |

기체의 구조

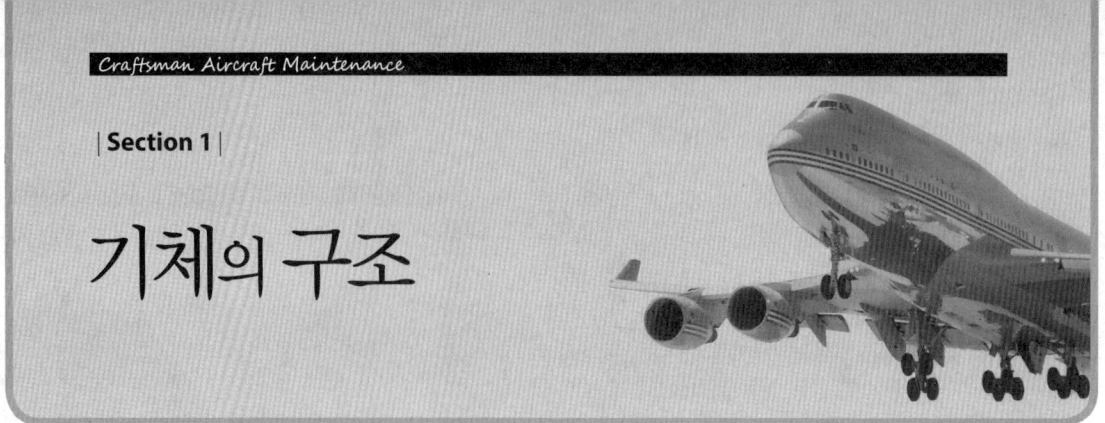

01 기체구조

1. 구조 일반

가. 기체의 구성 및 하중

(1) 기체의 구성

① 5부분으로 구분 : 동체(Fuselage), 날개(Wing), 꼬리날개(Empennage), 착륙장치(Landing gear), 엔진 마운트 및 나셀(Engine mount & nacelle)

② 3부분으로 구성 : 동체(Fuselage), 주 날개(Main wing), 꼬리날개(Empennage)

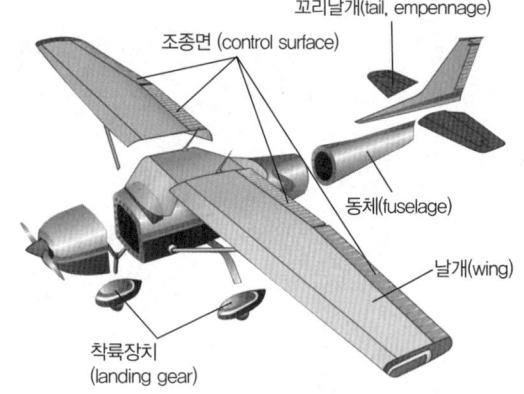

[항공기 기체 구조]

(2) 하중

① 물체가 외부에서 힘의 작용을 받았을 때 그 힘을 외력이라 하고 재료에 가해진 외력을 하중(load)라 한다. 인장력(tension), 압축력(compress), 전단력(shear), 굽힘력(bending), 비틀림력(torsion)으로 비행중 기체 구조에 작용하는 하중이다.

② 비행 중 항공기에는 양력, 항력, 추력, 중력, 관성력 등의 힘이 작용한다.

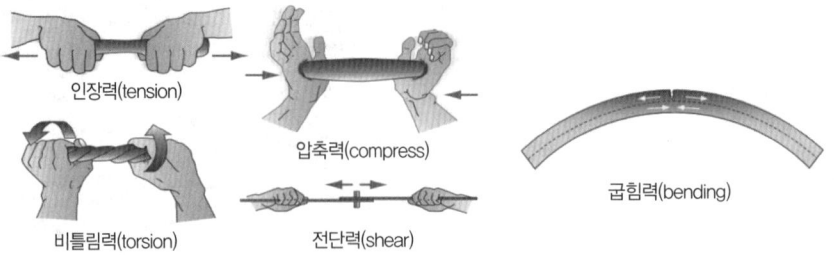

[물체에 작용하는 하중]

나. 기체 구조의 형식

(1) 담당하중 정도에 따른 구분

① 1차 구조(Primary structure) : 항공기 기체의 중요한 하중을 담당하는 구조로 비행 중 파손되었을 때 안전에 매우 큰 영향을 주는 부분

② 2차 구조(Secondary structure) : 비교적 작은 하중을 담당하는 구조로 비행 중 파손되었을 때 그 영향이 미미한 부분

(2) 구조 부재의 하중 담당 형태에 따른 구분

① 트러스(Truss) 구조 : 목재 또는 강철로 삼각형 모양의 트러스를 이루고 그 위에 얇은 외피를 씌운 구조

㉠ 구성
- 외피(Skin) : 공기역학적 외형만 유지
- 트러스(Truss, 골격 또는 뼈대) : 기체에 작용하는 대부분의 하중을 담당

㉡ 장점
- 제작이 용이하다.
- 제작비용이 저렴하다.
- 구조가 간단하다.
- 정비가 용이하다.

㉢ 단점
- 내부가 골격으로 복잡하여 공간 마련이 어렵다.
- 외형을 공기역학적으로 유리한 유선형으로 제작하기가 어렵다.

② 응력 외피형 구조

㉠ 모노코크(Monocoque) 구조 : 하중의 대부분을 외피(Skin)가 담당하는 구조. 즉, 외피만으로 구성된 구조이며 현대의 항공기 구조로는 거의 사용을 하지 않고 미사일 내지 간단한 로켓의 구조로 사용된다.

㉡ 세미-모노코크(Semi-monocoque) 구조 : 외피가 하중의 일부를 담당하고 나머지 하중은 골격이 분담하는 구조. 대부분의 현대의 항공기 구조로 사용된다.

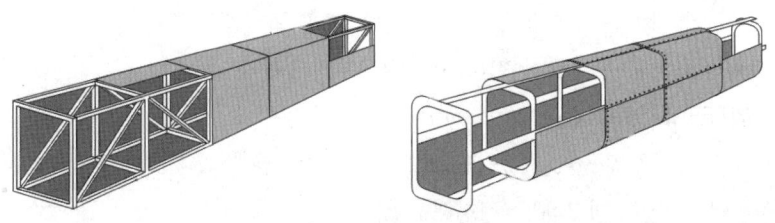

[트러스와 모노코크 구조]

(3) 페일세이프(Fail-safe) 구조

① 구조의 일부분이 파괴되거나 심각한 손상을 입어도 안전을 위협하는 치명적인 손상이나 파괴 변형을 방지할 수 있는 구조

② 종류
- ㉠ 다경로 하중구조(Redundant structure) : 여러 개의 부재를 통해 하중이 전달되도록 한 구조
- ㉡ 이중 구조(Double structure) : 큰 부재 대신 2개의 작은 부재를 결합시켜 하나의 부재와 같은 강도를 가지도록 만든 구조
- ㉢ 대치 구조(Backup structure) : 부재가 파손되었을 때를 대비하여 여비적인 대치 부재를 삽입시켜 구조의 안전성을 도모한 구조
- ㉣ 하중 경감 구조(Load dropping structure) : 주 부재에 보조 부재를 결합 시켜 부재에 손상이 시작 되더라도 다른 부재에 하중을 전달시켜 부재의 추가적인 파괴를 막는 구조

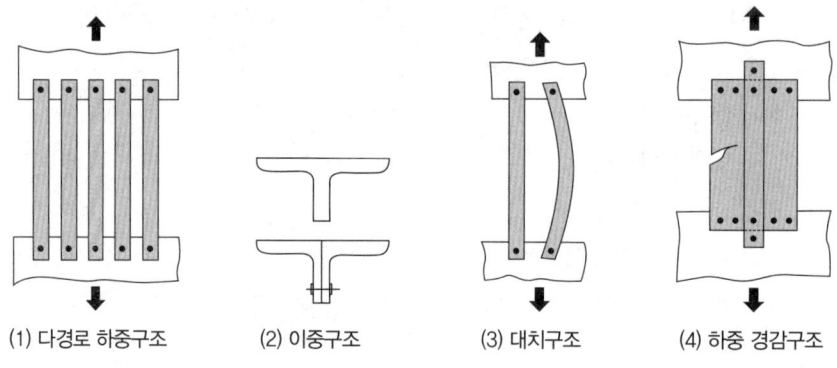

(1) 다경로 하중구조　(2) 이중구조　(3) 대치구조　(4) 하중 경감구조

[페일세이프 구조]

2. 동체(Fuselage)

가. 동체의 구조의 형식

(1) 트러스 구조형 동체

① 트러스 구조를 사용한 동체로 골격 안에 대각선 방향으로 보강재를 설치하여 동체에 작용하는 하중을 뼈대와 대각선 보강재가 담당하는 형태의 구조이다.

② 외피는 모양만 유지 해줄 뿐 하중은 담당하지 않는다.

(2) 응력 외피 구조(Stress skin structure)

① 모노코크 동체(Monocoque structure) : 하중의 대부분을 외피(Skin)가 담당하는 구조이다.
- ㉠ 구성 : 외피, 벌크헤드, 정형재
- ㉡ 장점 : 내부 공간 마련이 쉽다.
- ㉢ 단점 : 외피의 두께가 두꺼워 무겁고 균열 등의 작은 손상에도 구조 전체에 영향을 준다.

② 세미-모노코크 구조(Semi-monocoque) : 외피와 골격이 하중을 서로 분담하여 담당하는 구조로 현대의 항공기 구조로 많이 사용한다.
  ㉠ 장점 : 내부 공간 마련이 쉽고 외피를 얇게 제작 할 수 있어 경량화로 제작이 가능하다.
  ㉡ 단점 : 제작이 복잡하고 제작비용이 많이 든다.
  ㉢ 구성
     • 수직방향 부재 : 벌크헤드(Bulkhead), 정형재(former), 링(Ring), 프레임(frame)
     • 세로방향부재 : 세로대(Longeron), 세로지(Stringer)
     • 외피(Skin)
  ㉣ 각 부재의 역할(특징)
     • 스트링어(Stringer, 세로지) : 외피의 좌굴을 방지하고 굽힘하중을 담당
     • 론저론(Longeron, 세로대) : 길이 방향의 가장 두꺼운 부재로 굽힘하중을 담당
     • 벌크헤드(Bulkhead) : 동체 앞뒤에 하나씩 있으며, 집중하중을 외피에 골고루 분산하고 동체가 비틀림에 의해 변형되는 것을 방지(앞뒤로 한 개씩 두 개 설치되며 방화벽 역할을 하기도 함)
     • 외피(Skin) : 동체에 작용하는 전단응력과 비틀림응력을 담당

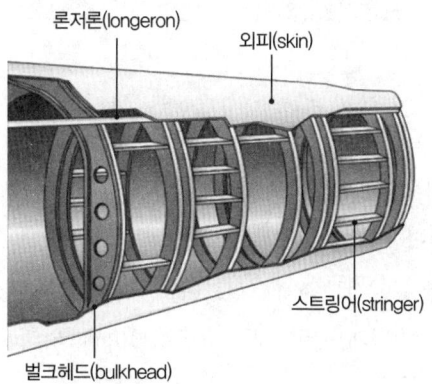

[그림 3-5] 세미모노코크 동체구조

나. 여압 구조

(1) 여압실 구조

① 여압을 하는 이유 : 고공비행 시 고공의 압력은 지상보다 낮기 때문에 압력과 온도를 일정하게 유지해 주어 탑승해 있는 사람 또는 생명이 있는 화물들의 저산소증에 의한 피해를 막아 주기 위하여

② 여압을 해야 하는 공간 : 조종실, 객실, 화물실

③ 여압의 제한 요소 : 기체 구조 강도

④ 여압실 형식 : 이중 거품형(Double bubble)

⑤ 여압실 제작시 중요 요소 : 각 부분의 기밀 유지

(2) 창문, 문

① 윈드실드(Windshield)

㉠ 조종실 앞 창문

㉡ 내·외측은 유리, 중간층은 비닐층

㉢ 외측판과 비닐 사이에 금속 산화 피막이 있어 전기를 사용하여 방빙 및 서리를 제거

㉣ 윈드실드 강도 기준

- 외측판 : 최대 여압실 압력의 7~10배 이상의 강도를 가져야 한다
- 내측판 : 최대 여압실 압력의 3~4배 이상의 강도를 가져야 한다.
- 충격강도 : 무게 1kg의 새가 순항 속도로 비행하고 있는 비행기의 윈드실드에 충돌해도 파괴되지 않아야 한다.

② 출입문(Door) : 항공기는 동체 안으로 열고 닫히는 플러그형이 많이 사용된다.

> **Note** | 객실 창문을 원형 또는 모서리를 곡선으로 제작하는 이유
> 기체에 작용하는 응력 집중을 제거하기 위해서이다.

3. 날개(Wing)

가. 날개(Wing) 구조의 형식

(1) 구조형식에 따른 날개의 종류 및 구성

① 트러스 구조형 날개 : 날개보(Spar), 리브(Rib), 외피(Skin), 강선(Bracing wire)

② 세미 모노코크 구조형 날개 : 날개보(Spar), 리브(Rib), 외피(Skin), 스트링어(Stringer)

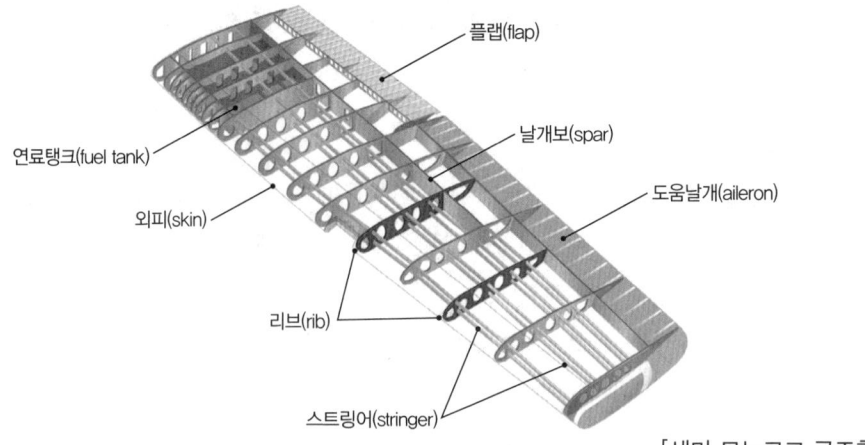

[세미 모노코크 구조형 날개]

(2) 날개의 주요 구성 부재

① 날개보(Spar) : 날개에 작용하는 대부분의 하중을 담당하며, 굽힘 하중과 비틀림 하중을 담당한다.
② 리브(Rib) : 공기역학적인 날개의 외형을 유지시켜 주며 외피에 작용하는 힘을 내부 구조재에 전달만 한다.
③ 스트링어(Stringer) : 굽힘강도를 크게 하고 날개의 비틀림에 의한 좌굴을 방지한다.
④ 외피(Skin) : 전단력을 담당한다.

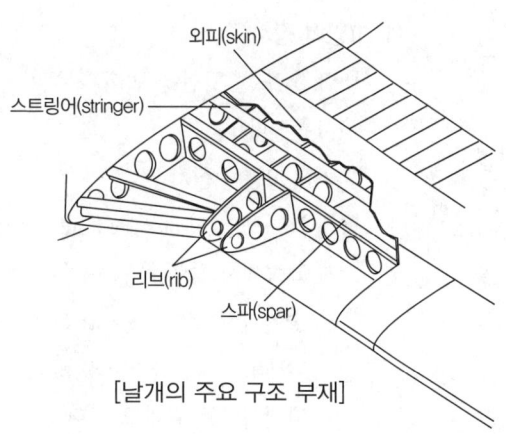

[날개의 주요 구조 부재]

나. 날개 장착법과 연료탱크

(1) 날개 장착 방법

① 지주식 날개(Braced type wing) : 소형 항공기에 사용되며 날개와 동체를 연결하는 지주(Strurt)에는 비행 중에는 인장력, 지상에서는 압축력이 작용한다.
② 캔틸래버식 날개(Cantilever type wing) : 현대의 항공기 장착 방식이며 비행중 공기의 저항을 줄여 줄 수 있는 장점이 있어 많이 사용 되며 하중은 모두 날개 장착부에 집중 된다.

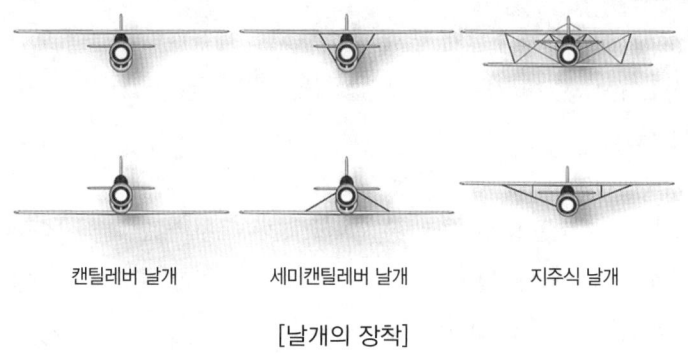

[날개의 장착]

(2) 연료탱크(Fuel tank)

① 인터그럴 연료탱크(Integral fuel tank) : 날개의 내부 공간을 그대로 사용하며 장점으로는 무게가 가볍다.
② 셀형 연료탱크(Cell type fule tank) : 합성 고무제품의 연료 탱크로 군용기에 자주 사용된다.
③ 브래더형 연료탱크(Bladder type fuel tank) : 금속으로 만든 연료탱크를 날개 내부에 장착하는 형식의 연료탱크를 말한다.

다. 날개 부착 장치와 조종면

(1) 고양력 장치

① 앞전 또는 뒷전에 변화를 주어 날개의 최대 양력 계수를 증가시켜주는 장치로 이·착륙시 사용된다.

② 앞전 고양력 장치
- ㉠ 드루프 앞전(drooped leadinge edge) : 저속에서 내리고 고속에서 들어 올릴 수 있다.
- ㉡ 슬롯과 슬랫(slot & slat) : 가장 많이 사용되며 최대양력계수를 50~90%까지 증가시키며 실속을 지연시키는 효과도 있다.
- ㉢ 크루거 플랩(Kruger flap) : 얇은 날개에 장착이 가능하며 날개 내부로 접어들일 수 있다.

③ 뒷전 고양력 장치
- ㉠ 단순플랩(Plain flap)
- ㉡ 분할 플랩(Split flap)
- ㉢ 슬롯 플랩(Slot flap)
- ㉣ 파울러 플랩(fowler flap)

[플랩의 종류]

(2) 도움날개 및 스포일러

① 도움날개(Aileron) : 항공기 날개 양 끝에 장착 되어 비행기의 옆놀이 모멘트(Rolling moment)를 발생시킨다.

② 스포일러(Spoiler)
- ㉠ 공중 스포일러(Flight spoiler) : 비행 중 날개 윗면의 스포일러를 좌우 따로 움직여서 도움날개의 역할을 대신한다.
- ㉡ 지상 스포일러(Ground spoiler) : 착륙 활주 중 날개 윗면의 스포일러를 양쪽 모두 움직여 항력을 증가시켜 활주거리를 짧게 만들어 준다.

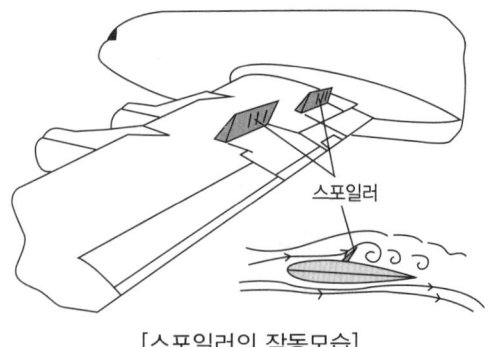

[스포일러의 작동모습]

(3) 날개의 방빙 및 제빙장치

① 방빙장치(Anti-icing system) : 날개 앞전을 가열하여 결빙을 방지하는 장치
  ㉠ 전열식 방빙장치 : 전기에 의해 결빙되는 것을 방지
  ㉡ 가열 공기식 방빙장치 : 가열 공기를 공급하여 날개의 결빙을 방지하는 장치
② 제빙장치(De-icing system) : 이미 형성된 얼음을 제거하는 장치
  ㉠ 알코올 분출식(화학적 제거방식) : 알코올을 분사하여 어는점을 낮추어 얼음을 제거
  ㉡ 제빙 부츠식(기계적 제거방식) : 압축공기를 맥동적으로 공급, 배출시켜 팽창 수축되면서 얼음을 제거

> **Note** | 방빙장치가 적용되는 곳
> 날개 앞전, 꼬리날개 앞전, 프로펠러, 피토-튜브 등

4. 꼬리날개(Empennage)

가. 역할 및 구성

(1) **역할** : 동체의 꼬리부분에 부착되어 비행기의 안정성과 조종성을 위한 것이다.
(2) **구성** : 수평 안정판, 수직 안정판, 방향타, 승강키
  ① 수평 안정판 : 비행 중 비행기의 세로 안정성을 담당한다.
  ② 승강키(Elevator) : 조종간과 연결되어 비행기를 상승, 하강시키는 키놀이(Pitching) 모멘트를 발생시킨다.
  ③ 수직 안정판 : 비행중 방향 안정성을 담당한다.

나. 수평 및 수직 꼬리날개

(1) **수평꼬리 날개** : 수평 안정판과 엘리베이터(Elevator, 승강타)로 구성되고 가로축에 대한 세로 안정과 피칭(Pitching) 운동을 담당한다.
(2) **수직꼬리 날개** : 수직 안정판과 러더(Rudder, 방향타)로 구성되고 수직축에 대한 방향 안정과 요잉(빗놀이, yawing) 운동을 담당한다.

> **Note** | 러더(방향타, Rudder)
> 조종간과 연결되어 비행기를 좌·우로 방향전환을 가능하게 하는 빗놀이(yawing) 모멘트를 발생시킨다.

5. 착륙장치(Landing gear)

가. 기능

이륙(take off), 착륙(landing), 지상 활주(taxing) 및 지상에서 정지해 있을 때 항공기 무게를 감당하고 진동을 흡수시키며 착륙 시 수직속도 성분에 해당하는 운동에너지를 흡수한다.

나. 착륙장치의 종류

(1) 사용 목적에 따른 분류 : 타이어형(육상용), 플로트형(수상용), 스키형(설상용), 스키드형(헬리콥터용)

(2) 장착방법에 따른 분류: 접개들이식(retractable type), 고정식

(3) 착륙 장치 장착 위치에 따른 분류

① 앞바퀴형 : 주바퀴 앞에 앞바퀴가 있으며, 무게중심이 주 바퀴 앞에 있다.

② 뒷바퀴형 : 동체 꼬리 부분에 뒷바퀴가 있으며 무게중심은 주 바퀴 뒤에 있다.

(4) 타이어 수에 따른 분류

① 단일식 : 타이어가 한 개인 방식

② 이중식 : 타이어 2개가 1조가 된 형식으로 앞바퀴에 적용

③ 보기식: 타이어 4개가 1조가 된 형식으로 주바퀴에 적용

다. 구성

(1) 완충장치(shock absorber)

① 역할 : 착륙시 수직 속도 성분에 의한 운동에너지를 흡수함으로써 충격을 완화시켜 주기 위한 장치

② 완충장치의 종류

㉠ 고무식 완충장치 : 고무의 탄성을 이용하여 충격을 흡수하며, 완충효율 50% 정도이다.

㉡ 평판 스프링식 완충장치 : 강철재의 판을 다리에 사용하여 그 평판의 탄성을 이용하여 충격을 흡수하는 형식으로 완충효율이 50% 정도이다.

㉢ 공기 압축식 완충장치 : 공기의 압축성을 이용한 장치로 완충 효율이 47% 정도이다.

㉣ 올레오식 완충장치 : 유체의 운동에너지와 공기의 압축성으로 이용하여 충격을 흡수하는 장치로 완충효율이 70~80% 정도이다.

(2) 브레이크 장치(brake system)

① 기능에 따른 분류 : 정상브레이크, 파킹 브레이크, 비상 및 보조 브레이크

② 구조 형식에 따른 분류 : 팽창 튜브식, 싱글 디스크식, 멀티 디스크식, 세그먼트 로터식

(3) 타이어

① 트레드와 사이드 월 : 마멸을 담당하는 부분

② 코어보디 : 나일론 섬유에 고무를 여러겹 적층
③ 와이어 비드 : 타이어이 골격으로 타이어 강도를 유지하고 타이어를 바퀴에 단단히 고정
④ 브레이커 : 코어보디와 트레드 사이에 있으며 외부 충격을 완화시키고 와이어 비드와 연결된 부분에 차퍼를 부착하여 제동장치로부터 오는 열을 차단

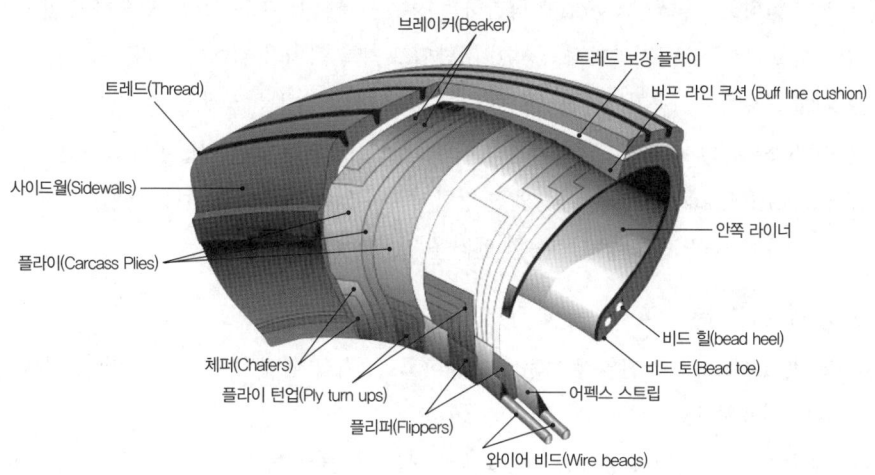

[타이어 구조]

(4) 그 밖의 장치

① 안티스키드 장치(antiskid system) : 브레이크 작동시 각 바퀴마다 지상과의 마찰력이 다를 때 한쪽 바퀴의 지나친 마모를 방지하기 위하여 바퀴의 마찰력을 균등히 조절하는 장치
② 퓨즈 플러그(fuse plug) : 브레이크를 무리하게 사용했을 때에 타이어가 과열되어 타이어 내의 공기 압력 및 온도가 지나치게 높아지게 되면 퓨즈 플러그가 녹아 공기 압력을 빠져 나가게 하여 타이어가 터지는 것을 방지

> **Note | 브레이크 장치 계통의 결함**
> ① 드래깅(dragging) 현상 : 브레이크 장치 계통에 공기가 차 있거나, 작동기구의 결함에 의해 브레이크 페달을 밟은 후에 제동력을 제거하더라도 브레이크 장치가 원상태로 회복이 잘 안 되는 현상
> ② 그래빙(grabbing) 현상 : 제동판이나 브레이크 라이닝에 기름이 묻거나 오염 물질이 부착되어 제동 상태가 원활하게 이루어 지지 않고 거칠어지는 현상
> ③ 페이딩(fading) 현상 : 브레이크 장치가 가열되어 브레이크 라이닝 등이 소손됨으로써 미끄러지는 상태가 발생하여 제동 효과가 감소하는 현상

6. 기관마운트 및 나셀

가. 기관마운트(Engine mount)

(1) 역할 : 기관을 기체에 장착하는 지지부로 기관의 추력을 기체에 전달한다.
(2) 종류 : 용접 강관 엔진마운트, 세미모노코크 엔진 마운트, 베드형 엔진 마운트
(3) 날개에 장착하는 방식 : pylon에 장착하는 경우 구조물이 부수적으로 필요하지 않아 항공기 무게 감소하고, 날개의 공기역학적 성능이 저하되고 착륙 장치가 길어야 한다.
(4) 동체에 장착방식 : 공기역학적 성능이 양호하고 착륙 장치를 짧게 할 수 있다.
(5) 방화벽(fire wall) : 기관의 열이나 화염이 기체로 전달되는 것을 차단한다.(스테인레스강)
(6) QEC(Quick Engine Change) : 엔진 장탈시 부수되는 계통, 즉 연료, 유압, 전기, 조종 계통 및 기관 마운트 등을 쉽게 장탈 가능한 엔진을 말한다.

나. 카울링 및 나셀 등

(1) 카울링(Cowling) : 나셀의 앞부분에 위치하고, 정비시 쉽게 장탈이 가능하다. 카울 플랩은 기관 냉각에 사용된다.
(2) 나셀(Nacelle) : 기체에 장착된 기관을 둘러싸는 부분을 말한다. 외피, 카울링, 구조부재, 방화벽, 기관 마운트로 구성한다.
(3) 공기 스쿠프(Air scoop) : 기화기에 흡입되는 공기 통로이다.
(4) 역추진 장치(Thrust reverser) : 가스터빈기관 항공기의 착륙거리 단축에 사용된다.

7. 조종 계통

가. 수동 조종 장치(manual flight control system)

(1) 케이블 조종 계통(cable control system) : 케이블을 이용하여 조종면을 움직이게 하는 계통이며 경량이며 방향 전환 자유롭고 가격이 싸다. 단점으로는 마찰이 크고 마모가 많으며 장력의 변화가 크다.
(2) 푸시풀로드 조종 계통(push-pull rod control system) : 케이블식과 비슷하나 로드가 대신 사용되는 계통으로 마찰이 적고 신장이 적다. 단점은 무겁고 관성력이 크며 느슨함이 있다는 점이다.
(3) 토크튜브 조종계통(torque control system) : 조종계통에 사용되는 튜브로서 회전력을 이용하여 조종면을 원하는 각도만큼 변위시키는 장치이다. 설치 장소가 크게 필요하지 않지만 무게가 무겁다.

나. 동력 조종 장치(powered flight control system)

(1) **가역식 조종장치 또는 유압 부스터 방식**(hydraulic booster) : 조종력을 사람의 힘보다 몇 배로 크게 할 수 있고 유압계통에 고장이 생겨도 인력으로 조종면의 조종이 가능하므로 비상 상태의 경우에도 조종불능이 되는 일이 없다.

(2) **비가역식 조종장치** : 스프링(spring), 보브 웨이트(bob weight) 등을 사용하거나 동압에 따라 링크기구의 힘의 전단비를 변화시켜 조종간이 움직이는 양과 조종면에 작용하는 힘을 인공적으로 조종사가 느끼도록 되어 있다.

(3) **플라이 바이 와이어**(fly-by-wire) : 기체에 가해지는 중력가속도와 기체의 기울어짐을 감지하는 감지 컴퓨터 등 조종사의 감지 능력을 보충하는 장치를 갖추고 있어 성능이 매우 우수하고 동시에 조종성과 안정성이 월등한 항공기의 제작이 가능하다.

(4) **자동 조종 장치**(automatic pilot system) : 자이로스코프, 서보앰프, 서보모터로 이루어져 있으며 항공기를 장시간 조종하게 되면 조종사는 육체적으로나 정신적으로 피로하게 된다. 따라서 장거리 비행을 할 때에 설정한 비행 상태를 지정해 놓으면 그대로 비행하게 된다.

Section 2
기체의 재료

01 기체재료의 개요

1. 기체재료의 분류 및 금속의 일반적 특성

가. 기체재료의 분류

기체재료는 크게 금속재료와 비금속재료로 구분하며 금속재료는 철금속과 비철금속으로 세분화시킬 수 있다.

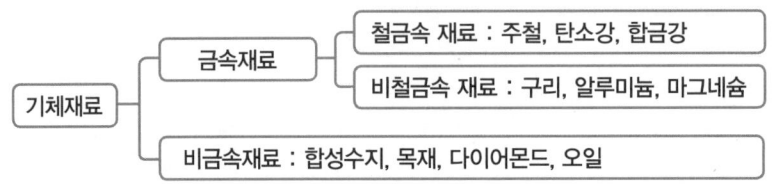

나. 금속의 일반적 특성
(1) 상온에서 고체이며, 결정체이다.
(2) 전기 및 열전도율이 양호하다.
(3) 전성 및 연성이 양호하다.
(4) 금속 특유의 광택을 가지고 있다.

2. 금속의 성질 및 가공

가. 금속의 성질
(1) 금속의 기계적 성질
① 강도(strength) : 가장 중요한 성질로 외력에 대한 저항력의 세기(인장, 압축, 굽힘, 비틀림, 전단, 피로)
② 경도(hardness) : 재료의 단단함을 나타내는 정도

③ 인성(toughness) : 충격에 대한 재료의 질긴 성질

④ 취성(brittless) : 외력에 의하여 소성변형이 거의 없이 부서지는 성질

⑤ 연성(ductility) : 재료의 늘어나는 성질

⑥ 전성(malleability) : 재료의 얇게 펴지는 성질(=가단성)

⑦ 탄성(elasticity) : 외력에 의해 변형되었다 원래 상태로 돌아오는 성질

⑧ 크리프(creep) : 일정한 외력을 받아 재료의 변형이 시간의 흐름에 따라 증가하는 현상

⑨ 가공경화(work hardening) : 가공에 의하여 경도, 강도가 커지는 현상

⑩ 청열 취성(blue shortness) : 연강은 200~300℃에서는 상온에서보다 연신율은 낮아지고 강도와 경도는 높아져 부스러지기 쉬운 성질을 갖게 되는 현상

⑪ 저온 취성(low tempering shortness) : 재료의 온도가 상온보다 낮아지면 경도나 인장 강도는 증가하지만 연신율이나 충격값 등은 급속히 감소하여 부스러지기 쉽게 되는 현상

(2) 금속의 물리적 성질

① 밀도(density) : 단위 체적당 질량

② 비중량(specific weight) : 단위 체적당 중량

③ 비중(specific gravity) : 대기압에서 4℃ 물과 동일 부피상태에서의 무게비

④ 비열(specific heat) : 어떤 금속 1g을 1℃ 올리는데 필요한 열량

⑤ 열전도율(thermal conductivity) : 재료의 단위시간당 열을 전달하는 능력

⑥ 열팽창률(thermal expansion) : 금속의 단위 길이에 대하여 온도 1℃ 상승하였을 때 늘어난 양

⑦ 자성(magnetic property) : 금속을 자계 내에 두면 자석이 되는 성질

나. 금속의 결정 구조와 가공

(1) 금속의 결정 구조

① 체심입방격자(Body-Centered Cubic lattice, BCC) : 입방체의 각 꼭짓점과 중심에 1개씩의 원자가 배열된 크롬, 몰리브덴 등과 α철과 δ철 등이 있다. 전연성이 적고 융점이 높으며 강도는 크다.

② 면심입방격자(Face-Centered Cubic lattice, FCC) : 입방체의 각 꼭짓점과 각 면의 중심에 1개씩의 원자가 배열된 구조로 전성과 연성이 좋으며 금, 은, 구리, 알루미늄, γ철 등이 이에 속한다. 전연성과 전기 전도도가 크며 가공성이 우수하다.

③ 조밀육방격자(Close-Packed Hexagonal, CHP 또는 HCP) : 입방체의 각 꼭짓점과 각 면의 중심에 1개씩의 원자가 배열된 구조로 전연성이 불량하고 접착성이 적으며 가공성도 좋지 않다. 마그네슘, 아연, 카드뮴, 코발트 등이 있다.

(2) 금속의 변태

① 변태 : 금속이 온도 변화에 따라 고체가 액체, 기체로 변하는 것
② 동소 변태 : 서로 다른 상태로 존재하는 동일 원소가 원자 배열의 변화에 따라 나타나는 현상으로 성질의 변화가 어느 일정 온도에서 급격히 발생한다.
③ 자기 변태 : 일정한 온도 이상에서 금속의 결정 구조는 변하지 않으나 자성을 잃고 상자성체로 자성이 변하는 현상을 말하며 성질의 변화는 점진적이고 연속적으로 발생한다.

(3) 합금의 상태

① 합금 : 금속의 성질을 개선하기 위해 금속 원소에 1개 이상의 금속 또는 비금속 원소를 첨가
② 종류
  ㉠ 공정 : 두 가지 금속 성분이 기계적으로 혼합된 조직을 가진 합금
  ㉡ 고용체 : 각 성분 금속을 기계적인 방법으로 구분할 수 없는 조직을 가진 합금
  ㉢ 화합물 : 친화력이 큰 금속이 화학적으로 결합하여 독립된 화합물 생성
  ㉣ 공석 : 고온에서 균일한 고용체로 된 것이 고체 내부에서 공정 조직으로 분리

(4) 금속의 가공

① 단조(Forging) : 열간 가공 후 재료를 공구를 사용하여 두들겨서 성형하는 가공법을 말한다.
② 압연(Rolling) : 재료를 열간 또는 냉간 가공하기 위하여 회전하는 롤러 사이를 통과시켜 원하는 두께, 폭, 또는 지름을 가진 제품을 만든다.
③ 프레스(Press) : 금속 판재를 위, 아래 한 쌍의 프레스 형틀 사이에 넣고 원하는 모양으로 성형, 가공하는 것을 말한다.
④ 압출(Extrusion) : 상온 또는 가열된 금속을 실린더 형상을 한 용기(Container)에 넣고, 한쪽에 램(Ram)에 압력을 가하여 봉재, 판재, 형재 등의 제품으로 가공하는 것을 말한다.
⑤ 인발(Drawing) : 금속 파이프 또는 봉재를 다이(die)에 통과시켜 축 방향으로 잡아당겨 바깥지름을 감소시키면서 일정한 단면을 가진 소재 또는 제품으로 가공하는 방법을 말한다.

02 철강 및 비철금속 재료

1. 철강금속 재료

가. 탄소강

(1) 탄소강의 성질에 영향을 주는 원소

① C : 인장 강도, 경도 증가. 연성은 줄고, 충격에 대해 약함. 용접성은 떨어짐
② Si : 저합금강의 크리프 강도나 탄성한계 증가. 내산화성, 내식성 증가

③ Mn : 신장, 내충격성, 내마모성이 증가. 담금질 경화 심도가 깊어짐
④ P : 함유량 0.05% 이하가 보통. 경화 균열의 주원인. 용접성 떨어짐
⑤ S : 황화철을 만들고 고온가공 시 균열을 일으키고, 충격저항을 감소시킴

(2) 탄소강의 분류

① 저탄소강
　㉠ 탄소 0.1~0.3%를 함유한 강을 말하며, 이 강은 전연성이 좋아 절삭가공성을 중요시하는 구조용 볼트, 너트, 핀 등에 사용된다.
　㉡ 항공기에서는 안전 결선(Safety Wire), 케이블, 부싱, 나사, 로드 등에 사용하며, 판재로는 2차 구조재로 사용된다.

② 중탄소강
　㉠ 탄소 0.3~0.5%를 함유한 강을 말하며, 탄소량이 증가하면 강도 및 경도가 향상된다.
　㉡ 특히 기계가공, 단조작업에 적합하고 표면경화가 필요한 곳에 사용된다.

③ 고탄소강
　㉠ 탄소 0.5~1.05%를 함유한 강을 말하며, 강도, 경도가 매우 크고, 전단이나 마멸에 잘 견디며 충격에도 강하다.
　㉡ 주로 높은 인장력이 필요한 철도 레일, 기차 바퀴, 공구강 등에 사용된다.

나. 특수강

(1) 특수강

① 합금강이라고도 하며 탄소강을 기본으로 하여 1개 이상의 특수 원소 첨가된 강을 말한다.
② 탄소강에 탄소, 규소, 망간, 인, 황의 원소만 함유한 경우 합금강이 아니다.
③ 특수 원소 : 니켈, 크롬, 텅스텐, 몰리브덴, 바나듐, 코발트, 규소, 망간, 붕소, 티탄

(2) 종류

① 니켈강(SAE 2330) : 고온에서 기계적 성질이 좋고 강도가 큼, 내마멸성, 내식성이 우수하여 볼트, 너트에 사용
② 크롬강 : 자성을 가지고 있음(내식강)
③ 니켈-크롬강(SAE 3140) : 담금질 특성이 좋아 크랭크 축, 와셔 등에 사용
④ 니켈-크롬-몰리브덴강(SAE 4340) : 착륙 장치, 강력 볼트에 사용
⑤ 크롬-몰리브덴강(SAE 4130) : 트러스용 재료
⑥ 크롬-니켈강(스테인레스강)
　㉠ 페라이트형 : 단조, 압연이 용이한 스테인리스강
　㉡ 마텐자이트형 : 열처리에 의해 쉽게 강화, 기계적 성질, 내식성 양호하고, 제트 기관의 흡입관, 압축기 베인, 터빈, 배기구에 사용

ⓒ 오스테나이트형 : 18% 크롬-스테인리스강에 8% 니켈을 첨가한 강으로 18-8 스테인리스강 또는 불수강이라 한다. 가공성 및 용접성이 양호하고 내식성이 우수하다. 비자성체이며 내식성, 충격 저항, 기계 가공성이 양호, 터빈 부품 재료, 방화벽에 사용

다. 강재료의 규격에 의한 식별법

(1) 식별 방법 및 특수강 표시

① 식별 방법 : 미국 자동차 기술자 협회(SAE 분류) 규격을 사용함

② 특수강 표시 : 문자 + 4자리 숫자 (SAE 2130)

　SAE 2330

　• SAE : 합금강 표시

　• 2 : 합금의 종류 (니켈)

　• 3 : 합금 원소의 합금량 (니켈 3%)

　• 30 : 탄소의 평균 함유량 (0.3%)

(2) 합금의 종류 및 합금 번호

합금	번호	식별 방법
탄소강	1	SAE 2130
니켈강	2	• 2 : 니켈강
니켈-크롬강	3	• 1 : 니켈 함유량 1%
몰리브덴강	4	• 30 : 탄소 함유량 0.3%
크롬강	5	• SAE 4130 (AISI 4130)
크롬-바나듐강	6	• 4 : 몰리브덴강
니켈-크롬-몰리브덴강	8	• 1 : 몰리브덴 함유량 1%
		• 30 : 탄소 함유량 0.3%

2. 비철금속 재료

가. 구리와 그 합금

(1) 구리(Cu)의 특성

① 특성 : 비자성체이며 전연성 및 내식성 우수, 열과 전기의 양도체

② 사용처 : 전기 계통

③ 금속 광택 : 붉은색

(2) 구리의 합금

① 황동

　⊙ 성분 : 구리에 아연 첨가(Cu + Zn)

　ⓒ 사용처 : 항공기 객실용품(귀금속 광택)

ⓒ 종류
- 7:3 황동 : 구리 70%, 아연 30%로 황금색
- 6:4 황동 : 구리 60%, 아연 40%로 염분에서의 내식성 우수

② 청동
ⓐ 성분 : 구리에 주석 첨가(Cu + Sn)
ⓑ 사용처 : 주조용 합금
ⓒ 특징 : 주석 15% 이상이면 강도 급격히 증가

나. 알루미늄과 그 합금

(1) 알루미늄의 특징
① 비중 2.7(구리의 약 1/3.5배 철의 1/3배)
② 용융점 : 660℃(1220°F)
③ 흰색 광택의 비자성체
④ 전 및 열의 양도체
⑤ 내식성 및 가공성 양호
⑥ 산과 알칼리에 약함
⑦ 구조 부분에 사용 불가

(2) 알루미늄 합금의 특성
① 가공성 우수(면심입방격자)
② 적절히 처리하면 내식성 증가(Mg 첨가)
③ 합금 비율에 따라 강도 강성이 크다.(Cu, Si 첨가 – 경도 증가)
④ 상온에서 기계적 성질이 양호하다.(기계적 성질 개선 – 석출 경화)

> **Note | 시효 경화 특성**
> ① 시효 경화 : 열처리 후(풀림) 시간이 지남에 따라 강도와 경도가 증가하는 성질
> ② 시효 경화 방지책 : 0℃ 이하 (32°F)에서 보관

(3) 알루미늄 합금의 식별기호
① AA 규격 : 미국 알루미늄 협회의 규격 표시(구성–4자리 숫자)
예 2024   2 : 알루미늄 – 구리계 합금 (합금계)
          0 : 개량 처리하지 않음 (개량번호)
          24 : 합금의 종류가 24S (합금번호)
예 1050   1 : 99% 순수 알루미늄
          0 : 개량 처리하지 않음
          50 : 소숫점 이하의 순도 (즉 99.5%)

AA 규격	
합금번호	주합금원소
1	알루미늄 99% 이상
2	Al + Cu (구리)
3	Al + Mn (망간)
4	Al + Si (규소)
5	Al + Mg (마그네슘)
6	Al + Mg + Si
7	Al + Zn (아연)
8	그 밖의 원소
9	예비원소

AA기호 ↔ ALCOA 재질기호		
1100	2S	A
2017	17S	D
2117	A17S	AD
2024	24S	DD
5056	56S	B

② ALCOA 규격 : 알코아사에서 제조한 알루미늄 합금의 규격 표시

합금번호	주요 합금원소
2S	준 알루미늄
3S – 9S	Mn
10S – 29S	Cu
30S – 49S	Si
50S – 69S	Mg
70S – 79S	Zn

예 A – 50S
- A : 알코아 회사의 알루미늄 재료
- 50 : 합금 원소(Mg)
- S : 가공용 알루미늄

③ AA규격 식별 기호 : 제조 과정에 있어서의 가공, 열처리 조건의 차이에 의해 얻어진 기계적 성질의 구분

㉠ F : 제조된 그대로의 것

㉡ O : annealing(연화), 재결정화의 처리가 된 것(연제품 : wrought)

㉢ H : 가공경화된 것(strain hardened)

㉣ W : 용제화 처리 후 자연 시효된 것

㉤ T : 열처리 한 것(F. O. H 이외의 열처리)

(4) 알루미늄 합금의 종류

① 1100 : 99%의 순수 알루미늄의 내식성 양호, 열처리불능, 구조용으로 사용 불가

② 2014 : 알루미늄 – 구리의 합금으로 인공 시효에 의해 내력 증가

③ 2017(duralumin) : 알루미늄 – 구리 합금으로 대표적인 가공용 알루미늄 합금, 열간 가공으로 주물의 결정 조직 파괴, 물에 급랭 후 시효 강화, 0.2% 탄소강과 기계적 성질이 유사하며 비중은 1/2 정도

④ 2024(super duralumin) : 알루미늄 – 구리 합금으로 전단 응력 및 내식성이 양호, 주구조부의 골격, 외피(skin), 리벳(rivet)에 사용

⑤ 5052 : 알루미늄 – 마그네슘 합금으로 샌드위치(honey comb sandwich) 재료
⑥ 7075(ESD, Extra Super Duralumin) : 알루미늄 – 아연의 합금, 강도가 높고, 내식성이 우수하여 큰 강도가 요구되는 구조 부분에 사용
⑦ 알클래드(alclad) : 내식성이 나쁜 초강 알루미늄 합금에 내식성이 좋은 순수 알루미늄을 실제 두께의 5~10%로 압연하여 접착한 것

다. 기타 비철금속

(1) 마그네슘과 그 합금

① 마그네슘(Mg)의 성질
  ㉠ 비중은 1.74로 알루미늄의 2/3 정도이며, 열팽창 계수는 강의 2배 정도
  ㉡ 강도는 두랄루민의 1/3 정도이며, 융점은 650℃
  ㉢ 가공법은 열간 가공(300℃ 정도)
  ㉣ 실용 금속 중 가장 경량
  ㉤ 절삭성 양호
  ㉥ 소금물(염분)에 약함
  ㉦ 금속 화재 발생(D급 화재)
  ㉧ 단위 중량당 강도가 크다.
② 마그네슘이 항공재료로 사용되는 이유 : 경량이며 단위 중량당 강도가 크다.
③ 용도 : nose gear, 문(door), 조종면, 외피, 오일 탱크 등

(2) 티탄과 그 합금

① 티타늄(Ti)의 특성
  ㉠ 비중 4.5로 Al 보다 무거우나 강(steel)의 1/2 정도
  ㉡ 융점 1730℃(스테인레스강 1400℃)
  ㉢ 열전도율이 적다(0.035) (스테인레스 0.039)
  ㉣ 내식성(백금과 동일) 및 Al 불수강보다 내열성 우수
  ㉤ 생산 단가가 특수강의 30~100배로 비싸다.
  ㉥ 해수 및 염산, 황산에도 완전한 내식성
  ㉦ 비자성체(상자성체)
② 용도 : 방화벽, 외피, 압축기 디스크, 깃(blade)

3. 금속재료의 열처리

가. 철강 재료의 열처리

(1) 일반 열처리

① 담금질(quenching) : 강의 A_1 변태점(723℃)보다 20~30℃ 높게 가열 후 급랭시켜 경도가 가장 높은 마텐자이트(martensite) 조직을 얻어 내는 것. 강이 임계온도 이상으로 가열되면 탄소가 균열용액으로 철 매트릭스와 함께 들어가며, 물, 오일 등으로 담금질하면 탄소는 아주 작은 입자로 형성된다.

② 뜨임(tempering) : 내부 응력을 제거하기 위하여 A_1 변태점 이하의 적당한 온도에서 가열하는 조직. 담금질을 한 강은 경도가 증가되는 반면에 취성을 가지게 되므로 다소 경도가 감소되더라도 인성을 증가시키기 위해서 담금질 한 강을 임계온도 이하의 온도로 가열하고 알맞은 속도로 냉각하여 인성을 갖게 하는 열처리를 뜨임이라 한다.

③ 풀림(annealing) : 금속의 기계적 성질을 개선하기 위하여 일정 온도에서 일정시간 가열 후 천천히 냉각시키는 조직완전 풀림, 연화 풀림, 구상화 풀림, 항온 풀림, 응력 제거 풀림

④ 불림(normalizing) : 내부 응력을 제거하고 강의표준 조직인 오스테나이트를 얻기 위한 조작. 주조, 용접이나 기계가공 되는 강은 일반적으로 파괴되는 구조 내에 응력이 남아 있다. 이응력은 불림에 의하여 제거됨. 강은 임계온도 이상으로 가열되고 이 온도에서 임계구조가 균일하게 될 때 용광로에서 제거하여 공기로 냉각시킨다.

(2) 항온 열처리

① 오스템퍼링(Austempering) : 뜨임 작업이 필요 없으며, 인성이 풍부하고 담금질 균열이나 변형이 적고 연신성과 단면 수축, 충격치 등이 향상된 재료를 얻게 된다.

② 마르템퍼링(Martempering) : 경도의 감소없이 충격값이 향상되지만 등온 유지 시간이 긴 것이 결점이다.

③ 마르퀜칭(Marquenching) : 담금질 균열이 작고 열에 의한 변형도 생기지 않는 이점이 있어 고탄소강, 특수강, 침탄강, 게이지강, 기어, 베어링강 등에 적용되고 있다. 이 방법은 물에서 담금질할 때보다는 경도가 다소 저하된다.

(3) 금속의 표면경화법

① 강의 표면층만을 경화시켜 내부의 인성을 그대로 유지, 내마모성, 내피로성, 등을 향상. 착륙기어나 항공기 엔진의 마모되는 부품은 내부 재질이 연성을 갖게 되더라도 표면을 경화시킨다.

② 표면경화법의 구분

㉠ 고주파 담금질법, 화염 담금질법

㉡ 침탄법 : 고체, 액체, 가스 침탄법(gear, spline의 면, 축의 journal section 등)

ⓒ 질화법 : 암모니아(NH₃) 가스를 520~550℃로 50~100시간 가열하여 질화물 형성(왕복 엔진의 cylinder barrel)

ⓔ 시안화법(침탄 질화법) : 침탄과 질화가 동시에 이루어지는 작업

ⓕ 금속 침투법 : 강재를 가열하여 합금 피복층 형성(제트 엔진의 터빈 베인이나, 터빈 블레이드에 고온 산화방지 목적으로 코팅됨)

나. 비철금속 재료의 열처리
(1) **알루미늄 합금의 열처리** : 고용체화 처리, 인공 시효 처리, 풀림처리
(2) **마그네슘 합금의 열처리** : 고용체화 처리, 인공 시효 처리, 금속의 열처리

03 비금속 재료 및 복합 재료

1. 비금속 재료

가. 합성수지(플라스틱)

(1) **개요** : 인공 합성된 고분자 물질을 주원료로 하여 가소제, 착색제, 안정제 및 그 밖의 충전제를 배합하여 성형한 고체재료이다.

(2) **종류**

① **열경화성 수지** : 한번 가열하여 성형하면 다시 가열하여도 연해지거나 용융되지 않는 성질로 페놀 수지, 에폭시 수지, 불포화 폴리에스테르, 폴리우레탄 등이 있다.

ⓐ 에폭시 수지 : 금속·유리 접착제, 도료, 건물 방수 재료 등에 사용된다. 특히 접착성이 우수하여 항공기용 접착제나 복합소재 모재로 주로 사용된다.

ⓑ 페놀 수지 : 공구함, 전기 배전판. 회로 기판, 전화기, 전기플러그, 자동차 브레이크 등에 사용된다.

ⓒ 폴리우레탄 : 방수성, 내유성 좋아 주로 항공기 도료에 많이 사용된다.

② **열가소성 수지** : 가열하여 성형한 후 다시 가열하면 연해지고 냉각하면 다시 본래의 상태로 굳어지는 성질의 수지로 폴리염화비닐(PVC), 폴리에틸렌, 나일론, 폴리메틸메타크릴레이크(PMMA) 등이 있다.

ⓐ 테프론 : 거의 완벽한 화학적 비활성 및 내열성, 비점착성, 우수한 절연 안정성, 낮은 마찰계수 등의 특성들을 가지며 인공혈관 등 보조기구, 전선의 피복제, 관 연결 틈새를 막아주는 개스킷 등에 사용된다.

ⓑ 폴리에틸렌 수지 : 전기 절연 재료, 주방 용기, 냉장고용 그릇, 화학약품용기, 장난감, 원예용 필름 등에 사용된다.

ⓒ 아크릴 수지 : 광고 표지판, 광학렌즈, 콘택트렌즈, 전등 케이스, 유리 대용(비행기나 보트의 채광창) 등에 사용된다.
ⓔ 폴리염화비닐 수지 : 가죽 대용품, 상·하수도관, 호스, 전선 피복, 화학 약품 저장 탱크 등에 사용된다.
ⓜ 나일론 : 섬유, 플라스틱 베어링, 기어, 롤러, 낙하산, 등산용 장비 등에 사용된다.

나. 고무

(1) 개요 : 먼지, 습기, 공기가 들어가는 것을 방지하며 액체 및 가스 등의 손실을 방지하며 진동과 잡음을 감소시키기 위한 곳에 사용한다.

(2) 종류

① 천연 고무
㉠ 유연성이 좋고, 낮은 온도에서 가공성이 우수하여 다양한 용도에 사용된다.
㉡ 항공기의 연료나 솔벤트 등이 묻으면 부풀거나 유연해지며, 합성 고무보다 쉽게 변질된다.
㉢ 물과 메탄올 계통에 대한 중간 절연 물질로 사용된다.

② 합성 고무 : 내유성 및 내후성이 우수하여 널리 사용한다. 부틸, 부나, 네오프렌, 실리콘 고무 등이 있다.
㉠ 부틸고무 : 가스의 침투와 노화에 대하여 높은 저항력을 가지고 있어, 타이어용 튜브에 사용된다. 우수한 탄성 회복율과 전기 절연성이 뛰어나지만, 석유 용제에 대해 심하게 부풀거나 유연해지는 결점이 있다.
㉡ 부나고무 : 천연 고무와 특성이 비슷하나, 용기 용제나 약품 등에 약하다. 내열성 및 내노화성이 우수하며, 특히 마멸에 강하므로 타이어 재료로 사용된다.
㉢ 네오프렌 : 천연 고무보다 재질은 질기지만, 기계적 강도는 약간 떨어진다. 방향족이 아닌 가솔린에는 우수한 저항력을 가지지만, 방향족 유류에는 약하다. 네오프렌은 주로 기화기와 다이어프램의 재료로 사용된다.
㉣ 실리콘 고무 : 고온에서 우수한 안정성을 가지며, 저온에서는 유연성이 좋다. 기름에는 저항력이 강하나 가솔린에는 약하다. 내한성 및 내후성이 우수하고, 열에 대해 안정하므로 항공기 출입문, 창틀 등의 충진재 및 내열성이 요구되는 부분의 밀폐제 등에 사용된다.

2. 복합 재료

가. 개요

(1) 복합재료의 개념 및 구성

① 개념 : 복합소재(Composite Material)란 두 종류 이상의 물질을 인위적으로 결합하여 각각의 물질 자체보다 뛰어난 성질이나 아주 새로운 성질을 갖도록 만들어진 재료를 말한다.

② 구성 : 복합재료는 하중을 주로 담당하는 고체형태인 강화재(Reinforcing Material)와 이들을 결합시키는 액체 형태인 모재(Matrix)로 구성된다. 복합소재에 사용되는 강화재와 모재의 종류는 매우 다양하다.

(2) 복합소재의 장점

① 무게 당 강도비율이 높다.
② 복잡한 형태나 공기역학적인 곡선형태의 제작이 가능하다.
③ 일부의 부품과 Fastener 를 사용하지 않아도 되어 제작이 단순해지고, 비용이 절감된다.
④ 유연성이 크고 진동에 강해서 피로응력(Stress Fatigue)의 문제를 제거한다.
⑤ 부식이 되지 않고 마모가 줄어든다.

나. 강화재와 모재의 종류

(1) 강화재 : 하중을 주로 담당하는 것으로 섬유 형태를 주로 사용

① 유리섬유(Glass Fiber)
  ㉠ 용해된 실리카 글래스(Silica Glass)의 작은 가락을 섬유로 만든 것이다.
  ㉡ 이용성이 넓고, 가격이 저렴해서 가장 많이 사용하는 보강용 파이버이다.
  ㉢ 밝은 흰색의천으로 식별이 가능하다.

② 아라미드 섬유(Aramid Fiber) 및 케블러(Kevlar)
  ㉠ 노란색, 경량이고 뛰어난 유연성을 갖는다.
  ㉡ 높은 응력과 진동을 받는 항공기에 가장 이상적인 재질이다.

③ 카본/그래파이트 파이버(Carbon/Graphite Fiber)
  ㉠ 검정색을 띠며 미국에서는 그래파이트, 유럽에서는 카본이라는 용어를 사용한다.
  ㉡ 리브나 날개의 표면, 일부 항공기의 1차 구조부 제작에 사용된다.

(2) 모재(Matrix) : 강화재의 결합 및 전단, 압축 하중을 담당, 습기나 화학 물질로부터 강화재 보호

① 수지 모재(Resin Matrix System) : 수지모재는 플라스틱 형태이다. 일반적으로 열가소성과 열경화성 두 가지 범주의 플라스틱이 있다.
  ㉠ 열가소성 수지 모재(Thermoplastic)
  ㉡ 열경화성 수지 모재(Thermoset)
  ㉢ 에폭시 수지 모재(Epoxy Resin System)

② 금속 모재 복합소재(Metal Matrix Composite) : 복합소재는 잘게 쪼개진 파이버 가닥이 녹은 금속과 섞일 때 형성되며, 파이버는 금속에 무게를 더하지 않고 강도를 크게 한다.
③ FRC 모재(Fiber Reinforced Ceramics) : 세라믹은 내열 합금도 견디지 못하는 내열성이 있어서 열전도율이 높고 열 팽창율이 작아서 열 충격에 대해 성능이 우수하다.

> **Note** | 수지계열 모재 사용시 주의사항
> ① 경화재는 제시한 정확한 비율로 섞어야 한다.
> ② 제작사의 지시대로 완전하게 섞어야 한다.
> ③ 왁스 성분이 없는 용기에서 섞는다.
> ④ 수지를 너무 빨리 섞거나, 한꺼번에 많은 양을 섞지 말아야 한다.
> ⑤ Pot Life or Working Life(Mixed Resin 의 사용가능 시간)를 지켜라.
> ⑥ Shelf Life(저장 기간)를 확인하고 사용하라.
> ⑦ 경화재와 모재의 무게 비율은 50:50 이 좋고, 60:40 은 더욱 좋다.

Section 3

기체의 구조강도

01 하중 및 하중배수 선도

1. 기체에 작용하는 하중

가. 하중과 응력

(1) **하중(Load)** : 항공기에는 비행중이나 지상에서 여러 힘들이 복합적으로 작용하는 구조물이며, 구조물에 가해지는 힘(Force)을 하중이라 한다.

(2) **응력(Stress)** : 구조물 내부에서 외력에 저항하여 견디는 힘을 내력(Internal Force)이라 하며, 단위면적당 내력 크기를 응력이라 한다.

① 인장응력

$$\text{인장응력}(\sigma,\ N/cm^2) = \frac{W}{A} = \frac{\text{단면적에 작용하는 인장력(N)}}{\text{단면적}(cm^2)}$$

② 전단응력

$$\text{전단응력}(\tau,\ N/cm^2) = \frac{W}{A} = \frac{\text{단면적에 작용하는 전단력(N)}}{\text{단면적}(cm^2)}$$

나. 하중의 종류

(1) **항공기 외부에 작용하는 하중** : 중력, 양력, 추력, 항력

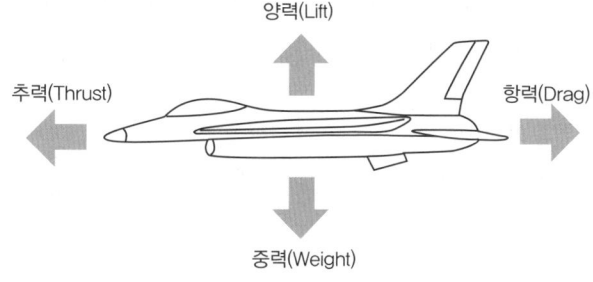

(2) **항공기 구조에 작용하는 하중의 종류**

① 인장하중(tention) : 힘의 작용방향이 서로 달라 길이가 늘어나려는 성질의 힘

② 압축하중(compression) : 힘의 작용방향이 서로 같아 길이가 짧아지려는 성질의 힘

③ **굽힘하중(Bending)** : 휘어지려는 힘

④ **전단하중(shear)** : 힘의 작용이 서로 교차하여 재료가 끊어지려는 성질의 힘

⑤ **비틀림(Torsion)** : 힘의 작용이 서로 반대 방향으로 회전하여 꼬아지려는 힘

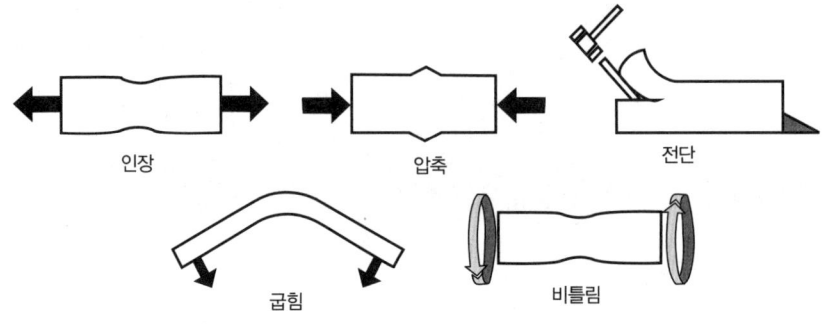

[항공기 외부에 작용하는 하중]

(3) 힘의 합성, 모멘트, 변형률

① **힘의 합성** : 평행사변형 원리에 의해 힘도 합성이 가능하며 벡터로 표시한다.

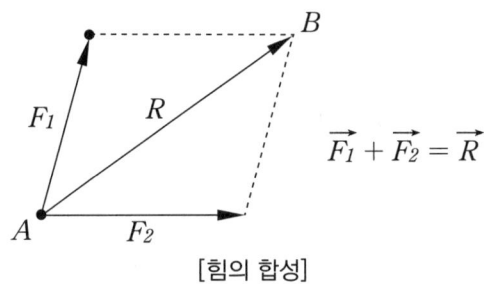

[힘의 합성]

② **모멘트** : 물체의 회전운동을 변화시키는 힘의 상호작용을 말한다.

모멘트(M) = 거리 × 힘 = $r \times F$

③ **변형률** : 부재는 하중을 받으면 모양이 변형되는데, 부재를 구성하는 재료에 따라 변형량이 달라진다. 이 때 늘어난 길이와 원래 길이에 대한 비를 변형률이라 한다.

변형률$(\epsilon) = \dfrac{\text{늘어난 길이}}{\text{원래의 길이}} = \dfrac{\delta}{L}$

2. 하중배수 선도

가. 하중배수와 안전계수

(1) **하중배수** : 비행 상태에서 기체에 작용하는 하중을 무게로 나눈 값

하중배수$(n) = \dfrac{\text{양력}}{\text{무게}} = \dfrac{L}{W}$

(2) **한계하중** : 항공기에 여러 번 반복하여 하중이 작용하더라도 기체구조 부분에 영구 변형이 일어나지 않도록 제한된 설계상의 하중을 한계하중이라고 한다.

(3) **극한하중** : 구조물이 견딜 수 있는 최대 하중이며 기체의 모든 부분은 극한 하중에 3초 이상 견딜수 있게 설계 된다.

극한하중 = 한계하중 × 안전계수

(4) **안전계수(factor of safety)** : 구조물이 하중에 대하여 안전성을 가지도록 하기 위하여 구조물의 종류에 따라 안전 계수를 정하고 있는데, 항공기의 구조물에 대한 안전 계수는 1.2~1.5로 규정하고 있다.

나. 비행시 하중배수

(1) **등속도 수평비행시** : 양력과 중력의 값이 같으므로 항상 1이다.

$$하중배수(n) = \frac{L}{W} = 1$$

(2) **상승, 하강 비행시 하중배수**

$$n = \frac{V^2}{V_S^2} = \frac{비행속도^2}{실속속도(최소속도)^2}$$

(3) **선회비행시 하중배수**

$$n = \frac{1}{cos\theta} \quad (\theta : 선회시 경사각)$$

다. 속도-하중배수(V-n) 선도

x축에 항공기의 속도, y축에 하중 배수를 직교 좌표축으로 하여 항공기의 속도에 대한 하중배수를 나타냄으로써 항공기의 안전한 비행 범위를 정해 주는 선도

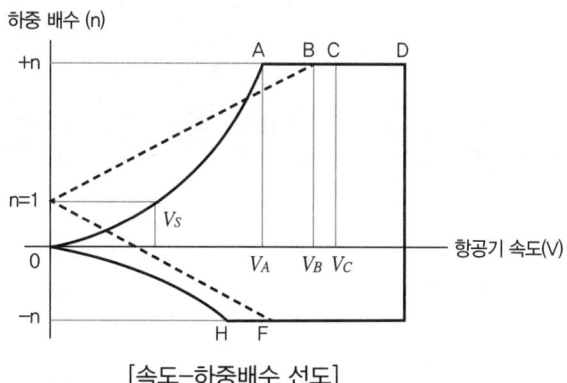

[속도-하중배수 선도]

(1) 설계제한 하중배수

① 하중배수 선도에서 AD와 HF의 직선은 설계상 주어지는 양(+)과 음(-)의 한계하중 배수를 나타내는데, 이 하중배수를 벗어나서는 어떠한 비행도 할 수 없도록 제한한다. 이 한계하중 배수를 설계제한 하중배수 n_1라고 한다.

② 아래 표처럼 항공기의 유형에 따라 해당 기관에 의하여 지정되어 있다.

항공기	제한 하중배수	
	(+)	(-)
보통기(N)	3.8	1.5
실용기(U)	4.4	1.76
곡예기(A)	6.0	3.0
수송기(T)	2.5	1.0

(2) 설계 운용 속도(V_A)

① 항공기가 어떤 속도로 수평 비행을 하다가 갑자기 조종간을 당겨서 최대 양력 계수의 상태가 되었을 때의 속도이다.

② 설계 운용 속도 : $V_A = \sqrt{n} V_S$ (n : 설계 제한 하중 배수, V_S : 실속속도)

(3) 설계 순항 속도(V_C) : 설계 순항 속도(V_C)는 비행 성능과 연료 소비율 등을 고려하여 결정되는 경제적인 속도이며, 구조 역학적인 문제와는 관계가 없다.

(4) 설계 돌풍 운용 속도(V_B) : 항공기가 어떤 속도로 수평 비행을 하다가 수직 상승 또는 하강 돌풍을 만났을 때, 하중배수가 증가 또는 감소하여 그 항공기의 설계제한 하중배수 n_1과 같아질 때의 속도이다.

(5) 설계 급강하 속도(V_D) : 하중배수 선도(V-n 선도)에서 최대 속도를 나타내며, 구조 강도의 안전과 조종면에서 안전을 보장하는 구조 설계상의 최대 허용 속도이다.

02 무게 및 평형, 강도

1. 무게 및 평형

가. 용어와 무게 측정 준비작업

(1) 용어와 정의

① 무게중심 : 설계시 정해지며 항공기의 비행 성능 및 안정성, 조종성을 위하여 정해진 중심 위치 및 이동 가능한 범위 내에서 비행하여야 한다.

② 평형 : 항공기 내부의 오물 축적, 연료 소모, 승객, 승무원, 탑재물의 위치에 따라 변하는 중심을 무게를 조절하여 평형을 이룬다.

③ 평균 공력시위(MAC) : 항공기의 무게중심(C.G)을 표시하는 기본단위이다.

④ 기준선(reference datum) : 항공기 무게 중심의 계산 및 장비 등의 세로축 위치 표시를 위한 기준선을 의미한다. 항공기 세로축에 직각인 가상의 수직 평면을 말하며, 항공기 제작사에서 정한다.

⑤ 동체 스테이션(fuselage station) : 기준선을 0으로 동체 전·후방을 따라 위치한다. 이 기준선은 동체 전방 또는 동체 전방 근처의 면으로부터 모든 수평거리가 측정이 가능한 상상의 수직면이다.

⑥ 버톡 라인(buttock line) : 동체 중심선의 오른쪽이나 왼쪽으로 평행한 거리를 측정한 폭을 말한다.

⑦ 워터 라인(water line) : 워터 라인 0으로부터 하부로부터 상부의 수직거리를 측정한 높이를 말한다.

⑧ % MAC : 날개 시위상의 임의점의 위치를 백분율로 나타낸다.

⑨ 중심 한계 : 항공기의 무게가 연료, 승객, 탑재물 등에 의하여 변하므로 안전한 비행을 위한 중심 이동이 가능한 범위를 정한다.(전방 한계, 후방 한계, 기수 처짐, 꼬리 처짐)

(2) 무게 측정을 위한 준비 작업

① 자세를 수평으로 하고 가능한 한 연료 및 윤활유를 배출한다.
② spoiler, slat, rotor는 정확한 위치(제작사 지침)에 위치시킨다.
③ 비행하는데 불규칙적으로 사용하는 품목은 제거한다.
④ 각종 점검창, 출입문, 비상구, 캐노피는 정상 비행 상태를 유지하도록 한다.
⑤ 제작사의 지침에 따라 알맞은 저울을 선택한다.
⑥ 옆 하중이 발생하지 않도록 브레이크는 풀어 놓는다.

나. 무게의 정의 및 무게 중심 계산

(1) 무게의 정의

① 자기무게(Empty Weight)
   ㉠ 항공기의 자기무게는 고정된 위치에 실제 항공기에 장착된 모든 작동 장비를 포함한 무게를 말한다.
   ㉡ 항공기 기체, 엔진, 요구된 장비, 옵션이나 특별한 장비, 고정된 밸러스트, 유압 작동유, 잔여 연료와 오일을 포함한다.

② 유효하중(Useful Load)
   ㉠ 항공기의 유효하중은 최대허용무게에서 자기무게를 뺀 것이다.(유효하중 = 최대허용무게 - 자기무게)
   ㉡ 유효하중은 최대 오일, 연료, 승객, 짐, 조종사, 부조종사와 승무원을 포함한다.

③ 유상하중(Pay Load) : 승객, 화물 등 유상으로 운반할 수 있는 무게로서 항공기의 안전을 위한 평형 값을 위한 변수로 사용되는 무게이다.
④ 영 연료무게(Zero Fuel Weight) : 항공기의 운용을 위한 정상 상태에서 연료의 무게만을 제외한 무게를 말한다.
⑤ 최대무게(Maximum Weight) : 최대무게는 공인된 항공기 최대무게와 그 용량이고 명세서에 지시된다.
⑥ 측정장비무게(Tare weight) : 항공기의 무게를 측정할 때에 사용하는 잭, 블록, 축, 지지대와 같은 부수적인 품목의 무게를 말한다. 항공기의 실제 무게와는 관계가 없다

(2) 무게 중심 계산

$$무게\ 중심(c.g) = \frac{총\ 모멘트}{총무게} = \frac{w_1 l_1 + w_2 l_2 + \cdots + w_n l_n}{w_1 + w_2 + \cdots + w_n}$$

W : 측정지점의 무게, l : 기준선에서 측정점까지의 거리

2. 강도와 구조의 안정성

가. 재료의 기계적 성질

(1) 후크의 법칙
: 재료의 변형은 하중에 의하여 탄성 한계 범위 내에서 응력과 변형률은 비례한다는 관계 법칙

$\sigma = E \cdot \varepsilon$ (σ : 응력, E : 재료의 탄성계수, ε : 변형률)

(2) 응력 변형률 곡선

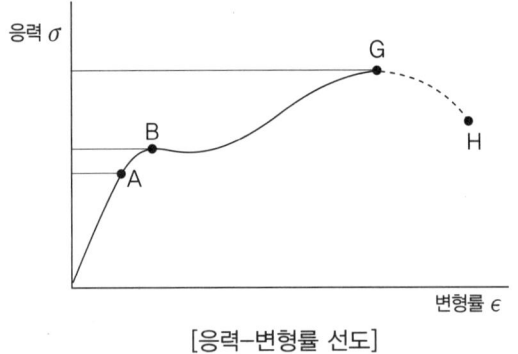

[응력-변형률 선도]

① 탄성한계점 "A" : 재료에 힘을 가하고 그 힘을 제거 했을 때 원래위치로 되돌아 올 수 있는 한계점이다.
② 비례탄성범위 "O-A" : 후크의 법칙은 이 범위에서만 성립한다. 이 점까지 가해졌던 응력(힘)이 제거되면 변형률도 제거되어 원래의 상태(원점 O)로 돌아오는데, 재료의 이러한 성질을

탄성(elasticity)이라고 한다.
③ **항복점 "B"** : 응력(힘)이 증가하지 않아도 저절로 변형이 진행되는데, 이 때의 응력을 항복응력(yield stress) 또는 항복 강도(yield strength)라고 한다.
④ **극한강도(인장강도) "G"** : 재료가 받을 수 있는 최대 응력
⑤ **파괴점 "H"**

나. 구조의 안정성

(1) **크리프** : 재료가 일정한 온도에서 시간이 경과함에 따라 응력(힘)이 일정하게 작용하더라도 변형률이 변화하는 현상을 말한다.

(2) **응력집중** : 단면의 변화가 있는 부분에서 국부적으로 매우 큰 응력이 발생하는 것이다.

(3) **피로 파괴** : 반복 하중을 받는 구조는 정하중에서 재료의 극한 강도보다 훨씬 낮은 응력 상태에서도 파괴되는데 이런 현상을 피로 파괴라 한다.

(4) **S-N 곡선** : 최대 응력을 세로축으로 하고, 가로축을 반복 횟수로 하여 그 현상을 나타낸 곡선으로 그림과 같이 횟수가 증가함에 따라 곡선은 아래로 감소하다가 일정한 값이 되어 수평을 유지하게 되는데, 이것을 피로 한도(fatigue limit) 또는 피로 강도라고 한다.

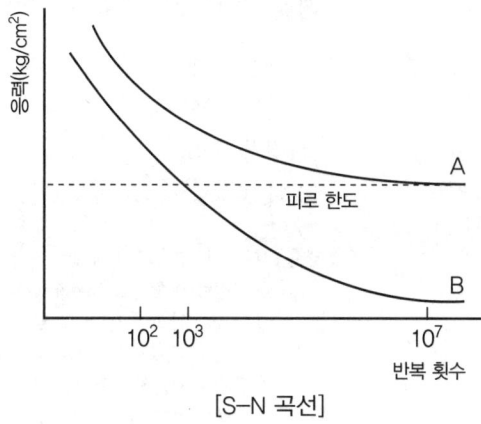

[S-N 곡선]

(5) **좌굴(Buckling)** : 기둥이나 봉같이 비교적 긴 부재에서 압축력을 받으면 압축 강도에 의하여 파괴되는 것이 아니라 휘어지면서 꺾여 더 이상의 강도에 견디지 못하게 되는 현상을 말한다.

제4장 항공기체 적중예상문제

01   기체의 구조

01 항공기 기체의 구조는 어떻게 구성되어 있는가?

① 동체, 날개, 꼬리날개, 착륙장치, 엔진마운트와 낫셀
② 동체, 날개, 꼬리날개, 착륙장치, 동력장치
③ 동체, 날개, 꼬리날개, 동력장치, 나셀
④ 동체, 날개, 꼬리날개, 착륙장치, 엔진마운트

[해설] 항공기 기체의 구성 : 동체(Fuselage), 날개(Wing), 꼬리날개(Tail Wing, Empennage), 착륙장치(Landing Gear), 엔진 마운트(Engine Mount) 및 나셀(Nacelle)이다.

02 응력 외피형 구조의 설명이 아닌 것은?

① 외피도 항공기에 작용하는 하중을 일부 담당하는 구조이다.
② 내부에 골격이 없어 내부 공간을 크게 할 수 있고 외형을 유선형으로 할 수 있는 장점이 있다.
③ 모노코크 구조와 세미 모노코크 구조이다.
④ 얇은 금속판으로 외피를 씌운 구조로 경비행기 및 날개의 구조에 사용된다.

[해설] 응력 외피형 구조
항공기에 작용하는 하중을 일부 담당하는 구조이며, 내부에 골격이 없어 내부 공간을 크게 할 수 있고 외형을 유선형으로 할 수 있는 장점이 있으며, 종류는 모노코크 구조와 세미 모노코크 구조가 있다.

03 항공기 동체에 쓰이는 주요 부재가 아닌 것은?

① 벌크헤드   ② 세로지
③ 리브   ④ 세로대

[해설] 동체에 쓰이는 주요 부재
• 수직방향 : 벌크헤드(Bulkhead), 정형재(Former), 링(Ring), 프레임(Frame)
• 세로방향 : 세로대(Longeron), 세로지(Stringer)

04 페일세이프 구조의 형식이 아닌 것은?

① 다경로 하중 구조
② 버블 구조
③ 대치 구조
④ 하중 경감 구조

[해설] 페일세이프 구조(Failsafe Structure) 형식
• 다경로 하중 구조(Redundant Structure) : 일부 부재가 파괴 될 경우 그 부재가 담당하던 하중을 분담할 수 있는 다른 부재가 있어 구조 전체로서는 치명적인 결과를 가져오지 않는 구조
• 이중 구조(Double Structure) : 큰 부재 대신 2개의 작은 부재를 결합시켜 하나의 부재와 같은 강도를 가지게 함으로써 치명적인 파괴로부터 안전을 유지 할 수 있는 구조
• 대치 구조(Back Up Structure) : 하나의 부재가 전체의 하중을 지탱하고 있을 경우 이 부재가 파손될 것을 대비하여 준비된 예비적인 대치 부재를 가지고 있는 구조
• 하중 경감 구조(Load Dropping Structure) : 부재가 파손되기 시작하면 변형이 크게 일어나므로 주변의 다른 부재에 하중을 전달시켜 원래 부재의 추가적인 파괴를 막는 구조

정답 [01. 기체의 구조] 01 ①   02 ④   03 ③   04 ②

05 페일세이프 구조의 형식 중 일부 부재가 파괴될 경우 그 부재가 담당하던 하중을 분담할 수 있는 다른 부재가 있어 구조 전체로서는 치명적인 결과를 가져오지 않는 구조는?

① Redundant Structure
② Double Structure
③ Load Dropping Structure
④ Stress Skin Structure

06 트러스형(Truss Type) 구조의 설명과 다른 것은?

① 내부공간이 넓다.
② 골격/뼈대(Truss)는 기체에 작용하는 대부분의 하중을 담당한다.
③ 외피는 공기역학적 외형을 유지해준다.
④ 외형이 각진 부분이 많아 유연하지 않다.

해설 트러스 구조
- 목재 또는 강관으로 트러스를 이루고 그 위에 천 또는 얇은 합판이나 금속판으로 외피를 씌운 구조로 항공기에 작용하는 모든 하중을 이 구조의 뼈대를 이루고 있는 트러스가 담당한다.
- 구조가 간단하고 설계와 제작이 용이하여 초기 항공기 구조에 많이 이용되었지만, 내부 공간 마련이 어렵고 외부를 유선형으로 만들기가 어려운 단점이 있다.

07 다음 중 모노코크 형식의 항공기 구조의 응력은 주로 무엇에 의하여 전달되는가?

① 외피(skin), 세로지(stringer), 정형재(former)
② 외피(skin), 세로지(stringer), 세로대(longeron)
③ 외피(skin)
④ 세로지(stringer)

해설 모노코크 형식에서 기본적인 모든 응력은 외피가 담당한다.

08 동체 구조에서 세미-모노코크를 올바르게 설명한 것은?

① 구조부가 삼각형을 이루는 기체의 뼈대가 하중을 담당하고 표피는 항공 역학적인 요구를 만족하는 기하학적 형태만을 유지하는 구조이다.
② 하중의 대부분을 표피가 담당하며, 내부에 보강재가 없이 표피만으로 되어 있는 구조이다.
③ 동체의 내부 공간을 확보하기 위해 세로대 및 세로지를 이용한 구조이다.
④ 골격과 외피가 공히 하중을 담당하는 구조로서 외피는 주로 전단응력을, 골격은 인장, 압축, 굽힘 등 모든 하중을 담당하는 구조이다.

09 세미-모노코크 설명 중 옳지 않은 것은?

① 정역학적으로 정정이다.
② 금속제 항공기는 대부분이다.
③ 구조가 복잡하다.
④ 공간 마련이 쉽다.

해설 세미-모노코크 구조 : 모노코크 구조와 달리 하중의 일부만 외피가 담당하게 한다. 나머지 하중은 뼈대가 담당하게 항 기체의 무게를 모노코크에 비해 줄일 수 있다. 현대 항공기의 대부분이 채택하고 있는 구조 형식으로 정역학적으로 부정정 구조물이다.

10 세미-모노코크형 동체는 구조상 표피로 덮여진 수직과 종방향 부재로 구성되어 있다. 종방향 부재는 다음 중 무엇인가?

① 프레임(Frame) ② 벌크헤드(Bulkhead)
③ 스트링어(Stringer) ④ 포머(Former)

해설 세미-모노코크형 동체의 부재
- 종부재 : 론저론, 스트링어
- 횡부재 : 벌크헤드, 포머, 프레임, 링, 스티프너

정답 05 ① 06 ① 07 ③ 08 ④ 09 ① 10 ③

11 샌드위치 구조 형식에서 2개의 외판 사이에 넣는 코어(Core)의 형식이 아닌 것은?

① 이중형 ② 파형
③ 거품형 ④ 벌집형

12 좌굴을 방지하며, 외피를 금속으로 부착하기 좋게 하여 강도를 증가시키기는 부재는?

① Spar
② Stringer
③ Skin
④ Rib

13 여압실 내에서 비틀림 응력에 의한 좌굴현상을 방지하기 위해 동체 앞, 뒤로 1개씩 설치한 구조부재는 무엇인가?

① 벌크헤드(bulkhead)
② 세로지(stringer)
③ 세로대(longeron)
④ 정형재(former)

14 날개의 장착방식이 아닌 것은?

① 지주식 날개는 트러스 구조로 장착하기가 간단하고 무게도 줄일 수 있다.
② 지주식 날개는 무게도 줄일 수 있고 공기저항이 커서 경항공기에 사용된다.
③ 캔틸레버식 날개는 항력이 적어 고속기에 적합하다.
④ 캔틸레버식 날개는 무게가 가볍다.

해설 날개 장착 방식
• 지주식 날개 : 날개 장착부 지주(strut)의 양끝점이 서로 3점을 이루는 트러스 구조로 장착하기가 간단하고 무게도 줄일 수 있으나 공기 저항이 커서 경항공기에 사용된다. 날개와 동체를 연결하는 지주에는 비행중 인장력이 작용한다.
• 캔틸레버식 날개 : 항력이 적어 고속기에 적합하나 다소 무게가 무겁다는 결점이 있다.

15 날개의 장착방식에 대한 설명으로 틀린 것은?

① Cantilever Type Wing은 항력이 작아 고속기에 적합하다.
② Cantilever Type Wing은 무게가 가볍다.
③ Braced Type Wing은 트러스 구조로 장착하기가 간단하고 무게도 줄일 수 있다.
④ Braced Type Wing은 무게도 줄일 수 있고 공기저항이 커서 경항공기에 사용된다.

해설 캔틸레버식 날개(Cantilever Type Wing) : 항력이 작아 고속기에 적합하나 다소 무게가 무겁다는 결점이 있다.

16 항공기 날개구조에서 리브(Rib)의 기능을 가장 올바르게 설명한 것은?

① 날개의 곡면상태를 만들어주며, 날개의 표면에 걸리는 하중을 스파에 전달시킨다.
② 날개에 걸리는 하중을 스킨에 분산시킨다.
③ 날개의 스팬(span)을 늘리기 위하여 사용되는 연장 부분이다.
④ 날개 내부구조의 집중응력을 담당하는 골격이다.

해설 리브(rib) : 날개의 단면이 공기역학적인 형태를 유지할 수 있도록 날개의 모양을 형성해주며 날개 외피에 작용하는 하중을 날개보에 전달하는 역할을 한다.

17 응력-외피형 날개를 구성하는 주요구성 부재가 아닌 것은?

① 날개보(Spar)
② 리브(Rib)
③ 세로지(Stringer)
④ 론저론(Longeron)

해설 응력-외피형 날개의 구성과 역할
• 외피(Skin) : 비틀림 모멘트를 담당

정답 11 ① 12 ② 13 ① 14 ④ 15 ② 16 ① 17 ④

- 날개보(Spar) : 전단력과 휨모멘트를 담당.
- 스트링어(Stringer) : 압축응력에 의한 좌굴(Buckling)을 방지
- 리브(Rib) : 날개의 형태를 유지

18 날개의 고양력장치인 슬랫(Slat)의 설명이 잘못된 것은?

① 날개의 앞부분에 부착한다.
② 역할은 실속 받음각을 감소시키는 동시에 최대 양력을 증가시킨다.
③ 종류는 고정식과 전동식 슬랫이 있다.
④ 슬롯(Slot)은 슬랫이 날개 앞전 부분의 일부를 밀어 내었을 때 슬랫과 날개 앞면 사이의 공간

해설 슬랫(Slat) : 날개의 앞부분에 부착하며, 높은 압력의 공기를 날개 윗면으로 유도함으로써 날개 윗면을 따라 흐르는 기류의 떨어짐을 막고 실속 받음각을 증가시키는 동시에 최대 양력을 증가시킨다. 종류로는 고정식과 가동식이 있다.

19 파울러플랩에 대한 설명이 잘못된 것은?

① 장착 위치는 날개의 앞전과 뒷전이다.
② 양력을 증감시켜 이·착륙 시 비행속도를 줄이기 위한 장치이다.
③ 날개의 캠버와 날개면적을 증가시켜 뒷전 플랩중 가장 좋은 효과를 가진다.
④ 플랩의 작동은 기계식, 전기 동력식 유압식이 있다.

해설 플랩(Flap)
- 날개의 앞전 및 뒷전에 부착되고 기계식, 전기 동력식, 유압식(대형기에 사용), 날개의 뒷전을 가변식으로 하여 아래로 내림으로써 양력을 증가시켜 이·착륙 시 비행 속도 감소
- 종류 : 단순 플랩(Plain Flap), 분할 플랩(Split Flap), 파울러 플랩(Fowler Flap), 간격 플랩(Slot Flap)

20 스포일러의 역할 중 옳지 못한 것은?

① 도움날개 보조
② 항력 증가
③ air-brake 작용
④ 양력 증가

해설 스포일러 종류
- 공중 스포일러 : 비행 중 날개 바깥쪽의 공중 스포일러의 일부를 좌우 따로 움직여서 항공기 자세를 조종하거나 같이 움직여 비행속도를 감소시킨다.
- 지상 스포일러 : 착륙 활주 중 지상 스포일러를 수직에 가깝게 세워서 항력을 증가시킴으로써 활주거리를 짧게 하는 브레이크 작용을 한다.

21 항공기 꼬리날개(Empennage)의 역할은?

① 동체의 꼬리 부분에 부착되어 비행기의 안정성과 조종성을 위한 것이다.
② 수평 안정판은 비행중 비행기의 방향 안정성을 담당한다.
③ 수직 안정판은 비행중 비행기에 세로 안정성을 담당한다.
④ 러더(Rudder)는 조종간과 연결되어 비행기를 상승·하강시킨다.

해설 꼬리날개 역할 : 동체의 꼬리 부분에 부착되어 비행기의 안정성과 조종성에 영향을 미친다.

22 비행 시 발생되는 난류를 감소시켜주고 방향 안전성을 담당해 주는 것은?

① 플랩   ② 도살핀
③ 엘리베이터   ④ 러더

해설 도살핀(Dorsal Fin) : 항공기 수직 안정 휜 연장된 부분으로 Vertical Stabilizer의 전방에 설치되어 Vertical Stabilizer와 Fuselage 사이의 유선페어링(Streamline Fairing)으로 되어 비행 시에 발생되는 난류를 감소시켜 주고 항공기의 방향안정을 증가시키는데 사용된다.

정답 18 ③ 19 ① 20 ④ 21 ① 22 ②

23 날개에 엔진을 장착하는 경우 가장 큰 단점은?

① 날개보에 파일론(Pylon)을 설치하여 구조물이 부수적으로 필요하지 않다.
② 공기 역학적으로 저항을 적게 하기 위하여 유선형으로 되어있다.
③ 방화벽이 있어 화재 위험을 감소시킨다.
④ 날개의 공기 역학적 성능을 저하시킨다.

해설 날개에 엔진을 장착하는 경우 가장 큰 단점은 날개의 공기 역학적 성능을 저하시키는 것이고, 장점은 날개의 날개보에 파일론을 설치하게 되므로 구조물이 부수적으로 필요하지 않아 항공기의 무게를 감소시킬 수 있다는 것이다.

24 연료 탱크의 구조에 대한 설명이 잘못된 것은?

① Wet Wing은 Wing의 Front Spar, Rear Spar 및 양쪽 End Rib 사이의 공간을 연료 Tank로 사용하는 것을 말한다.
② 민간 항공기에는 Main Wing과 Center Wing 또는 Horizontal Stabilizer에 장착되어 있는 항공기도 있다.
③ Integral Fuel Tank는 Wing의 Front Spar, Rear Spar의 공간을 사용한다.
④ Cell Tank는 Wing의 Front Spar, Rear Spar의 공간을 사용한다.

해설 연료탱크의 구조
- 연료탱크는 항공기의 날개와 동체에 설치되어 있다.
- Main Wing과 Center Wing 또는 Horizontal Stabilizer에 장치되어 있다.
- 날개를 이루고 있는 Front Spar, Rear Spar 및 양쪽 End Rib 사이의 공간을 연료 탱크로 사용되며 연료의 누설을 방지하기 위하여 모든 연결부는 특수 Sealant로 Sealing되어 있다. 이 탱크를 Integral Fuel Tank 또는 Wet Wing이라고 한다.

25 터보 제트 항공기의 날개 전연부의 빙결은 무엇으로 방지하는가?

① 엔진 압축기부의 더운 블리드 공기
② 각 날개에 위치한 연소 히터의 더운 공기
③ 전연부의 합성고무 부츠를 전기적 열로
④ 전연부에 공기로 작동되는 팽창 부츠

해설 대부분의 터보 제트 항공기는 날개 앞전의 내부에 설치된 덕트를 통하여 엔진 압축기에서 일부의 더운 공기를 사용하여 날개 앞전부분을 가열하는 방법을 이용하고 있다.

26 인티그럴 탱크(integral tank)의 설명 중 맞는 것은?

① 날개보 사이의 공간을 그대로 사용한다.
② 고무 탱크를 내장한다.
③ 금속 탱크를 내장한다.
④ 밀폐재를 바르지 않는다.

해설 인티그럴 연료탱크 : 날개의 내부 공간을 연료탱크로 사용하고 날개보와 뒷 날개보 및 외피로 이루어진 공간을 밀폐제를 이용하여 완전히 밀폐시켜 사용한다. 여러 개의 탱크로 제작되며 무게가 가볍고 구조가 간단하다.

27 항공기 출입문 중 동체 스킨의 안으로 여는 방식은?

① 밀폐형 ② 티형
③ 팽창형 ④ 플러그 타입

해설 플러그(plug)형 출입문 : 출입문을 여닫는 방법에는 동체 밖으로 여는 것과 동체 안으로 여는 출입문

28 다음 중에서 뒷전 플랩이 아닌 것은?

① 스플릿 플랩　② 크루거 플랩
③ 단순 플랩　④ 파울러 플랩

해설 앞전 플랩 : 슬롯 슬랫, 크루거 플랩, 드루프 앞전

29 날개의 가동장치에 있어서 날개의 앞전 부분의 일부를 앞으로 밀어내어 날개 본체와 간격을 만든 다음 이 간격으로부터 높은 압력의 공기를 날개의 윗면으로 유도함으로써 날개의 윗면을 따라 흐르는 기류의 떨어짐을 막고 실속 받음각을 증가시키는 동시에 최대양력을 증대시키는 장치는?

① Flap　② Spoiler
③ Slat　④ 이중간격 Flap

30 나셀(Nacelle)에 대한 설명으로 옳은 것은?

① 기체의 인장 하중(Tension)을 담당한다.
② 기체에 장착된 기관을 둘러싼 부분을 말한다.
③ 일반적으로 기체의 중심에 위치하여 날개 구조를 보완한다.
④ 기관을 장착하여 하중을 담당하기 위한 구조물이다.

31 방화벽(Firewall)은 어느 곳에 위치하고 있는가?

① 연료탱크 앞에　② 조종석 뒤에
③ 엔진 마운트 뒤에　④ 엔진 마운트 앞에

해설 방화벽 : 방화벽은 엔진의 열이나 화염이 기체로 전달되는 것을 차단하는 장치이며, 재질은 스테인리스강, 티탄 합금으로 되어 있으며, 엔진 마운트 뒤에 위치한다.

02 기체의 재료

01 항공기 기체의 구조는 어떻게 구성되어 있는가금속의 원래 형태로 되돌아가려는 성질을 무엇인가?

① 취성　② 탄성
③ 연성　④ 인성

02 저탄소강의 탄소함유량은?

① 탄소를 0.1~0.3% 포함한 강
② 탄소를 0.3~0.5% 포함한 강
③ 탄소를 0.6~1.2% 포함한 강
④ 탄소를 1.2% 이상 포함한 강

해설 탄소강의 분류
• 저탄소강(연강) : 탄소 0.1~0.3% 함유
• 중탄소강 : 탄소 0.3~0.6% 함유
• 고탄소강 : 탄소 0.6~1.2% 함유

03 다음 중 SAE 강의 분류로 4130은?

① 몰리브덴 1%에 탄소 30%를 함유한 몰리브덴강
② 몰리브덴 1%에 탄소 30%를 함유한 크롬강
③ 몰리브덴 4%에 탄소 0.30%를 함유한 탄소강
④ 몰리브덴 1%에 탄소 0.30%를 함유한 몰리브덴강

04 알루미늄 합금 2024의 첫째자리 "2"는 무엇인가?

① 함유량　② 합금 개량 번호
③ 합금의 번호　④ 주합금의 원소

Chapter 04 항공기체

05 다음 중 SAE 4130 합금강에서 숫자 4는 무엇을 의미하는가?

① 몰리브덴 ② 크롬강
③ 4%의 탄 ④ 0.04%의 탄소

> **해설** SAE 합금강 표시
> • 4 : 합금의 종류(몰리브덴)
> • 1 : 합금 원소의 합금량(몰리브덴 1%)
> • 30 : 탄소의 평균 함유량(0.3%)

06 알루미늄협회(A.A)에서 정한 알루미늄 합금판 규격을 바르게 표시한 것은?

① 4자리 숫자
② 3자리 숫자 + 문자
③ 문자 + 4자리 숫자
④ 5자리 숫자

> **해설** AA 규격 식별 기호 : 미국 알루미늄협회에서 가공용 알루미늄 합금에 통일하여 지정한 합금 번호로서 네자리 숫자 표시(첫째자리 숫자 : 합금의 종류, 둘째자리 숫자 : 합금의 개량 번호, 나머지 두자리 숫자 : 합금 번호)

07 대형 항공기 윗면에 주로 많이 사용되는 7075(AA)에 알루미늄과 무엇이 가장 많이 합금되어있는가?

① 구리 ② 아연
③ 망간 ④ 마그네슘

> **해설** AA 7075(75S) : 성분은 Al + Zn(5.6%) + Mg(2.5%) + Mn(0.3%) + Cr(0.3%)으로 E.S.D(Extra Super Duralumin)이다. 알루미늄 합금 중 가장 강하다.

08 알루미늄 합금의 성질별 기호 중 T6의 의미는?

① 용체화 처리 후 냉간 가공한 것
② 용체화 처리 후 안정화 처리한 것
③ 용체화 처리 후 인공 시효 처리한 것
④ 제조시에 담금질 후 인공 시효 경화한 것

09 항공기의 주요 강도 구조재 이외의 거의 모든 구조 부품에 사용되는 리벳은?

① 2117 – T의 재질인 리벳
② 2017 – T의 재질인 리벳
③ 2024 – T의 재질인 리벳
④ 2024 – T2의 재질의 직경

> **해설** 2117-T 리벳(AD) : 알루미늄 합금 리벳으로서 구조 부재용 리벳이다. 열처리를 하지 않고 상온에서 작업할 수 있으며, 항공기 구조에 가장 많이 사용되는 리벳이다.

10 재료를 일정 시간 가열 후 물, 기름 등에서 급속히 냉각시키는 열처리 방법은?

① 풀림(Annealing)
② 뜨임(Tempering)
③ 불림(Normalizing)
④ 담금질(Quenching)

11 뜨임(Tempering)에 대한 설명으로 맞는 것은?

① 물과 기름에 급속 냉각
② 변태점 이하에서 가열 후 서서히 냉각시켜 인성 개선
③ 합금의 기계적 성질을 개선
④ 변태점 이상을 가열한 후 천천히 냉각

12 알루미늄 합금판에서 alclad란 말은 판의 면을 부식에 대해 어떻게 처리한 것인가?

① 크롬산 아연처리
② 전기 도금 처리
③ 카드뮴 관을 입힘
④ 순수 알루미늄 피복

정답 05 ① 06 ① 07 ② 08 ③ 09 ① 10 ④ 11 ② 12 ④

해설 2024, 7075 등의 알루미늄 합금은 강도 면에서는 매우 강하나 내식성이 나빠 내식성을 개선시킬 목적으로 양면에 내식성이 우수한 순수 알루미늄을 약 5.5%정도의 두께로 붙여 사용하는데 이것을 알크래드라 한다.

13 알루미늄 합금의 열처리 방법이 아닌 것은?

① 불림 처리 ② 고용체화 처리
③ 인공시효 처리 ④ 풀림 처리

해설 알루미늄의 열처리
- 고용체화 처리 : 강도와 경도를 증대시키기 위한 열처리을 말한다.
- 인공 시효 처리 : 고용체화 처리된 재료를 120~200℃ 정도로 가열하여 과포화 성분을 석출시키는 처리이다. 고온시효라고도 하는데 알루미늄 합금의 중요 경화방법이다.
- 풀림처리 : 고용체화 처리온도와 인공시효 처리온도의 중간온도로 가열하게 되면 석출된 미립자가 응집되고 잔류응력도 제거됨으로써 재질을 연하게 하는 처리이다.

14 구조 재료 중 FRP의 설명으로 옳지 않은 것은?

① Fiber Reinforced Plastic(섬유 강화 플라스틱)의 약어이다.
② 경도, 강성이 낮은 것에 비해 강도비가 크다.
③ 2차 구조나 1차 구조에 적층재나 샌드위치 구조재로 사용한다.
④ 진동에 대한 감쇠성이 적다.

15 항공기 기체재료로 사용되는 비금속 재료 중 수지에 관한 사항이다. 다음 중 열경화성 수지가 아닌 것은?

① 폴리 염화비닐 ② 폴리우레탄
③ 에폭시 수지 ④ 페놀 수지

해설 수지의 분류
- 열경화성 수지 : 한번 열을 가해서 성형하면 다시 가열하더라도 연해지거나 용융되지 않는 성질로 페놀수지, 에폭시 수지, 폴리우레탄 등이 있다.
- 열가소성 수지 : 열을 가해서 성형한 다음 다시 가열하면 연해지고 냉각하면 다시 원래의 상태로 굳어지는 성질, 폴리염화비닐, 폴리에틸렌, 나일론 및 폴리메타크릴산메틸 등이 있다.

16 다음 중 복합소재에 대해 맞는 것은?

① 모재(고체)+보강재(액체)
② 모재(액체)+보강재(고체)
③ 모재(고체)+보강재(고체)
④ 모재(액체)+보강재(액체)

해설 복합재료 : 2종류 이상의 소재를 인위적으로 조합하여 원래의 소재보다 뛰어난 성질이나 아주 새로운 성질을 갖도록 만들어진 재료이다.

17 가격이 비교적 비싸고 화학 반응성이 커서 취급에 어려움이 있으나 기계적 특성이 다른 강화섬유에 비해 뛰어나므로 주로 전투기 등의 동체나 날개 부품제작에 사용되는 것은?

① 아라미드 섬유
② 알루미나 섬유
③ 탄소 섬유
④ 보론 섬유

해설
- 유리 섬유 : 내열성과 내화학성이 우수하고 값이 저렴하여 가장 많이 사용된다.
- 탄소 섬유 : 열팽창 계수가 작아 치수 안정성이 우수하다.
- 아라미드 섬유 : 높은 인장강도와 유연성을 가지고 있다. 일명 케블러라 한다.
- 보론 섬유 : 우수한 압축강도 인성 및 높은 경도를 갖는다.
- 세라믹 : 높은 온도의 적용이 요구되는 곳에 사용한다.

정답 13 ① 14 ④ 15 ① 16 ② 17 ④

18 항공기에 복합 소재를 사용하는 주된 이유는 무엇인가?

① 금속보다 저렴하기 때문에
② 금속보다 오래 견디기 때문에
③ 금속보다 가볍기 때문에
④ 열에 강하기 때문에

19 다음 중 Kevlar라 불리며, 유연성이 좋고 경량인 섬유는?

① Boron Fiber   ② Alumina Fiber
③ Aramid Fiber   ④ Carbon Fiber

20 탄소 섬유에 대한 설명 중 옳지 않은 것은?

① 사용온도의 변동이 있어도 치수가 안정적이다.
② 그라파이트 섬유라고도 한다.
③ 다른 금속과 접촉하여도 부식이 일어나지 않아 부식방지처리가 불필요하다.
④ 날개와 동체 등과 같은 1차 구조부의 제작에 사용된다.

21 복합 소재의 부품 경화 시 가압하는 목적이 아닌 것은?

① 적층판 사이의 공기를 제거한다.
② 수리 부분의 윤곽이 원래 부품의 형태가 되도록 유지시킨다.
③ 적층판을 서로 밀착시킨다.
④ 경화과정에서 패치 등의 이동을 시킨다.

> **해설** 경화시 가압하는 목적
> • 수지와 파이버 보강재의 적절한 비율을 얻기 위해 초과분의 수지를 제거한다.
> • 층 사이에 갇혀 있는 공기를 제거한다.
> • 원래 부품에 맞게 수리한 곳의 곡면을 유지한다.
> • 굳는 기간 동안에 패치가 밀리지 않게 수리한 곳을 잡아주는 역할을 한다.
> • 파이버 층을 밀착시킨다.

22 복합 재료의 가압 방법에서 숏백이란?

① 미리 성형된 Caul Plate와 함께 사용되어 수리 부분의 뒤쪽을 지지한다.
② 수리한 곳에 압력을 가하는 가장 효과적인 방법이다.
③ 나일론 직물로 진공백을 사용할 때 블리이터 재료 등의 제거를 용이하게 해준다.
④ 넓은 곡면이 있어서 클램프를 사용할 수 없는 곳에 적합하다.

> **해설** 숏백(Shot Bag) : 넓은 곡면이 있어서 클램프를 사용할 수 없는 곳에 적합하고 숏백이 수리된 부분에 달라붙는 것을 막기 위해 플라스틱 필름을 사용해서 숏백과 수리된 부분을 분리시킨다.

23 광학적 성질이 우수하여 항공기용 창문 유리로 사용되는 재료는?

① 폴리메틸 메타크릴레이트
② 폴리염화비닐
③ 에폭시수지
④ 페놀수지

24 허니콤구조의 이점은 무엇인가?

① 같은 무게의 단일 두께 표피보다 단단하다.
② 같은 강도로 무게가 가벼우며 부식저항이 있다.
③ 손상이 쉽게 발견된다.
④ 고온도에 저항력이 크다.

> **해설** 허니콤 구조의 장·단점
> • 장점 : 강도가 크고, 음 진동에 잘 견딘다. 피로와 굽힘 하중에 강하다. 보온 방습성이 우수하고 부식 저항이 있다.
> • 단점 : 손상상태를 파악하기 어렵다. 집중하중에 약하다.

정답 18 ③ 19 ③ 20 ③ 21 ④ 22 ④ 23 ① 24 ①

25 금속이 원래 형태로 되돌아가려는 성질을 무엇인가?

① 취성 ② 탄성
③ 연성 ④ 인성

해설 금속의 성질
- 전성(Malleability) : 퍼짐성
- 연성(Ductility) : 뽑힘성
- 탄성(Elasticity) : 외력을 가한 후 그 힘을 제거하면 원래의 상태로 되돌아가려는 성질
- 취성(Brittle) : 부서지는 성질, 여린 성질
- 인성(Toughness) : 질긴 성질(찢어지거나 파괴되지 않음. 인성의 반대는 취성)
- 전도성(Conductivity) : 열이나 전기를 전도시키는 성질, 용접 가공과 압접가공에 매우 중요
- 강도(Strength) : 하중에 견딜 수 있는 정도
- 경도(Hardness) : 단단한 정도, 정적 강도 표시 기준

26 재료의 인성과 취성을 측정하기 위해 실시하는 동적 시험법은?

① 인장시험 ② 전단시험
③ 충격시험 ④ 경도시험

해설 충격시험 : 충격력에 대한 재료의 충격 저항을 시험으로서, 일반적으로 재료의 인성 또는 취성을 시험한다.

27 항공기 랜딩 기어(Landing Gear)에 사용하는 재료는?

① 고장력강 ② 내열합금
③ 알루미늄 ④ 티타늄 합금

28 항공기 Engine Mount에 사용되는 재질은?

① 관으로 된 강철
② 속이 비지 않은 강철
③ 속이 꽉 찬 마그네슘
④ 관으로 된 알루미늄

29 합금강이란 어느 것인가?

① Fe 과 C와의 합금
② 비자성체인 소결 합금
③ 비철 금속과 특수 원소의 합금
④ 탄소강과 특수 원소의 합금

해설 특수강(합금강)
- 탄소강과 특수 원소의 합금
- 특수 원소 : 니켈, 크롬, 텅스텐, 몰리브덴, 바나듐, 붕소, 티탄 등

30 SAE 2330 강이란?

① 탄소강 ② 몰리브덴강
③ 니켈 3% 함유강 ④ 텅스텐강

해설 SAE 2330
- 2 : 니켈강
- 3 : 니켈의 함유량(3%)
- 30 : 탄소의 함유량(0.3%)

31 알루미늄의 특성 중 옳지 않은 것은?

① 기계적 성질이 좋다.
② 가공성이 좋다.
③ 시효 경화성이 없다.
④ 내식성이 좋다.

해설 알루미늄 합금의 특성
- 가공성이 좋다.
- 적절히 처리하면 내식성 좋다.
- 합금 비율에 따라 강도, 강성이 크다.
- 상온에서 기계적 성질이 좋다.
- 시효경화성을 갖는다.

32 티타늄 합금과 알루미늄 합금을 비교 시 옳지 않은 것은?

① 티타늄 합금이 알루미늄 합금보다 강도가 높다.
② 티타늄 합금이 알루미늄 합금보다 내식성

이 불량하다.
③ 티타늄 합금이 알루미늄 합금보다 비중이 1.6배이다.
④ 티타늄 합금이 알루미늄 합금보다 내열성이 좋다.

해설 티타늄의 특성
- 비중 4.5(Al보다 무거우나 강의 1/2 정도)
- 융점 1,730℃(스테인리스강 1400℃)
- 열전도율이 적다(0.035) (스테인리스 0.039)
- 내식성(백금과 동일) 및 내열성 우수(Al 불수강보다 우수)
- 생산비가 비싸다.(특수강의 30~100배)
- 해수 및 염산, 황산에도 완전한 내식성
- 비자성체(상자성체)

33 황동의 주성분 원소는?

① Cu-Sn
② Cu-Al
③ Cu-Zn
④ Cu-Mn

해설 구리의 합금
- 황동
  - 성분 : 구리에 아연 첨가(Cu + Zn)
  - 사용처 : 항공기 객실용품(귀금속 광택)
- 청동
  - 성분 : 구리에 주석 첨가(Cu + Sn)
  - 사용처 : 주조용 합금
  - 특징 : 주석 15% 이상이면 강도 급격히 증가

34 미국규격협회(ASTM)에서 정한 질별기호 중 "O"는 무엇을 나타내는가?

① 주조한 그대로의 상태인 것
② 담금질 후 시효경화 진행 중인 것
③ 가공경화 한 것
④ 연화, 재결정화의 처리가 된 것

해설 질별기호(냉간 가공 및 열처리 상태 표시)
- F : 제조된 그대로의 것
- O : 연화, 재결정화의 처리가 된 것
- H : 가공 경화된 것
- T : F, O, H 이외의 열처리를 받은 재질
- T_2 : 풀림처리
- T_3 : 담금질 후 냉간 가공
- T_4 : 담금질 후 상온 시효 완료
- T_5 : 제조 후 바로 인공 시효처리
- T_6 : 담금질 후 인공 시효 경화
- T_7 : 담금질 후 안정화 처리
- T_8 : 담금질 처리 후 냉간 가공 후 인공시효 처리한 것
- T_9 : 담금질 처리 후 인공시효 후 냉간가공
- T_{10} : 담금질 처리를 하지 않고 인공시효만 실시

35 알루미늄 합금이 강철에 비해서 항공기 재료로 적합한 이유는?

① 변태점이 제일 낮다.
② 무게가 가볍다.
③ 부식이 잘 된다.
④ 전기가 잘 통한다.

해설 알루미늄 합금은 가공성, 내식성 등의 여러 성질이 우수하지만, 특히 다른 강에 비해 소재 비중이 약 1/3로서 경량화율이 매우 우수하다.

36 복합소재(Composite)를 항공기용 재료로 사용 하는 주된 이유는 무엇인가?

① 무게당 강도비율이 아주 높다.
② 비용이 많이 든다.
③ 제작이 복잡하다.
④ 부식에 약하다.

해설 복합재료의 장점
- 무게당 강도 비율이 높고 알루미늄을 복합재료로 대처하면 약 30% 이상의 인장·압축강도가 증가하고, 약 20% 이상의 무게 경감 효과가 있다.
- 복잡한 형태나 공기 역학적인 곡선 형태의 제작이 쉽다.
- 일부 부품과 파스너를 사요하지 않아도 되므로 제작이 단순해지고 비용이 절감된다.
- 유연성이 크고 진동에 강해서 피로 응력의 문제를 해결한다.
- 부식이 되지 않고 마멸이 잘 되지 않는다.

정답 33 ③ 34 ④ 35 ② 36 ①

37 가장 이상적인 복합 소재이며 진동이 많은 곳에 쓰이고 노란색을 띄는 섬유는?

① 유리 섬유 ② 탄소 섬유
③ 아라미드 섬유 ④ 보론 섬유

해설 아라미드 섬유
- 다른 강화 섬유에 비하여 압축강도나 열적 특성은 나쁘지만 높은 인장강도와 유연성을 가지고 있으며 비중이 작기 때문에 높은 응력과 진동을 받는 항공기의 부품에 가장 이상적이다.
- 항공기 구조물의 경량화에도 적합한 소재이다.
- 아라미드 섬유는 노란색 천으로 식별이 가능하다.

38 탄소 섬유에 대한 설명 중 옳지 않은 것은?

① 사용온도의 변동이 있어도 치수가 안정적이다.
② 그래파이트 섬유라고도 한다.
③ 다른 금속과 접촉하여도 부식이 일어나지 않아 부식방지처리가 불필요하다.
④ 날개와 동체 등과 같은 1차 구조부의 제작에 사용된다.

해설 탄소 섬유(Carbon/Graphite Fiber)
- 열팽창 계수가 작기 때문에 사용온도의 변동이 있더라도 치수 안정성이 우수하다. 그러므로 정밀성이 필요한 항공 우주용 구조물에 이용되고 있다.
- 강도와 강성이 높아 날개와 동체 등과 같은 1차 구조부의 제작에 쓰인다. 그러나 탄소 섬유는 알루미늄과 직접 접촉할 경우에 부식의 문제점이 있기 때문에 특별한 부식 방지처리가 필요하다.
- 탄소 섬유는 검은색 천으로 식별할 수 있다.

39 구조 재료 중 FRP의 설명으로 옳지 않은 것은?

① Fiber Reinforced Plastic(섬유 강화 플라스틱)의 약어이다.
② 경도, 강성이 낮은 것에 비해 강도비가 크다.

③ 1차 구조나 1차 구조에 적층재나 샌드위치 구조재로서 사용한다.
④ 진동에 대한 감쇠성이 적다.

해설 Fiber Reinforced Plastic(FRP ; 섬유 강화 플라스틱)
- 대표적인 것은 저기 절연성, 내열성이 양호한 유리를 섬유 상태로 하고, 불포화 폴리에스텔 수지나 에폭시 수지 등의 열경화성 수지에 보강제로서 유리 섬유를 조합하여 성형한 것이다.
- FRP는 경도, 강성이 낮은데 비하여 강도비가 크고, 내식성, 전파 투과성이 좋으며 진동에 대한 감쇠성도 크므로 2차 구조나 1차 구조에 적층재로나 샌드위치 구조재로서 사용된다.

40 FRP(Fiber Reinforced Plastic)에 사용되고 있는 열경화성 수지는?

① 폴리에틸렌수지
② 에폭시 수지
③ 실리콘 수지
④ 멜라민 수지

해설 에폭시 수지 : 열경화성 수지 중 대표적인 수지로서 성형 후 수축률이 적고 기계적 성질이 우수하며 접착강도를 가지고 있으므로 항공기 구조의 접착제나 도료로 사용된다. 또한, 전파 투과성이나 내후성이 우수한 특성 때문에 항공기의 레이돔(Radom), 동체 및 날개 등의 구조재용 복합 재료의 모재로 사용되고 있다.

41 열가소성 수지 중 유압 백업링, 호스, 패킹, 전선피복 등에 사용되는 수지는?

① 테프론
② 폴리에틸렌수지
③ 아크릴수지
④ 염화비닐수지

해설 열가소성 수지
- 테프론 : 거의 완벽한 화학적 비활성 및 내열성, 비점착성, 우수한 절연 안정성, 낮은 마찰계수 등의 특성들을 가지며 인공혈관 등 보조기

정답 37 ③ 38 ③ 39 ③ 40 ② 41 ①

구, 전선의 피복제, 관 연결 틈새를 막아주는 개스킷 등에 사용된다.
- 폴리에틸렌 수지 : 전기 절연 재료, 주방 용기, 냉장고용 그릇, 화학약품용기, 장난감, 원예용 필름 등에 사용된다.
- 아크릴 수지 : 광고 표지판, 광학렌즈, 콘택트렌즈, 전등 케이스, 유리 대용(비행기나 보트의 채광창) 등에 사용된다.
- 폴리염화비닐 수지 : 가죽 대용품, 상·하수도관, 호스, 전선 피복, 화학 약품 저장 탱크 등에 사용된다.
- 나일론 : 섬유, 플라스틱 베어링, 기어, 롤러, 낙하산, 등산용 장비 등에 사용된다.

42 열경화성 수지가 아닌 것은?

① 에폭시 수지
② 폴리우레탄
③ 폴리염화비닐
④ 페놀 수지

해설 열경화성 수지 : 한번 열을 가하여 단단하게 굳어진 다음에 가열하여도 물러지지 않는 수지로서 페놀, 에폭시, 폴리우레탄 등이 이에 속한다.

43 세라믹 코팅(Ceramic Coating)의 목적은?

① 내마모성
② 내열성
③ 내열성과 내마모성
④ 내열성과 내식성

해설 세라믹 코팅(Ceramic Coating) : 내열성을 좋게 하기 위하여 금속의 표면에 세라믹을 입히는 것으로 연강, 내열강, 내열대금, 몰리브덴, 서멧(cermet) 등에 사용되며 보통 유약을 표면에 발라 소성하여 만든다. 내열성이 좋아 제트 기관이나 원자로 부품 등에 쓰이고 있다.

44 금속판 벌집구조의 적층분리가 되었나를 결정하는 가장 좋은 방법은?

① 빛을 비추어 판의 밀도를 검사한다.
② 동전으로 손상 가능부에 두들겨보며 둔탁한 소리가 들리는가를 확인한다.
③ 형식 승인 데이터 문서(Type Certificate Data Sheet)를 참조한다.
④ 검사할 수 있는 방법이 없으므로 판전체를 교체해야 한다.

해설 허니콤 샌드위치 구조의 검사
- 시각 검사 : 층 분리를 조사하기 위해 광선을 이용하여 측면에서 본다.
- 촉각에 의한 검사 : 손으로 눌러 층 분리 등을 검사한다.
- 습기 검사 : 비금속의 허니콤 판넬 가운데에 수분이 침투되었는가 아닌가의 검사 장비를 사용하여 수분이 있는 부분은 전류가 통하므로 미터의 흔들림에 의해서 수분 침투여부를 발견할 수 있다.
- 시일(Seal) 검사 : 코너 시일(Coner Seal)이나 캡(Cap Seal)이 나빠지면 수분이 들어가기 쉬우므로 만져보거나 확대경을 이용하여 나쁜 상황을 검사한다.
- 코인 검사 : 판을 두드려 소리의 차이에 의해 들뜬 부분을 발견한다.
- X선 검사 : 허니콤 판넬 속에 수분의 침투 여부를 검사한다. 물이 있는 부분은 X선의 투과가 나빠지므로 사진의 결과로 그 존재를 알 수 있다.

정답 42 ③ 43 ② 44 ②

03   기체의 구조강도

01 항공기 기체구조에 인장력과 압축력으로 이루어진 응력은?

① 전단 응력 ② 굽힘 응력
③ 토크 ④ 비틀림 응력

02 항공기 기체에 작용하는 기계적인 하중에서 부재 내부에 작용하는 하중은?

① 양력, 항력, 추력, 무게
② 인장력, 압축력, 전단력, 비틀림력, 굽힘력
③ 공기력, 관성력
④ 양력, 항력

해설 항공기 기체에 작용하는 기계적인 하중 : 인장력(tension), 압축력(compress), 전단력(shear), 굽힘력(bending), 비틀림력(torsion)

03 다음은 응력(Stress)에 대한 설명이다. 잘못된 것은?

① 물체에 외력이 작용할 때 생기는 단위면적당 외력
② 응력의 단위는 kg/cm^2
③ 응력의 크기는 단면적에 비례
④ 응력의 크기는 물체에 작용하는 외력에 비례

해설 $\sigma = \dfrac{P}{A} = E \cdot \varepsilon$

04 기체구조 중 외피가 주로 담당하는 응력은?

① 굽힘력 ② 비틀림력
③ 전단력 ④ 인장력

해설 외피 : 동체에 작용하는 전단응력을 담당하고 때로는 세로지(stringer)와 함께 인장 및 압축응력을 담당한다.

05 항공기 주날개에 걸리는 굽힘 모멘트를 주로 담당하는 날개의 부재는?

① 스파(Spar) ② 리브(Rib)
③ 스킨(Skin) ④ 스트링어(Stringer)

06 인장강도의 단위는?

① kg/sec^2 ② kg/cm^2
③ $kg \cdot mm^2$ ④ kg

해설 인장강도
• 단위는 응력으로 단위면적에 작용하는 힘이다. 응력은 압력의 단위와 같은 힘/면적이다.
• $Pa(N/m^2)$, $psi(lb/in^2)$, kg/cm^2 등

07 응력이 증가하지 않아도 변형이 저절로 증가되는 점은?

① 비례한도점 ② 항복점
③ 탄성점 ④ 최대응력점

해설 항복점 : 응력이 증가하지 않아도 변형이 저절로 증가되는 점으로 이때의 응력을 항복응력 또는 항복강도라고 한다.

08 응력-변형률 곡선에서 응력을 제거하면 변형률도 제거되어 원래의 상태로 돌아오게 되는데 재료의 이와 같은 성질을 무엇이라 하는가?

① 소성 ② 탄성
③ 항복 ④ 항복점

해설 탄성과 소성
• 탄성 : 응력이 제거되면 변형률도 제거되어 원래의 상태로 돌아오는 성질
• 소성 : 항복점을 지나 더 이상 재료가 원래의 상태로 되돌아가지 않는 성질

정답 [03. 기체의 구조강도] 01 ② 02 ② 03 ③ 04 ③ 05 ① 06 ② 07 ② 08 ②

09 재료의 변형은 하중에 의하여 어느 작은 변위에서는 응력과 변형율의 비례관계가 σ = Eε로 성립된다. 이것은 무엇인가?

① 관성계수
② 후크의 법칙
③ 영률
④ 응력-변형률

해설 후크의 법칙 : 응력과 변형률의 관계를 나타내고 응력과 변형률 곡선에서 비례 한도점을 벗어나면 후크의 법칙은 성립하지 않는다.

10 다음 그림은 수송기의 V-n 선도를 나타낸 것이다. 이 그림에서 A와 D의 연결선은 무엇을 나타내는가?

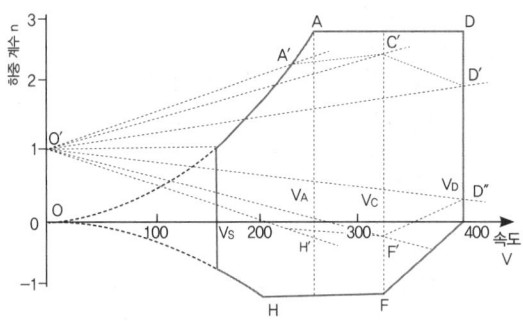

① 양력계수
② 돌풍하중계수
③ 설계상 주어진 한계하중계수
④ 설계순항속도

해설 속도하중배수선도 : 제작상 하중에 대하여 구조상 안전하게 설계, 제작해야하는 기준이며, 사용상 항공기가 구조상 안전하게 운항하기 위하여 비행 범위를 제시하는 기준

11 다음 V-n선도에서 순항성능이 가장 효율적으로 얻어지도록 정한 설계속도는?

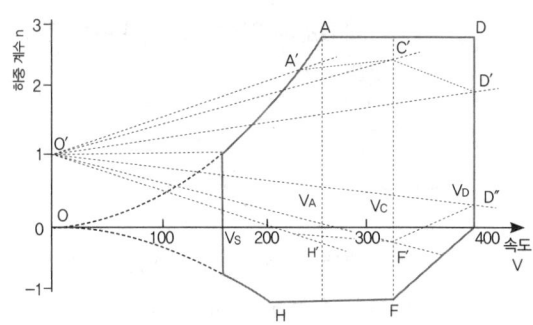

① V_S
② V_A
③ V_C
④ V_D

해설
• V_A(설계운용속도) : 플랩 등의 고양력 장치를 사용하지 않고 아무리 상승해도 하중배수를 초과하지 않는 속도
• V_C(설계순항속도) : 감항성상 기준이 되는 순항속도에서 등가대기속도
• V_D(설계급강하속도) : 설계상 기체강도, 안정성, 조종성을 보장하는 허용최대 급강하속도

12 V-n 선도에서의 n(Load factor)를 바르게 나타낸 것은? (단, L : 양력, D : 항력, T : 추력, W : 무게)

① L/W
② W/L
③ T/D
④ D/T

해설 하중배수란 현재의 하중이 기본하중의 몇 배나 되는지를 말하며, 항공기에 있어서는 날개에서 발생하는 양력이 기본 하중, 즉 수평 비행시에 발생하는 양력의 몇 배가 되는지를 정하는 수치

$$n = \frac{L}{W} = \frac{C_L \frac{1}{2} tV^2 S}{W}$$

13 피로에 대한 내용 중 맞는 것은?

① 큰 하중으로 파괴될 때의 현상
② 반복하중에 의한 파괴현상
③ 구조 설계를 위한 한계
④ 반복하중에 의한 재료의 저항력 감소현상

정답 09 ② 10 ③ 11 ③ 12 ① 13 ④

14 다음 중 하중계수에 대한 설명으로 틀린 것은?

① 하중계수는 기체에 작용하는 하중을 무게로 나눈 값이다.
② 등속 수평비행시 하중계수는 "1"이다.
③ 하중계수는 비행속도의 제곱에 비례한다.
④ 선회 비행시에 경사각이 클수록 하중계수는 작아진다.

해설 선회시 하중계수$(n) = \dfrac{1}{cos\theta}$

15 V-n 선도에 대한 설명으로 틀린 것은?

① 정부기관에서 정한다.
② 제작회사에서 정한다.
③ 설계제작시 참고하는 자료이다.
④ 사용자가 사용할 때 안전운용범위 지시이다.

해설 V-n 선도 : 항공기의 속도에 대한 제한 하중 배수를 나타내며 항공기의 안전한 비행 범위를 정해 주는 도표

16 구조재료의 Creep 현상을 바르게 설명한 것은?

① 재료가 일정한 온도에서 시간이 경과함에 따라 변형률이 변하는 상태
② 재료가 일정한 온도에서 시간이 경과함에 따라 하중이 일정하더라도 변형률이 변하는 현상
③ 재료가 일정한 온도에서 시간이 경과함에 따라 하중이 변하지 않는 현상
④ 재료가 온도가 변화함에 따라 하중이 변하지 않는 현상

해설 Creep 현상 : 일정한 응력을 받는 재료가 일정한 온도에서 시간이 경과함에 따라 하중이 일정하더라도 변형률이 변화하는 현상

17 시간에 대한 재료의 변형도를 표시한 곡선을 크립(Creep) 곡선이라고 한다. 이 크립곡선 중 시간에 대한 변형도와 증가율이 일정하게 증가되는 시간 단계는?

① 1단계
② 2단계
③ 3단계
④ 천이점

해설 Creep곡선
• 1단계 : 탄성 범위 내의 변형으로서, 하중을 제거하면 원래의 상태로 돌아온다.
• 2단계 : 변형률이 직선으로 증가한다.
• 3단계 : 변형률이 급격히 증가하여 결국 파단이 생긴다.
• 천이점 : 2단계와 3단계의 경계점

18 좌굴(Buckling) 현상을 바르게 설명한 것은?

① 작은 봉(Bar)은 좌굴강도에 의하여 파괴된다.
② 큰 인장하중을 받는 곳은 좌굴될 위험이 있다.
③ 큰 전단하중을 받는 곳에 위험이 있다.
④ 압축된 부분에 주름모양으로 주름지는 현상이다.

해설 좌굴 현상 : 과도한 압축응력을 받는 곳이나 굽힘응력이 작용하는 압축된 부분에 주름모양으로 주름지는 현상을 말한다.

19 l =150cm, d=3cm인 고정기둥의 세장비는 얼마인가?

① 21.54
② 63.7
③ 112.5
④ 200

해설 λ(세장비) $= \dfrac{L}{K}$ (K : 최소단면회전 반지름, L : 기둥의 길이)

$K = \sqrt{\dfrac{I}{A}} = \dfrac{d}{4}$ (I : 관성모멘트, A : 단면적)

정답 14 ④ 15 ② 16 ② 17 ② 18 ④ 19 ④

20 기체의 영구 변형이 일어나더라도 파괴되지 않는 하중은?

① 돌풍하중　② 극한하중
③ 한계하중　④ 설계하중

해설 한계하중 : 기체 구조상의 최대하중으로 기체의 영구변형이 일어나더라도 파괴되지 않는 하중

21 다음 중 설계하중을 바르게 설명한 것은?

① 설계하중 = 한계하중
② 설계하중 = 한계하중 + 안전계수
③ 설계하중 = 안전계수
④ 설계하중 = 한계하중 × 안전계수

해설 설계하중 : 기체가 견딜 수 있는 최대의 하중으로 한계하중에 안전계수의 곱으로 표현되며, 일반적으로 안전계수는 1.50이다

22 운항자기(Operating Empty Weight) 무게에 맞는 것은?

① 화물 무게
② 사용 가능한 연료의 무게
③ 승객 무게
④ 유압 계통에 사용되는 윤활유의 무게

해설 운항자기 무게(Operating Empty Weight) : 자기 무게의 운항에 필요한 승무원, 장비품, 식료품 등의 무게를 포함한 무게로 승객, 화물, 연료, 윤활유는 포함하지 않는다.

23 항공기 무게의 설계 단위 측정 시 여자 승객의 무게는?

① 55kg　② 65kg
③ 70kg　④ 75kg

해설 항공기 탑재물 설계 단위 무게 : 항공기 탑재물에 대한 무게를 정하는데 기준이 되는 설계상 무게(남자 : 75kg, 여자 : 65kg, 가솔린 : 1L당 0.7kg, 윤활유 : 1L당 0.9kg)

24 항공기의 위치선을 바르게 설명한 것은?

① BBL은 동체의 위치선이다.
② BWL은 동체 위치선이다.
③ WS는 날개 위치선이다.
④ WBL은 동체 수위선이다.

해설 항공기의 위치선(inch 또는 cm로 표시)
- 동체 위치선(FS : fuselage station)
- 동체 수위선(BWL : body water line)
- 동체 버턱선(BBL : body buttock line)
- 날개 버턱선(WBL : wing buttock line)
- 날개 위치선(WS : wing station)

25 다음 항공기의 위치 표시방법 중에서 버톡 라인(Buttock Line)은 무엇인가?

① 항공기 위치 전방에서 테일콘까지 연장된 선과 평행하게 측정
② 수직 중심선에 평행하게 좌, 우측의 너비를 측정
③ 항공기 동체의 수평면으로부터 수직으로 높이를 측정
④ 날개의 후방 빔에 수직하게 밖으로부터 안쪽 가장자리까지 측정

해설
- 동체스테이션: 기준선은 기수 또는 기수 부근의 면에서 모든 수평 거리가 측정 가능한 상상의 수직선
- 버톡라인: 동체 단면의 중앙의 중심선을 기준으로 일정한 간격으로 평행선의 폭을 말한다.
- 워터라인: 동체의 낮은 부분에서 어떤 정해진 거리만큼 떨어진 수평면의 수직선을 측정한 높이

26 최대이륙중량(Maximum Take-off Gross Weight) 이란?

① 지상에서 이용할 수 있는 허가된 최대의 중량
② 착륙이 허용될 수 있는 최대의 중량
③ 제작 시 기본무게에 운항 시 필요한 품목을 더한 무게

정답 20 ③　21 ④　22 ④　23 ②　24 ③　25 ②　26 ④

④ 최대활주 총무게에서 Engine Run-up, Taxing Holding 등에 사용된 연료를 뺀 무게

해설 최대이륙중량 : 최대 활주 총무게에서 Engine Run-up, Taxing Holding 등에 사용된 연료를 뺀 무게를 말한다.

27 항공기의 무게중심을 맞추기 위해 사용하는 모래주머니, 납 등을 무엇이라 하는가?

① 테어 ② 밸러스트
③ 웨이트 ④ 카운트 웨이트

해설 밸러스트 : 요구되는 무게 중심을 평형을 얻기 위해, 또는 장착 장비의 제거, 또는 장착에서 오는 무게의 보상을 위해 설치하는 모래주머니, 납판, 납봉을 말한다.

28 재료가 일정한 온도에서 시간이 경과함에 변형률이 변화하는 현상은?

① 변형률 ② Creep
③ 푸아송의 비 ④ 트랜세이션

해설 Creep 현상 : 일정한 응력을 받는 재료가 일정한 온도에서 시간이 경과함에 따라 하중이 일정하더라도 변형률이 변화하는 현상을 말한다.

29 재료의 피로 파괴를 바르게 설명한 것은?

① 피로 파괴는 재료의 인성과 취성을 측정하기 위한 시험법이다.
② 피로 파괴는 합금성질을 변화시키려는 성질을 말한다.
③ 피로 파괴는 시험편(test piece)을 일정한 온도로 유지하고 이것에 일정한 하중을 가할 때 시간에 라 변화하는 현상을 말한다.
④ 피로 파괴는 재료에 반복하여 하중이 작용하면 그 재료의 파괴응력보다 훨씬 낮은 응력으로 파괴되는 현상을 말한다.

해설 피로파괴 : 금속선을 계속 구부렸다가 펴면 절단되는 것처럼 반복적인 하중이 작용하면 재료의 파괴 응력보다 훨씬 낮은 응력으로 파괴되는 현상

30 지름이 5cm인 원형단면인 봉에 1,000kg의 인장하중이 작용할 때 단면에서의 응력은?

① 101.8 ② 200
③ 50.9 ④ 63.7

해설 $\sigma = \dfrac{W}{A} = \dfrac{1000}{2.5^2 \pi}$
(σ : 인장응력(kg/cm²), W : 인장력(kg), A : 단면적(cm²))

31 후크의 법칙(Hook Law)이 적용되는 범위는?

① 인장 강도
② 비례 한도
③ 소성 영역 이내
④ 항복 강도

해설 탄성영역(비례한도) : 후크의 법칙이 적용되는 범위로서 이 안에서는 응력이 제거되면 변형률이 제거되어 원래의 상태로 돌아간다.

32 설계하중을 바르게 설명한 것은?

① 설계하중 = 한계하중
② 설계하중 = 한계하중 + 안전계수
③ 설계하중 = 안전계수
④ 설계하중 = 한계하중 × 안전계수

해설 설계하중은 기체가 견딜 수 있는 최대의 하중으로 한계하중에 안전계수의 곱으로 표현되며, 일반적으로 안전계수는 1.50이다.

정답 27 ② 28 ② 29 ④ 30 ③ 31 ② 32 ④

33
항공기 총모멘트가 125,000kg-cm이고 총무게가 500kg일 때, 이 항공기의 무게중심은?

① 210.4cm   ② 230cm
③ 250cm   ④ 270cm

해설 $C.G = \dfrac{\text{총모멘트}}{\text{총무게}} = \dfrac{125,000}{500}$

34
다음 자료를 이용하여 항공기 무게중심의 위치를 구하면 얼마인가?

측정 항목	무게	팔길이
항공기(자기무게)	470	+24
윤활유	8	−80
조종사	80	+12
연료	25	+46

① 15.50cm   ② 18.85cm
③ 21.87cm   ④ 24.54cm

해설 $C.G = \dfrac{w_1 l_1 + w_2 l_2 + \cdots + w_n l_n}{w_1 + w_2 + \cdots + w_n}$

$= \dfrac{470 \times 24 + 8 \times (-80) + 80 \times 12 + 25 \times 46}{470 + 8 + 80 + 25}$

$= \dfrac{12,750}{583}$

정답 33 ③ 34 ③

Chapter 05

Craftsman Aircraft Maintenance

공개 기출 문제

공개기출문제
항공기관정비기능사 필기 2014년도 1회 시행

01 단일회전날개 헬리콥터의 양력과 추력에 대한 설명으로 옳은 것은?

① 양력은 꼬리회전날개에 의하여 발생되며, 추력은 주회전날개에 의하여 발생된다.
② 양력은 주회전날개에 의해 발생되며, 추력은 꼬리회전날개에 의해 발생된다.
③ 양력은 주회전날개와 꼬리회전날개에 의해 발생되며, 추력은 꼬리회전날개에 의해 발생된다.
④ 양력과 추력 모두 주회전날개에 의해 발생된다.

해설 주회전날개에서 양력과 추력이 모두 발생하며, 꼬리회전날개는 토크를 상쇄시킨다.

02 헬리콥터가 전진비행을 할 때 회전날개 깃에 발생하는 양력분포의 불균형을 해결할 수 있는 방법은?

① 전진하는 깃의 받음각과 후퇴하는 깃의 받음각을 증가시킨다.
② 전진하는 깃의 받음각은 감소시키고 후퇴하는 깃의 받음각은 증가시킨다.
③ 전진하는 깃의 받음각은 증가시키고 후퇴하는 깃의 받음각은 감소시킨다.
④ 전진하는 깃의 받음각과 후퇴하는 깃의 받음각 모두를 감소시킨다.

해설 플래핑 힌지: 깃의 상하 운동을 자유롭게 하도록 하는 힌지이며, 양력의 불균형을 해소하기 위해 전진하는 깃은 받음각을 감소시키고 후퇴하는 깃은 받음각을 증가시킨다.

03 흐름이 없는, 즉 정지된 유체에 대한 설명으로 옳은 것은?

① 정압과 동압의 크기가 같다.
② 전압의 크기는 영(0)이 된다.
③ 동압의 크기는 영(0)이 된다.
④ 정압의 크기는 영(0)이 된다.

해설 베르누이 정리 = 정압 + 동압 = 전압 = 일정
q(동압) = $\frac{1}{2}\rho V^2$, 속도가 없으므로 동압이 없다.

04 비행기가 고도 1000m 상공에서 활공하여 수평활공거리가 20,000m가 된다면 이 비행기의 양항비는 얼마인가?

① 1/20   ② 2
③ 1/2   ④ 20

해설 $\tan\theta = \dfrac{1}{\text{양항비}} = \dfrac{\text{고도}}{\text{수평활공거리}}$

∴ 양항비 = $\dfrac{\text{수평활공거리}}{\text{고도}} = \dfrac{20 \times 1,000}{1,000}$

05 비행기의 받음각이 일정 각도 이상 되어 최대 양력값을 얻었을 때 대한 설명으로 틀린 것은?

① 이 때의 고도를 최고고도라 한다.
② 이 때의 받음각을 실속받음각이라 한다.
③ 이 때의 비행기 속도를 실속속도라 한다.
④ 이 때의 양력계수값을 최대양력계수라 한다.

06 다음 중 NACA 4자리 계열의 날개골 중에서 윗면과 아랫면이 대칭인 날개는?

① 4400   ② 4415
③ 2430   ④ 0012

해설 NACA 4자계열 날개꼴에서 첫 번째 수는 최대 캠버의 크기, 두 번째 수는 최대 캠버의 위치이다. 대칭형일 때는 캠버가 0이다.

07 해면고도의 기온이 15℃, 항공기의 비행고도가 8,000m일 때 외기온도는 몇 ℃인가?(단, 대류권에서는 고도가 1000m씩 증가할 때마다 6.5℃가 감소한다.)

① −37 ② −15
③ 0   ④ 15

해설 15 − (6.5×8)

08 다음 중 비행기의 방향안정성 향상과 가장 관계 없는 것은?

① 도살핀   ② 날개의 쳐든각
③ 수직 안정판   ④ 날개의 뒷젖힘각

해설 가로안정성 : 날개의 쳐든각

09 비행기의 안정성 및 조종성의 관계에 대한 설명으로 틀린 것은?

① 안정성이 클수록 조종성은 증가된다.
② 안정성과 조종성은 서로 상반되는 성질을 나타낸다.
③ 안정성과 조종성 사이에는 적절한 조화를 유지하는 것이 필요하다.
④ 안정성이 작아지면 조종성은 증가되나, 평형을 유지시키기 위해 조종사에게 계속적 주의를 요한다.

해설 안정성과 조종성은 서로 상반된다.

10 비행기가 그림과 같이 θ만큼 경사진 직선 비행 경로를 따라 등속도로 상승할 때 비행기에 작용하는 비행방향의 추력을 옳게 나타낸 것은?

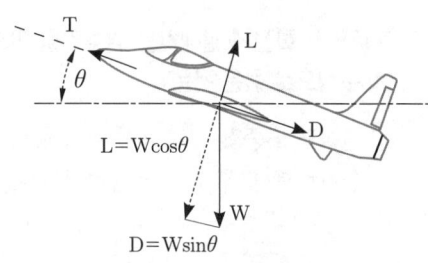

① 직선 비행경로의 수평 중력 성분
② 직선 비행경로의 수직 중력 성분
③ 항력 + 직선 비행경로의 중력 성분
④ 양력 + 직선 비행경로의 중력 성분

해설 $T = D + W\sin\theta$, $L = W\cos\theta$

11 비행기 날개의 양력을 구하는 식 $\frac{1}{2}\rho V^2 S C_L$에서 S가 의미하는 것은? (단, ρ : 밀도, V : 속도, C_L : 양력계수이다)

① 날개의 속도
② 날개의 면적
③ 날개 주변의 공기속도
④ 날개의 형상계수

12 공기의 동점성계수를 구하는 식으로 옳은 것은? (단, ρ는 공기밀도, μ는 절대점성계수이다)

① $\rho \cdot \mu$ ② μ/ρ
③ $\rho + \mu$ ④ ρ/μ

해설 동점성계수 = $\frac{점성계수}{밀도}$

13 항공기의 이착륙 시 사용하는 고항력장치가 아닌 것은?

① 윙렛(Winglet)
② 에어브레이크(Air brake)
③ 드래그 슈트(Drag chute)
④ 역추력장치(Thrust reverser)

해설 윙렛은 날개 끝에 설치되며, 유도항력을 감소시킨다.

14 프로펠러 회전시 발생하는 원추각을 만드는 힘의 구성으로 옳은 것은?

① 원심력과 중력　② 중력과 항력
③ 원심력과 양력　④ 양력과 항력

15 항공기 조종성 요소와 주된 조종장치의 연결이 틀린 것은?

① 롤링 조종성 : 에일러론(Aileron)
② 방향 조종성 : 러더(Rudder)
③ 세로 조종성 : 엘리베이터(Elevator)
④ 피칭 조종성 : 스로틀(Throttle)

> 해설
> • 가로 조종 : 에일러론(Aileron)
> • 방향 조종성 : 러더(Rudder)
> • 세로 조종성 : 엘리베이터(Elevator)

16 리벳의 부품번호 MS 20470 AD 6-6에서 리벳의 재질을 나타내는 "AD"는 어떤 재질을 의미하는가?

① 1100　② 2017
③ 2117　④ 모넬

> 해설
> MS 20470-리벳의 머리를 표시, AD-리벳의 재질, 6-리벳의 지름(6/32in), 16-리벳의 길이(6/16in)

17 그림과 같이 실린더 헤드, 플라이휠 등 측정물을 회전시켜 다이얼게이지로 측정한 최대값과 최소값의 차를 구하는 것은 무엇을 측정하기 위한 방법인가?

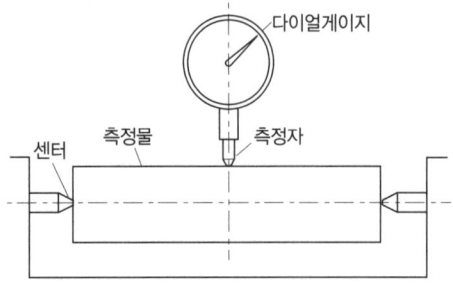

① 원통의 진원 측정
② 평면도 측정
③ 기어의 백래시 측정
④ 내경과 외경 측정

18 항공기 또는 그 부품 및 장비의 손상이나 기능 불량 등을 원래의 상태로 회복시키는 작업에 해당되는 것은?

① 항공기 수리
② 항공기 검사
③ 항공기 개조
④ 항공기 점검

19 [보기]와 같은 정비를 하였다면 어떤 점검에 해당하는가?

> 격납고에 있는 항공기의 기체 중심 측정과 외부 페인트 작업을 하였다.

① A 점검　② B 점검
③ C 점검　④ D 점검

> 해설
> D 점검은 인가된 점검주기시간 한계 내에서 항공기 기체구조 점검을 주로 수행하며, 부분품 기능점검 및 계획된 부품의 교환 잠재적 결함교정과 Servicing 등을 행하여 감항성을 유지나는 기체점검의 최고단계를 말한다.

20 여러 개의 얇은 금속편으로 이루어진 측정기기로, 접점 또는 작은 홈의 간극 등을 측정하는데 사용되는 것은?

① 피치 게이지
② 센터 게이지
③ 두께 게이지
④ 나사 게이지

21 항공기 유압계통의 알루미늄 합금 튜브에 긁힘이나 찍힘이 튜브 두께의 몇 % 이내일 때 수리가 가능한가?

① 5
② 10
③ 20
④ 30

22 리벳 작업 시 리벳 지름을 결정하는 설명으로 옳은 것은?

① 접합하여야 할 판 전체 두께의 3배 정도로 한다.
② 접합하여야 할 판재 중 두꺼운 판 두께의 3배 정도로 한다.
③ 접합하여야 할 판재들의 평균 두께의 3배 정도로 한다.
④ 접합하여야 할 판재 중 얇은 판 두께의 3배 정도로 한다.

해설 리벳 지름은 가장 두꺼운 판재에 3D이다.

23 항공기 잭(Jack) 사용에 대한 설명으로 옳은 것은?

① 잭 작업은 격납고에서만 실시한다.
② 항공기 옆면이 바람의 방향을 향하도록 한다.
③ 항공기의 안전을 위하여 최대 높이로 들어 올린다.
④ 잭을 설치한 상태에서는 가능한지 항공기에 작업자가 올라가는 것은 삼가야 한다.

24 다음 문장에서 설명하는 감항성을 영어로 옳게 표시한 것은?

감항성은 항공기가 비행에 적합한 안전성 및 신뢰성이 있는지의 여부를 말하는 것이다.

① Maintenance
② Comfortability
③ Inspection
④ Airworthiness

25 활주로 횡단시 관제탑에서 사용하는 신호등의 신호로 녹색등이 켜져 있을 때의 의미와 그에 따른 사항으로 옳은 것은?

① 위험 - 정차
② 안전 - 횡단 가능
③ 안전 - 빨리 횡단하기
④ 위험 - 사주를 경계한 후 횡단 가능

26 다음 중 보어스코프 검사시기로 적절하지 않은 것은?

① 시동시 과열시동 되었을 때
② 항공기에서 주기적으로 기관 내부를 검사할 때
③ 이물질(F.O.D)이 기관흡입구로 빨려 들어갔을 때
④ 14시간 이상의 장거리 비행 후 기관 배기부를 점검할 때

27 쇠톱(Hack saw) 사용법에 대한 설명으로 틀린 것은?

① 쇠톱을 당길 때 절삭되도록 한다.
② 절단시 잇날이 가공물에 적절한 수가 접하도록 한다.
③ 얇은 판재 절단시 판재를 목재 사이에 끼워 판재에 손상이 가지 않도록 한다.
④ 작업이 끝난 후 톱날의 장력을 느슨하게 한 후 보관한다.

Chapter 06 공개기출문제

28 항공기 급유 및 배유 시에는 반드시 3점 접지를 하는데 다음 중 3점 접지에 해당되지 않는 것은?

① 항공기와 연료차
② 항공기와 지면
③ 연료차와 지면
④ 항공기와 작업자

해설 3점 접지는 항공기-연료차, 항공기-지면, 연료차-지면

29 다음 중 리벳 제거 작업시 가장 먼저 해야 할 작업은?

① 줄 작업   ② 센터 펀치
③ 드릴링   ④ 펀치 제거

30 다음 중 항공기용 소화제의 구비조건 틀린 것은?

① 충분한 방출 압력이 있어야 한다.
② 장기간 안정되고 저장이 쉬워야 한다.
③ 높은 소화능력보다는 무게가 가벼워야 한다.
④ 항공기의 기체 구조물을 부식시키지 않아야 한다.

해설 항공기용 소화제는 높은 소화능력이 요구된다.

31 다음 중 공기 중에서 금속과 이에 접촉하는 금속 또는 다른 물질 접촉면에 상대적으로 반복하여 미세한 미끄럼이 생길 때 금속 표면에 일어나는 부식은?

① 마찰 부식
② 갈바닉 부식
③ 표면 부식
④ 입자간 부식

32 Change 59°F to degrees °C?

① 0   ② 48.6
③ 15   ④ 138.2

해설 $t_C = \dfrac{5}{9}(t_F - 32)$

33 산소 취급시에 주의해야 할 사항으로 틀린 것은?

① 산소를 보급하거나 취급시 환기가 잘 되도록 한다.
② 액체산소 취급시 동상예방을 위해 장갑, 앞치마 및 고무장화 등을 착용한다.
③ 취급시 오일이나 구리스 등을 콕크에 사용하여 작업이 용이하도록 해야 한다.
④ 화재에 대비해 소화기를 항상 비치하고 일정거리 이내에서 흡연이나 인화성 물질취급을 금한다.

해설 취급시 오일이나 그리스 등을 콕크에 사용하여 작업하지 않는다.

34 [보기]와 같은 방법을 사용하는 비파괴검사법은?

- 축통전법 · 프로드법 · 코일법
- 전류 관통법 · 요크법

① 방사선검사
② 자분탐상검사
③ 전류 관통법
④ 침투탐상검사

해설 자분탐상 검사는 표면이나 표면 바로 아래의 결함을 발견하는데 사용하며 반드시 자성을 띤 금속 재료에만 사용이 가능하며 자력선방향의 수직방향 결함을 검출하기가 좋다.

35 다음 중 안전결선작업에 대한 설명으로 틀린 것은?

① 복선식과 단선식 방법이 있다.
② 안전결선의 감기는 방향이 부품을 죄는 반대 방향이 되도록 한다.
③ 안전결선은 한번 사용한 것은 다시 사용하지 않는다.
④ 2개의 유닛 사이에 안전결선 시 구멍의 위치는 통하는 구멍이 중심선에 대해 좌로 45도 기울어진 위치가 되는 것이 이상적이다.

> 해설 안전결선의 감기는 방향이 부품을 죄는 방향이 되도록 한다.

36 150℃, 공기 7kg을 부피가 일정한 상태에서 650℃까지 가열하는데 필요한 열량은 몇 kcal 인가?(단, 공기의 정적비열 0.172kcal/kg·℃, 정압비열 0.24kcal/kg·℃ 이다)

① 430   ② 600
③ 602   ④ 840

> 해설 $Q = mC_V(T_2-T_1) = 7 \times 0.172 \times (650-150)$

37 항공기의 역추력 장치의 일반적인 사용시기로 옳은 것은?

① 상승 비행 시   ② 이륙 시
③ 순항 비행 시   ④ 착륙 시

38 일반적으로 왕복기관의 크랭크핀을 속이 비어 있는 상태로 제작하는 이유가 아닌 것은?

① 윤활유의 통로 역할을 한다.
② 크랭크축 전체의 무게를 줄여준다.
③ 회전하는 크랭크의 진동을 감소시킨다.
④ 탄소 침전물, 찌꺼기 등을 모으는 방 역할을 한다.

> 해설 크랭크축의 회전시 진동을 방지하는 장치는 다이나믹 댐퍼이다.

39 가스터빈기관의 윤활유 냉각 방식 중 윤활유가 갖고 있는 열을 연료에 전달시켜 윤활유를 냉각시키는 동시에 연료를 가열하여 연료의 연소 효율을 증가시키는 방식은?

① BY-PASS 냉각 방식
② 공랭식 냉각 방식
③ 오일-오일 열교환 냉각 방식
④ 연료-오일 열교환 냉각 방식

40 왕복기관의 윤활계통에서 릴리프밸브(Relief valve)의 주된 역할로 옳은 것은?

① 윤활유 온도가 높을 때는 윤활유를 냉각기로 보내고 낮을 때는 직접 윤활유 탱크로 가도록 한다.
② 윤활유 여과기가 막혔을 때 윤활유가 여과기를 거치지 않고 직접 기관의 내부로 공급되게 한다.
③ 기관의 내부로 들어가는 윤활유의 압력이 높을 때 작동하여 압력을 낮추어 준다.
④ 윤활유가 불필요하게 기관 내부로 스며 들어가는 것을 방지한다.

> 해설 ① : 윤활유 온도 조절 밸브
> ② : 바이패스 밸브
> ④ : 체크 밸브

41 항공기용 기관 중 왕복기관의 종류로 나열된 것은?

① 성형기관, 대향형기관
② 로켓기관, 터보샤프트기관
③ 터보팬기관, 터보프롭기관
④ 터보프롭기관, 터보샤프트기관

42 가스터빈기관을 장착한 항공기의 고도가 높아질수록 추력은 어떻게 변화하는가?

① 감소한다.
② 감소하다 증가한다.
③ 증가한다.
④ 증가하다 감소한다.

해설 고도가 증가하면 온도가 감소하여 추력은 증가하지만 압력이 감소하여 추력은 감소한다. 결과적으로 압력의 영향이 더 크므로 추력은 감소한다.

43 다음 중 배기가스온도(EGT)는 어느 부분에서 측정된온도를 나타내는가?

① 연소실   ② 터빈 입구
③ 압축기 출구 ④ 터빈 출구

44 가스터빈기관에 사용하는 연료 여과기 중 여과기의 필터가 종이로 되어 있어 주기적인 교환이 필요한 것은?

① 카트리지형   ② 석면형
③ 스크린-디스크형 ④ 스크린형

해설 스크린 형과 스크린-디스크형은 재질이 가는 철망으로 되어 있어 재사용이 가능하다.

45 공랭식 기관의 구성품 중에서 실린더의 위치에 관계없이 공기를 고르게 흐르도록 유도하여 냉각 효과를증진시켜 주는 것은?

① 냉각 핀   ② 배플
③ 카울플랩   ④ 과급기

46 항공용 왕복기관의 일반적인 흡입계통을 공기 유입순서대로 나열한 것은?

① 공기여과기→공기스쿠프→기화기→알터네이트 공기밸브→흡기밸브→매니폴드
② 기화기→공기여과기→공기스쿠프→알터네이트 공기밸브→매니폴드→흡기밸브
③ 매니폴드→공기여과기→공기스쿠프→알터네이트 공기밸브→기화기→흡기밸브
④ 공기여과기→공기스쿠프→알터네이트 공기밸브 →기화기→매니폴드→흡기밸브

47 엔탈피의 물리적 성질이 가장 유사한 것은?

① 힘   ② 에너지
③ 운동량   ④ 엔트로피

해설 엔탈피 = 내부 에너지 + 유동 일

48 왕복기관의 비연료 소비율을 옳게 설명한 것은?

① 1m를 가기위해 소비되는 연료량
② 1리터의 연료로 발생되는 에너지의 비율
③ 1시간당 1마력을 발생시키는데 소비된 연료량
④ 제동마력과 단위시간당 기관이 소비한 연료에너지와의 비

49 그림과 같은 터빈깃의 냉각방법을 무엇이라 하는가?

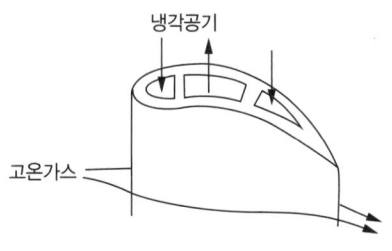

① 충돌냉각   ② 침출냉각
③ 공기막냉각 ④ 대류냉각

50 가스터빈기관 연소실의 구비조건에 해당되지 않는 것은?

① 신뢰성이 높을 것
② 최소의 압력손실을 갖을 것
③ 가능한 한 큰 사이즈(Size)일 것
④ 안정되고 효율적으로 작동될 것

51 가스터빈기관에 사용되는 원심식 압축기의 주요 구성품이 아닌 것은?

① 회전자(Rotor)
② 디퓨저(Diffuser)
③ 매니폴드(Manifold)
④ 임펠러(Impeller)

해설 축류식 압축기의 구성요소 : 고정자와 회전자

52 가스터빈기관 구성품에 속하지 않는 것은?

① 실린더 ② 터빈
③ 연소실 ④ 압축기

53 가스터빈기관의 연소실 구성품 중 스웰가이드 베인(Swirl guide vane)이 하는 역할과 가장 유사한 기능을 하는 후기연소기의 구성품은?

① 디퓨저 ② 불꽃 홀더
③ 테일 콘 ④ 가변 면적 배기노즐

해설 스웰 가이드 베인 : 연소실로 유입되는 1차 공기에 와류를 형성시켜 연료와 잘 섞이게 하여 화염 전파 속도를 증가시킨다.

54 왕복기관의 시동기 계통 구성품이 아닌 것은?

① 차단기 ② 터빈 로터
③ 배터리 ④ 시동 솔레노이드

55 압력분사식 기화기에서 챔버(Chamber) A와 B 사이에 막이 파손되었다면 예상되는 발생 현상은?

① 연료가 차단될 것이다.
② 연료는 계속 공급될 것이다.
③ 연료의 압력이 증가할 것이다.
④ 연료의 흐름이 증가할 것이다.

해설
- A 챔버 : 흡입 공기 압력(임팩트 공기 압력)
- B 챔버 : 벤츄리 목부분 공기 압력
- C 챔버 : 계량된 연료 압력
- D 챔버 : 계량되지 않은 연료 압력

A, B 챔버의 압력차에 의해 포핏 밸브를 열리게 하여 연료를 공급하고 C, D 챔버의 압력차에 의해 포핏 밸브를 닫게 하여 연료 공급을 줄이는 것이다. A, B 챔버의 막이 파손되면 포핏 밸브를 열게 하는 힘이 없어져 연료가 들어오는 힘이 없어지게 된다.

56 18개의 실린더를 갖고있는 왕복기관의 각 실린더의 지름이 0.15m이고 실린더의 길이가 0.2m이며 피스톤의 행정거리가 0.18m라고 한다면 이 기관의 총 행정체적은 약 몇 인가?

① 0.035 ② 0.042
③ 0.057 ④ 0.063

해설 총행정체적 $= L \cdot A \cdot K = 0.18 \times \dfrac{\pi \times 0.15^2}{4} \times 18$

57 프로펠러의 회전력(torque)에 의한 굽힘모멘트를 견디기 위하여 프로펠러 깃의 형태는 어떻게 만들어야 하는가?

① 프로펠러 깃 끝으로 갈수록 깃의 시위를 작게 한다.
② 프로펠러 깃 끝으로 갈수록 깃의 시위를 크게 한다.
③ 프로펠러 중심으로 갈수록 깃의 단면적을 작게 한다.
④ 프로펠러 중심으로 갈수록 깃의 단면적을 크게 한다.

58 윤활유 계통의 점검에서 윤활유 압력이 높은 결함이 발생했을 때 원인과 가장 관계가 먼 것은?

① 점도가 너무 높은 윤활유
② 장시간 수행된 난기 운전
③ 윤활유 압력(Oil Pressure)계의 결함
④ 윤활유 릴리프 밸브(Oil Relief Valve)의 결함

59 다음 중 대형 가스터빈기관의 시동기로 가장적합한 것은?

① 전동기식 시동기
② 공기터빈식 시동기
③ 가스터빈식 시동기
④ 시동-발전기식 시동기

해설 공기식 시동기 : 뉴매틱(pneumatic) 시동기

60 실린더 헤드에 장착되어 있는 밸브 구성품 중에서 한쪽 끝은 밸브 스템에 접촉되어 있고, 다른 한쪽 끝은 푸시로드와 접촉되어 밸브를 열고 닫게 하는 구성품은?

① 캠   ② 로커암
③ 밸브   ④ 밸브 스프링

항공기관정비기능사 필기 2014년도 1회 시행 정답

1	2	3	4	5	6	7	8	9	10
④	②	③	④	①	④	①	②	①	③
11	12	13	14	15	16	17	18	19	20
②	②	①	③	④	③	①	①	④	③
21	22	23	24	25	26	27	28	29	30
②	②	④	④	②	④	①	④	①	③
31	32	33	34	35	36	37	38	39	40
①	②	③	②	②	③	④	③	④	③
41	42	43	44	45	46	47	48	49	50
①	①	④	①	②	①	②	④	②	③
51	52	53	54	55	56	57	58	59	60
①	①	②	②	①	③	④	②	②	②

공개기출문제
항공기관정비기능사 필기 2014년도 4회 시행

01 비행기의 동체 상부에 설치된 도살핀으로 인하여 주로 향상되는 것은?

① 가로안정성 ② 추력효율
③ 세로안정성 ④ 방향안정성

해설
- 가로안정 : 주날개의 쳐든각
- 방향안정 : 수직꼬리날개의 도살핀

02 단면적이 20cm²인 관속을 흐르는 비압축성 공기의 속도가 10m/s이라면 단면적이 10cm²인 곳의 속도는 몇 m/s인가?

① 10 ② 20
③ 40 ④ 80

해설 $A_1V_1 = A_2V_2$
$V_2 = \dfrac{A_1}{A_2} \times V_1 = \dfrac{20}{10} \times 10$

03 속도를 측정하는 장치인 피토정압관에서 사용되는 주된 이론은?

① 관성의 법칙
② 베르누이의 정리
③ 파스칼의 원리
④ 작용-반작용의 법칙

해설 피토정압관에서는 전압과 정압을 받아들여 전압과 정압의 차이(동압)를 알아내어 항공기 속도 측정에 사용된다.

04 항공기 날개의 압력중심 위치에 관한 설명으로 옳은 것은?

① 항공기가 급상승할 때 앞으로 이동한다.
② 항공기가 급하강할 때 앞으로 이동한다.
③ 받음각이 변화하더라도 이동이 되지 않는다.
④ 항공기의 상승 및 하강에 영향을 받지 않는다.

해설 받음각이 증가하면(양력이 커지면) 압력중심은 앞으로 이동한다.

05 비행기 날개에서 영양력 받음각(zero lift angle of attack)이란?

① 양력계수가 0일 때의 받음각
② 항력계수가 0일 때의 받음각
③ 항력계수가 0이고, 양력계수가 0보다 작을 때의 받음각
④ 항력계수와 양력계수가 모두 0보다 작을 때의 받음각

06 고속에서 날개의 뒤젖힘각을 크게 하여 가로세로비를 줄이고 저속에서는 뒤젖힘각을 작게 하여 가로세로비를 크게 할 수 있는 날개의 종류는?

① 삼각날개 ② 오지날개
③ 타원형날개 ④ 가변날개

07 헬리콥터 회전날개의 원판하중을 옳게 나타낸 식은? (단, W : 헬리콥터의 전하중, D : 회전면의 지름, R : 회전면의 반지름이다)

① $\dfrac{W}{\pi D^2}$ ② $\dfrac{W}{\pi R^2}$
③ $\dfrac{\pi D^2}{W}$ ④ $\dfrac{\pi R^2}{W}$

해설 마력하중 $= \dfrac{W}{HP}$

08 다음 중 비행기의 가로안정성에 기여하는 가장 중요한 요소는?

① 쳐든각 ② 미끄럼각
③ 붙임각 ④ 앞젖힘각

해설 붙임각은 날개의 시위선과 항공기 기체 세로축과의 각도이다.

09 무게 4,000kgf, 날개면적 20m²인 비행기가 해발고도에서 최대양력계수 0.5인 상태로 등속 수평비행을 할 때 비행기의 최소속도는 약 몇 m/s인가? (단, 공기의 밀도는 0.5kgf · s²/m⁴이다)

① 20 ② 30
③ 40 ④ 80

해설 $V_S = \sqrt{\dfrac{2W}{\rho SC_{Lmax}}} = \sqrt{\dfrac{2 \times 4000}{0.5 \times 20 \times 1.5}}$

10 다음 중 도움날개에 대한 설명으로 옳은 것은?

① 정속 비행시 추진력을 증가시켜주며 비상 사태시 비상 추진날개로 사용된다.
② 비행기의 가로축을 중심으로 한 운동을 조종하는데 주로 사용되는 조종면이다.
③ 비행기의 세로축을 중심으로 한 운동을 조종하는데 주로 사용되는 조종면이다.
④ 수직축을 중심으로 한 비행기의 운동 즉, 좌우 방향 전환에 사용되는 것이다.

해설 ②: 승강키, ④: 방향키

11 프로펠러 항공기의 감속도 전진 비행의 조건은? (단, T = 추력, D = 항력이다)

① T > D ② T = D
③ T < D ④ T = 2D

해설 수평: L = W, 등속: T = D

12 헬리콥터에서 주 회전날개의 회전에 의해 발생되는 토크를 상쇄하고 방향을 조종하는 것은?

① 허브
② 꼬리회전날개
③ 플래핑힌지
④ 리드래그 힌지

해설 꼬리회전날개를 Anti-torque rotor이라고도 한다.

13 대기권 중 대류권에서 고도가 높아질수록 대기의 상태를 옳게 설명한 것은?

① 온도, 밀도, 압력 모두 감소한다.
② 온도, 밀도, 압력 모두 증가한다.
③ 온도, 압력은 감소하고, 밀도는 증가한다.
④ 온도는 증가하고, 압력과 밀도는 감소한다.

14 비행기가 공기 중을 수평등속도 비행할 때 비행기에 작용하는 힘이 아닌 것은?

① 추력 ② 항력
③ 중력 ④ 가속력

15 다음 중 비행기의 실속에 대한 설명으로 옳은 것은?

① 양력을 증가시킨다.
② 항력을 증가시킨다.
③ 버핏현상이 시작되면 실속의 발생을 예측할 수 있다.
④ 승강키에 작용하는 과다한 힘으로 비행기가 급상승한다.

해설 버핏현상이란 공기 흐름이 날개에서 박리(흐름의 떨어짐) 되면 그 결과로 날개가 진동하는 현상이다.

16 가요성 호스의 치수를 표시하는 방법으로 옳은 것은?

① 안지름으로 표시하며 1인치의 16분비로 표시한다.
② 안지름으로 표시하며 1인치의 8분비로 표시한다.
③ 바깥지름으로 표시하며 1인치의 16분비로 표시한다.
④ 바깥지름으로 표시하며 1인치의 8분비로 표시한다.

> 해설 호스의 호칭 치수는 안지름으로 나타내며 1/16인치 단위의 크기로 나타낸다.

17 토크렌치의 유효길이가 13 in 인 토크렌치에 유효길이 5 in 연장공구를 이용하여 토크렌치의 지시값이 25 in-lbs 되게 볼트를 조였다면 실제로 볼트에 가해지는 토크값은 약 몇 in-lbs 인가?

① 34.6   ② 35.6
③ 36.6   ④ 37.6

> 해설 $\frac{TA \times L}{L \times A}$
> (TA-실제 토크값, L-토크렌치 길이, A-연장공구 길이)

18 다음 ( ) 안에 알맞은 내용은?

> "the speed of sound in the atmosphere
> ( )."

① changes with a change in density
② changes with a change in pressure
③ changes with a change in temperature
④ varies according to the frequency of the sound

> 해설 대기에서 음속은 무엇에 따라 변하는가?

19 다음 문장에서 밑줄 친 부분에 해당되는 내용은?

> "civilian aircraft are constructed primarily from heat-treated aluminum alloys, while military aircraft are constructed primarily from titanium and stainless steel."

① 열에 의해 굳혀진   ② 열처리된
③ 열에 의해 만들어진 ④ 열에 의해 녹여진

> 해설 군용기는 주로 티타늄과 스테인리스강으로 제작되는 반면, 민간 항공기는 열처리된 알루미늄 합금으로 제작된다.

20 금속표면의 부식을 방지하기 위하여 수행하는 작업으로 적절하지 않은 것은?

① 세척   ② 도장
③ 도금   ④ 마그네슘

> 해설
> • 세척 : 기판 표면으로부터 그리스(기름때), 산화물(녹), 기타 이물질 등을 제거하는 것
> • 도장 : 이 작업 유형의 주 목적은 표면에 페인트, 착색제 또는 광택제를 칠하는 것
> • 도금 : 금속 또는 기타 플라스틱 등의 표면에 미관, 부식방지 및 기타의 전기·전자적, 마모 방지 및 기타의 물리적 및 화학적 성능 향상을 위하여 금속을 모재 위에 입히는 것

21 항공기나 장비 및 부품에 대한 원래의 설계를 변경하거나 새로운 부품을 추가로 장착하는 작업에 해당되는 것은?

① 항공기 개조   ② 항공기 검사
③ 항공기 보수   ④ 항공기 수리

22 헬리콥터의 지상 정비지원에 포함되지 않는 것은?

① 지상취급   ② 보급
③ 기체수리작업 ④ 세척 및 작동점검

23 항공기가 운항 중에 고장 없이 그 기능을 정확하고 안전하게 발휘할 수 있는 능력을 무엇이라 하는가?

① 감항성
② 쾌적성
③ 정시성
④ 경제성

해설) 감항성이란 항공기가 안전하게 운항할 수 있는 성능을 말한다.

24 한국산업표준에서 정의한 안전색채에서 경고, 주의, 장애물, 위험물, 감전주의 등을 의미하며 어떤 조명하에서도 눈에 잘 띠는 가시도가 높은 표준 안전색채는?

① 청색
② 황색
③ 녹색
④ 오렌지색

해설) 안전색채에서 경고, 주의, 장애물, 위험물, 감전주의 등을 의미하는 색은 황색이다.

25 다음 중 같은 리벳 열에서 인접한 리벳의 중심 간 거리를 무엇이라 하는가?

① 끝거리   ② 피치
③ 게이지   ④ 횡단피치

26 다음 중 항공기의 세척에 사용되는 안전 솔벤트는?

① 케로신(kerosine)
② 방향족 나프타(aromatic naphtha)
③ 메틸에틸케톤(methyl ethyl ketone)
④ 메틸클로로포름(methyl chlorogorm)

27 핸들 부분에 눈금이 새겨진 핀이 있어, 토크가 걸리면 레버가 휘어져 지시 바늘의 끝이 토크의 양을 지시하도록 되어 있는 토크렌치는?

① 소켓렌치
② 디플렉팅 빔 토크렌치
③ 리지드 프레임 토크렌치
④ 프리셋 토크 드라이버 렌치

28 항공기 육안 검사 후 고온부에 발견된 결함의 식별표시를 위해 사용 가능한 것은?

① 납 염색
② 탄소염색
③ 특수 레이아웃 염색
④ 아연 염색

29 C-8 장력 측정기를 이용한 케이블의 장력 조절 시 주의사항으로 틀린 것은?

① 필요한 경우 온도 보정
② 측정기 검사 유효 기간 확인
③ 턴버클 단자가 있는 곳에서 측정
④ 측정은 정확도를 높이기 위해 3~4회 실시

해설) 측정 장소는 턴버클이나 피팅으로부터 최소한 6인치 이상 떨어져서 측정한다.

30 다음 중 B급 화재에 해당되는 것은?

① 유류화재
② 일반화재
③ 전기화재
④ 금속화재

해설) B급 화재(기름화재) : 인화성액체 및 고체의 유지류 등의 화재를 말한다.

31 각종 게이지나 특정기구와 함께 사용되어 주로 길이 측정의 기준으로 사용되는 기기는?

① 두께 게이지
② 하이트게이지
③ 블록 게이지
④ 다이얼 게이지

해설) 블록 게이지는 주로 길이 측정의 기준으로 사용된다.

32 비파괴검사의 종류에 따른 설명으로 틀린 것은?

① 방사선 비파괴검사는 자성체와 비자성체에 사용하고 내부 균열 검사에 사용된다.
② 와전류탐상 검사는 검사결과가 직접 전기적 출력으로 얻어진다.
③ 초음파 탐상검사는 직접 눈으로 확인할 수 없는 기체의 구조부나 기관의 내부 등을 검사하는데 효과적이다.
④ 자분탐상검사는 직접 눈으로 확인할 수 없는 기체의 구조부나 기관의 내부 등을 검사하는데 효과적이다.

해설) 자분탐상 검사는 표면이나 표면 바로 아래의 결함을 발견하는데 사용하며 반드시 자성을 띤 금속 재료에만 사용이 가능하며 자력선방향의 수직방향 결함을 검출하기가 좋다.

33 좁은 지점까지 도달할 수 있는 긴 물림 턱을 가지고 있으며 손가락으로 접근할 수 없는 좁은 장소의 부품을 잡거나 구부리는데 적절한 그림과 같은 공구는?

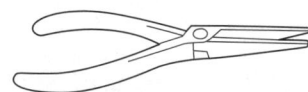

① 커넥터 플라이어
② 롱노즈 플라이어
③ 바이스 그립
④ 콤비네이션 플라이어

34 복합구조재 수리시 외피세척, 루터작업, 코어플러그 제작, 패치 교체가 필요한 작업은?

① 단면수리
② 적층분리수리
③ 양면수리
④ 구멍뚫림수리

35 항공기 견인시 주의사항으로 틀린 것은?

① 항공기에 항법등과 충돌방지등을 작동시킨다.
② 기어 다운 로크 스핀들이 착륙장치에 꽂혀 있는지를 확인한다.
③ 항공기 견인속도는 사람의 보행속도를 초과해서는 안 된다.
④ 제동 장치에 사용되는 유압 압력은 제거 되어야 한다.

해설) 제동 장치에 사용되는 유압 압력은 제거되면 안된다.

36 가스터빈기관에서 공기가 기관을 통과하면서 얻은 운동에너지에 의한 동력과 추진동력의 비를 무엇이라 하는가?

① 추진효율
② 열효율
③ 추력중량비
④ 전효율

해설) • 열효율 : 기관에 공급된 열에너지(연료의 에너지)와 그 중 기계적 에너지로 바뀌진 양의 비이다.
• 전효율 : 공급된 열에너지에 의한 동력과 추력동력과의 비로서 열효율과 추진효율의 곱으로 표시된다.

37 가스터빈기관에서 배기노즐의 가장 중요한 사용 목적은?

① 터빈 냉각을 시킨다.
② 가스압력을 증가시킨다.
③ 가스속도를 증가시킨다.
④ 회전방향 흐름을 얻는다.

> 해설 배기 노즐(배기 덕트)은 배기 가스의 속도를 증가시켜 추력을 발생시킨다.

38 가스터빈기관의 후기연소기를 작동시킬 때 배기가스에 대한 설명으로 틀린 것은?

① 온도가 상승한다.
② 압력은 거의 일정하다.
③ 가스의 속도가 감소한다.
④ 배기가스의 체적이 증가한다.

39 내부 에너지가 30kcal인 정지상태의 물체에 열을 가했더니 내부 에너지가 40kcal로 증가하고, 외부에 대해 854kg·m의 일을 했다면 외부에서 공급된 열량은 몇 kcal인가?

① 12   ② 20
③ 30   ④ 40

> 해설 $Q = (U_2 - U_1) + W = (40-30) + 854 \times \dfrac{1}{427}$
> ($\because 1kg \cdot m$의 일을 하는데 $\dfrac{1}{427}$이 필요하다.)

40 가스터빈 기관 운전시 추력 조절에 대한 설명으로 옳은 것은?

① 시동 후 아이들 속도에서 일정시간 이상 작동해야 한다.
② 출력 변경을 할 때는 최대한 신속하게 추력 레버를 조작하여 가스패스의 소비를 원활히 해야 한다.
③ 기관의 냉각을 위하여 최대 출력까지 급가속을 해야 한다.
④ 가스패스의 손상을 방지하기 위해서 일정시간 급가속을 유지해야 한다.

41 가스터빈기관의 점화계통에 높은 에너지가 필요한 가장 큰 이유는?

① 높은 온도의 주위환경 속에서 점화하기 위해
② 고고도와 저온에서 점화할 수 있게 하기 위해
③ 습도가 낮은 곳에서도 점화할 수 있게 하기 위해
④ 고온지대와 저고도에서도 점화할 수 있게 하기 위해

> 해설 가스터빈기관의 점화계통은 이그나이터의 넓은 간극을 뛰어넘을 수 있는 높은 전압뿐만 아니라, 가혹한 조건에서도 점화가 되도록 높은 에너지의 전기 불꽃을 발생시켜야 한다. 이러한 조건을 만족시키기 위해 대부분 용량형 점화 계통이 사용된다.

42 다음 중 가스터빈기관에서 배기가스 소음을 줄이는 방법으로 옳은 것은?

① 고주파를 저주파로 변환시킨다.
② 배기흐름의 단면적을 좁게 한다.
③ 배기가스의 유속을 증폭시켜준다.
④ 배기가스가 대기와 혼합되는 면적을 크게 한다.

> 해설 배기소음감소 장치
> • 꽃무늬형 : 배기가스와 공기의 혼합되는 면적 증가
> • 다공형 : 배기 노즐의 지름을 작게 여러 개로 분리

43 왕복기관에서 매니폴드 압력계의 수감부는 어디에 설치하는가?

① 매니폴드   ② 기화기 입구
③ 흡기밸브 입구 ④ 기화기 입구

44 다음 중 왕복기관에 사용되는 피스톤 핀의 종류가 아닌 것은?

① 고정식　　　② 반부동식
③ 평형식　　　④ 전부동식

해설 어디에도 고정되는 않는 전부동식이 많이 사용된다.

45 가스터빈기관의 기본 구성품만으로 나열한 것은?

① 팬, 프로펠러, 과급기
② 압축기, 연소실, 터빈
③ 임펠러, 매니폴더, 디퓨저
④ 감속기, 후기연소기, 고항력장치

해설 가스 발생기(gas generator) : 압축기, 연소실, 터빈

46 밸브개폐시기의 피스톤 위치에 대한 약어 중 "상사점 후"를 뜻하는 것은?

① ABC　　　② BBC
③ ATC　　　④ BTC

해설
• ABC : after bottom center (하사점 후)
• BBC : before bottom center (하사점 전)
• ATC : after top center (상사점 후)
• BTC : before top center (상사점 전)

47 항공용 왕복기관에 사용되는 계기가 아닌 것은?

① 실린더 헤드온도계　② N_1 회전계
③ 연료 압력계　　　　④ 윤활유 온도계

해설 N_1 회전계는 가스터빈 기관에서 저압 압축기(터빈) 속도를 측정하는 계기이다.

48 이상기체 상태방정식 $PV=nRT$에서 R이 의미하는 것은?(단, P : 압력, V : 체적, n : 기체의 몰수, T : 온도이다.)

① 비열　　　② 열량
③ 밀도　　　④ 기체상수

49 왕복기관의 피스톤이 하사점에 있을 때 실린더 부피가 120in³이고, 상사점에 있을 때의 실린더 부피가 20in³이라면 기관의 압축비는 얼마인가?

① 3　　　　② 6
③ $\frac{1}{3}$　　　④ $\frac{1}{6}$

해설 압축비 = $\frac{연소실\ 체적+행정\ 체적}{연소실\ 체적}$ = $1+\frac{행정\ 체적}{연소실\ 체적}$

$\frac{피스톤이\ 하사점에\ 있을\ 때의\ 실린더\ 체적}{피스톤이\ 상사점에\ 있을\ 때의\ 실린더\ 체적} = \frac{120}{20}$

50 공랭식 왕복기관에 공급되는 냉각공기의 공급원이 아닌 것은?

① 프로펠러 후류 공기
② 압축기 블리드 공기
③ 비행 중 발생하는 램 공기
④ 냉각 팬에 의해 발생된 공기

해설 압축기 블리드 공기는 가스터빈 기관의 압축기에서 외부로 빼내어 사용하는 공기를 말한다.

51 항공용 연료로서 가솔린의 구비조건으로 틀린 것은?

① 발열량이 커야 한다.
② 기화성이 적절해야 한다.
③ 안티노크성이 작아야 한다.
④ 증기폐색을 잘 일으키지 않아야 한다.

해설 안티노크성은 노크가 잘 일어나지 않는 성질로서 안티노크제(4에틸납)에 의해 크게 할 수 있다.

52 연료 조정장치와 연료 매니폴드 사이에 위치하여 연료 흐름을 1차 연료와 2차연료로 분류시키고 기관 정지시에 매니폴드나 연소노즐에 남아 있는 연료를 외부로 배출시키는 역할을 하는 밸브는?

① 드레인 밸브
② 가압밸브
③ 매니폴드 밸브
④ 여압 및 드레인 밸브

53 대향형 기관의 밸브 기구에서 크랭크축 기어의 잇수가 30개라면 맞물려 있는 캠 기어의 잇수는 몇 개 이어야 하는가?

① 15　　② 30
③ 60　　④ 90

해설 대향형 기관에서 1사이클당 크랭크축은 2회전, 캠축은 1회전한다. 즉 캠축은 크랭크축 회전수의 1/2이다.

54 다음 중 가스터빈 기관의 종류에 대한 설명으로 옳은 것은?

① 터보프롭기관은 헬리콥터에 사용되며, 바이패스되어 분사되는 배기가스의 양이 많아서 배기 소음이 증가한다.
② 터보제트기관은 고고도, 저속상태에서 효율이 가장 좋기 때문에 상업용으로 사용이 증가하고 있다.
③ 터보샤프트기관은 가스터빈기관에 프로펠러를 적용한 것으로서 감속기어장치가 흡입구에 위치한다는 특징이 있다.
④ 터보팬기관은 많은 깃을 갖는 덕트로 싸여 있는 일종의 프로펠러 기관으로 볼 수 있다.

해설 ①-터보샤프트, ②-터보팬, ③-터보프롭

55 가스터빈기관에서 연료 여과기가 막히면 연료 흐름은?

① 연료 흐름이 정지하게 된다.
② 바이패스 밸브를 통하여 여과되지 않은 연료가 정상적으로 공급된다.
③ 바이패스 밸브를 통하여 여과되지 않은 연료가 최소 연료만 공급된다.
④ 바이패스 밸브를 통하여 여과된 연료가 최소 연료만 공급된다.

해설 여과기에는 바이패스 밸브가 있어 여과기가 막히더라도 정상적으로 공급하도록 되어 있다.

56 비행중 조종사가 이·착륙 할 때와 저속시에는 저피치를 사용하고, 순항시에는 고피치를 사용하는 프로펠러는?

① 페더링 프로펠러
② 정속 프로펠러
③ 고정피치 프로펠러
④ 2단가변피치 프로펠러

해설 정속 프로펠러는 가장 우수한 프로펠러로서 조속기(가버너)에 의해 자동적으로 피치가 조절되어진다.

57 축류 압축기와 비교하여 원심 압축기의 장점이 아닌 것은?

① 시동 파워가 높다.
② 회전 속도 범위가 넓다.
③ FOD에 대한 저항력이 있다.
④ 제작이 간단하고 무게가 가볍다.

해설 원심식 압축기의 단점 : 압축기 입구와 출구의 압력비가 낮고, 효율이 낮으며, 많은 양의 공기를 처리할 수 없고 추력에 비해 전면면적이 넓기 때문에 항력이 크다.

58 가스터빈기관에서 공기가 라이너 위를 지나 뒤로 들어가게 되어 연소실 입구에서 출구까지 전체적인 가스의 흐름은 "S"자형이며, 전체 길이가 짧으면서 가벼운 기관으로 제작할 수 있는 그림과 같은 연소실은?

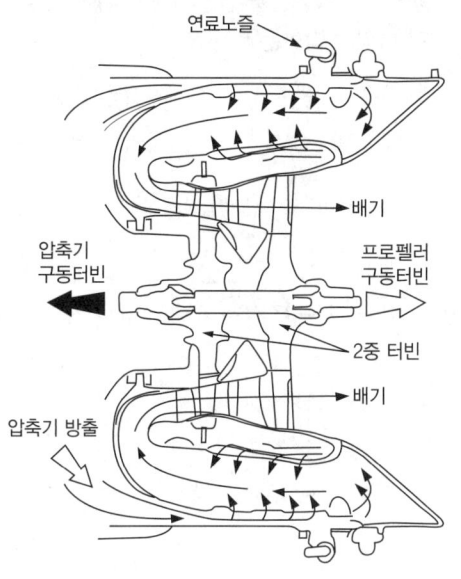

① 캔형 연소실
② 캔 애뉼러형 연소실
③ 애뉼러형 연소실
④ 애뉼러형 연소실

> 해설 애뉼러형 연소실 중에서도 역류형 연소실로서, 터보프롭기관이나 터보샤프트기관에 사용된다.

59 항공기가 고고도로 상승할 때 배전기내에서 고전압으로 인해 불꽃이 튀는 현상을 무엇이라 하는가?

① 조기점화 ② 역화
③ 플래시 오버 ④ 애뉼러형 연소실

> 해설 고압 마그네토의 단점으로, 마그네토의 고전압을 각 점화 플러그로 분배하는 배전기에서 높은 전압에 의해 스파크가 튀는 현상을 플래시 오버라고 한다.

60 왕복기관 작동시 윤활유 압력계가 정상 압력보다 낮게 지시되고 있다면 그 원인으로 틀린 것은?

① 윤활유 펌프가 멈추었다.
② 윤활유의 양이 부족하다.
③ 릴리프밸브에 이물질이 끼어 있다.
④ 윤활유 여과기에 이물질이 끼어 있다.

> 해설 윤활유 펌프가 멈추면 윤활유 압력은 없다.

항공기관정비기능사 필기 2014년도 4회 시행 정답

1	2	3	4	5	6	7	8	9	10
④	②	②	①	①	④	②	①	③	③
11	12	13	14	15	16	17	18	19	20
③	②	①	④	③	①	①	③	②	④
21	22	23	24	25	26	27	28	29	30
①	③	①	②	②	④	②	③	③	①
31	32	33	34	35	36	37	38	39	40
③	④	②	④	④	①	③	②	④	①
41	42	43	44	45	46	47	48	49	50
②	④	①	③	④	③	④	③	①	②
51	52	53	54	55	56	57	58	59	60
③	④	③	④	②	④	①	④	③	①

공개기출문제
항공기관정비기능사 필기 2014년도 5회 시행

01 대기권에 대한 설명으로 옳은 것은?

① 중간권과 열권의 경계를 대류권계면이라 한다.
② 성층권에서는 온도, 날씨, 기상변화가 일어난다.
③ 대기권은 고도에 따라 대류권, 성층권, 중간권, 열권, 극외권으로 구분된다.
④ 중간권에서는 기체가 이온화되어 전리현상이 일어나는 전리층이 존재한다.

해설 ① : 중간권계면, ② : 대류권, ④ : 열권

02 다음 중 밸런스 탭(balance tab)에 대한 설명으로 옳은 것은?

① 자동 비행을 가능하게 한다.
② 조종석의 조종장치와 직접 연결되어 탭만 작동시켜 조종면을 움직인다.
③ 조종사가 조종석에서 임의로 탭의 위치를 조절할 수 있도록 되어 있다.
④ 1차 조종면과 반대 또는 같은 방향으로 움직이도록 기계적으로 연결되어 조타력을 가볍게 한다.

해설 ① : 트림탭, ② : 서보탭, ③ : 트림탭

03 헬리콥터의 전진비행시 양력의 비대칭 현상을 제거해 주는 주 회전 날개 깃의 운동을 무엇이라 하는가?

① 페더링 운동
② 플래핑 운동
③ 주기 피치 운동
④ 동시피치운동

해설 기하학적 불평형 해소 : 리드-래그 힌지

04 항공기 이륙성능을 향상시키기 위한 가장 적절한 바람의 방향은?

① 정풍(맞바람)
② 좌측측풍(옆바람)
③ 배풍(뒷바람)
④ 우측측풍(옆바람)

해설 항공기 이착륙 시에 바람은 항상 맞바람이어야 한다.

05 충격파의 강도를 가장 옳게 나타낸 것은?

① 충격파 전, 후의 속도차
② 충격파 전, 후의 온도차
③ 충격파 전, 후의 압력차
④ 충격파 전, 후의 유량차

06 비행기가 평형상태를 유지하기 위한 조건으로 옳은 것은?

① 양력이 비행기 무게보다 커야 한다.
② 반드시 지상에 정지하고 있는 상태이어야 한다.
③ 비행기 진행 방향으로 작용하는 가속도가 일정한 상태이어야 한다.
④ 비행기에 작용하는 모든 힘의 합과 모멘트의 합이 각각 0(zero)이어야 한다.

해설 평형을 trim(트림)이라 한다.

07 헬리콥터의 공기역학에서 자주 사용되는 마력하중(horse power loading)을 구하는 식은?

① $\dfrac{W}{\pi HP}$
② $\dfrac{\pi HP}{W}$
③ $\dfrac{HP}{W}$
④ $\dfrac{W}{HP}$

해설 원판하중(회전면하중) $= \dfrac{W}{\pi R^2}$

08 최대양력계수를 증가시키는 방법으로 받음각이 클 때 흐름의 떨어짐을 직접 방지하여 실속현상을 지연시켜주는 장치는?

① 스포일러
② 경계층 제어장치
③ 파울러플랩
④ 분할플랩(split)

해설 경계층 제어장치에는 빨아들임 방식과 불어내기 방식이 있다.

09 비행기에 작용하는 항력의 종류가 아닌 것은?

① 마찰항력   ② 추력항력
③ 유도항력   ④ 조파항력

10 동적 세로안정의 단주기 운동 발생 시 조종사가 대처해야 하는 방법으로 가장 옳은 것은?

① 조종간을 자유롭게 놓아야 한다.
② 즉시 조종간을 작동시켜야 한다.
③ 받음각이 작아지도록 조작해야 한다.
④ 비행 불능 상태이므로 즉시 탈출하여야 한다.

해설 단주기 운동은 키놀이 진동으로 주기가 0.5~5초 사이이다. 키놀이 자세, 고도와 비행 속도는 변하지 않고 수직 방향의 가속도와 받음각은 급격히 변한다.

11 절대상승한계는 상승률이 어떠한 고도인가?

① 0 m/s되는 고도   ② 0.5 m/s되는 고도
③ 5 m/s되는 고도   ④ 50 m/s되는 고도

해설
· 실용상승한계 : 상승률이 0.5m/s
· 운용상승한계 : 상승률이 2.5m/s

12 프로펠러 깃의 선속도가 300m/s이고, 프로펠러의 진행률이 2.2일 때, 이 프로펠러 비행기의 비행속도는 약 몇 m/s인가?

① 210   ② 240
③ 270   ④ 310

해설 $J(\text{진행률}) = \dfrac{V}{nD^2}$

$\therefore V = J \cdot n \cdot D = J \cdot \dfrac{V_{선}}{2\pi R} \cdot 2R$

$= J \cdot \dfrac{V_{선}}{\pi} = 2.2 \times \dfrac{300}{3.14}$

13 다음 중 음속에 가장 큰 영향을 미치는 요인은?

① 압력   ② 밀도
③ 공기성분구성   ④ 온도

해설 음속은 온도의 제곱근에 비례한다.

14 날개의 길이가 11m, 평균시위의 길이가 1.44m인 타원형날개에서 양력계수가 0.8일 때 가로세로비는 약 얼마인가?

① 4.9   ② 6.1
③ 7.6   ④ 8.8

해설 가로세로비 $= \dfrac{b}{c} = \dfrac{11}{1.44}$

15 무게가 2,000kgf인 항공기가 30도로 선회하는 경우 이 항공기에 발생하는 양력은 몇 kgf인가?

① 1,000   ② 1,732
③ 2,309   ④ 4,000

해설 $W = L\cos\theta, \therefore L = \dfrac{W}{\cos\theta} = \dfrac{2,000}{\cos 30}$

16 다이얼 게이지의 용도로 옳은 것은?

① 원통의 진원상태 측정
② 원통의 안지름, 바깥지름, 깊이 등을 측정
③ 지시계기의 기준을 설정하고 가공상태를 측정
④ 정확한 피치의 나사를 이용하여 실제 길이를 측정

> **해설** 다이얼 게이지는 평면이나 원통의 고른상태 측정, 원통의 진원상태 측정, 축의 휘어진 상태나 편심 상태 측정, 기어의 흔들림 측정, 원판의 런 아웃 측정, 크랭크 축이나 캠축의 움직임의 크기 측정

17 항공기가 지상활주 시 타이어의 과도한 온도상승을 방지할 수 있는 좋은 방법이 아닌 것은?

① 빠른 지상활주
② 적절한 타이어의 압력
③ 신뢰성 정비
④ 오버홀 정비

> **해설** 빠른 지상활주는 과도한 온도상승의 원인이 된다.

18 정기적인 점검과 시험을 실시하며 온-컨디션 정비방식에 해당하는 정비는?

① 상태정비
② 시한성 정비
③ 신뢰성 정비
④ 오버홀 정비

> **해설** 온-컨디션 정비방식은 주어진 점검 주기와 주기에 반복적으로 행하는 검사, 점검, 시험 및 서비스 등을 말하며, 감항성 유지에 적절한 점검 및 작업 방법이 적용되어야 한다.

19 작업중에 반드시 접지를 하지 않아도 되는 것은?

① 항공기 시운전
② 연료의 배유작업
③ 항공기 정비작업
④ 연료의 급유작업

> **해설** 배유, 급유, 정비 작업이 접지를 해야한다.

20 항공기를 견인시 견인속도는 몇 mph를 넘지 않아야 하는가?

① 5   ② 10
③ 15   ④ 30

> **해설** 5mph = 8km/h

21 다음 중 전기적인 화재는 어느 것인가?

① A급 화재
② B급 화재
③ C급 화재
④ D급 화재

> **해설** C급 화재 : 통전(通電)되고 있는 전기설비의 화재이며, 고전압이 인가(印加)되어 있기 때문에 지락, 단락, 감전 등에 대한 특별한 배려가 요망된다.

22 두께가 각각 1mm, 2mm인 판을 리벳팅하려 할 때 리벳의 직경은 약 몇 mm가 가장 적당한가?

① 2   ② 4
③ 6   ④ 8

> **해설** 리벳의 직경은 가장 두꺼운 판재의 3D이다.

23 다음 중 비파괴 검사의 종류에 속하지 않는 것은?

① 초음파 검사   ② 누설검사
③ 비커스검사   ④ 자분탐상검사

> **해설** 비파괴 검사의 종류에는 초음파, 침투탐상, 와전류, 육안, 방사선, 자분탐상 검사가 있다.

24 What's not the primary group of the control surface?

① the aileron ② the elevator
③ the rudder ④ the tab

해설 1차 조종면이 아닌 것

25 정시 점검으로 제한된 범위 내에서 구조, 모든 계통 및 장비품의 작동 점검, 계획된 부품의 교환, 서비스 등을 실시하는 점검은?

① A 점검 ② B 점검
③ C 점검 ④ D 점검

해설 C 점검은 기본 A 및 B 점검의 점검사항을 포함하며 제한된 범위 내에서 구조 및 제 계통의 검사, 계통 및 구성품의 작동점검, 계획된 보기 교환, 서비스 등을 행하여 감항성을 유지하는 점검이다.

26 다음 중 부식성이 높은 환경에서 사용이 가장 적절한 안전결선 재료는?

① 열처리한 것
② 아연도금을 한 것
③ 내식강 또는 모넬로 만들어진 것
④ 일반적인 안전결선에 부식방지 처리한 것

해설 내식강 또는 모넬은 부식성에 강하다.

27 비행장에 설치된 시설물, 장비 및 각종 기기 등에 색채를 이용하여 작업자로 하여금 사고를 미연에 방지할 수 있도록 하는데 청색의 안전 색채가 의미하는 것은?

① 방사능 유출위험이 있는 것을 의미한다.
② 수리 및 조절 검사중인 장비를 의미한다.
③ 기계 또는 설비의 위험 위치를 의미한다.
④ 충돌, 추락, 전복 등의 위험 장비를 의미한다.

28 공장정비의 작업 순서가 옳게 나열된 것은?

① 검사-분해-세척-수리-조립-시험/조정-보존 및 방부
② 분해-검사-세척-수리-조립-시험/조정-보존 및 방부
③ 수리-세척-검사-분해-조립-시험/조정-보존 및 방부
④ 분해-세척-검사-수리-조립-시험/조정-보존 및 방부

29 그림과 같은 최소 눈금 1/1000in식 마이크로미터의 눈금은 몇 in인가?

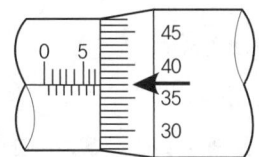

① 0.215 ② 0.236
③ 2.116 ④ 2.411

30 두 개 이상의 굴곡이 교차하는 곳의 안쪽 굴곡 접선에 발생하는 응력집중으로 인한 균열을 막기 위하여 뚫는 구멍은?

① grain hole
② relief hole
③ sight line hole
④ neutral hole

31 너트의 식별기호 AN 310 D-3R에서 3은 무엇을 의미하는가?

① 나사산이 3개 있다.
② 볼트의 길이에 맞는 너트의 높이를 의미한다.

③ AN 3 볼트에 맞는 너트를 말하며 즉 직경이 3/8인치 볼트에 맞는 너트이다.
④ AN 3 볼트에 맞는 너트를 말하며 즉 직경이 3/16인치 볼트에 맞는 너트이다.

해설 AN-표준기호, 310-너트 종류, D-재질, 3-직경(3/16in), R-오른나사

32 다음 중 알루미늄에 사용되는 표면처리기법이 아닌 것은?

① 알로다이징
② 알크래딩
③ 아노다이징
④ 갈바니깅

해설 갈바닉은 부식의 종류이다.

33 마이크로미터를 좋은 상태로 유지하고 측정값의 정확도를 높이고자 하는 방법으로 틀린 것은?

① 심블을 잡고 프레임을 돌리면 스크루가 마멸되므로 주의한다.
② 부식 방지를 위하여 마이크로미터 앤빌과 스핀들은 깨끗한 오일로 윤활하여 보관한다.
③ 마이크로미터 기구에 이물질이 끼여 원활하지 못할 때는 이를 닦아낸다.
④ 마이크로미터를 보관할 때 앤빌과 스핀들이 서로 맞닿지 않게 작은 간격을 유지한다.

해설 오일로 윤활하여 보관하면 측정기구에 오차가 생긴다.

34 다음 중 작업자가 왕복기관 피스톤 실린더 내부 또는 가스터빈기관 내부 압축기 깃 등 기관을 분해하지 않고 광학적인 장치의 도움을 받아 검사를 수행하는 육안 검사법은?

① 와전류 검사
② 보어스코프검사
③ 방사선검사
④ 초음파 검사

35 금속표면에 존재하는 수분이나 오염 물질에 의해 발생되는 표면 부식의 방지 방법으로 틀린 것은?

① 세척
② 도장
③ 도금
④ 열처리

36 가스터빈기관의 연소실 형식 중 애뉼러형 연소실의 특징이 아닌 것은?

① 정비가 용이하다.
② 연소실의 길이가 짧다.
③ 출구온도 분포가 균일하다.
④ 연소실의 전체 표면적이 작다.

해설 캔형 연소실은 정비가 용이한 장점을 가진다.

37 그림과 같은 구조의 기관은?

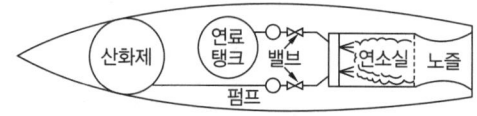

① 로켓기관
② 터보제트기관
③ 수평대향형기관
④ 가스터빈기관

해설 로켓엔진은 기관 내부에 연료와 더불어 연소에 필요한 산화제를 가지고 있어, 공기가 없는 우주공간에서도 사용할 수 있다.

38 다음 중 가스터빈 기관에서 바이브레이터에 의해 직류를 교류로 바꾸어 사용하는 점화장치는?

① 직류 저전압 용량형 점화장치
② 교류 저전압 용량형 점화장치
③ 교류 고전압 용량형 점화장치
④ 직류 고전압 용량형 점화장치

> 해설 바이브레이터에 의해 직류를 교류로 바꾸어 사용하며, 통신 잡음을 없애기 위해 입력 전류를 필터를 거쳐 공급하는 장치는 직류 고전압 용량형 점화장치이다. 필터는 점화장치로 공급되는 직류를 잘 흐르게 하고, 점화 장치에서 발생된 교류나 맥류는 흘러나오지 못하도록 하는 역할을 한다.

39 터보제트 기관에서 추진효율이 80%, 열효율이 60%인 경우 이 기관의 전효율(overall efficiency)은 몇 %인가?

① 20   ② 40
③ 48   ④ 75

> 해설 전효율 = 추진효율×열효율 = 0.8×0.6

40 7기통 성형기관 4-로브 캠판의 크랭크축 24회전 속도에 대한 속도(회전)로 옳은 것은?

① 1회전   ② 2회전
③ 3회전   ④ 4회전

> 해설 캠판 속도 = $\frac{1}{2 \times \text{로브 수}} \times$ 크랭크축 회전속도
> $= \frac{1}{8} \times 24$

41 항공기관의 추력을 증가시키기 위한 물분사 장치의 원리를 옳게 설명한 것은?

① 압축기 블레이드를 세척함으로서 공기의 저항을 감소시켜 추력을 증가시킨다.
② 기관에 흐르는 공기의 질량과 밀도를 증가시킴으로서 추력을 증가시킨다.
③ 터빈 배기가스의 온도를 내려줌으로서 추력을 증가시킨다.
④ 기관 흡입구의 온도를 증가시킴으로서 추력을 증가시킨다.

> 해설 가스터빈기관의 추력증가방법에는 물분사와 후기연소기(애프터 버너)가 있으며, 물분사는 물과 알콜의 혼합액을 압축기 부분에 분사하여 압축 공기의 온도를 감소시켜, 밀도가 증가되도록 하여 추력을 증가시키는 것이다. 이 때 알콜은 물이 어는 것을 방지하기 위해 혼합한다.

42 가스터빈기관의 주 연료펌프의 구성으로 옳게 짝지어진 것은?

① 원심펌프, 기어펌프
② 베인펌프, 기어펌프
③ 원심펌프, 베인펌프
④ 부스터펌프, 베인펌프

> 해설 가스터빈기관의 주연료펌프 형태는 원심펌프, 기어펌프, 피스톤펌프가 있다.

43 2중 스풀 압축기에서 더 높은 출력을 얻기 위해 조절하는 것은?

① 온도비
② 밀도비
③ 압력비
④ 바이패스비

> 해설 2중 스풀이란 축이 2개 있어 고압터빈-고압압축기, 저압터빈-저압압축기가 연결된 것으로서 압축기 실속을 방지하기 위한 것이다. 2축식으로 하면 실속에 들어가지 않으면서 더 높은 압력비를 얻을 수 있다.

44 가스의 누설방지를 위한 피스톤링 조인트의 위치를 결정하는 방법으로 옳은 것은?

① 90° ÷ 링의 수
② 180° ÷ 링의 수
③ 270° ÷ 링의 수

④ 360° ÷ 링의 수

> 해설 피스톤 링에는 열팽창을 고려하여 끝간격이 존재하며, 이 간격을 통해 가스가 새지 않도록 하여 링을 장착할 때 서로 엇갈리게 설치한다.

45 왕복기관 연료의 옥탄값이 91/96이라고 표시되었을 경우 96이 의미하는 것은?

① 옥탄가의 최대 범위를 의미한다.
② 농후 혼합비의 옥탄가를 의미한다.
③ 96%의 노멀헵탄이 함유된 것을 의미한다.
④ 기관이 고온 작동할 때의 옥탄가를 의미한다.

> 해설 옥탄가의 표시는 희박 혼합비일 때와 농후 혼합비일 때의 값을 동시에 표시하기도 한다. 이 때 옥탄가 96이란 표준연료(이소옥탄+정헵탄) 속에 들어있는 이소옥탄의 체적비율이 96%란 것을 의미한다.

46 다음 중 후기연소기의 기본 구성품이 아닌 것은?

① 가변면적 노즐
② 프레임 홀더
③ 연료 스프레이바
④ 역추력장치

> 해설 후기 연소기는 추력증가장치이며, 역추력 장치는 고항력 장치이다.

47 이륙이나 상승할 때와 같이 최대출력을 낼 때 카울플랩은 어떻게 하는 것이 가장 좋은가?

① 1/2 정도 열어준다.
② 1/3 정도 열어준다.
③ 완전히 닫아준다.
④ 완전히 열어준다.

48 가스터빈기관에서 1kgf의 추력을 발생하기 위하여 1시간 동안 소비하는 연료의 중량을 무엇이라 하는가?

① 추력중량비
② 추력효율
③ 비추력효율
④ 추력비연료소비율

49 항공기 왕복기관에서 직접 연료 분사장치의 구성품이 아닌 것은?

① 주공기블리드
② 분사노즐
③ 연료분사펌프
④ 주 조정장치

> 해설 공기블리드는 기화기에서 연료가 연료 노즐로 분사되기 전에 미리 공기와 섞이게 하여 연료를 좀 더 미세하게 공기에 분사되도록 하는 장치이다.

50 반동터빈에 대한 설명으로 틀린 것은?

① 고정자 깃의 통로는 수축통로이다.
② 회전자 깃의 통로는 수축통로이다.
③ 회전자 깃의 통로는 확산통로이다.
④ 반동도는 일반적으로 50% 정도이다.

> 해설 터빈은 반동도에 따라 충동터빈(반동도 0)과 반동터빈(반동도 50)으로 나뉜다. 실제 터빈 깃은 충동-반동터빈을 사용한다. 반동도란 1단(로터 1열과 스테이터 1열)의 압력 팽창 중에서 로터가 담당하는 몫으로서 반동도가 50이면 로터에서도 압력 팽창(속도 증가)이 이루어지므로 로터의 통로가 수축통로로 되어 있다.

51 프로펠러에 조속기를 장치하여 비행고도, 비행자세의 변화에 따른 속도의 변화 및 스로틀 개폐에 관계없이 프로펠러를 항상 일정한 회전속도로 유지하여 항상 최상의 효율을 가질수 있도록 만든 프로펠러는?

① 패더링 프로펠러(fathering propeller)
② 정속 프로펠러(constant speed propeller)
③ 고정피치 프로펠러(fixed pitch propeller)
④ 조정피치 프로펠러(adjustable pitch propeller)

52 그림과 같은 $P-v$ 선도에서 $n=1$일 때의 과정에 해당되는 것은? (단, n은 폴리트로픽 지수이다)

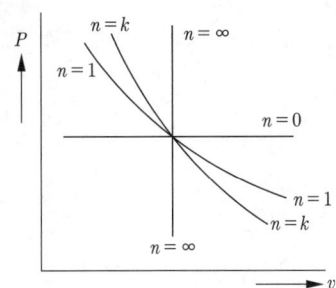

① 정압과정   ② 정적과정
③ 등온과정   ④ 단열과정

해설 $n=0$: 정압과정, $n=1$: 등온과정
$n=\infty$: 정적과정, $n=k$: 단열과정

53 항공용 왕복기관의 밸브간극은 어떤 곳에 여유를 두는 것인가?

① 푸시로드와 캠
② 로커암과 밸브팁
③ 밸브시트와 캠로브
④ 유압밸브리프트와 로커암

54 일반적으로 가스터빈 기관의 기어박스에 부착된 구성품이 아닌 것은?

① 시동기
② 연료펌프
③ 블리드밸브
④ 오일펌프

해설 가스터빈기관에서 블리드 밸브는 압축기 출구에 설치되어 회전 속도가 설계점 이하로 낮을 때 열려 압축기 실속을 방지하는 역할을 한다.

55 왕복기관에서 피스톤 링의 기능이 아닌 것은?

① 충격흡수   ② 기밀작용
③ 열전도작용 ④ 윤활유조절작용

56 가스터빈기관에서 직류 고전압 용량형 점화계통에 입력되는 직류가 필터로 공급되는데 이 필터의 기능이 아닌 것은?

① 통신 잡음을 없앤다.
② 점화 계통으로 공급되는 직류를 잘 흐르게 한다.
③ 점화 계통에 의해서 발생된 교류를 약화시킨다.
④ 점화장치에 의해서 발생된 맥류를 증가시킨다.

해설 직류가 맥류로 바뀌는 것은 바이브레이터에서 이루어진다. 필터는 점화장치로 공급되는 직류를 잘 흐르게 하고, 점화 장치에서 발생된 교류나 맥류는 흘러나오지 못하도록 하는 역할을 한다.

57 이상기체(완전가스)로 채워진 체적이 변하지 않는 밀폐용기를 외부에서 가열했을 때 상태량 변화는?

① 내부 압력이 증가한다.
② 기체의 체적이 증가한다.
③ 내부 압력이 감소한다.
④ 기체의 체적이 감소한다.

해설 체적이 일정할 때 온도와 압력은 비례한다.

58 고정형 프로펠러가 장착된 항공기에서 4행정 6실린더 왕복기관의 각 실린더 연소실에서 초당 10회의 점화가 이루어졌다면 이 기관의 크랭크 샤프트의 rpm은?

① 600   ② 1200
③ 2400   ④ 3600

해설 1 사이클당 점화는 1회, 크랭크축은 2회전한다. 초당 10회의 점화가 이루어지면 10 사이클이고 크랭크축은 초당 20회전한다.

59 마그네토 배전기 블록에 표시된 숫자의 의미는?

① 기관의 점화순서
② 마그네토 점화순서
③ 점화플러그 점검순서
④ 마그네토를 떼어내는 순서

> **해설**
> • 9기통 성형엔진배전기 점화순서(마그네토) : 1-2-3-4-5-6-7-8-9
> • 실린더 점화순서(기관) : 1-3-5-7-9-2-4-6-8

60 항공기 왕복기관에 사용되는 윤활유에 요구되는 특성으로 틀린 것은?

① 유성이 좋아야 한다.
② 산화에 대한 저항이 적어야 한다.
③ 저온에서 최대의 유동성을 갖추어야 한다.
④ 온도변화에 따른 점도의 변화가 최소이어야 한다.

> **해설**
> 윤활유가 산화작용을 한다는 것은 성질이 변하는 것이므로 저항성이 클수록 좋다. 온도 변화에 따른 점도의 변화를 점도지수라고 하며, 온도변화에 따른 점도의 변화가 적은 것을 점도지수가 높다고 나타낸다.

항공기관정비기능사 필기 2014년도 5회 시행 정답

1	2	3	4	5	6	7	8	9	10
③	④	②	①	③	④	④	②	②	①
11	12	13	14	15	16	17	18	19	20
①	①	④	③	③	①	①	①	①	①
21	22	23	24	25	26	27	28	29	30
③	③	③	④	③	③	②	④	②	②
31	32	33	34	35	36	37	38	39	40
④	②	②	②	④	①	①	④	③	③
41	42	43	44	45	46	47	48	49	50
②	①	③	②	②	④	④	④	①	③
51	52	53	54	55	56	57	58	59	60
②	③	②	③	①	④	①	②	②	②

공개기출문제
항공기체정비기능사 필기 2014년도 1회 시행

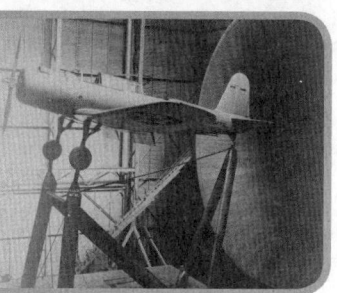

01 수평꼬리날개의 기능에 관한 설명으로 틀린 것은?

① 양력의 일부를 담당한다.
② 비행기의 세로안정을 유지한다.
③ 키놀이 운동에서 감쇄 모멘트를 준다.
④ 승강키의 역할을 하는 경우 받음각을 변화시켜 비행기를 상승 또는 하강시킨다.

해설 수평꼬리날개 = 수평안정판
양력은 주날개에서만 담당

02 다음 중 정상비행 중인 비행기가 의도하지 않은 스핀(Spin) 상태를 만드는 원인은?

① 등속　　② 감속
③ 돌풍　　④ 급상승

해설 스핀은 받음각이 실속각 이상이 된 후 한쪽 날개가 내려갔을 때 발생하는 현상으로 수직강하와 자동회전이 조합된 비행이다.

03 프로펠러 항공기의 항속거리를 높이기 위한 방법으로 틀린 것은?

① 프로펠러 효율이 커야 한다.
② 연료소비율이 작아야 한다.
③ 연료를 많이 실을 수 있어야 한다.
④ 양항비가 최소인 받음각으로 비행한다.

해설 $(\frac{C_L}{C_D})_{max}$ 인 받음각으로 비행해야 한다.

04 스포일러(Spoiler)의 기능에 대한 설명으로 틀린 것은?

① 착륙 시 항력을 증가시켜 착륙거리를 단축시킨다.
② 고속비행 중 대칭적으로 작동하여 에어브레이크 기능을 한다.
③ 보조날개와 연동하여 작동하면서 보조날개의 역할을 보조한다.
④ 항공기 주변의 공기흐름을 유지하여 양력을 증가시키는 역할을 한다.

해설 스포일러는 고항력 장치로서 지상스포일러와 공중스포일러가 있다.

05 프로펠러 회전력(kgf·m)을 구하는 식으로 옳은 것은? (단, 기관의 출력 P HP, 각속도 rad/s, 회전수 N rpm이다)

① $\frac{75P}{\omega}$　　② $\frac{P}{75\omega}$
③ $\frac{75P}{N}$　　④ $\frac{P}{75N}$

해설 P(기관출력) = Q(회전력, 토크)×ω(각속도)
∴ $Q = \frac{75P}{\omega}$ (1HP = 75kgf·m/sec)

06 헬리콥터의 조종에서 회전날개의 피치를 동시에 증가 또는 감소되도록 조작하는 장치는?

① 페달　　② 주기적피치제어간
③ 리드래그힌지　　④ 동시피치제어간

해설
- 주기적 피치제어간 : 전후좌우 비행 (진행방향으로 회전날개를 기울여서 조종)
- 동시피치제어간 : 상승 및 하강 (회전날개의 피치(깃각)을 증가 또는 감소하여 조종)
- 페달 : 방향 조종 (꼬리날개의 피치를 변경하여 조종)

07 3차원 날개에 양력이 발생하면 날개 끝에서 수직방향으로 하향흐름이 만들어지는데 이 흐름에 의해 발생하는 항력을 무엇이라 하는가?

① 형상항력
② 간섭항력
③ 조파항력
④ 유도항력

해설 날개 끝에서 발생하는 하향 흐름 : 날개끝 와류
날개끝 와류에 의해 유도항력이 발생하며, 유도항력을 줄여주기 위해 날개 끝에 윙렛(winglet)을 설치한다.

08 프로펠러 비행기에서 제동마력(BHP)이 300 HP, 프로펠러 효율이 0.8이면, 이용마력은 몇 HP인가?

① 120   ② 240
③ 360   ④ 480

해설 $P_a = \eta_P \times BHP = 0.8 \times 300$

09 720km/h의 속도로 고도 10km 상공을 비행하는 비행기의 속도측정 피토관 입구에 작용하는 동압은 몇 kg/m·S²인가? (단, 고도 10km에서 공기밀도는 0.5kg/m³)

① 10,000   ② 20,000
③ 40,000   ④ 72,000

해설 동압 $q = \frac{1}{2}\rho V^2 = \frac{1}{2} \times 0.5 \times (\frac{720}{3.6})^2$

10 공기흐름 중에 전파되는 파동의 일종으로 음속보다도 빨리 전파되어 압력, 밀도, 온도 등이 급격히 변화하는 파는?

① 전파   ② 충격파
③ 압축파   ④ 대기파

해설 충격파를 지나면 속도만 감소하고 압력, 온도, 밀도는 증가한다.

11 다음 (   ) 안에 알맞은 내용은?

비행기의 동적세로안정은 일반적으로 장주기운동, 단주기운동 및 (   )의 3가지 기본운동의 형태로 구성된다.

① 선회 자유운동   ② 옆놀이 자유운동
③ 승강키 자유운동   ④ 빗놀이 자유운동

12 헬리콥터가 정지비행시 회전날개를 지나는 공기의 일반적인 흐름을 옳게 나타낸 것은?

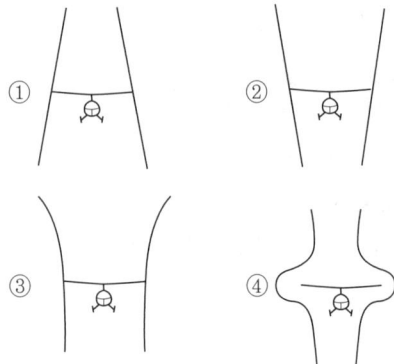

13 해면에서의 대기온도가 15℃일 때 그 지역의 해면고도 2,000m에서의 대기온도는 약 몇 ℃인가?

① 2   ② 4
③ 13   ④ 15

해설 15-(6.5×2), 1km 올라갈 때마다 6.5℃씩 감소한다.

14 날개의 양력은 받음각이 커지면서 함께 증가하는데 이렇게 증가를 하다가 급격히 감소하게 되는 받음각을 무엇이라 하는가?

① 항각   ② 실속각
③ 쳐든각   ④ 영각

15 비행기의 기준축과 이에 대한 회전 각운동을 옳게 나열한 것은?

① 세로축 – X축 – 키놀이(Pitching)
② 가로축 – Z축 – 옆놀이(Rolling)
③ 세로축 – X축 – 빗놀이(Rolling)
④ 가로축 – Z축 – 빗놀이(Yawing)

> 해설
> • 세로축 – X축 – 키놀이(Pitching)
> • 가로축 – Y축 – 옆놀이(Rolling)
> • 수직축 – Z축 – 빗놀이(Rolling)

16 항공기 급유 및 배유시 안전사항에 대한 설명으로 틀린 것은?

① 3점 접지는 급유 중 정전기로 인한 화재를 예방 하기 위한 것이다.
② 연료차량은 항공기와 충분한 거리를 유지하였으면 3점 접지를 생략한다.
③ 급유 및 배유 장소로부터 일정 거리 내에서 흡연이나 인화성 물질을 취급해서는 안 된다.
④ 3점 접지란 항공기와 연료차, 항공기와 지면, 지면과 연료차의 접지를 말한다.

> 해설 항공기–연료차, 항공기–지면, 연료차–지면을 말한다.

17 블라스트 세척작업에 대한 설명으로 옳은 것은?

① 정확한 치수가 필요한 부품에는 적용해서는 안된다.
② 작업방법은 증식, 건식, 습식 3가지가 주로 이용된다.
③ 습식 블라스트 세척에서 슬러리 탱크는 사용되지 않는다.
④ 건식 블라스트 세척에 사용되는 연마제로는 물에 잘 희석되는 화공약품을 사용한다.

18 다음과 같은 너트의 식별표기에서 재질을 의미하는 것은?

AN 310 D – 5 R

① AN   ② 310
③ D   ④ R

> 해설 AN–AN표준기호, 310–너트종류(캐슬),
> D–재질(2017), 5–사용 볼트의 지름, R–오른나사

19 연장공구를 장착한 토크렌치를 이용하여 볼트를 죌 때 토크렌치의 유효길이가 8인치, 연장공구의 유효길이가 7인치, 볼트에 가해져야 할 필요 토크값이 900in–lb라면 토크렌치의 눈금 지시값은 몇 in–lb인가?

① 60   ② 90
③ 420   ④ 480

> 해설 $\frac{TA \times L}{L+A}$
> (TA : 실제 토크값, L : 토크렌치 길이, A : 연장공구 길이)

20 다음 중 와셔(Washer)의 종류에 따른 주된 역할을 설명한 것으로 틀린 것은?

① 고정(lock)와셔는 볼트, 너트의 풀림을 방지한다.
② 고정(lock)와셔는 부품의 장착위치를 결정하는데 사용한다.
③ 평(flat)와셔는 볼트나 스크루의 그립 길이를 조정하는데 사용한다.
④ 평(flat)와셔는 구조물과 장착 부품을 충격과 부식으로부터 보호한다.

> 해설 와셔는 볼트나 너트에 의한 작용력이 고르게 분산되도록 하며, 볼트 그립길이를 맞추기 위해 사용되는 부품이다.

21 강제의 얇은 편으로 되어 있으며, 접점 또는 작은 홈의 간극 등의 점검과 측정에 사용되는 측정기는?

① 필러 게이지
② 버니어캘리퍼스
③ 단체형 내측 마이크로미터
④ 캘리퍼형 내측 마이크로미터

해설 필러 게이지는 판의 길이가 길며, 낱개로 되어 있다.

22 다음 물음에 대하여 옳은 것은?

"Where is the combustor in gas turbine engine?"

① between the compressor and the turbine sections
② between the manifold and the diffuser
③ between the turbine and the manifold
④ between the blade and the blade

해설 가스터빈기관에서 연소실의 위치

23 얇은 패널에 너트를 부착하여 사용할 수 있도록 고안된 특수 너트는?

① 앵커너트 ② 평너트
③ 캐슬너트 ④ 자동고정너트

해설 앵커너트는 얇은 패널에 너트를 부착하여 사용할 수 있도록 고안된 것이다.

24 항공기의 지상취급에 대한 설명으로 옳은 것은?

① 항공기 견인시 견인 속도는 최소한 사람의 보행 속도보다는 빨라야 한다.
② 항공기가 들려올려져 있는 상태에서 항공기에 출입할 때에는 최대한 조용하게 올라가며, 운동 범위를 최소화한다.
③ 격납고의 내부 온도가 외부 온도보다 높을 때에는 연료탱크에 연료보급을 가득 채워 격납고에 보관한다.
④ 항공기 견인시 항공기의 앞바퀴가 움직이는 각도가 일정각도 이상이 되면 토션링크를 연결하여 토잉한다.

25 볼트나 너트를 죌 때 먼저 개구 부위로 조이고 마무리는 박스부분으로 조이도록 된 공구는?

① 박스 렌치 ② 소켓 렌치
③ 조합 렌치 ④ 오픈 엔드 렌치

해설 조합 렌치는 한쪽이 오픈엔드, 다른 한쪽은 박스 엔드로 되어있다.

26 정밀한 광학기계로 특수한 형태의 망원경을 이용한 검사로 육안으로 직접 검사할 수 없는 곳의 결함발견에 이용되는 검사법은?

① 코인 검사   ② 보어스코프 검사
③ 와전류 검사   ④ 텔레스코핑 검사

해설 보어스코프 검사는 육안 검사의 일종이다.

27 높이게이지에서 금긋기를 하거나 높이 측정시 측정표면을 지시 또는 접촉하도록 하여 사용되는 부분은?

① 앤빌   ② 스크라이버
③ 측정바 ④ 테이퍼 너트

해설 재료 표면에 임의의 간격의 평행선을 먹펜이나 연필 등보다 정확히 긋고자 할 경우에 사용되는 공구이다.

28 다음 중 항공기 공장정비에 속하지 않는 것은?

① 항공기 기체 오버홀
② 항공기 원동기 정비

③ 항공기 기체 정시점검
④ 항공기 장비품 정비

해설 공장정비-벤치체크, 수리, 부분품의 오버홀

29 항공기의 부식 방지 방법이 아닌 것은?
① 세척작업　　② 방식작업
③ 도장작업　　④ 용접작업

해설 용접작업은 접합의 종류이다.

30 다음 영문의 밑줄 친 부분의 내용으로 가장 올바른 표현은?

"Tread is that a portion of tire which contacts the ground"

① 일부분　　② 전부분
③ 표면(휠)　　④ 내면(베어링)

해설 타이어에서 트레드의 위치

31 다음 중 표면 결함의 검사가 주 목적인 것은?
① 인장시험검사　　② 방사선투과검사
③ 형광침투탐상검사　　④ 초음파탐상검사

해설 형광침투탐상검사는 금속, 비금속의 표면 결함 검사에 적용된다.

32 스트링어(Stringer)가 절단되어 수리를 할 경우 수리방법에 대한 설명으로 틀린 것은?
① 장착할 리벳의 수는 경우에 따라 다르다.
② 스트링어의 보강방식은 형태에 따라 적정하게 결정한다.
③ 손상길이는 각각 플랜지 길이를 고려하여 계산한다.
④ 보강하는 재료의 단면적이 스트링어의 단면적보다 작아야 한다.

33 정비계획의 정확성을 유지하고 항공기의 고장을 예방하기 위해 철저한 정비가 수행되어 계획된 시간에 차질없이 운항토록 하기 위한 정비 목적은?
① 정시성　　② 안전성
③ 쾌적성　　④ 경제성

해설 비행기는 선박에 비해 출발, 도착시간이 운항스케줄상에 나타난 시간과 별 차이가 없는 특성이 있다.

34 계기계통의 배관을 식별하기 위해 일정 간격을 두고 색깔로 구분된 테이프를 감아두는데 이 때 붉은 갈색은 어떤 계통의 배관을 나타내는가?
① 윤활계통　　② 압축공기계통
③ 연료계통　　④ 화재방지계통

해설 윤활-황, 압축공기-오렌지 청, 연료-적, 화재방지-갈

35 인화성 액체나 고체의 유지류 등의 화재는?
① A급 화재　　② B급 화재
③ C급 화재　　④ D급 화재

해설 B급 화재는 인화성액체 및 고체의 유지류 등의 화재를 말한다.

36 지상 활주 중 항공기 앞 착륙장치에 많이 발생하는 불안정한 좌우 진동현상을 감쇠 및 방지하기 위한 장치는?
① 안티스키드　　② 토션링크
③ 드래그 스트럿　　④ 시미댐퍼

해설 시미댐퍼는 시미 현상을 감쇠, 방지하기 위한 장치이다.

37 헬리콥터에서 회전날개의 깃이 전후로 움직이는 현상은?

① 플래핑
② 리드래그 운동
③ 호버링
④ 오토 로테이션

38 항공기 출입문 중 동체 외벽의 안으로 여는 형식은?

① 티형(T Type)
② 팽창형(Expand Type)
③ 밀폐형(Seal Type)
④ 플러그형(Plug Type)

39 설계하중을 가장 옳게 표현한 것은?

① 설계하중 = 한계하중 + 안전계수
② 설계하중 = 한계하중 ÷ 안전계수
③ 설계하중 = 한계하중 × 안전계수
④ 설계하중 = 한계하중 − 안전계수

40 기관마운트를 날개에 장착할 경우 발생하는 영향이 아닌 것은?

① 저항의 증가
② 날개의 강도 증가
③ 공기 역학적 성능 저하
④ 파일론으로 인한 무게의 증가

41 헬리콥터의 동력구동장치 중 기관에서 전달받은 구동력의 회전수와 회전방향을 변환시킨 후에 각 구동축으로 전달하는 장치는?

① 변속기
② 동력구동축
③ 중간기어박스
④ 꼬리기어박스

42 다음 중 가장 무거운 항공기 무게는?

① 최대착륙무게
② 기본자기무게
③ 최대영연료무게
④ 최대이륙무게

해설 최대이륙무게는 항공기가 탑재물을 최대로 적재하고 이륙할 수 있는 무게

43 철강 재료를 탄소함유량에 따라 분류하는데 탄소의 함유량이 적은 것에서 많은 순서대로 나열한 것은?

① 주철<강<순철
② 주철<순철<강
③ 순철<주철<강
④ 순철<강<주철

해설 순철 : 0.025% 이하
강 : 0.025~2.0% 이하
주철 : 2.0% 이상

44 지름이 5cm인 원형단면인 봉에 1,000kg의 인장하중이 작용할 때 단면에서의 인장응력은 약 몇 kg/인가?

① 50.9
② 63.7
③ 101.8
④ 200

해설 $\sigma = \dfrac{W}{A} = \dfrac{1,000}{\sigma \times 2.5^2}$

45 날개의 단면이 공기역학적인 날개골을 유지할 수 있도록 날개의 모양을 형성해주는 구조부재는?

① Skin
② Rib
③ Spar
④ Stiffener

46 기체구조의 형식에 대한 설명으로 틀린 것은?

① 모노코크 구조형식은 응력외피 구조형식에 속한다.
② 외피가 얇고 동체의 길이 방향으로 보강재가 적용된 것은 세미모노코크구조 형식이다.

③ 기체의 무게를 감소시켜 무게 대비 높은 강도를 유지할 수 있는 형식은 트러스구조 형식이다.
④ 트러스구조, 응력외피구조, 샌드위치구조 등의 형식이 있다.

> **해설** 트러스구조는 외피는 공기역학정 외형 유지, 공기력을 트러스에 전달하는 역할만 하며, 골격은 기체에 대부분의 하중을 담당한다.

47 고체의 금속재를 상온 또는 가열상태에서 해머 등으로 두들기거나 가압하여 일정한 모양을 만드는 가공법은?

① 압출 ② 압연
③ 주조 ④ 단조

> **해설** 고체인 금속재료를 해머 등으로 두들기거나 가압하는 기계적 방법으로 일정한 모양으로 만드는 조작이다.

48 금속의 열처리법 중 표면경화 열처리에 해당하지 않은 것은?

① 마퀜칭 ② 침탄법
③ 질화법 ④ 화염 경화법

> **해설** 오스테나이트 상태까지 가열한 강을 항온변태 곡선의 코 PP' 이하의 온도까지 급랭하여 재료의 온도가 일정하게 되고부터 천천히 Ms점과 Mf점을 통과시키는 담금질을 한 후 템퍼링을 하는 열처리이다.

49 그림과 같은 헬리콥터의 구조에서 ㉠이 지시하는 곳의 명칭은?

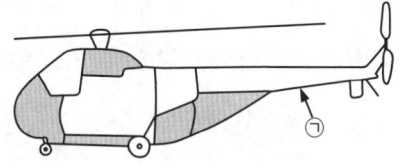

① 동체 ② 테일붐
③ 테일스키드 ④ 파일론

50 알루미늄합금의 일반적인 특성으로 틀린 것은?

① 시효경화가 없다.
② 내식성이 양호하다.
③ 전성이 우수하여 가공성이 좋다.
④ 상온에서 기계적 성질이 우수하다.

> **해설** 알루미늄합금은 시효경화성을 갖는다.

51 다음 중 단순보를 나타낸 것은?

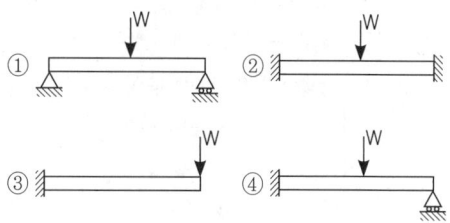

> **해설** 단순보는 1개의 부재가 2개의 지지점으로 지지되며 그것의 한쪽은 힌지 지지점이고, 다른 쪽은 가동지지점인 보를 말한다.

52 그림과 같은 응력-변형률 곡선에서 극한응력을 나타낸 곳은?

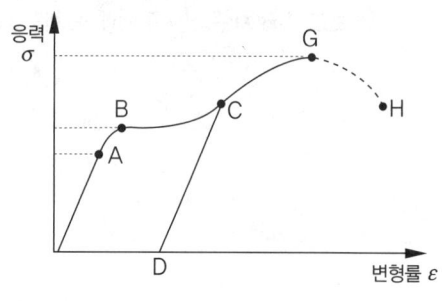

① A ② B
③ G ④ H

53 항공기 도면의 표제란에 ASSY로 표시하며 조립체나 부분 조립체를 이루는 방법과 절차를 설명하는 도면은?

① 조립도면 ② 상세도면
③ 공정도면 ④ 부품도면

54 헬리콥터의 회전날개 중 플래핑힌지, 페더링힌지, 항력힌지를 모두 갖춘 회전날개의 형식은?

① 반고정형 회전날개
② 고정식 회전날개
③ 베어링리스 회전날개
④ 관절형 회전날개

55 항공기에서 금속과 비교하여 복합소재를 사용하는 이유가 아닌 것은?

① 무게당 강도비가 높다.
② 전기화학작용에 의한 부식을 줄일 수 있다.
③ 유연성이 크고 진동이 작아 피로 강도가 감소된다.
④ 복잡한 형태나 공기 역학적인 곡선 형태의 부품 제작이 쉽다.

> 해설 복합소재는 유연성이 크고 진동에 강해서 피로응력의 문제를 해결한다.

56 항공기 기체 결함 보고서를 작성하기 위해 손상 부위를 표시하려고 할 때 항공기 뒤에서 앞쪽을 보고 스케치했다면 도면에 표시할 내용은?

① LOOKING OUT   ② LOOKING FWD
③ LOOKING AFT   ④ LOOKING INBD

57 브레이크에서 블리드 밸브(bleed valve)의 주된 역할은?

① 비상시 비상브레이크 작동을 위해 사용된다.
② 계류 브레이크로 가는 유로를 차단하기 위해 사용된다.
③ 브레이크 유압계통에 섞여 있는 공기를 빼낼 때 사용된다.
④ 브레이크 유압계통의 과도한 압력을 제거할 때 사용된다.

> 해설 블리드 밸브는 공기를 빼낼 때 사용한다.

58 조종계통의 조종방식 중 기체에 가해지는 중력 가속도나 기울기를 감지한 결과를 컴퓨터로 계산하여 조종사의 감지능력을 보충하도록 하는 방식의 조종장치는?

① 수동조종장치(Manual control)
② 유압조종장치(Hydraulic control)
③ 플라이바이와이어(Fly-by-wire)
④ 동력조종장치(Powered control)

> 해설 항공기의 조종계통 중 전자식으로 제어되는 조종계통

59 항공기에서 폴리염화비닐(PVC)의 사용처로 적당한 곳은?

① 전선 피복제   ② 엔진 개스킷
③ 항공기 창문 유리   ④ 타이어용 튜브

60 헬리콥터에서 가장 많이 쓰이는 프리휠링 장치(free wheeling unit)는?

① 헤드 클러치(Head clutch)
② 리드 클러치(Lead clutch)
③ 드래그 클러치(Drag clutch)
④ 스프레그 클러치(Sprag clutch)

항공기체정비기능사 필기 2014년도 1회 시행 정답

1	2	3	4	5	6	7	8	9	10
①	③	④	④	①	④	④	②	①	②
11	12	13	14	15	16	17	18	19	20
③	③	①	②	③	①	③	①	④	②
21	22	23	24	25	26	27	28	29	30
①	①	①	②	③	②	②	③	④	①
31	32	33	34	35	36	37	38	39	40
③	④	①	④	②	①	②	④	②	①
41	42	43	44	45	46	47	48	49	50
①	④	④	②	③	②	④	①	②	①
51	52	53	54	55	56	57	58	59	60
①	③	③	④	③	③	③	③	①	②

공개기출문제
항공기체정비기능사 필기 2014년도 2회 시행

01 프로펠러 비행기가 순항할 때 경제속도란 다음 중 어떠한 상태로 비행하는 것을 말하는가?

① 필요동력이 최소인 상태
② 필요동력이 최대인 상태
③ 이용동력이 최소인 상태
④ 이용동력이 최대인 상태

02 방향키(Rudder)에 대한 설명으로 옳은 것은?

① 좌우 방향 전환의 조종 목적뿐만 아니라 옆바람이나 도움날개의 조종에 따른 빗놀이 모멘트를 상쇄하기 위해서 사용된다.
② 이륙이나 착륙시 비행기의 양력을 증가시켜 주는데 목적이 있다.
③ 비행기의 세로축을 중심으로 한 옆놀이운동을 조종하는데 주로 사용되는 조종면이다.
④ 비행기의 가로축을 중심으로 한 키놀이운동을 조종하는데 주로 사용되는 조종면이다.

> 해설 ② : 고양력 장치
> ③ : 도움날개(aileron)
> ④ : 승강키(elevator)

03 다음과 같은 5자 계열 날개골에서 각 숫자의 의미를 옳게 설명한 것은?

NACA 2 3 0 15
       ⓐ ⓑ ⓒ ⓓ

① ⓐ항은 최대 캠버의 크기가 시위의 20%임을 의미한다.
② ⓑ항은 최대 캠버의 위치가 시위의 15%에 위치함을 의미한다.
③ ⓒ항은 최대 캠버 위치 이후 평균 캠버선이 3차 곡선임을 의미한다.
④ ⓓ항은 최대 두께가 시위의 1.5%임을 의미한다.

> 해설 • 2 : 최대 캠버의 크기가 시위선의 2%
> • 3 : 최대 캠버의 위치가 앞전에서 15%
> • 0 : 평균 캠버선의 뒤쪽이 직선
> • 15 : 최대 두께가 시위선의 15%

04 비행기의 방향안정에 일차적으로 영향을 미치는 것은?

① 수직꼬리날개   ② 주날개
③ 수평꼬리날개   ④ 스포일러

> 해설 • 세로안정 : 수평꼬리날개
> • 가로안정 : 주날개
> • 방향안정 : 수직꼬리날개

05 비행기의 기준축과 각 축에 대한 회전 각운동이 옳게 연결된 것은?

① 세로축 – X축 – 키놀이(Pitching moment)
② 세로축 – Z축 – 빗놀이(Yawing moment)
③ 수직축 – Y축 – 키놀이(Pitching moment)
④ 수직축 – Z축 – 빗놀이(Yawing moment)

06 비행기가 500ft/s의 속도로 수평선에 대해 30°의 각도로 상승하고 있을 때 상승률은 몇 ft/s 인가?

① 152   ② 171
③ 234   ④ 250

> 해설 상승률$(RC) = V\sin\theta = 500 \times \sin 30$

07 비행성능에 대한 설명으로 틀린 것은?

① 고도가 증가하면 상승률이 감소한다.
② 활공각이 크면 활공 거리가 길어진다.
③ 고도가 증가하면 비행 속도와 필요마력은 증가한다.
④ 정상 등속도 수평비행이란 항력과 추력이 같고 양력과 무게가 같다.

해설 활공거리를 길게 하려면 최소 활공각으로 비행해야 한다.

08 날개의 시위길이가 2m, 공기의 흐름속도가 720km/h 공기의 동점성계수가 0.2cm/s일 때, 레이놀즈수는 약 얼마인가?

① 2×10^6 ② 4×10^6
③ 2×10^7 ④ 4×10^7

해설 $Re = \dfrac{VL}{\nu} = \dfrac{((\frac{720}{3.6}) \times 100) \cdot (2 \times 100)}{0.2}$

09 비행기의 날개에 작용하는 양력의 크기에 대한 설명으로 틀린 것은?

① 양력계수에 비례한다.
② 비행속도에 반비례한다.
③ 날개의 면적에 비례한다.
④ 공기의 밀도의 크기에 비례한다.

해설 $L = \dfrac{1}{2} C_L \rho V^2 S$

10 마하수로 분류한 속도의 명칭과 범위가 잘못 짝 지어진것은?

① 아음속 : 마하수 $<$ 0.75
② 천음속 : 0.5 $<$ 마하수 $<$ 0.99
③ 초음속 : 1.2 $<$ 마하수 $<$ 5.0
④ 극초음속 : 5.0 $<$ 마하수

해설 천음속은 아음속에서 초음속으로 변화되는 중간의 속도로 음속보다 작은 속도에서 음속보다 큰 속도 범위를 포함한다. 0.75 $<$ 마하수 $<$ 1.2

11 헬리콥터의 깃끝의 선속도(v)와 각속도(ω)의 관계가 옳은 것은? (단, 헬리콥터 깃의 반지름은 γ이다.)

① $v = \gamma \omega$ ② $v = \gamma^2 \omega$
③ $v = \dfrac{\omega}{\gamma}$ ④ $v = \dfrac{\omega}{\gamma^2}$

12 720km/h로 비행하는 비행기의 마하계 눈금이 0.6을 지시했다면 이 고도에서의 음속은 약 몇 m/s인가?

① 322 ② 327
③ 333 ④ 340

해설 $M = \dfrac{V}{a}, a = \dfrac{V}{M} = \dfrac{(720/3.6)}{0.6}$

13 다음 중 천음속 이상의 속도로 비행하는 항공기의 조파항력을 감소시키기 위한 비행기의 날개로 가장 적합한 것은?

① 직사각형 날개
② 테이퍼 날개
③ 타원 날개
④ 뒤젖힘 날개

해설 뒤젖힘 날개의 가장 큰 장점은 충격파의 발생을 지연시켜 임계 마하수를 크게 할 수 있는 것이다.

14 헬리콥터 로터조종기구인 사이클릭(cyclic)조종간과 콜렉티브(collective) 조종간에 연결되어 로터 깃각을 변경시키는 장치는?

① 댐퍼(Damper)
② 에일러론(Aileron)
③ 회전 경사판(Swash plate)

④ 수직 안정판(Vertical stabilizer)

해설 경사판(swash plate)은 비행기의 조종면과 같은 역할을 하는 장치로서 두 개로 되어 있으며 회전 경사판은 회전 날개와 함께 회전하고 고정 경사판은 조종간과 연결되어 있다.

15 프로펠러의 자이로 모멘트(Gyro moment) 특성은 자이로스코프의 어떤 특성에 기인하는가?

① 강직성(Rigidity)
② 진자효과(Pendulum effect)
③ 섭동성(Precession)
④ 회전효과(Rotation effect)

해설
• 강직성 : 외력이 가해지지 않으면 회전자의 축방향은 우주 공간에 대해 계속 일정 방향으로 유지하려는 성질
• 섭동성 : 회전자에 힘을 가하면 회전 방향으로 90도 진행된 점에 힘이 가해진 것과 같은 작용을 한다.

16 볼트나 너트의 육면 중 2면 만이 공구의 개구부분에 걸려 장,탈착하는데 쓰이는 공구는?

① 박스 렌치
② 스트랩 렌치
③ 소켓 렌치
④ 오픈엔드 렌치

해설 오픈엔드 렌치는 양끝이 서로 다른 규격의 너트나 볼트를 돌릴 수 있는 홈이 있다.

17 다음 문장에서 밑줄 친 부분의 내용으로 가장 올바른 것은?

"The force which moves the aircraft forward is called thrust."

① 연료
② 중력
③ 양력
④ 추력

해설 항공기를 전방으로 움직이게 하는 힘

18 다음 중 접지된 페인팅 대상물과 페인팅 기구 간에 고전압을 인가하여 페인팅하는 기법은?

① 정전 페인팅
② 스프레이(Spray) 페인팅
③ 터치 업(Touch up) 페인팅
④ 에어리스 스프레이(Airless spray) 페인팅

19 다음 중 항공기 정비의 목적으로 틀린 것은?

① 청결과 미관상의 상태를 개선함으로써 승객에게 쾌적성을 제공해 줄 수 있어야 한다.
② 항공정비인력의 탄력적인 운용을 할 수 있도록 한다.
③ 운항에 저해가 되는 고장의 원인을 미리 제거함으로써 정시성을 확보한다.
④ 항공기의 강도, 구조, 성능에 관한 안정성이 확보되도록 한다.

해설 항공정비의 목적은 안전하고 쾌적한 운항을 위하여 항공기 품질을 유지 또는 향상시키는 점검, 서비스, 세척 및 수리, 개조 작업 등을 총칭하여 정비라 한다.

20 부품을 파괴하거나 손상시키기 않고 검사하는 방법을 무엇이라 하는가?

① 내부검사
② 비파괴검사
③ 내구성검사
④ 오버홀검사

해설 비파괴 검사는 재료를 파괴하지 않고 물리적 성질을 이용.

21 항공기 정비를 위한 전기 장비에 화재가 발생하였을경우 소화기로 가장 적합한 것은?

① 건조사
② 물펌프소화기
③ 포말소화기
④ 이산화탄소소화기

해설 이산화탄소는 전기에 대해 절연성이 우수하기 때문에 전기(C급) 화재에도 적합하다.

22 다음 ( ) 안에 알맞은 용어는?

> "A system used to prevent the forming of ice is an ( ) system"

① de-icing
② refrigeration
③ anti-icing
④ combustion

해설 얼음이 형성되지 않도록 하는 계통

23 예방 정비의 모순점에 대한 내용이 아닌 것은?

① 부품에 이상이 있을 경우 즉각적인 원인 파악과 조치가 가능하다.
② 장기간 만족스럽게 작동되는 장비나 부품을 고의로 장탈한다.
③ 부품의 분해 조립 과정에서 고장 발생의 가능성이 조성된다.
④ 부품 본래의 결점을 파악하기 어려워 품질 개선에 어려움이 있다.

24 복합소재의 수리 작업시 압력을 가하는데 가장 효과적인 그림과 같은 방법은?

① 클레코
② 숏백
③ 진공백
④ 스프링 클램프

해설 진공백은 수리한 곳에 압력을 가하는 가장 효과적인 방법이다.

25 마이크로미터에 대한 설명으로 틀린 것은?

① 측정물과 직접 닿는 부분은 앤빌과 스핀들이다.
② 보통 0.01mm와 0.001mm까지 측정할 수 있다.
③ 하나의 측정기로 외측, 내측, 깊이 및 단차를 모두 측정할 수 있다.
④ 심블과 슬리브라는 명칭이 사용되는 구조 부분이 있다.

해설 마이크로미터는 측정물의 외측 및 내측, 깊이를 측정하는 장비이다.

26 "MS20470 AD 4-5" 리벳의 배치 작업 시 최소 리벳 피치는 몇 in인가?

① 5/16   ② 3/8
③ 1/4   ④ 7/32

해설 리벳피치는 최소 $3D = 3 \times \dfrac{4}{32}$

27 가요성 호스에 NO.7이 표시되어있다면 호스의 치수는?

① 안지름이 7/8 인치이다.
② 안지름이 7/16 인치이다.
③ 바깥지름이 7/8 인치이다.
④ 바깥지름이 7/16 인치이다.

해설 호스는 안지름으로 나타내며 인치 단위의 크기로 나타낸다.

28 항공기의 지상 활주를 위해 육지 비행장에 마련한 한정된 경로는?

① 유도로
② 활주로
③ 비상로
④ 계류로

> **해설** 항공기의 지상통행 및 비행장내의 한 부분과 다른 부분의 연결을 위하여 육상비행장에 설치한 일정한 통로로서 항공기 주기장 통행로, 계류장 유도로, 고속이탈 유도로가 포함된다.

29 물림 턱에 락(lock)장치가 되어있어 한번 조절되어락(lock)되면 작은 바이스처럼 잡아주는 공구는?

① 롱노즈 플라이어(Long nose plier)
② 워터 펌프 플라이어(Water pump plier)
③ 바이스 그립 플라이어(Vise grip plier)
④ 콤비네이션 플라이어(Combination plier)

> **해설** 바이스 그립 플라이어는 락킹 플라이어라고도 부르며, 물림 턱에 고정 장치가 되어 있기 때문에 한 번 고정되면 작은 바이스처럼 잡아주는 역할을 한다.

30 다음 중 항공기 구조수리의 기본 원칙 4가지에 해당되지 않는 것은?

① 본래의 재료 유지   ② 본래의 윤곽 유지
③ 중량의 최소 유지   ④ 부식에 대한 보호

> **해설** 본래의 강도 유지, 본래의 형태유지, 최소무게유지, 부식에 대한 보호

31 다음 중 안전결선 작업에 대한 내용으로 틀린 것은?

① 안전결선의 절단은 직각이 되도록 자른다.
② 와이어를 꼴 때에는 팽팽한 상태가 되도록 한다.
③ 안전결선은 한번 사용한 것은 다시 사용하지 못한다.
④ 안전결선을 신속하고 일관성 있게 하기 위해서는 티 핸들을 사용한다.

> **해설** 안전결선을 신속하고 일관성 있게 하기 위해서는 트위스터를 사용한다.

32 다음 중 비자성체의 표면균열을 탐지할 수 있는 비파괴 검사법은?

① 자분탐상검사
② 초음파탐상검사
③ 침투탐상검사
④ 방사선투과검사

> **해설** 침투탐상 검사는 금속, 비금속의 표면 결함 검사에 적용된다.

33 항공기의 지상안전에서 안전색은 작업자에게 여러 종류의 주의나 경고를 의미하는데 주황색은 무엇을 의미할 때 표시하는가?

① 기계 설비의 위험이 있는 곳이다.
② 방사능 유출의 위험경고 표시이다.
③ 건물 내부의 관리를 위하여 표시한다.
④ 장비 및 기기가 수리, 조절 및 검사 중이다.

34 볼트 헤드에 ×기호가 새겨져 있다면 이 기호의 의미는?

① 열처리 볼트
② 내식강 볼트
③ 합금강 볼트
④ 정밀 공차 볼트

> **해설** 열처리 : R, 내식강 : _
> 합금강 : ×, 정밀 공차 볼트 : △

35 급작스러운 강풍이나 기상상황을 고려하여 바람에 의한 항공기 파손을 방지하기 위하여 지상에 정지시키는 지상작업의 명칭은?

① 항공기 견인(Towing)
② 항공기 계류(Mooring)
③ 항공기 활주(Taxing)
④ 항공기 주기(Parking)

36 수직 구조 부재와 수평 구조 부재로 이루어진 구조에 외피를 부착한 구조를 이루며 대부분의 헬리콥터 동체구조로 사용되는 구조 형식은?

① 일체형
② 트러스형
③ 모노코크형
④ 세미모노코크형

> 해설) 세미모노코크 구조는 모노코크 구조에 프레임과 세로대, 스트링어 등을 보강하고, 그 위에 외피를 얇게 입힌 구조이다.

37 항공기 재료 중 먼지나 수분 또는 공기가 들어오는 것을 방지하고 누설을 방지하며 소음방지를 하기 위한 부분에 주로 사용되는 재료는?

① 섬유   ② 유리
③ 고무   ④ 세라믹

38 다음 중 나셀의 구성요소에 해당하지 않는 것은?

① 방화벽
② 스킨
③ 카울링
④ 쇽스트러트

> 해설) 쇽스트러트는 랜딩기어의 구성요소이다.

39 다음 중 정하중 시험에 해당하지 않는 항공기의 구조시험은?

① 강성시험
② 한계하중시험
③ 피로시험
④ 극한하중시험

> 해설) 극한하중시험은 파괴직전까지의 시험을 말한다.

40 안전여유(Margin of Safety)를 구하는 식으로 옳은 것은?

① $\dfrac{허용하중}{실제하중}+1$ ② $\dfrac{허용하중}{실제하중}-1$

③ $\dfrac{실제하중}{허용하중}+1$ ④ $\dfrac{실제하중}{허용하중}-1$

41 다음 중 날개보(Wing spar)에 대한 설명으로 옳은 것은?

① 공기 역학적 특성을 결정하는 날개 단면의 형태를 유지해준다.
② 날개에 작용하는 대부분의 하중을 담당하며 날개와 동체를 연결하는 연결부의 구실을 한다.
③ 날개의 양력을 감소시키며 기체의 횡 방향 운동을 일으킨다.
④ 날개의 비틀림 하중을 감당하기 위해 날개 코드 방향으로 배치되는 보강재이다.

> 해설) 날개보는 날개에 작용하는 대부분의 하중을 담당한다.

42 그림과 같이 항공기 부재에 크기가 같고 방향이 반대인 50N의 두 힘이 수직거리가 10m 만큼 떨어져 작용하고 있다면 이러한 짝힘(Couple Force)에 대한 모멘트는 몇 N-m인가?

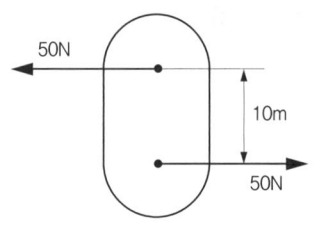

① 250   ② 500
③ 2,500   ④ 5,000

> 해설) 짝힘 모멘트 = 작용점과의 거리×힘

43 헬리콥터의 동력전달장치에서 기관의 동력을 회전날개에 전달하거나 차단하는 역할을 하는 장치는?

① 구동축
② 변속기
③ 클러치
④ 기어박스

44 앞착륙장치에서 불안전한 진동현상을 방지하는 장치는?

① 시미댐퍼
② 센터링 캠
③ 바이패스 밸브
④ 안전 스위치

> 해설 시미댐퍼는 시미 현상을 감쇠, 방지하기 위한 장치이다.

45 모노코크형 동체의 구성요소로 가장 올바른 것은?

① 외피(Skin), 정형재(Former), 튜브(Tube)
② 외피(Skin), 정형재(Former), 벌크헤드(Bulkhead)
③ 외피(Skin), 론저론(Longeron), 스트링어(Stringer)
④ 프레임(Frame), 론저론(Longeron), 스트링어(Stringer)

46 헬리콥터에서 전진비행은 어떤 조종장치에 의해 이루어지는가?

① 주기 조종간
② 동시피치레버
③ 방향조종페달
④ 플랩 작동 스위치

47 금속으로 된 헬리콥터의 회전날개 깃에서 깃의 뿌리에 부착되어 있어 깃이 받는 하중을 허브에 전달하는 역할을 하는 것은?

① 그립 플레이트
② 팁포켓
③ 깃 얼라이먼트 핀
④ 트림태브

48 지름 2cm인 원형 단면봉에 3,000kgf의 인장하중이 작용할 때 단면에서의 응력은 약 몇 kgf/cm인가?

① 477
② 750
③ 955
④ 1,910

> 해설 $\sigma = \dfrac{W}{A} = \dfrac{3{,}000}{\pi \times 1^2}$

49 다음과 같은 철강재료 식별 표시에서 각각의 표시와 의미가 잘못 짝지어진 것은?

SAE 1 0 2 5

① SAE - 미국 철강협회 규격
② 1 - 탄소강
③ 0 - 5대 기본원소 이외의 합금원소가 없음
④ 25 - 탄소 0.25% 함유

> 해설 SAE-미국 자동차 기술자 협회,
> 1-탄소강, 0-합금원소량, 25-탄소함유량(0.25%)

50 항공기의 구조무게를 가볍게 하기 위한 소재로 제작하였을 때 설명으로 틀린 것은?

① 많은 화물을 수용할 수 있다.
② 많은 승객을 수용할 수 있다.
③ 경제적인 동력장치의 선정이 가능하다.
④ 연료소비 효율이 감소하여 운항경비가 감소한다.

> 해설 연료소비 효율이 증가하여 운항경비가 증가한다.

51 조종케이블의 방향을 바꿀 때 사용되는 구성품은?

① 턴버클
② 풀리
③ 페어리드
④ 케이블 컨넥터

52 항공기 위치표시 방식 중 동체 버턱선을 나타내는 것은?

① BBL ② BWL
③ FS ④ WS

해설 BBL-동체 버턱선, BWL-동체 수위선, FS-동체 위치선, WS-날개 위치선

53 재료의 강도를 증가시키기 위해 금속을 높은 온도로 가열했다가 물이나 기름에서 급랭시키는 열처리 방법은?

① 담금질 ② 뜨임
③ 풀림 ④ 불림

54 그림과 같은 도면에서 부식이 발생한 곳은?

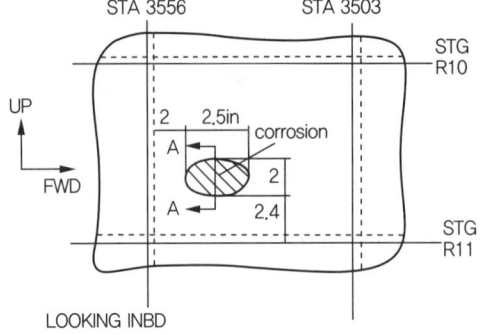

① 리브(Rib)와 근접한 부분
② 날개골(Airfoil)과 근접한 부분
③ 세로대(Longeron)와 근접한 부분
④ 스트링거(Stringer)와 근접한 부분

55 다음 중 항공기 조종계통에 사용되는 장치가 아닌 것은?

① 조종드럼
② 데릭붐
③ 쿼드런트
④ 트림감각장치

56 헬리콥터가 전진비행을 할 때 수평안정판이 하는 역할로 옳은 것은?

① 주회전날개의 수평을 유지시킨다.
② 꼬리회전날개가 손상되는 것을 방지한다.
③ 수평안정판의 공기력이 아래로 작용하여 수평을 유지시킨다.
④ 수평안정판의 회전력으로 헬리콥터의 회전을 방지한다.

57 다음 중 항공기의 재료로 쓰이는 가장 가벼운 금속으로 전연성, 절삭성이 우수한 것은?

① 알루미늄 ② 티탄
③ 마그네슘 ④ 니켈

해설 • 마그네슘 : 1.741, • 알루미늄 : 2.7
• 티탄 : 4.5, • 니켈 : 8.845

58 다음 복합소재 중 사용 온도 범위가 가장 넓은 것은?

① FRP
② FRM
③ FRC
④ C/C 복합재

해설 C/C 〉 FRC 〉 FRM 〉 FRP

59 금속의 기계적 성질 중 외부에서 힘을 받았을 때 물체가 소성 변형을 거의 보이지 아니하고 파괴되는 현상은?

① 인성 ② 전성
③ 취성 ④ 연성

해설 취성은 재료가 외력에 의하여 영구 변형을 하지 않고 파괴되거나 극히 일부만 영구 변형을 하고 파괴되는 성질이다.

60 [보기]는 무엇에 대한 설명인가?

> 재료에 하중이 가해지면 그 재료는 변형이 생기는데 이 변형의 크기는 어느 범위 내에서는 가한 하중에 비례한다.

① 열변형 원리 ② 훅의 법칙
③ 파스칼 원리 ④ 관성의 법칙

해설 훅의 법칙은 물체에 하중을 가하면 하중이 어느 한도에 이르기까지는 하중과 변형은 서로 정비례한다는 법칙이다.

1	2	3	4	5	6	7	8	9	10
①	①	②	①	④	④	②	③	②	②
11	12	13	14	15	16	17	18	19	20
①	③	④	③	③	④	④	①	②	②
21	22	23	24	25	26	27	28	29	30
④	③	①	③	③	②	②	①	③	①
31	32	33	34	35	36	37	38	39	40
④	③	①	③	②	②	④	④	③	②
41	42	43	44	45	46	47	48	49	50
②	②	③	①	②	①	②	③	①	④
51	52	53	54	55	56	57	58	59	60
②	①	①	④	②	③	③	④	③	②

공개기출문제
항공기체정비기능사 필기 2014년도 5회 시행

01 활공비가 30인 글라이더가 500m 고도에서의 최대 활공거리는 몇 m인가?

① 5,000　　② 10,000
③ 15,000　　④ 20,000

> 해설 활공비 = $\dfrac{수평활공거리}{활공고도}$, 수평활공거리 = 30×500

02 공기에 대하여 온도가 일정할 때 압력이 증가하면 나타나는 현상으로 옳은 것은?

① 밀도와 체적이 모두 감소한다.
② 밀도와 체적이 모두 증가한다.
③ 체적은 감소하고 밀도는 증가한다.
④ 체적은 증가하고 밀도는 감소한다.

> 해설 압력은 밀도에 비례하고, 체적에 반비례한다.

03 대기층 중 극외권에 대한 설명으로 옳은 것은?

① 열권 위에 극외권이 있다.
② 대기권에서는 극외권이 기온이 가장 낮다.
③ 전파를 흡수, 반사하는 작용을 하여 통신에 영향을 끼친다.
④ 구름의 생성, 비, 눈, 안개 등의 기상현상이 일어난다.

> 해설 대류권 – 성층권 – 중간권 – 열권 – 극외권
> ② : 중간권, ③ : 열권, ④ : 대류권

04 층류 날개골(laminar flow airfoil)에 대한 설명으로 옳은 것은?

① 속도 증가에 따라 항력을 감소시키기 위해 만들어졌다.
② 속도 증가에 따라 항력을 증가시키기 위해 만들어졌다.
③ 속도와 항력을 함께 감소시키기 위해 만들어 졌다.
④ 양력과 항력을 함께 감소시키기 위해 만들어졌다.

> 해설 층류 날개골은 NACA 6자계열 날개골로서 천음속 항공기에 사용된다. 날개 윗면의 공기 흐름을 층류로 만들어 마찰항력을 적게 한 것이다.

05 공기흐름의 법칙에 대한 설명으로 옳은 것은?

① 공기의 흐름속도가 느려지면 전압은 커진다.
② 공기의 흐름속도가 빨라지면 전압은 작아진다.
③ 공기의 흐름속도가 빨라지면 동압은 커지고 정압은 작아진다.
④ 공기의 흐름속도가 느려지면 동압은 커지고 정압은 작아진다.

> 해설 전압 = 정압 + 동압 = const, 즉 동압은 속도에 비례하고, 정압은 반비례한다.

06 프로펠러의 유효피치를 나타낸 식으로 옳은 것은? (단, 비행속도[m/s]는 V, 프로펠러 회전수[rpm]는 n이다.)

① $\dfrac{2\pi n}{60V}$　　② $\dfrac{60V}{2\pi n}$

③ $\dfrac{n}{60V}$　　④ $\dfrac{60V}{n}$

> 해설 유효피치 = $2\pi r \times tan$유입각 = $V \times \dfrac{60}{n} = \dfrac{60V}{n}$

07 방향키만 조작하거나 옆미끄럼 운동을 하였을 때 빗놀이와 동시에 옆놀이 운동이 생기는 현상은?

① 날개드롭 (wing drop)
② 슈퍼실속 (super stall)
③ 관성 커플링 (inertia coupling)
④ 공력 커플링 (aerodynamic coupling)

해설 옆놀이 커플링에는 공력 커플링(옆놀이와 더불어 빗놀이), 관성 커플링(옆놀이와 더불어 키놀이)이 있다.

08 날개 윗면 흐름속도가 음속에 도달할 때 비행기의 마하수를 무엇이라 하는가?

① 실속 마하수
② 임계 마하수
③ 항력발산 마하수
④ 한계 마하수

해설 항력 발산 마하수는 항공기 속도 증가에 따라 항력이 서서히 증가하다가 충격파의 발생에 의해 갑자기 항력이 증가되는 마하수이다.

09 다음 중 수직꼬리 날개가 실속이 일어나는 큰 옆미끄럼각에서 방향안정성을 유지하는데 크게 기여하는 것은?

① 트림태브
② 도살핀
③ 공력평형장치
④ 스트레이크

해설 트림탭은 조종력을 '0'으로 해주는 탭이며, 공력평형장치는 조종력 경감장치이다.

10 날개의 기하학적 변화에 따른 역학적 특성에 대한 설명으로 옳은 것은?

① 날개에 뒤젖힘을 주면 실속 특성이 생기지 않는다.
② 날개 끝에 아래쪽으로 비틀림을 주면 실속 특성이 좋아진다.
③ 날개에 처진각을 주면 옆놀이(rolling) 안정성이 좋아진다.
④ 날개에 쳐든각을 주면 옆놀이(rolling) 안정

성이 나빠진다.

해설 뒤젖힘각을 주면 임계 마하수를 크게 하여 충격파의 발생을 지연시킬 수 있으나 날개끝 실속이 발생할 수 있으며, 날개에 쳐든각을 주면 가로 안정(옆놀이 안정)이 증가된다.

11 회전날개 항공기도 고정날개 항공기와 마찬가지로 이착륙시 지면과 가까워지면 회전날개의 유도속도가 감소하여 양력이 증가하는데 이런 현상을 무엇이라 하는가?

① 실속
② 턱언더
③ 지면효과
④ 자동회전

해설 헬리콥터의 자동회전은 동력장치의 고장시 회전날개와 동력장치를 분리하여 회전날개만 원래 방향대로 계속 양력을 만들면서 활공하는 것이다.

12 비행기의 상승비행시 상승률에 대한 설명으로 옳은 것은?

① 여유마력과 이용마력이 같을 때 상승률은 좋아진다.
② 여유마력이 필요마력과 같을 때 상승률은 좋아진다.
③ 여유마력이 작을수록 상승률은 좋아진다.
④ 여유마력이 클수록 상승률은 좋아진다.

해설 상승률이란 상승 중인 항공기 속도의 수직 속도 성분을 말하는 것으로 항공기는 여유마력이 클수록 가속과 상승을 할 수 있다.

13 단일회전날개 헬리콥터의 꼬리회전 날개에 대한 설명으로 옳은 것은?

① 추력을 발생시키는 것이 주 기능이며 양력의 일부를 담당한다.
② 주 회전날개에 의해 발생되는 토크를 상쇄하고 방향조종을 하기 위한 장치이다.
③ 추력을 발생시키고, 헬리콥터의 기수를 내리거나 올리는 모멘트를 발생시키기 위한

장치이다.
④ 헬리콥터의 가속 또는 감속을 위해 사용되는 장치이다.

🔹 ③: 주 회전날개 ④ : 스로틀 장치

14 프리즈 밸런스(frise balance)가 주로 사용되는 조종면은?

① 방향타 ② 플랩
③ 승강타 ④ 도움날개

🔹 프리즈 밸런스는 공력평형장치의 일종으로 조종력을 경감시켜 준다.

15 무게가 2,000kgf인 비행기가 고도 5,000m 상공에서 급강하하고 있다면, 이 때 속도는 약 몇 m/s인가? (단, 항력계수 : 0.03, 날개하중 : 274kgf/m², 밀도 : 0.075kgf · s²/m⁴)

① 494 ② 1,423
③ 1,973 ④ 1,777

🔹 $V_T = \sqrt{\dfrac{2W}{\rho S C_D}} = \sqrt{\dfrac{2}{\rho C_D} \times \dfrac{W}{S}}$
$= \sqrt{\dfrac{2}{0.075 \times 0.03} \times 274}$

16 다음 중 침투 탐상검사로 검사할 수 있는 것은?

① 자화정도 ② 국부응력
③ 표면균열 ④ 내부균열

17 하루 중에 최종 비행을 마치고 내외부 세척, 탑재물 하역등을 수행하는 점검은?

① 벤치점검 ② 비행후 점검
③ 오버홀 점검 ④ 비행전 점검

🔹 비행 후 점검이란 최종 비행 후 항공기 내외의 청결, 세척 그리고 액체 및 기체유의 보급 결함교정 등을 수행하는 방법을 일컫는다.

18 화재를 A, B, C, D로 분류하는 기준은?

① 진화하는 방법 ② 화재의 위치
③ 가연물의 성질 ④ 연기의 종류

🔹 화재의 분류 기준은 가연물의 성질(일반 A, 유류 B, 전기 C, 금속 D)에 따라 구분한다.

19 경질의 너트를 볼트에 장착할 때 볼트의 나사끝 부분은 너트면에서 최소 몇 개 이상의 나사산이 나와야 하는가?

① 3 ② 2
③ 1.5 ④ 1

🔹 너트를 장착했을 때, 볼트의 나사 끝 부분은 너트 면에서 1.5개 이상 나와야 한다.

20 기체판금작업에서 두께가 0.06in인 금속 판재를 굽힘 반지름 0.135in으로 하여 90도로 굽힐 때 세트백은 몇 in인가?

① 0.195 ② 0.125
③ 0.051 ④ 0.017

🔹 세트백(S · B) = $\tan \times \dfrac{\theta}{2} (R+T)$
(R : 굽힘 반지름, T : 재료 두께)

21 항공기의 지상취급시 작업자가 취해야 할 안전 사항으로 적절하지 않은 것은?

① 작업시 반드시 규정과 절차를 준수해야 한다.
② 가스터빈기관 작동중 지정된 위치에 안전요원을 배치해야 한다.
③ 작업장의 상태를 청결히 하고 정리, 정돈하여 사고의 잠재 요인을 제거하도록 노력한다.
④ 가스터빈기관 작동 중 기관배기부의 위험구역보다 기관 흡입구의 위험구역이 더 크다.

해설 항공기 시운전 종료 후에는 엔진이 완전히 정지할 때까지 엔진에 접근해서는 안되며, 범위는 기관 배기부가 기관 흡입부보다 더 크다.

22 다음 문장이 뜻하는 것은?

"A heavy load carrying member of a wing frame work"

① skin ② spar
③ stringer ④ rib

해설 날개의 부재 중 스파(Spar)는 날개의 큰 하중(굽힘 하중)을 담당한다.

23 고압가스 취급시 안전사항으로 틀린 것은?

① 고압으로 압축된 액체산소는 기체산소보다 더욱 위험하다.
② 급유/배유 작업은 항공기 산소계통 작업과 함께 한다.
③ 항공기 저압 산소취급은 유자격자가 하여야 한다.
④ 산소는 인화성 가스와 혼합하여 폭발의 위험성이 크다.

해설 항공기 급유 작업을 하기 전에는 화재 위험성을 미리 제거하여 항공기에 연료 보급 시 일어날 수 있는 폭발, 화재의 위험을 방지한다.

24 항공기계통의 배관에 노란색을 이용한 테이프로 감아 표시하는 계통은?

① 윤활계통 ② 연료계통
③ 공기조화계통 ④ 제빙계통

25 핸들(handle)의 종류 중 단단히 조여 있는 너트나 볼트를 풀 때 지렛대 역할을 할 수 있도록 하는 공구는?

① 래칫핸들 ② 힌지핸들
③ 티 핸들 ④ 스피드 핸들

26 플라스틱 재질의 방풍창을 세척할 때 세척제로 가장 적당한 것은?

① 비눗물 ② 가솔린
③ 알코올 ④ 사염화탄소

27 금속 표면상의 손상 중 날카로운 물체와 접촉되어 발생하는 결함으로 길이, 깊이를 가지며 단면적의 변화를 초래한 선 모양의 자국을 무엇이라 하는가?

① 찍힘(nick) ② 긁힘(scratch)
③ 균열(crack) ④ 패임(pitting)

28 다음 문장에서 (   )에 들어갈 알맞은 단어는?

"a solid aluminum alloy rivet with two raised dashes on it's head is made of (   ) alloy"

① 1100 ② 2017
③ 2024 ④ 2117

해설 두 개의 dash가 나온 표시의 알루미늄 합금은 2024이다. 2024와 2017은 아이스박스 리벳이다.

29 토크렌치를 사용할 때 주의사항으로 틀린 것은?

① 토크렌치는 정기적으로 교정 점검해야 한다.
② 힘은 토크렌치에 직각방향으로 가하는 것이 효율적이다.
③ 토크렌치 사용시 특별한 언급이 없으면 볼트에 윤활해서는 안된다.
④ 토크렌치를 조이기 시작하면 조금씩 멈춰가

며 지정된 토크를 확인한 후 다시 조인다.

해설 토크렌치의 조임은 한 번에 지정한 토크로 조인다.

30 아노다이징(anodizing)된 알루미늄판재의 표면에 부식이 발견되었을 때 처리방법으로 가장 효율적인 것은?

① 수리하는 것보다 작업시간이 충분한 주기 점검 시에 교환토록 한다.
② 전체적으로 퍼질 가능성이 높으니 부식이 없는 부분까지 전 표면을 방식처리를 한다.
③ 부식된 부분만 절단하여 제거하고 새 알루미늄판재로 덧씌워 판금작업을 한다.
④ 부식된 부분만 방식처리를 하고 나머지 부분은 작업으로 손상되지 않도록 주의한다.

해설 아노다이징된 알루미늄 판재의 표면에 부식이 발견된 경우 부식된 부분만 방식처리를 하고 나머지 부분은 작업으로 손상되지 않도록 한다.

31 표준형 마이크로 미터에서 슬리브와 딤블의 눈금이 그림과 같을 때 측정값은 몇 mm인가?

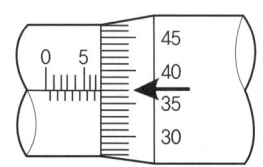

① 6.35　　② 6.37
③ 7.35　　④ 7.37

해설 마이크로미터(mm) 방식의 경우
1. 배럴의 0점 기선 위의 1mm 단위의 눈금을 읽는다.
2. 배럴의 0점 기선 아래의 0.5mm 단위의 눈금을 읽는다.
3. 배럴의 0점 기선과 일치하는 심블의 1/100mm 다누이의 눈금을 읽는다.

32 "MS20426AD4-5"리벳의 체결 작업시 성형머리(Bucktail)에 대한 설명으로 옳은 것은?

① 적정 높이는 약 2mm이다.
② 최소 높이는 약 1.3mm이다.
③ 최소 지름은 약 2.8mm이다.
④ 최소 지름은 약 3.8mm이다.

해설 리벳의 벅테일은 리벳 지름의 1.5배로 적정 높이는 약 2mm이다.

33 단선식 안전결선법이 사용되는 곳이 아닌 것은?

① 비상용 장치
② 산소 조정기
③ 비상용 제동장치 레버
④ 유압실(seal)이나 공기실(seal)을 부착하는 부품

해설 단선식 안전결선은 비상구, 비상용 제동 레버, 산소 조정기, 소화제 발사 장치등의 비상용 장치에 사용된다.

34 다음 중 수요에 대해 정비 능력을 계산하고, 수익차원에서 무슨 정비를 언제, 어떻게, 얼마나 수행할 것인가를 계획하고 조정하고 통제하기 위한 목적의 정비관리 업무는?

① 정비생산관리　　② 정비 기술관리
③ 정비 훈련관리　　④ 정비 자재관리

35 M1형 버니어 캘리퍼스를 활용하여 내부가 비어 있는 육면체를 측정할 경우 측정 영역으로 적절하지 않은 것은?

① 깊이　　② 바깥치수
③ 편평도　　④ 안쪽치수

해설 버니어 캘리퍼스의 측정 범위는 바깥지름, 안지름, 깊이 등을 측정할 수 있다.

36 물체내의 단면상에 단면에 따라 크기가 같고 방향이 반대인 1쌍의 힘이 작용하여 물체를 그 단면에서 절단하도록 하는 응력은?

① 허용응력　　② 인장응력
③ 압축응력　　④ 전단응력

> **해설** 전단응력이란 방향이 반대인 1쌍의 힘이 작용해 그 힘이 과도하면 물체가 절단된다.

37 니켈계 합금인 제품을 철제 볼트를 사용해서 조립하였더니 철제 볼트가 심하게 부식되었다면 이에 속하는 부식의 종류는?

① 표면부식　　② 입자부식
③ 이질금속간부식　④ 응력부식

> **해설** 이질 금속간 부식이란 동전기 부식이라고도 하며 이질 금속이 접촉해 전해질로 연결되면 발생한다.

38 티타늄 합금의 특성에 대한 설명으로 틀린 것은?

① 티타늄의 비중은 4.54로서 강의 0.6배 알루미늄의 1.6배 정도이다.
② 티타늄은 고온에서 산소, 질소, 수소등과 친화력이 매우 크고 약간의 불순물의 혼합에도 경화되어 가공이 나빠진다.
③ 티타늄 합금은 알루미늄을 포함하고 있으며 고온강도 증가 내산화성의 향상과 인성을 감소시키는 효과가 있다.
④ 티타늄 합금은 열전도 계수가 작아 열의 분산이 나쁘고 가공을 할 경우 인화를 일으키기 쉽다.

39 두 가지 이상의 서로 다른 섬유를 수직 교차시켜 바둑판 모양으로 혼합하여 한 겹(PLY)의 천 소재를 구성한 혼합 복합재료를 무엇이라고 하는가?

① 인터플라이 혼합재
② 인트라플라이 혼합재
③ 선택적 배치재료
④ 샌드위치 구조재

40 탄소강에 니켈, 크롬, 몰리브덴 등을 첨가한 것으로 인장강도와 내구성이 높아 구조재나 부품 등에 널리 쓰이는 것은?

① 고장력강　　② 알루미늄 합금
③ 티탄 합금　　④ 내식용 합금강

> **해설** SAE규격으로 43××의 철강은 니켈, 크롬, 몰리브덴이 첨가되어 있으며 이는 고장력강이다.

41 항공기 재료의 피로파괴에 대한 설명으로 옳은 것은?

① 합금성질을 변화시키려 하는 성질이다.
② 재료의 인성과 취성을 측정할 때 재료의 파괴시점을 측정하기 위한 시험법이다.
③ 시험편을 일정한 온도로 유지하고 일정한 하중을 가할 때 시간에 따라 변화하는 현상이다.
④ 재료에 반복하여 하중이 작용하면 그 재료의 파괴응력보다 훨씬 낮은 응력으로 파괴되는 현상이다.

> **해설** 피로파괴란 재료에 반복하중이 작용하면 그 재료의 파괴응력보다 훨씬 낮은 응력에서도 파괴되는 현상을 말한다.

42 주착륙장치의 구성품에 대한 설명으로 틀린 것은?

① 트러니언은 완충 스트럿의 힌지축 역할을 담당한다.
② 드래그 스트럿과 사이드 스트럿 등은 완충 스트럿을 구조적으로 보강해 주는 부재이다.
③ 토션링크는 항공기가 이륙할 때 안쪽 실린더가 빠져 나오는 이동 길이를 제한한다.
④ 트럭 빔은 완충 스트럿의 안쪽 실린더가 바깥쪽 실린더에 대해 회전하지 못하게 제한한다.

> **해설** 착륙 장치의 구성 품 중 토션 링크는 항공기가 이·착륙시 실린더가 빠져나오는 길이를 제한한다.

43 알루미늄 합금판을 순수한 알루미늄으로 입혀 내식성을 강하게 한 것을 무엇이라 하는가?

① 알크래드
② 알로다인
③ 파카라이징
④ 메타라이징

> **해설** 내식성을 강하게 하는 목적으로 알루미늄 합금판에 순수 알루미늄 피막을 씌우는 것을 알크래드라 한다.

44 항공기의 안전계수에 대한 식으로 옳은 것은?

① $\dfrac{제한하중}{종극하중}$ ② $\dfrac{제한하중}{크리프하중}$

③ $\dfrac{종극하중}{제한하중}$ ④ $\dfrac{크리프하중}{제한하중}$

45 날개의 단면을 공기역학적인 날개골로 유지해주고 외피에 작용하는 하중을 날개보에 전달하는 부재는?

① 외피   ② 날개보
③ 리브   ④ 스트링어

> **해설** 항공기 날개 부재 중 리브는 날개의 단면을 공기역학적인 날개골로 유지해준다.

46 미국 알루미늄 협회의 규격에 따라 재질을 "1100"으로 표기할 때 첫째자리 "1"이 나타내는 의미로 옳은 것은?

① 소숫점 이하의 순도가 1% 이내이다.
② 알루미늄-마그네슘계 합금이다.
③ 알루미늄-망간계 합금이다.
④ 99% 순수 알루미늄이다.

> **해설** AA(The Aluminum Association)의 첫째자리 1은 알루미늄의 재질이 99% 순수 알루미늄인 것을 의미한다.

47 기관 마운트와 나셀에 대한 설명으로 틀린 것은?

① 기관마운트를 쉽고 신속하게 분리할 수 있도록 설계된 기관을 QEC(quick engine change) 기관이라 한다.
② 제트기관을 장착한 항공기는 고공비행을 하므로 결빙에 대비하여 기관 앞 카울링 입구에는 반드시 제빙 장치가 설치되어야 한다.
③ 나셀의 구조는 동체 구조와 같이 외피, 카울링, 구조부재, 방화벽, 기관마운트로 구성되어 있다.
④ 카울링이란 기관 및 기관에 관련된 보기, 기관 마운트 및 방화벽 주위를 쉽게 접근할 수 있도록 장착하거나 떼어낼 수 있는 덮개를 말한다.

> **해설** 기관 앞 카울링의 입구에는 방빙장치가 설치되어야 한다.

48 항공기 수평꼬리날개에 대한 설명으로 틀린 것은?

① 승강키가 부착된다.
② 키놀이 운동을 담당한다.
③ 주날개와 구조가 비슷하다.
④ 항공기의 방향안정성을 담당한다.

> **해설** 수평꼬리날개(Horizontal Stabilizer)는 수평안정판과 승강키로 구성되며 세로 방향 안정성을 담당한다.

49 헬리콥터의 테일붐에 대한 설명으로 가장 옳은 것은?

① 주회전 날개의 밑에 있다.
② 동체의 착륙장치에 연결되어 있다.
③ 동체의 후방구조에 연결되어 있다.
④ 동체의 전방구조에 연결되어 있다.

50 힘과 모멘트에 대한 설명으로 옳은 것은?

① 힘은 크기, 방향, 작용점을 가지며 벡터량이다.
② 방향과 작용점만을 가지는 물리량으로 스칼라량이다.
③ 모멘트는 외력에 대한 구조 내부에서 생기는 힘이다.
④ 평면 구조물의 평형방정식은 힘의 회전능률로서 길이와 힘의 곱으로 나타낸다.

51 횡방향 및 길이 방향부재가 없는 간단한 금속튜브 또는 콘으로 구성되어 있는 구조를 무엇이라 하는가?

① 트러스트형 ② 모노코크형
③ 세이프티형 ④ 세미모노코크형

해설 모노코크구조란 간단한 금속튜브 또는 콘으로 구성되어 있으며 하중의 대부분을 외피가 담당한다.

52 헬리콥터의 동력구동축 중에서 기관의 동력을 변속기에 전달하는 구동축은?

① 기관구동축
② 엑세서리 구동축
③ 주회전날개 구동축
④ 꼬리회전 날개 구동축

53 다음과 같은 항공기용 도면의 이름을 부여하는 방식에 대한 설명으로 옳은 것은?

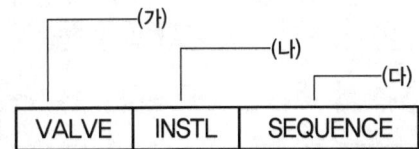

① (가)는 도면의 수정 부분을 의미한다.
② (나)는 도면의 형태를 의미한다.
③ (다)는 기본 부품 명칭을 의미한다.
④ "INSTL"은 분해도면을 의미한다.

54 지름이 5cm인 원형 단면인 봉에 1000kg의 인장 하중이 작용할 때 단면에서의 응력은 약 몇 인가?

① 51   ② 64
③ 102 ④ 200

55 응력외피형 날개의 현 날개보의 구성품 중 웨브가 주로 담당하는 하중은?

① 인장하중 ② 전단하중
③ 압축하중 ④ 비틀림하중

56 [보기]의 설명은 무엇에 대한 것인가?

- 각각의 깃의 피치를 변화시킨다.
- 주회전 날개의 회전면을 원하는 방향으로 기울인다.
- 스와시 플레이트와 연결되어 있다.
- 스와시 플레이트를 전후 좌우로 경사지게 한다.

① cyclic pitch control lever
② collective pitch control lever
③ directional control pedal
④ pitch trim compensator

57 초기의 헬리콥터 형식으로 많이 만들어졌으며 비교적 높은 강도를 가지고 있고 정비가 용이하나 유효공간이 적고 정밀한 제작이 어려운 구조형식은?

① 박스형   ② 트러스형
③ 세미모노코크형 ④ 모노코크형

58 다음의 기체 결함 스케치 도면은 어느 방향을 기준으로 작성된 것인가?

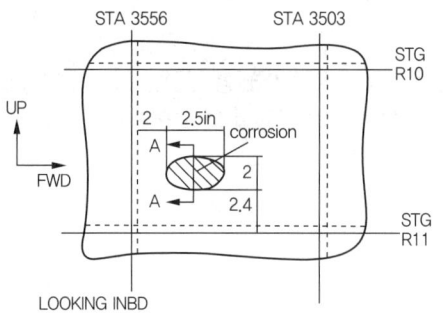

① 앞에서 뒤쪽을 쳐다본 경우
② 뒤에서 앞쪽으로 쳐다본 경우
③ 기축선을 향해 쳐다본 경우
④ 기축선 쪽으로 밖에서 쳐다본 경우

해설 LOOKING INBD

59 헬리콥터에서 주회전 날개에 대한 설명으로 틀린 것은?

① 양력과 추력을 발생시키는 장치이다.
② 완전관절형, 반관절형, 고정형으로 구분할 수 있다.
③ 2개 이상의 회전 날개 깃과 회전 날개 허브로 구성된다.
④ 헬리콥터 동체를 회전시키는 방향 조종 기능을 한다.

60 다음 그림과 같은 부재들의 명칭은?

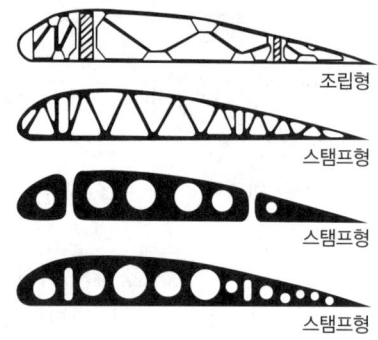

조립형
스탬프형
스탬프형
스탬프형

① 리브 ② 스트링어
③ 프레임 ④ 벌크헤드

해설 날개의 구성품 중 리브는 항공기의 공기역학적 외형을 유지시켜준다.

항공기체정비기능사 필기 2014년도 5회 시행 정답									
1	2	3	4	5	6	7	8	9	10
③	③	①	①	③	④	④	②	②	②
11	12	13	14	15	16	17	18	19	20
③	④	②	②	①	③	②	③	③	①
21	22	23	24	25	26	27	28	29	30
④	②	②	①	②	①	②	③	④	④
31	32	33	34	35	36	37	38	39	40
①	①	④	①	②	④	③	①	②	①
41	42	43	44	45	46	47	48	49	50
④	④	①	③	②	④	②	④	③	①
51	52	53	54	55	56	57	58	59	60
②	①	②	①	②	①	②	③	④	①

공개기출문제
항공기관정비기능사 필기 2015년도 1회 시행

01 프로펠러 항공기 추력이 3,000kgf이고, 360 km/h 비행속도로 정상수평 비행시 이 항공기 제동마력은 몇 hp인가? (단, 프로펠러 효율은 0.80이다)

① 3,000 ② 4,000
③ 5,000 ④ 6,000

해설 프로펠러 효율 $\eta = \dfrac{출력}{입력} = \dfrac{TV}{75bHP}$
(T : 추력, V : 비행속도, bHP : 제동마력)

02 비행기의 종극속도(terminal velocity)는 어느 비행 상태에서 주로 나타날 수 있는가?

① 급강하시 ② 이륙시
③ 수평비행시 ④ 착륙시

해설 항공기 엔진을 끄고 떨어질때 항공기 무게와 관계없이 중력 가속도에 의해 속도가 증가하다가 최종에는 더 이상 속도가 증가하지 않는데 이때의 속도를 종극속도라고 한다.

03 날개의 시위 길이가 3m, 공기의 흐름속도가 360km/h, 공기의 동점섬 계수가 0.15cm²/s 일 때 레이놀즈 수는 얼마인가?

① 2×10^9 ② 2×10^8
③ 2×10^7 ④ 2×10^6

해설 $R.N = \dfrac{VL}{\nu}$
(V : 대기속도, L : 시위길이, ν : 동점성계수)

04 플랩의 변위에 따른 양력계수의 변화량을 나타내는 값은?

① 상승계수 ② 날개효율계수
③ 항력계수 ④ 조종면효율계수

해설 플랩 - 2차 조종면에 대한 계수의 변화량, 조종면 효율 계수

05 가로방향 불안정에 대한 설명으로 틀린 것은?

① 가로진동과 방향진동이 결합되어 발생한다.
② 가로방향 불안정은 더치롤(dutch roll)이라 한다.
③ 동적으로는 안정하지만 진동하는 성질 때문에 문제가 된다.
④ 정적방향 안정보다 쳐든각 효과가 작을 때 일어난다.

해설 정적방향 안정보다 쳐든각 효과가 클 때 일어난다.

06 프로펠러 회전수(rpm)가 n일 때, 프로펠러가 1회전하는데 소요되는 시간(sec)을 나타낸 식으로 옳은 것은?

① $\dfrac{60}{n}$ ② $\dfrac{n}{60}$
③ $\dfrac{60}{2\pi n}$ ④ $\dfrac{2\pi n}{60}$

해설 1분당 회전수 rpm, 1분(60초)를 rpm으로 나누면 1회전당 소요 시간

07 구름의 생성, 비, 눈, 안개 등의 기상현상이 일어나는 대기권은?

① 성층권 ② 대류권
③ 중간권 ④ 극외권

08 유체관의 입구 단면적은 8, 출구 단면적은 16이며, 이 때 관의 입구 속도가 10m/s인 경우 출구에서의 속도는 몇 m/s 인가? (단, 유체는 비압축성 유체이다)

① 3m/s ② 5m/s
③ 10m/s ④ 6m/s

해설 연속방정식 $A_1V_1 = A_2V_2$ (A : 단면적 V : 속도)

09 활공각이 90°로 무동력 급강하(diving) 비행 시 비행기의 속도는 어떻게 되는가?

① 계속적으로 속도가 증가한다.
② 점차로 속도가 증가하다가 다시 속도가 줄어든다.
③ 점차로 속도가 증가하다가 일정한 속도로 하강한다.
④ 비행기의 무게에 따라 속도가 증가할 수도 있고 감소할 수도 있다.

해설 하강시 속도 증가 후 종극속도에 도달하면 더 이상 속도는 늘지 않는다.

10 비행 중 날개전체에 생기는 항력을 옳게 나타낸 것은?

① 형상항력 + 마찰항력 + 유도항력
② 압력항력 + 마찰항력 + 형상항력
③ 압력항력 + 마찰항력 + 유도항력
④ 형상항력 + 압력항력 + 유해항력

해설 압력항력+마찰항력= 형상항력
유도항력은 비행 중 어쩔 수 없이 발생하는 항력

11 평균 캠버선에 대한 설명으로 옳은 것은?

① 날개골 앞부분의 끝
② 날개골 뒷부분의 끝
③ 앞전과 뒷전을 연결하는 직선
④ 날개 두께의 2등분점을 연결한 선

해설 • 날개골 앞부분의 끝 : 앞전
• 날개골 뒷부분의 끝 : 뒷전
• 앞전과 뒷전을 연결하는 직선 : 시위선

12 충격파의 강도는 충격하 전·후 어떤 것의 차를 표현한 것인가?

① 온도 ② 압력
③ 속도 ④ 밀도

해설 충격파를 지나온 공기 입자의 압력과 밀도는 증가되고, 속도는 감소된다. 충격파에서 충격파의 앞쪽과 뒤쪽의 압력차가 바로 충격파의 강도를 나타낸다.

13 비행기의 동적 세로 안정에서 받음각이 거의 일정하며 주기가 매우 길고 조종사가 쉽게 느끼지 못하는 운동은?

① 장주기 운동 ② 단주기 운동
③ 플래핑 운동 ④ 승강키 자유운동

해설 단주기 운동은 주기가 짧기에 조종사가 쉽게 느낀다.

14 헬리콥터에서 회전날개가 최대 양력계수를 발생시키는 받음각보다 큰 값으로 회전시 회전날개 안쪽 25% 정도의 영역을 무엇이라 하는가?

① 실속영역 ② 와류 영역
③ 항력영역 ④ 양력영역

해설 최대 양력을 발생시키는 받음각보다 커지면 양력이 감소되는 실속각이 발생한다.

15 다음 중 유도항력이 가장 작은 날개의 모양은?

① 직사각형 날개 ② 타원형 날개
③ 테이퍼형 날개 ④ 앞젖힘형 날개

16 외부전원 공급장치에서 항공기에 공급되는 교류전원은?

① 115/200V, 400Hz, 단상
② 110/220V, 60Hz, 단상
③ 115/200V, 400Hz, 3상
④ 110/220V, 60Hz, 3상

해설 3상은 단상보다 구조가 간단하고 고장률이 작다.
항공기에 표준 사용 배터리는 115/200V, 400Hz이다.

17 판재의 가장 자리에서 첫 번째 리벳 중심까지의 거리를 무엇이라 하는가?

① 끝거리   ② 리벳간격
③ 열간격   ④ 가공거리

18 다음 중 항공기의 감항성을 유지하기 위한 행위에 해당하는 것은?

① 항공기 제작   ② 항공기 개발
③ 항공기 시험   ④ 항공기 정비

19 불이 지속적으로 탈 수 있는 조건을 만들어 주는 화재의 3요소가 아닌 것은?

① 빛   ② 산소
③ 열   ④ 연료

20 안전관리의 목적으로 틀린 것은?

① 산업재해 예방 ② 재산의 보호
③ 사회적 신뢰도 향상 ④ 책임자 규명

21 영상을 통해 보여지는 주물, 단조, 용접부품 등의 내부 균열을 탐지하는데 특히 효과적인 비파괴 검사 방법은?

① X-RAY 검사   ② 초음파 검사
③ 자분탐상검사   ④ 액체침투탐상검사

22 최소 측정값이 1/1000in인 버니어캘리퍼스로 측정한 그림과 같은 측정값은 몇 in 인가?

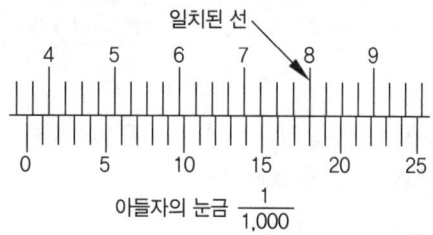

① 0.366   ② 0.367
③ 0.368   ④ 0.369

23 항공기를 활주로나 유도로 상에서 견인할 때 유도선을 따라 견인하게 되는데 이때 유도선(taxing line)은 일반적으로 어떤 색인가?

① 검정색   ② 녹색
③ 황색   ④ 흰색

24 항공기의 예방정비 개념을 기본으로 하여 정비시간의 한계 및 폐기시간의 한계를 정해서 실시하는 정비방식은?

① 상태정비
② 시한성정비
③ 벤치정비
④ 신뢰성정비

해설
• 시한성 정비 : 장비나 부품의 상태는 상관없이 정비할 시기가 되면 정기적으로 분해, 교환
• 상태 정비 : 정기적인 육안검사나 측정 등으로 마멸, 부식등을 보고 부품을 교환
• 신뢰성 정비 : 항공기의 안정성에 관계없는 고장을 일으키기 전까지 사용하는 부품 등에 대한 정비

25 다음 ( ) 안에 들어갈 알맞은 용어는?

> "the front edge of the wing is called the ( )"

① cord   ② leading edge
③ camber ④ trailing edge

26 볼트의 호칭기호가 "AN 43-6"일 때 볼트의 지름과 길이로 옳은 것은?

① 지름은 $\frac{4}{8}in$, 길이는 $\frac{6}{16}in$이다.
② 지름은 $\frac{3}{16}in$, 길이는 $\frac{6}{8}in$이다.
③ 지름은 $\frac{6}{8}in$, 길이는 $\frac{3}{16}in$이다.
④ 지름은 $\frac{6}{16}in$, 길이는 $\frac{4}{8}in$이다.

해설 AN4 – 볼트 머리 종류 (육각머리)
3 : 지름 $\frac{3}{16}in$, 6 : 길이 $\frac{6}{8}in$
(지름은 $\frac{x}{16}in$, 길이는 $\frac{x}{8}in$로 표현한다)

27 강관 구조부재의 수리 방법에 대한 설명으로 틀린 것은?

① 균열이 존재하면 정비드릴로 뚫어 균열의 진행을 차단한다.
② 덧붙임하는 관의 부재는 손상된 강관과 동일한 재질의 두께를 가진 것을 선택한다.
③ 스카프 수리방식은 손상의 끝에서부터 양쪽으로 강관 지름의 1.5배 만큼의 치수를 가지는 크기의 관을 덧붙임하는 방법이다.
④ 강관의 우그러짐 깊이가 지름의 1/10 이상이고, 범위가 강관 원주의 1/4 이상의 경우에는 패치수리를 한다.

해설 두께의 10% 이내이면 사포 등으로 문질러 사용

28 물림 턱에 로크장치가 있어 로크되면 바이스처럼 잡아주게 되어 부러진 스터드 등을 떼어 낼 때 사용하는 그림과 같은 공구의 명칭은?

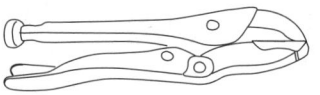

① 커넥터 플라이어
② 바이스그립 플라이어
③ 롱노즈 플라이어
④ 콤비네이션 플라이어

29 항공기의 배관 재료 중 내식성이 우수하고 내열성이 강하며 인장강도가 높고 두께가 얇아 항공기의 무게를 줄일 수 있어 많이 사용되는 것은?

① 주철관   ② 알루미늄 튜브
③ 경질염화비닐 튜브 ④ 스테인레스 강관

30 다음 문장에서 밑줄 친 부분에 해당하는 내용으로 옳은 것은?

> "the primary flight control surfacees, located on the wings and empennage. are aileron, elevators and rudder."

① 날개(주익)   ② 보조날개
③ 꼬리날개(미익) ④ 도움날개

31 항공기 견인 시 준수해야 할 안전사항으로 옳은 것은?

① 야간 견인시 전방등 외의 조명은 소등한다.
② 견인 차량과 항공기의 연결 상태를 확인한다.
③ 안전사고 예방을 위해 견인차에 2인 이상 탑승한다.

④ 공항 내 교통 상황을 고려하여 견인시 최대한 빠른 속도로 이동한다.

32 두께 1mm 와 2mm의 판재를 리벳팅 작업할 때 리벳의 지름(D)은 몇 mm하는가?

① 1 　　　　② 2
③ 3 　　　　④ 6

해설 두꺼운 판의 두께의 3배 = 6

33 측정기기의 구조에 따른 분류에 의해 아메스형과 칼마형으로 분류되는 측정기기는?

① 실린더 게이지　　② 두께 게이지
③ 버니어 캘리퍼스　④ 텔리스코핑 게이지

34 다음 중 피로균열 등과 같이 표면 결함 및 표면 바로 밑의 결함을 발견하는데 효과적이며 높은 숙련도를 지닌 검사원이 필요없고, 강자성체에만 적용될 수 있는 비파괴 검사 방법은?

① 자분탐상검사　　② 형광침투검사
③ 염색침투검사　　④ 와전류검사

해설 강자성 = 자분탐상

35 항공기 세척에 사용하는 솔벤트 세제 중의 하나로 페인트 칠을 하기 직전에 표면을 세척하는 데 사용되며 80°F에서 인화하므로 아크릴과 고무 제품을 세척할 때는 주의해서 사용해야 하는 세제는?

① 케로신　　　　② 에멀션 세제
③ 지방족 나프타　④ 건식 세척 솔벤트

해설 솔벤트 세제
• 건식 세척 솔벤트 : 케로신(등유)보다 좋지만, 표면의 페인트 피막과 접촉이 되어 증발한 부분에 가벼운 흔적을 남긴다.
• 지방족 나프타 : 페인트 칠을 하기 직전에 표면을

세척하는데 사용된다. 이것은 아크릴과 고무제품을 세척하는 데에도 사용되지만 80°F에서 인화하므로 주의 사용해야 한다.
• 안전 솔벤트 : 메틸클로로포름(methyl cholroform)을 말하며, 이것은 일반세척과 그리스 세척제로 사용된다. 장시간 사용시 피부염을 유발한다.

36 Bendix에서 제작한 마그네토에 "DF18RN"이라는 기호가 표시되어 있다면 이에 대한 설명으로 옳은 것은?

① 시계방향으로 회전하게 설계된 18실린더 기관에 사용되는 복식플랜지 부착형 마그네토
② 시계방향으로 회전하게 설계된 18실린더 기관에 사용되는 단식플랜지 부착형 마그네토
③ 시계 반대방향으로 회전하게 설계된 18실린더 기관에 사용되는 복식플랜지 부착형 마그네토
④ 시계 반대방향으로 회전하게 설계된 18실린더 기관에 사용되는 단식플랜지 부착형 마그네토

해설 더블(D)플랜지(F)18기통(18)오른쪽 시계방향(R)벤딕스제(N)

37 가스터빈기관에서 기관이 정지할 때 매니폴드나 연료 노즐에 남아 있는 연료를 외부로 방출하는 역할을 하는 장치는?

① Dump valve　　② FCU
③ fuel nozzle　　　④ fuel heater

해설 덤프- 내보내다. 남아있는 연료를 내보낸다.

38 항공용 왕복기관에서 냉각핀의 방열량과 변화에 직접적으로 영향을 미치는 것이 아닌 것은?

① 실린더의 크기　② 공기유량
③ 냉각핀의 재질　④ 냉각핀의 모양

39 항공기 왕복기관의 실린더 재료가 갖추어야 할 조건으로 틀린 것은?

① 제작이 용이하고 값이 싸야 한다.
② 중량을 줄이기 위하여 가벼워야 한다.
③ 냉각을 좋게하기 위하여 열전도도가 낮아야 한다.
④ 작동 중의 내압에 견딜수 있는 강성을 가져야 한다.

해설 냉각을 좋게하기 위하여 열전도도가 높아야 한다.

40 가스터빈기관에서 역추력장치에 대한 설명으로 틀린 것은?

① 역추력 장치의 사용절차는 착지후 아이들 속도에 역추력 모드를 사용한다.
② 상업용 항공기에서 역추력 장치의 구동방법은 주로 전기모터 형식이 사용되고 있다.
③ 역추력 장치는 비상 착륙시나 이륙표기 시에 제동거리를 짧게 한다.
④ 캐스캐이드 리버서(cascade reverser)와 클램쉘 리버서(clamshell reverser) 등이 많이 사용된다.

해설 역추력 장치는 기관 블리드 공기를 이용하는 공기압식과 유압을 이용하는 유압식, 기관의 회전 동력을 이용하는 기계식 등이 있다.

41 왕복기관의 윤활유 분광시험 결과 구리금속 입자가 많이 나오는 경우 예상되는 결함 부분은?

① 마스터로드 실
② 피스톤 링
③ 크랭크축 베어링
④ 부싱 및 밸브 가이드

해설
- 부싱 및 밸브 가이드의 재질 : 구리
- 피스톤링 : 주철
- 크랭크축 베어링 : 은, 주석
- 마스터로드 실 : 은분

42 터보제트 기관의 특징으로 옳은 것은?

① 소음이 작다.
② 주로 헬리콥터기관에 이용된다.
③ 비행속도가 느릴수록 기관의 효율이 좋다.
④ 배기가스 분출로 인한 반작용으로 추진한다.

43 다음 중 가장 간단한 가스터빈기관의 점화장치는?

① 직류 유도형 점화장치
② 교류 유도형 점화장치
③ 교류 유도형 반대극성 점화장치
④ 직류 유도형 반대극성 점화장치

해설 직류는 왕복기관에서 많이 사용되었고, 가스터빈에서는 교류를 사용할 수 있게 되었다. 직류보다 교류가 간단한 구조를 가지고 있다.

44 다음 중 두 값의 관계가 틀린 것은?

① $1\,W = 1\,J/s^2$
② $1\,N = 1\,\mathrm{kg} \cdot m/s^2$
③ $1\,J = 1\,N \cdot m$
④ $1\,Pa = 1\,N/m^2$

해설 $1\,W = 1\,J/sec$

45 왕복기관에서 "시동불능"의 고장원인이 아닌 것은?

① 기화기 고장
② 점화 스위치의 고장
③ 시동기 스위치 고장
④ 점화 플러그의 간극상태 불량

해설 점화 플러그의 간극상태가 불량이어도 점화 타이밍이 달라질 뿐, 시동은 걸린다.

46 내부에너지가 30kcal인 정지상태의 물체에 열을 가했더니 내부 에너지가 40kcal로 증가하고, 외부에 대해 854kg·m의 일을 했다면 외부에서 공급된 열량은 몇 kcal인가?

① 12
② 20
③ 30
④ 40

> **해설** 일의 단위를 kcal로 통일을 시키기 위해 일의 열당량을 곱한다.
> $Q = (U_2 - U_1) + \frac{1}{J}W$
> $= (40-30) + \frac{1}{427} \times 854$

47 다음 중 내연기관에 속하지 않는 것은?

① 왕복기관
② 회전기관
③ 증기터빈기관
④ 가스터빈기관

> **해설** 증기터빈기관은 외연기관

48 가스터빈기관에서 연료 노즐에 대한 설명으로 틀린 것은?

① 1차 연료는 아이들 회전속도 이상이 되면 더 이상 분사되지 않는다.
② 2차 연료는 고속회전 작동시 비교적 좁은 각도로 멀리 분사된다.
③ 연료 노즐에 압축공기를 공급하는 것은 연료가 더욱 미세하게 분사되는 것을 도와준다.
④ 1차 연료는 시동할 때 이그나이터에 가깝게 넓은 각도로 연료를 분무하여 점화를 쉽게한다.

49 가스터빈기관에서 일반적으로 사용되는 터빈 깃의 형식은?

① 접선-반동형
② 오목-반동형
③ 충동-반동형
④ 볼록-충동형

50 가스터빈기관의 원심식(centrifugal type) 압축기의 주요 구성품으로만 나열된 것은?

① 로터, 스테이터, 디퓨져
② 로터, 스테이터, 매니폴드
③ 임펠러, 디퓨져, 매니폴드
④ 임펠러, 스테이터, 디퓨져

51 다음 중 왕복기관의 성능향상에 가장 큰 영향을 미치는 것은?

① 점화장치
② 커넥팅로드
③ 크랭크 축
④ 실린더의 압축비

52 가스터빈기관의 디퓨져 부분(diffuser section)에 대한 설명으로 옳은 것은?

① 압력을 감소시키고 속도를 높힌다.
② 디퓨져 내의 압력을 균일하게 한다.
③ 위치에너지를 운동에너지로 바꾼다.
④ 속도에너지를 압력에너지로 바꾼다.

53 추력비 연료 소비율(TSFC)의 단위로 옳은 것은?

① kg/h
② $kg/kg \cdot h$
③ kg/s^2
④ $kg \cdot kg/s$

54 항공기 제트기관에서 1차 연소영역의 공기 연료비로 가장 적합한 것은?

① 2~6:1
② 8~12:1
③ 14~18:1
④ 20~14:1

55 비행 중인 프로펠러에 작용하는 하중이 아닌 것은?

① 압축하중
② 굽힘하중

③ 비틀림하중　　④ 인장하중

해설 추력에 의한 휨(굽힘)하중
원심력에 의한 인장하중
깃에 작용하는 공기의 합성 속도가 프로펠러 중심축의 방향과 같지 않기 때문에 생기는 힘-비틀림하중

56 일반적으로 항공용 왕복기관(reciprocating engine)에서 사용하지 않는 냉각장치는?

① 냉각핀　　② 배플
③ 물자켓　　④ 카울플랩

해설 물자켓은 수냉식, 대부분의 왕복기관은 공냉식

57 출력 정격에 관한 설명 중 아이들(idle) 출력에 대한 설명으로 옳은 것은?

① 항공기 상승 시 사용되는 최대 출력이다.
② 시간제한 없이 사용할 수 있는 최대 출력이다.
③ 기관이 이륙시 발생할 수 있는 최대 출력이다.
④ 지상이나 비행중 기관이 자립 회전할 수 있는 최저 회전상태이다.

58 연료의 옥탄값은 무엇을 나타내는 수치인가?

① 연료의 소모량　　② 노크의 가능성
③ 연료의 비등점　　④ 연료의 최대 토크값

해설 옥탄가란 노크현상이 잘 안일어나는 이소옥탄과 노크 현상을 잘 일으키는 정헵탄의 비율이다. 옥탄값이 높으면 이소옥탄의 비율이 높다는 것이다.

59 항공기용 왕복기관에서 크랭크축의 변형이나 비틀림 진동을 막아주는 역할을 하는 것은?

① 카운터 웨이트　　② 다이나믹 댐퍼
③ 스테이틱 배런스　　④ 배런스 웨이트

60 다음 중 플로트식 기화기가 장착된 왕복기관 항공기가 비행중 기관의 작동이 불규칙하게 변하는 현상의 주된 원인은?

① 저속장치가 열려 있어서
② 플로트실의 연료 유면의 높이가 변화되어서
③ 에어블리드에 의해 연료에 공기가 섞여 분사되어서
④ 이코노마이저 장치가 순항출력 이상에서 연료를 공급해서

해설 플로트식 기화기의 결점은 비행 자세의 변화에 따라 플로트실의 연료 유면의 높이가 변하게 되어 기관의 작동이 불규칙하게 변하는 것이다.
또 연료가 기화할 때 기화열의 흡수로 기화기 벤투리 부분이 냉각되어 이 곳을 지나는 공기 중의 수증기가 얼어붙어 기화기에 결빙이 생긴다.

항공기관정비기능사 필기 2015년도 1회 시행 정답

1	2	3	4	5	6	7	8	9	10
③	①	③	④	④	①	②	②	③	③
11	12	13	14	15	16	17	18	19	20
④	②	①	①	②	①	④	①	④
21	22	23	24	25	26	27	28	29	30
①	③	②	②	②	②	④	②	④	③
31	32	33	34	35	36	37	38	39	40
②	④	③	③	④	③	①	①	③	②
41	42	43	44	45	46	47	48	49	50
④	④	④	①	②	④	③	①	③	③
51	52	53	54	55	56	57	58	59	60
④	④	②	③	①	③	④	②	②	②

공개기출문제
항공기관정비기능사 필기 2015년도 4회 시행

01 고도 1,000m에서 공기의 밀도가 0.1kgf·s²/m⁴이고 비행기의 속도가 1,018km/h일 때, 압력을 측정하는 비행기의 피토관 입구에 적용하는 동압은 약 몇 kgf/m²인가?

① 1,557
② 2,000
③ 2,578
④ 3,998

해설 동압(q) = $\frac{1}{2}\rho V^2$이며, $q = \frac{1}{2} \times 0.1 \times (\frac{1018}{3.6})^2$

02 무게가 W인 활공기 또는 기관이 정지된 비행기가 일정한 속도(V)와 활공각 θ로 활공비행을 하고 있을 때의 양력(L)과 항력(D) 방향으로 힘을 옳게 나타낸 것은?

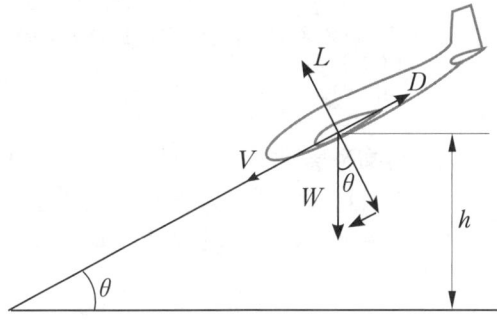

① L = $W sin\theta$, D = $W cos\theta$
② L = $W cos\theta$, D = $W sin\theta$
③ L = $W sin\theta$, D = $W sin\theta$
④ L = $\frac{W}{cos\theta}$, D = $\frac{W}{sin\theta}$

03 비압축성 흐름에서의 형상항력, 압력항력 및 마찰항력의 관계를 옳게 나타낸것은?

① 형상항력 = 압력항력 + 마찰항력
② 형상항력 = 압력항력 - 마찰항력
③ 형상항력 = 마찰항력 - 압력항력
④ 형상항력 = (압력항력+마찰항력) / 2

해설 항력 = 유도항력+유해항력
• 유해항력 = 형상항력+조파항력+간섭항력
• 형상항력 = 마찰항력+압력항력

04 대기권에서 전리층이 존재하며 전파를 흡수, 반사하는 작용을 하여 통신에 영향을 끼치는 층은?

① 열권
② 성층권
③ 대류권
④ 중간권

05 항공기의 상승률에 대한 설명으로 옳은 것은?

① 중량이 적을수록, 상승률은 감소한다.
② 이용마력이 클수록 상승률은 감소한다.
③ 필요마력이 클수록 상승률이 감소한다.
④ 프로펠러의 효율이 클수록 상승률은 감소한다.

해설 상승률(rate of climb)은 단위시간당 수직이동거리로 정의된다.
$$R.C = \frac{75(P_A - P_R)}{W} = \frac{여유마력}{W}$$
공식을 보면 항공기 무게(W)가 분모에 있다. 이용마력-필요마력이 여유마력이다. 필요마력이 커질수록 여유마력은 줄어든다. 그러면 상승률 또한 줄어들게 된다.

06 프로펠러에서 유효피치를 가장 옳게 설명한 것은?

① 비행기가 최저속도에서 프로펠러가 1초간 전진한 거리
② 비행기가 최고속도에서 프로펠러가 1초간 전진한 거리
③ 공기 중에서 프로펠러가 1회전할 때 실제로 전진한 거리
④ 공기를 강체로 가정하고 프로펠러를 1회전할 때 이론적으로 전진한 거리

해설
- 기하학적 피치 : 프로펠러 깃을 한 바퀴 회전시켰을 때 앞으로 전진할 수 있는 이론적 거리
- 유효 피치 : 공기 중에서 프로펠러가 1회전 할 때에 실제로 전진하는 거리, 항공기의 진행 거리

07 공기에 압력을 가하면 공기의 체적이 감소되고, 체적에 반비례하는 밀도는 증가되는 성질의 관계식을 무엇이라 하는가?

① 운동방정식
② 상태방정식
③ 연속방정식
④ 파스칼방정식

08 대형 제트기에서 착륙시 스포일러를 사용하는 가장 큰 이유는?

① 항력을 증가시키기 위하여
② 저항을 감소시키기 위하여
③ 버핏(buffit) 현상을 방지하기 위하여
④ 비행기의 착륙 무게를 가볍게 하기 위하여

해설 스포일러는 공중 스포일러(옆놀이 보조)와 지상 스포일러(착륙활주거리감소)의 역할을 한다.

09 항공기 동안정성 중 세로면에서의 진동에 따라 나타나는 현상은?

① 더치롤 – 나선운동
② 단주기 운동 – 롤 운동
③ 장주기 운동 – 나선 운동
④ 단주기 운동 – 장주기 운동

해설 세로면 – 가로축 – 키놀이 운동 (세로안정)
단주기, 장주기 운동

10 다음 중 항공기의 부조종면은?

① 플랩(flap)
② 승강키(elevator)
③ 방향키(rudder)
④ 도움날개(aileron)

해설 1차 조종면 – 승강키, 방향키, 도움날개

11 비교적 두꺼운 날개를 사용한 비행기가 천음속 영역에서 비행할 때 발생하는 가로불안정의 특별한 현상은?

① 커플링(coupling)
② 더치롤(dutch roll)
③ 디프스톨(deep stall)
④ 날개드롭(wing drop)

해설 날개드롭
비행기가 수평비행이나 급강하로 속도를 증가하여 천음속 영역에 도달하게 되면 한쪽 날개가 충격 실속을 일으켜 갑자기 양력을 상실하여 급격한 옆놀이를 일으키는 현상이다.

12 2개의 주회전 날개를 비행방향에 대하여 앞뒤로 배열시킨 것으로서 대형 헬리콥터에 적합하며, 회전날개의 회전방향은 서로 반대인 헬리콥터는?

① 병렬식 회전날개 헬리콥터
② 직렬식 회전날개 헬리콥터
③ 병렬 교차식 회전날개 헬리콥터
④ 동축역회전식 회전날개 헬리콥터

해설
- 2개의 주회전 날개가 비행방향에 대해 좌우로 배열 – 병렬식
- 2개의 주회전 날개가 비행방향에 대해 앞뒤로 배열 – 직렬식
- 한 개의 축에 2개의 주회전 날개가 위아래로 달려 반대로 회전 – 동축역회전식

13 날개단면의 받음각이 "0"인 경우, 양력계수가 0이 되지 않는 날개 단면은?

① 무양력 날개단면 ② 영양력 날개단면
③ 대칭날개단면   ④ 비대칭 날개단면

해설 일반적으로 캠버(Camber)를 갖는 날개꼴은 받음각이 0도일 때에도 양력이 발생한다.

14 헬리콥터 비행시 역풍지역이 가장 커지게 되는 비행상태는?

① 정지비행
② 상승가속비행
③ 자동회전비행
④ 전진가속비행

해설 역풍지역 – 전진속도가 커지게 되면 이 역풍지역이 커지게 되고, 이 부분의 회전날개는 양력을 발생하지 못하게 되므로 전진속도에 한계가 생긴다.

15 600m 상공에서 글라이더가 수평활공거리 6,000m 만큼 활공하였다면 이때 양항비는?

① 0.06   ② 6
③ 10   ④ 100

해설 수평활공거리= 고도×양항비

16 알루미늄 합금의 방식처리 방법 중 화학적 피막 처리 방법으로 가장 옳은 것은?

① 알로다인 처리 ② 프라이머
③ 알칼리 착색법 ④ 침탄처리

해설 알로다인 처리
이 공정은 전기를 사용하지 않고 Alodine이라는 크롬산 계열의 화학 약품 속에서 알루미늄에 산화피막을 입히는 공정으로 피막은 상당히 약하며 내식성 또한 Anodizing에 비해 떨어진다.
그러나 프라이머와의 접착성이 좋아 프라이머의 내식 효과를 극대화할 수 있으며 공정이 단순하며 비용이 적게들기 때문에 많이 사용되는 방법이다.

17 그림과 같은 항공기 유도 수신호의 의미로 옳은 것은?

① 도착
② 정면전진
③ 촉괴기
④ 기관정지

18 항공기의 주요 부품 등의 검출이 곤란한 구멍 안쪽의 균열, 시험편 속의 불순물, 도금 두께 등을 검사하는데 가장 많이 사용되는 비파괴 검사 방법은?

① 방사선 검사   ② 자분탐상 검사
③ 와전류 검사   ④ 침투탐상 검사

해설 자분탐상, 침투탐상 – 표면검사
와전류 검사 – 전도도 측정, 피막두께 측정
방사선 검사 – 내부의 결함 검사

19 직류 전기회로 측정에 관한 설명으로 옳은 것은?

① 배율기는 전압계와 직렬로 접속시킨다.
② 전류계는 부하 및 전원과 병렬로 접속시킨다.
③ 전압측정은 작은 범위에서 시작해서 큰 범위로 높여가면서 측정한다.
④ 계기를 회로에 연결 할 때에는 잔자를 느슨하게 죄어 접속저항이 최대가 되도록 한다.

20 항공기 기체의 개조작업 사항이 아닌것은?

① 날개 형태의 변경
② 중량 및 중심한계 변경
③ 기관이나 장비의 기능변경
④ 기체 내부 일부 부품의 분해

해설 개조는 기체의 형태, 기능등을 변경하는 작업
기존의 형태, 기능등을 정비하는 작업은 개조에 해당하지 않는다.

21 두께 0.2cm의 판을 굽힘 반지름 24.8cm, 90로 굽히려고 할 때 세트백(set back)은 몇 cm인가?

① 24.8
② 25.0
③ 25.2
④ 25.8

해설 세트백 $K(R+T)$이며, 굽힘각도가 90도일 때의 K값은 1이 된다.
$$K = \tan\frac{\theta}{2}$$

22 항공기 배관 계통에 알루미늄 합금 튜브의 이중 플레어링을 적용하기에 가장 적당한 곳은?

① 튜브 연결 부위의 길이가 짧은 곳
② 배관 계통에 열이 많이 발생하는 곳
③ 심한 진동을 받거나 압력이 높은 곳
④ 튜브의 꺾어진 곳이 많고 복잡한 곳

23 다음과 같은 리벳의 규격에 대한 설명으로 옳은 것은?

MS 20470 D 6 - 16

① 접시머리 리벳이다.
② 특수표면 처리되어 있다.
③ 리벳의 지름은 $\frac{6}{16}$인치이다.
④ 리벳의 길이는 $\frac{16}{16}$인치이다.

해설 '앞지름', '뒷길이'로 외우자. 재질기호 D=2017 AD=2117, DD=2024, A=1100이다. 지름의 경우 $\frac{x}{32}$이며, 길이의 경우 $\frac{x}{16}$ 단위이다.

24 온 컨디션(On condition) 정비방식에 대한 설명으로 옳은 것은?

① 부품의 신뢰도가 일정한 품질수준 이하로 떨어질 때 적절한 대책 조치가 취해진다.
② 고장을 일으키더라도 안전성에 직접 문제가 없는 일반적인 부품에 적용된다.
③ 상태의 불량을 판정하기 용이한 기체구조 및 각 계통의 장비품에 적용된다.
④ 감항성에 영향을 주는 부품을 분해하여 고장 상태를 발견할 수 있다.

해설 ① 하드타임(Hard Time) : 예방정비라고도 하며 고장이 없어도 교환주기가 되면 교환
② 온 컨디션(On Condition) : 정기적인 점검과 시험을 실시하여 불량한 부품을 교환, 수리
③ 컨디션 모니터링(Condition Monitoring) : 고장이 나도 안전성에 문제가 없으면 수리를 하지 않고, 주시하다가 교환, 수리

25 인화성 액체에 의한 화재의 종류는?

① A급 화재
② B급 화재
③ C급 화재
④ D급 화재

해설 인화성액체는 4급 위험물로서 유류 화재에 해당된다.

26 작업 대상물의 모서리를 가공하는데 사용되는 (A)와 같은 공구의 명칭은?

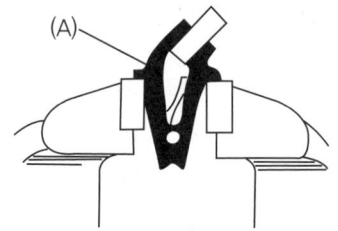

① 평행클램프
② 앵글
③ 샤핑바이스
④ 플램프바

27 다음 중 안전에 관한 색의 설명으로 틀린것은?

① 노란색은 경고 또는 주의를 의미한다.
② 보호구의 착용을 지시할 때에는 초록과 하양을 사용한다.
③ 위험장소를 나타내는 안전표시는 노랑과 검정의 조합으로 한다.

④ 금지표지의 바탕은 하양, 기본모형은 빨강을 사용한다.

> 해설
> • 붉은색 : 위험
> • 노란색 : 경고, 주의
> • 녹색 : 치료설비, 안전상태
> • 파란색 : 장비의 수리, 검사 중
> • 오렌지색 : 기계, 전기설비의 위험 위치

28 밑줄친 부분을 의미하는 단어는?

> the take off is the movement of the aircraft from it's starting position on the runway to the point where the climb is established

① 이륙 ② 착륙
③ 순항 ④ 급강하

29 지상에서 객실 여압 장치를 갖추고 있는 항공기에 냉·난방 공기를 공급할 때 항공기의 출입구를 열어 놓거나 cabin pressurization panel의 outflow valve를 열어 놓는 이유는?

① 동체 파손을 방지하기 위해
② 객실 잔여 냉·난방 공기를 배출하기 위해
③ 객실 여압 조절 장치의 기능을 점검하기 위해
④ 객실 냉·난방 공기 공급 온도를 맞추기 위해

> 해설 지상에서 있을 경우 공기를 주입시킬 때 항공기의 출입구를 열거나 아웃플로우 밸브를 열어놓아 지상과 기압을 맞춰놓는 것이다.

30 유압 계통에서 튜브의 크기로 무엇을 표기하는가?

① 튜브의 내경(ID)과 두께
② 튜브의 외경(OD)과 두께
③ 튜브의 내경(ID)과 외경(OD)
④ 튜브의 외경(OD)과 피팅의 크기

31 주로 구조물에 가해지는 과도한 응력의 집중에 의해 재료에 부분적으로 또는 완전하게 불연속이 생기는 현상을 무엇이라 하는가?

① 긁힘(scratch) ② 균열(crack)
③ 좌굴(buckling) ④ 찍힘(nick)

> 해설
> • 균열 : 부분적으로 갈라진 형태로 심한 충격이나 과부하 또는 과열이나 재료의 결함에 의해 생긴다.
> • 가우징 : 재료가 찢어지거나 떨어져 없어진 형태로 비교적 큰 외부 물질에 부딪히거나 움직이는 두 물체가 서로 부딪혀서 생긴다.
> • 신장 : 길이가 늘어난 형태로 고온에서 원심력의 작용에 의하여 생긴다.
> • 찍힘 : 예리한 물체에 찍혀 표면이 예리하게 들어가거나 쪼개진 상태이다.
> • 스코어 : 깊게 박힌 형태로 표면이 예리한 물체와 닿았을 때 생긴다.

32 다음 ( ) 안에 알맞은 것은?

> "( ) should never deflect the alignment of a cable more than 3"

① fairleads ② pully
③ stopper   ④ hinge

> 해설 페어리드는 케이블의 각도를 3° 이내로 유도해준다.

33 토크렌치의 사용방법에 대한 설명으로 틀린 것은?

① 적정 토크범위에 해당하는 토크렌치만 사용한다.
② 사용하던 토크렌치를 다른 토크렌치와 교환해서 사용하지 않는다.
③ 정기적으로 교정되는 측정기이므로 사용 시 유효한 것인지 확인한 후 사용한다.
④ 사용 중 떨어뜨리면 외관의 오물만 제거하는 등 최대한 빨리 다시 사용한다.

> 해설 정밀 측정기구는 떨어졌을 시 점검을 다시 받아야 한다.

34 다음 중 작업공간이 좁거나 버킹바를 사용할 수 없는 곳에 사용되는 블라인드 리벳(blind river)의 종류가 아닌것은?

① 리브 너트
② 체리 리벳
③ 폭발 리벳
④ 솔리드섕크 리벳

35 중력식 연료 보급법과 비교하여 압력식 연료 보급법의 특징으로 틀린 것은?

① 주유시간이 절약된다.
② 연료 오염 가능성이 적다.
③ 항공기 접지가 불필요하다.
④ 항공기 표피 손상 가능성이 적다.

> 해설 연료를 보급할 때는 어떠한 경우라도 화재의 위험요소를 줄이기 위해 접지가 반드시 필요하다.

36 항공용 기관에서 내부에 기계적 기구를 갖지 않고 디퓨저, 밸브망, 연소실 및 분사노즐로 구성된 기관은?

① 램제트기관
② 펄스제트기관
③ 로켓기관
④ 프롭팬기관

37 왕복기관에서 냉각공기의 유량을 조절함으로써 기관의 냉각효과를 조절하는 장치는 무엇인가?

① 카울플랩
② 배플
③ 피스톤링
④ 커프

> 해설 카울 플랩, 배플 둘 다 공기의 흐름을 유도한다. 배플은 실린더에 장착되어 있고, 카울플랩은 엔진 덮개이다. 따라서 공기의 유량을 조절하는 것은 카울플랩이라 볼 수 있다.

38 터보제트 기관에서 연료를 1차, 2차 연료로 분류시키는 장치는?

① FCU
② 연료노즐
③ P&D 밸브
④ 연료필터

> 해설 P&D 밸브 – 여압 및 드레인 밸브라고 하며 연료 흐름을 1차, 2차 연료로 분리한다. 기관 정지시 매니폴드나 연료 노즐에 남아있는 연료를 외부로 방출한다. 연료의 압력이 일정 압력이 될 때까지 연료의 흐름을 차단한다.

39 마그네토에서 중립위치와 접촉점(Breaker point)이 열리는 위치 사이의 크랭크축 회전 각도를 부르는 명칭은?

① A-GAP
② D-GAP
③ E-GAP
④ F-GAP

40 복식형(Duplex Type)의 연료 노즐에서 1차와 2차 연료의 흐름을 분리하는것은?

① 연료 여과기
② 주연료 펌프
③ 연료차단밸브
④ 연료흐름분할기

> 해설 1차연료가 분무가 되고, 노즐의 연료압력이 조절해 놓은 압력을 초과하면 연료분할기가 열려서 2차 부분에도 연료가 흐르도록 되어있다.

41 기관이 최대출력 또는 그 근처에서 작동될 때 수동 혼합 조종장치의 위치는?

① 희박(lean)위치
② 최대 농후(full rich) 위치
③ 외기 온도에 따라 위치 변화
④ 외기 습도에 따라 위치 변화

42 다음 중 열역학 제2법칙에 대한 설명으로 옳은 것은?

① 온도계의 원리를 규정한 것이다.
② 에너지의 변화량을 규정한 것이다.
③ 열은 스스로 저온에서 고온으로 이동할 수 있다는 법칙이다.
④ 열과 일의 변화에 일정한 방향이 있다는 것을 설명한 것이다.

43 기관의 출력중 시간제한 없이 작동할 수 있는 최대 출력으로 이륙 추력의 90% 정도에 해당하는 출력의 명칭은?

① 순항 출력　　② 최대 상승 출력
③ 아이들 출력　④ 최대 연속 출력

해설
- 이륙 출력 : 항공기의 이륙에 사용되는 최대 추력으로, 사용시간 제한(보통, 회대 5분)이 있다.
- 최대 연속추력 : 시간제한 없이 연속으로 작동할 수 있는 최대 추력으로 이륙 추력의 90% 내외이다.
- 최대 상승추력 : 항공기 상승을 위해 사용되는 추력으로 최대 연속추력과 같을 때가 많다.
- 최대 순항추력 : 순항에 요구되는 최대 추력으로 보통 이륙 추력의 80% 내외이다.
- 저속 추력 : 작동 중의 최소 추력으로 이륙의 5~6% 정도이다.

44 18기통 2열 성형기관에서 점화장치를 복식저압 점화장치로 사용하였다면 장착되는 변압기는 몇 개인가?

① 18　　② 36
③ 54　　④ 72

해설 저압 점화장치는 저압케이블을 통하여 엔진 크랭크케이스에 장착되어 있는 각각의 고압 변압기 코일까지 저압 전류를 만들어 분배하게 되어 있다. 따라서 18×2 = 36개

45 4행정 기관의 밸브개폐 시기가 다음과 같을 때 밸브 오버랩은 몇 도인가?

- 흡입 밸브 열림(IO) 20° BTC
- 흡입 밸브 닫힘(IC) 50° ABC
- 배기 밸브 열림(EO) 60° BBC
- 배기 밸브 닫힘(EC) 10° ATC

① 30　　② 60
③ 180　　④ 240

해설 밸브오버랩은 흡기밸브와 배기밸브가 동시에 열려 있는 각도로 밸브 오버랩의 장점은 체적효율 향상, 출력 증가, 냉각효과
I.O + E.C (I.O : 흡기밸브 열림, E.C : 배기밸브 닫힘)

46 축류형 터빈에서 터빈의 반동도를 옳게 나타낸 것은?

① $\dfrac{\text{로터깃에 의한 팽창}}{\text{단의 팽창}} \times 100$

② $\dfrac{\text{로터깃에 의한 팽창}}{\text{단의 팽창}} \times 100$

③ $\dfrac{\text{스테이트깃에 의한 팽창}}{\text{단의 팽창}} \times 100$

④ $\dfrac{\text{단의 팽창}}{\text{스테이트깃에 의한 팽창}} \times 100$

47 가스터빈기관은 연소실 내에서 화염이 지연되거나 공기의 흐름속도가 클수록 연소실의 길이가 길어져야 하는데 그 이유로 옳은 것은?

① 연소 화염이 터빈까지 들어가지 않게 하기 위해
② 연소가 시작되는 곳에서 연소화염 확산을 빠르게 하기 위해
③ 공기와 연료의 혼합을 촉진시켜 신속한 연소가 이루어지게 한다.
④ 터빈에 작용하는 연소가스 흐름을 균일하게 하기 위해

해설 공기의 속도가 빠르면 화염도한 공기를 타고 빠르게 이동하여 화염이 길어진다. 이때 화염이 길어지면 터빈까지 화염이 들어 갈수 있기에 터빈 전에 화염이 꺼지도록 연소실을 길게해준다.

48 결핍시동인 헝스타트(Hung start)에 대한 설명으로 옳은것은?

① 오일 압력이 늦게 상승한다.
② 배기가스의 온도가 계속 낮아진다.
③ 시동시 EGT가 규정치 이상 상승한다.
④ 시동시 아이들 RPM까지 증가하지 않는다.

해설
- 과열 시동 : 시동 시 EGT가 규정한계값 이상으로 증가하는 현상으로 연료조종장치(FCU)의 고장, 연료라인의 빙결, 압축기 입구의 공기흐름 제한 등의 원인

- 결핍 시동 : 시동이 걸린 후 IDLE rpm으로 증가되지 않고, 이보다 낮은 rpm에 있는 현상으로 시동기에 공급되는 동력이 불충분할 때 발생
- 시동 불능 : 엔진이 시간 내에 시동되지 않는 것을 말하며 rpm이나 EGT가 증가하지 않는 것으로 주 연료 장치나 그 밖의 장치의 고장으로 발생

49 가스터빈기관의 점화장치에서 유도형 점화장치가 아닌것은?

① 직류유도형
② 반대직류 유도형
③ 교류 유도형
④ 교류유도형 반대극성

50 다음 중 공기와 연료를 적당한 비율의 혼합가스로 만들어 주는 장치는?

① 과급기   ② 매니폴드
③ 기화기   ④ 공기덕트

51 플로트식 기화기에서 스로틀 밸브(THROTTLE VALVE)가 설치되는 위치는?

① 벤투리와 초크 밸브 다음에
② 초크밸브와 연료 노즐 사이에
③ 연료 분사 노즐과 벤투리 다음에
④ 연료 분사 노즐과 벤투리 사이에

52 터빈 입구의 압력이 7, 터빈 출구의 압력이 3, 로터 입구의 압력이 4인 가스터빈 기관에서 축류형 터빈의 반동도는?(단, 공기의 비열비는 1.4이다)

① 20%   ② 25%
③ 30%   ④ 35%

해설 터빈반동도 = $\dfrac{\text{회전자 깃렬에 의한 압력상승}}{\text{단당 압력상승}} \times 100$
= $\dfrac{P_2 - P_3}{P_1 - P_3} \times 100 = \dfrac{4-3}{7-3} \times 100$

- P_1 : 고정자 깃렬의 입구 압력
- P_2 : 회전자 깃렬의 입구 압력
- P_3 : 회전자 깃렬의 출구 압력(터빈출구 압력)

53 가스터빈기관의 공기흡입도관으로 초음속의 공기가 흡입될 때 도관의 단면적과 공기속도와의 관계를 옳게 설명한 것은?

① 속도는 단면적 감소에 따라 감소하고, 단면적 증가에 따라 증가한다.
② 속도는 단면적 감소에 따라 증가하고, 단면적 증가에 따라 감소한다.
③ 속도는 단면적 감소에 따라 감소 후에 증가하고 단면적의 증가에 따라 감소한다.
④ 초음속의 공기가 흡입도관을 흐를 경우 단면적과 공기속도와의 관계가 없다.

54 항공기 왕복기관의 실린더 압축시험에서 시험을 할 실린더의 피스톤 위치로 옳은것은?

① 압축행정 하사점 전
② 압축행정 하사점
③ 압축행정 상사점 전
④ 압축행정 상사점

해설 압축시험은 실린더의 압축이 잘되는지 시험하는 것이다. 따라서 압축행정 상사점까지의 압축률을 시험한다.

55 프로펠러 깃 버트(butt)와 인접한 부분을 말하며 강도를 주기 위해 두껍게 되어 있고 허브 배럴에 꼭 박게 되어 있는 부분의 명칭은?

① 프로펠러 팁(tip)
② 프로펠러 허브(hub)
③ 프로펠러 생크(shank)
④ 프로펠러 허브보어(hub bore)

56 항공용 왕복기관 연료 계통의 구성 중에서 기관을 시동할 때 실린더 안에 직접 연료를 분사시켜 주는 장치는?

① 프라이머　　② 연료선택밸브
③ 주연료 펌프　④ 비상연료 펌프

57 가스터빈기관에서 연료-오일 냉각기(fuel-oil cooler)의 기능으로 옳은 것은?

① 연료와 오일을 모두 냉각시킨다.
② 오일과 연료를 혼합하여 사용한다.
③ 오일을 냉각시키고 연료는 뜨겁게 한다.
④ 연료를 냉각시키고 오일은 뜨겁게 한다.

> 해설 윤활유는 각 계통의 장비를 윤활시켜주면서 얻은 열을 식혀주고 연료는 기화가 잘되게 하기 위해 열을 준다. 이때 서로 열을 교환하게 한다.

58 브레이턴 사이클의 열효율을 구하는 식은? (단, r_p : 압력비, k : 비열비이다)

① $1-\left(\dfrac{1}{r_p}\right)^{\frac{k-1}{k}}$　② $1-\left(\dfrac{1}{r_p}\right)^{\frac{k}{k-1}}$

③ $\dfrac{1}{1-\left(\dfrac{1}{r_p}\right)^{\frac{k-1}{k}}}$　④ $\dfrac{1}{1-\left(\dfrac{1}{r_p}\right)^{\frac{k}{k-1}}}$

59 항공기 왕복기관이 저속, 저출력으로 작동할 때 가장 농후한 혼합비를 사용하는 이유로 옳은 것은?

① 배기가스의 배출이 원활하지 못해 실린더 온도가 높기 때문에
② 배기가스의 배출이 많아 혼합가스의 누설이 되기 때문에
③ 실린더 온도 영향으로 연료의 기화가 너무 잘되기 때문에
④ 실린더 온도 영향으로 연료의 기화가 잘 안 되기 때문에

> 해설 출력이 낮아 엔진 자체의 온도가 낮고 그로 인해 연료가 기화하는데 어려움이 있어 최대한 농후한 혼합비를 사용하여, 연소에 어려움이 없게 한다.

60 가스터빈 기관의 추력에 영향을 미치는 요인 중 대기온도와 대기압력에 대한 설명으로 옳은 것은?

① 대기온도가 증가하면 추력은 증가하고, 대기압력이 증가하면 추력은 감소한다.
② 대기온도가 증가하면 추력은 감소하고, 대기압력이 증가하면 추력은 증가한다.
③ 대기온도가 증가하면 추력은 증가하고, 대기압력이 증가하면 추력이 증가한다.
④ 대기온도가 증가하면 추력은 감소하고, 대기압력이 증가하면 추력이 감소한다.

> 해설 대기온도가 높아지면 공기가 팽창을 하여, 공기 밀도가 작아져서 상대적으로 엔진의 추력이 감소하게 된다. 압력이 올라가면 반대로 공기 밀도가 증가하여 엔진의 추력이 상승한다.

항공기관정비기능사 필기 2015년도 4회 시행 정답

1	2	3	4	5	6	7	8	9	10
④	②	①	①	③	③	②	①	④	①
11	12	13	14	15	16	17	18	19	20
④	②	④	②	①	④	③	①	①	④
21	22	23	24	25	26	27	28	29	30
②	③	④	③	④	③	②	①	①	②
31	32	33	34	35	36	37	38	39	40
②	①	④	④	③	①	③	②	①	④
41	42	43	44	45	46	47	48	49	50
②	④	④	②	①	①	④	④	②	③
51	52	53	54	55	56	57	58	59	60
③	②	①	④	③	①	③	①	④	②

공개기출문제
항공기관정비기능사 필기 2015년도 5회 시행

01 가로축은 비행기 주날개 방향의 축을 가리키며 Y축이라 하는데, 이 축에 관한 모멘트를 무엇이라 하는가?

① 선회 모멘트　② 키놀이 모멘트
③ 빗놀이 모멘트　④ 옆놀이 모멘트

해설
- 세로축 x – 옆놀이(롤링)
- 가로축 y – 키놀이(피칭)
- 수직축 z – 빗놀이(요잉)

02 그림과 같은 유체흐름에서 A_1 지점의 단면적은 $32m^2$이고, A_2 지점의 단면적은 $8m^2$이다. 이때 A_1 지점의 속도는 10m/s일 때 A_2 지점의 속도는 몇 m/s인가? (단, 각 지점의 유체밀도는 같다)

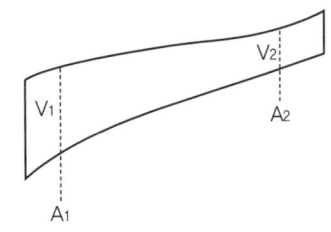

① 8　② 10
③ 32　④ 40

해설 연속방정식 $A_1V_1 = A_2V_2$ (A : 단면적 V : 속도)

03 날개의 뒷전에 출발 와류가 생기게 되면 앞전 주위에도 이것과 크기가 같고 방향이 반대인 와류가 생기는데 이것을 무엇이라 하는가?

① 말굽형 와류　② 속박 와류
③ 날개 끝 와류　④ 유도 와류

04 비행기의 착륙거리를 짧게 하기 위한 조건으로 가장 거리가 먼 것은?

① 접지 속도를 크게 한다.
② 착륙 시 무게를 가볍게 한다.
③ 착륙 활주 중 양력을 작게 한다.
④ 착륙 활주 중 항력을 크게 한다.

05 정적 안정과 동적 안정에 대한 설명으로 옳은 것은?

① 동적 안정이 양(+)이면 정적 안정은 반드시 양(+)이다.
② 정적 안정이 음(−)이면 동적 안정은 반드시 양(+)이다.
③ 정적 안정이 양(+)이면 동적 안정은 반드시 양(+)이다.
④ 동적 안정이 음(−)이면 정적 안정은 반드시 음(−)이다.

06 다음 중 기하학적으로 날개의 가로안정에 가장 중요한 영향을 미치는 요소는?

① 가로세로비　② 상반각
③ 수평안정판　④ 승강키

해설 날개가 가로 안정에 가장 중요한 요소이다. 날개의 상반각(쳐든각)은 가로안정에 가장 유리한 요소이다. 방향안정을 좋게 하려면 후퇴각을 준다.

07 비행기의 속도가 200km/h이며, 상승각이 6°라면 상승률은 약 몇 m/s인가?

① 5.8　② 18.7

340

③ 20.9   ④ 60.2

해설 상승률(R.C) = $V\sin\theta$
= $200\sin 6 = 20.9 km/h = 5.8 m/s$

08 압력의 변화에 관계없이 밀도가 일정한 유체를 무엇이라 하는가?

① 항밀도 유체   ② 점성 유체
③ 비점성 유체   ④ 비압축성 유체

09 비행기의 날개 끝 실속(Tip stall)을 방지하기 위한 방법으로 틀린 것은?

① 날개의 테이퍼 비를 크게 한다.
② 날개 끝 받음각이 날개 뿌리 받음각보다 작아지도록 기하학적 비틀림을 준다.
③ 날개끝 부분의 날개 앞전 안쪽에 슬롯을 설치한다.
④ 날개 끝에 캠버나 두께비가 큰 날개골을 사용한다.

해설 날개 끝 실속 방지법
• 날개의 테이퍼 비를 너무 작게 하지 않는다.
• 날개의 앞내림(기하학적 비틀림)을 준다.
• 날개 끝 부분의 앞전에 슬롯을 설치한다.
• 날개 뿌리에 스트립을 붙여 받음각이 클 때 흐름을 강제로 떨어지게 하여 날개 끝보다 먼저 실속을 낸다.

10 비행기가 항력을 이기고 앞으로 움직이기 위한 동력은? (단, T : 추력, V : 비행기 속도이다)

① $\dfrac{T}{V}$ ② $\dfrac{V}{T}$
③ TV ④ $\dfrac{TV}{2}$

해설 동력 = $\dfrac{일}{시간}$ = $\dfrac{힘 \times 거리}{시간}$ = 힘 × 속도 = TV

11 평균 캠버선으로부터 시위선까지의 거리가 가장 먼 곳을 무엇이라 하는가?

① 캠버   ② 최대 캠버
③ 두께   ④ 평균 시위

12 다음 (　) 안에 알맞은 말을 순서대로 나열한 것은?

"초음속 흐름은 통로의 면적이 좁아지면 속도는 (　)하고 압력은 (　)한다. 그리고 통로의 면적이 변화하지 않으면 속도는 (　)."

① 증가 – 감소 – 감소한다.
② 감소 – 증가 – 증가한다.
③ 감소 – 증가 – 변화하지 않는다.
④ 증가 – 감소 – 변화하지 않는다.

해설 아음속흐름은 통로의 면적이 좁아지면 속도는 증가하고 압력은 감소한다. 초음속흐름은 반대로 된다.

13 헬리콥터에서 페더링(Fathering) 운동은 1차적으로 어떤 각을 변화시키는가?

① 원추각   ② 코닝각
③ 받음각   ④ 피치각

해설
• 페더링 힌지 : 깃의 피치 변화, 비틀림 힌지
• 플래핑 힌지 : 플래핑 운동, 수평 힌지, 수직 힌지
• 드래그 힌지 : 리그래그 운동

14 회전익 항공기에서 자동회전(autorotation)이란?

① 꼬리 회전 날개에 의해 항공기의 방향조종을 하는 것이다.
② 주회전 날개의 반작용 토크에 의해 항공기 기체가 자동적으로 회전하려는 경향이다.
③ 회전날개 축에 토크가 작용하지 않는 상태에서도 일정한 회전수를 유지하는 것이다.
④ 전진하는 깃(blade)과 후퇴하는 깃의 양력차

이에 의하여 항공기 자세에 불균형이 생기는 것이다.

> 해설 오토로테이션 : 기관의 동력없이 회전날개의 자유회전에 의해서만 비행하는 상태

15 비행기의 동적 가로안정의 특성과 가장 관계가 먼 것은?

① 방향 불안정 ② 더치롤
③ 세로 불안정 ④ 나선 불안정

> 해설
> - 가로안정과 방향안정은 날개의 좌우로 연관이 있다.
> - 더치롤은 가로진동과 방향진동이 결합된 가로 방향 불안정이다.
> - 나선 불안정은 가로안정을 좋게 하기 위한 쳐든각 효과보다 방향안정성이 클 때 일어난다.

16 항공기 정비와 관련된 용어를 설명한 것으로 옳은 것은?

① 사용 시간한계를 정해 놓은 것을 하드타임이라고 한다.
② 항공기 기관이 작동하면서부터 멈출때까지의 총 시간을 항공기의 비행시간이라 한다.
③ 항공기의 부품 또는 구성품이 목적한 기능을 상실하는 것을 결함이라 한다.
④ 항공기의 구성품 또는 부품 고장으로 계통이 비정상적으로 작동하는 상태를 기능불량이라 한다.

17 특수고정 부품 중 특수고정 부품 중 정비와 검사를 목적으로 쉽고 신속하게 점검창을 장탈·착할 수 있도록 만들어진 부품은?

① 조볼트
② 블라인드 리벳
③ 테이퍼 로크
④ 턴로크 패스너

18 다음 중 자분 탐상 검사의 특징이 아닌 것은?

① 강자성체에 적용된다.
② 자동화 검사가 가능하다.
③ 표면 결함 탐지에 사용된다.
④ 검사원의 높은 숙련도가 필요없다.

19 그림과 같은 종류의 너트 명칭은?

① 캐슬너트 ② 평너트
③ 체크너트 ④ 캐슬전단너트

20 다음 (　) 안에 알맞은 내용은?

"Aspect ratio of a wing is defined as the ratio of the (　　)."

① wing span to the wing root
② wing span to the wing span
③ wing span to the mean chord
④ square of the chord to the wing span

21 좁은 공간의 작업 시 굴곡이 필요한 경우에 스피드 핸들, 소켓, 또는 익스텐션 바와 함께 사용하는 그림과 같은 공구는?

① 익스텐션 댐퍼
② 어댑터
③ 유니버설 조인트
④ 크로풋

22 고압가스 취급 시 주의할 사항 중 틀린 것은?

① 충전용기는 직사광선을 받지 않도록 조치한다.
② 충전용기와 잔가스용기는 구분없이 같이 보관한다.
③ 비어 있는 용기라도 충격을 받지 않도록 주의한다.
④ 용기보관장소에는 작업에 필요한 물건 외에는 두지 않는다.

23 정밀공차볼트의 식별을 용이하게 하기 위하여 볼트 머리에 표시하는 기호는?

① 삼각형　　② 일자형
③ 원형　　　④ 사각형

해설
- 정밀공차 : 삼각형
- 알루미늄합금 : 양옆에 -자 2개
- 특수 : xs
- 내식강 : -
- 크레비스 : +

24 길이가 10in인 토크렌치와 길이가 2in인 어댑터를 직선으로 연결하여 볼트를 252in-lbs로 조이려고 한다면 토크렌치에 지시되어야 할 토크값은 몇 in-lbs 인가?

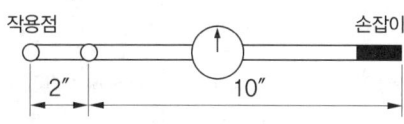

① 150　　② 180
③ 210　　④ 220

해설 $\dfrac{TA \times L}{L \times A} = \dfrac{252 \times 10}{10+2}$
(TA : 실제 토크값, L : 토크렌치 길이, A : 연장공구 길이)

25 금속표면을 도장 작업하기 전에 적절한 전처리 작업을 하여 금속 표면과 도료의 마감칠(Top coats) 사이에 접착성을 높이기 위한 도료는?

① 아크릴 래커　　② 프라이머
③ 합성 에나멜　　④ 폴리우레탄

26 다음 중 항공기의 지상취급작업에 속하지 않는 것은?

① 견인작업　　② 세척작업
③ 계류작업　　④ 지상 유도작업

해설 지상정비 지원
지상취급작업 : 견인, 계류, 호이스트, 잭작업, 지상유도작업
보급 : 연료,윤활유,작동유,산소류,공기,물등을 보급
세척 및 부식처리

27 주변의 산소농도를 묽게 하는 효과로 화재의 전반에 걸쳐 사용할 수 있으며 화재 진압 후 2차 피해가 우려될 때 사용할 수 있는 소화기는?

① 할론 소화기　　② CO_2 소화기
③ 포말 소화기　　④ CBM 소화기

28 측정물의 평면 상태검사, 원통 진원검사 등에 이용되는 측정기기는?

① 높이 게이지　　② 마이크로미터
③ 깊이 게이지　　④ 다이얼 게이지

29 다음 중에서 부품의 불연속을 찾아내는 방법으로써 고주파 음속 파장을 사용하는 비파괴 검사는?

① 자기탐상검사　　② 초음파 탐상검사
③ 형광침투탐상검사　　④ 와전류탐상검사

30 밑줄친 부분을 의미하는 단어는?

> "An aircraft will stall anytime its critical angle of attack is exceeded."

① 받음각　② 실속각
③ 스핀각　④ 공격각

31 다음 중 녹색의 안전색채 표시를 해야 하는 공항 시설물과 각종 장비는?

① 보일러
② 전원스위치
③ 응급처치장비
④ 소화기 및 화재경보장치

> 해설
> • 붉은색 : 위험
> • 노란색 : 경고, 주의
> • 녹색 : 치료설비, 안전상태
> • 파란색 : 장비의 수리, 검사 중
> • 오렌지색 : 기계, 전기설비의 위험위치

32 유리섬유와 수지를 반복해서 겹쳐 놓고 가열 장치나 오토틀래이브 안에 그것을 넣고 열과 압력으로 경화시켜 복합소재를 제작하는 방법은?

① 유리섬유 적층방식　② 압축주형방식
③ 필라멘트권선방식　④ 습식적층방식

33 항공기 급유 시 3점 접지를 해야 하는 주된 이유는?

① 연료와 급유관과의 마찰에 의한 열방지
② 연료와 급유관과의 제한 범위 이탈 방지
③ 연료와 급유관과의 상대운동의 진동방지
④ 연료와 급유관과의 마찰에 의한 정전기 방지

> 해설 3점 접지– 비행기, 급유차, 지상

34 항공기 정비 용어 중 MEL의 의미로 옳은 것은?

① 기관 고장항목 (Missing Engine List)
② 장비고장항목 (Missing Equipment List)
③ 최소점검기관목록 (Miniumum Engine List)
④ 최소구비장비목록 (Miniumum Equipment List)

35 한쪽 방향으로만 움직이고 반대쪽 방향은 로크(Lock)되며 오프셋 박스렌치를 사용하는 것보다 작업속도가 빠른 공구의 명칭은?

① 로크렌치
② 소켓렌치
③ 조절렌치
④ 래치팅 박스–엔드렌치

36 다음 중 가스터빈 기관의 연료 계통에 관련된 용어가 아닌 것은?

① PLA(Power Lever Angle)
② FMU(Fuel Metering Unit)
③ TCC(Turbine Case Cooling)
④ FADEC(Fuel Authority Data Electronic Control)

> 해설 PLA는 연료조절장치(FCU)에서 필요로 하는 요소이다. 파워 레버의 각도에 따라 연료량을 조절하기 때문이다.

37 실린더의 안지름이 15.0cm, 행정거리가 0.155m, 실린더 수가 4개인 기관의 총 행정체적은 약 몇 cm^3인가?

① 730　　② 2,737
③ 10,965　④ 16,426

> 해설 실린더의 단면적×행정거리×실린더수= 총행정체적
> (15×15×3.14÷4)×15.5×4
> (행정거리단위환산 = 15.5)

38 다음 중 후기연소기의 구성에 포함되지 않는 것은?

① 배기노즐　　② 화염 유지기
③ 연료분무막대　④ 예열 플러그

39 다음 중 반동도가 "0"이며 가스의 팽창은 터빈 스테이터에서만 이루어지고 로터 깃에서는 팽창이 이루어지지 않는 축류 터빈 로터는?

① 반동 터빈　　② 충동 터빈
③ 반동-충동터빈　④ 레디얼 플로우 터빈

40 항공기가 강하 또는 착륙(Let Down or Landing) 시 수동 혼합 조종 장치의 위치는?

① 희박(lean)위치
② 최대 농후(full rich) 위치
③ 외기 온도에 따라 수동 혼합 조절 장치의 위치를 변화시킨다.
④ 외기 습도에 따라 수동 혼합 조종 장치의 위치를 변화시킨다.

해설 농후 혼합비는 연료공급량이 많다. 이는 연소되지 않은 기화된 연료가 열과 함께 배출되어 실린더를 냉각시키는 효과를 가져다 준다. 이착륙시 속도가 느리니 이때 냉각효율이 떨어져 농후혼합비로 냉각효율을 올려주는 것이다.

41 왕복기관에서 발생하는 비정상 작동이 아닌 것은?

① 디토네이션 (Detonation)
② 조기 점화(Pre-Ignition)
③ 후기 연소(After Firing)
④ 엔진 스톨(Engine Stall)

해설 엔진 스톨은 엔진 실속으로써, 가스터빈기관의 압축기 날개깃(블레이드)에서 실속이 발생함을 말한다.

42 축류식 압축기의 실속방지 구조가 아닌 것은?

① 쉬라우드　　② 가변 안내깃
③ 가변 고정자 깃　④ 블리드 밸브

해설 쉬라우드는 터빈 블레이드들 끝에 붙는다. 이는 블레이드의 공진을 방지하고 가스누설을 방지할 수 있고 깃의 단면이 얇아서 공력 특성이 우수하다. 실속방지는 아니다.

43 브레이튼 사이클(Brayton cycle)에 대한 설명으로 옳은 것은?

① 2개의 단열과정과 2개의 정압과정으로 이루어진다.
② 2개의 단열과정과 2개의 정적과정으로 이루어진다.
③ 2개의 정압과정과 2개의 정적과정으로 이루어진다.
④ 2개의 등온과정과 2개의 정적과정으로 이루어진다.

44 가스터빈기관의 교류 점화 계통에 사용되는 전원의 주파수(Hz)로 옳은 것은?

① 300　　② 400
③ 500　　④ 600

해설 115V 400Hz가 교류유도형의 일반적인 수치이다.

45 왕복기관 점화계통에 사용되는 승압코일(Booster Coil)의 목적은?

① 2차 코일에 맥류를 공급한다.
② 기관 시동 시 고압의 불꽃을 발생한다.
③ 회전 자석 마그네토의 1차 코일에 맥류를 공급한다.
④ 브레이커 포인트에 고압 불꽃을 발생하게 한다.

> **해설** 점화를 위해 고압의 불꽃을 필요로 한다.
> 승압코일은 말그대로 저압에서 고압으로 올려준다.
> 브레이커 포인트는 회로를 차단하고 연결하는 역할이다.

46 터보제트기관에서 저발열량이 12,000kcal/kg 인 연료를 1초 동안에 0.13kg씩 소모한다고 할 때 추력 비연료 소비율(TSFC)은 약 몇 kg/kg·h인가? (단, 진추력은 6,000kg, 비행속도는 200m/s이다)

① 0.08　　② 0.16
③ 0.20　　④ 0.76

> **해설** $TSFC = \dfrac{1시간 동안 사용한 연료량}{진추력} = \dfrac{0.13 \times 3,600}{6,000}$

47 그림과 같은 고정 피치 프로펠러에서 (A)의 명칭은?

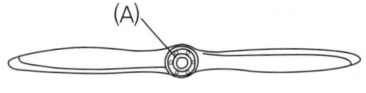

① 팁　　② 목
③ 허브　④ 깃

48 왕복기관과 비교한 가스터빈기관의 특성이 아닌 것은?

① 연료의 소모량이 많고 소음이 심하다.
② 회전수에 제한을 받기 때문에 큰 출력을 내기가 어렵다.
③ 왕복운동 부분이 없어 기관의 진동이 적다.
④ 비행속도가 커질수록 효율이 높아져 초음속 비행도 가능하다.

49 밸브 개폐 시기를 나타내는 용어 및 약자에서 "상사점후"를 나타내는 것은?

① ATC　　② BTC
③ ABC　　④ BBC

> **해설** After top dead center : 상사점 후

50 다음 중 항공용 윤활유의 점도 측정에 사용하는 것은?

① CFR 점도계
② 맴돌이 점도계
③ 레이드 증기 점도계
④ 세이볼트 유니버셜 점도계

51 가스터빈기관에서 배기가스 소음을 줄이는 방법으로 틀린 것은?

① 배기가스의 상대속도를 줄여준다.
② 배기가스가 대기와 혼합되는 면적을 넓게 한다.
③ 배기소음의 고주파수를 저주파수로 바꿔준다.
④ 다로브(Multi Lobed)형의 배기관을 장착한다.

> **해설** 소음의 원인은 배기소음(저주파)이다.
> 소음을 줄이는 법은 저주파음을 고주파음으로 바꾼다.
> 분출가스에 대한 대기의 상대속도를 줄인다.
> 대기와 혼합되는 면적을 넓힌다.

52 항공기 연료 조절 장치에서 수감하는 기관의 주요 작동 변수가 아닌 것은?

① 기관회전수　　② 연료 유량
③ 압축기 출구 압력　④ 압축기 입구온도

53 항공기용 왕복기관의 공기덕트 구성품이 아닌 것은?

① 공기 여과기
② 다이내믹 댐퍼

③ 기화기 공기히터
④ 알터네이트 공기밸브

해설 다이내믹 댐퍼는 크랭크 축에 붙어 있다.

54 항공용 왕복기관에서 과급기를 사용하는 주된 목적은?

① 출력증대
② 냉각 효율 향상
③ 연료 소비량 감소
④ 기관 구조의 단순화

해설 과급기는 흡입 가스를 압축시켜 많은 양의 혼합 가스 또는 공기를 실린더로 밀어 넣어 큰 출력을 내도록 하는 장치이다.

55 다음 중 열기관의 이론 열효율을 구하는 식으로 옳은 것은?

① 공급 압력 ÷ 유효압력
② 유효한 체적 ÷ 공급된 일
③ 유효한 일 ÷ 공급된 열량
④ 유효한 압력 ÷ 공급된 압력

해설 열효율 = $\frac{Q_1-Q_2}{Q_1} = \frac{W}{Q_1}$

Q_1은 공급열량, Q_2는 방출열량, Q_1-Q_2는 유효한 일로 볼 수 있다.

56 가스터빈기관 애뉼러형 연소실의 구성요소가 아닌 것은?

① 연소실 라이너
② 이그나이터
③ 바깥쪽 케이스
④ 화염 전파관

해설 화염 전파관은 캔형 연소실

57 가스터빈기관의 터빈깃에 직각으로 머리카락 모양의 형태로 균열이 나타날 때 이 결함의 원인으로 가장 옳은 것은?

① 과부식
② 과하중
③ 과냉각
④ 열응력

58 "에너지는 여러 가지 형태로 변환이 가능하나, 절대적인 양은 일정하나."라는 내용은 어떤 법칙을 설명하고 있는가?

① 뉴튼의 제1법칙
② 열역학 제0법칙
③ 열역학 제1법칙
④ 열역학 제2법칙

59 세계 최초로 민간 항공용 운송기에 장착하여 운항한 가스터빈 기관은?

① 터보프롭기관
② 터보팬기관
③ 터보샤프트기관
④ 터보제트기관

60 왕복기관의 냉각에 주로 사용되는 공랭식 기관의 구조에 해당되지 않는 것은?

① 배플
② 카울플랩
③ 냉각핀
④ 공기덕트

해설 공기덕트는 공기의 통로 역할로써 냉각을 시키는 역할이 아니다.

항공기관정비기능사 필기 2015년도 5회 시행 정답

1	2	3	4	5	6	7	8	9	10
②	④	②	①	①	②	①	④	①	③
11	12	13	14	15	16	17	18	19	20
②	③	④	③	③	①	④	②	②	③
21	22	23	24	25	26	27	28	29	30
③	②	①	③	②	④	②	④	②	①
31	32	33	34	35	36	37	38	39	40
③	①	④	④	④	③	②	④	②	②
41	42	43	44	45	46	47	48	49	50
④	①	②	②	④	②	②	②	②	②
51	52	53	54	55	56	57	58	59	60
③	②	②	①	③	④	④	③	①	④

공개기출문제
항공기체정비기능사 필기 2015년도 1회 시행

01 다음 중 테이퍼비(Taper ratio)에 대한 식으로 옳은 것은? (단, C_r : 날개 뿌리시위, C_t : 날개 끝 시위이다.)

① $\dfrac{C_r}{C_t}$ ② $1-(\dfrac{C_r}{C_t})^2$

③ $\dfrac{C_t}{C_r}$ ④ $1-(\dfrac{C_t}{C_r})^2$

해설 날개뿌리의 시위(chord, C root)와 날개끝 시위(C tip)의 비율을 의미한다.

02 헬리콥터에서 로터의 회전시 회전면과 원추 모서리 사이에 이루는 각을 무엇이라 하는가?

① 받음각 ② 피치각
③ 코닝각 ④ 쳐든각

해설 헬리콥터가 전진 비행시 회전날개의 로터 블레이드는 양력이 로터 뿌리에서 만드는 모멘트와 원심력이 로터 뿌리에 만드는 모멘트와 평형이 될 때까지 위로 쳐들게 되어 회전면을 밑면으로 하는 원추(cone) 모양을 만들게 된다.

03 다음 중 양력(L)을 옳게 표현한 것은? (단, 양력계수 : C_L, 공기밀도 : ρ, 날개의 면적 : S, 비행기의 속도 : V이다)

① $L=\dfrac{1}{2}C_L^2V^2S$ ② $L=\dfrac{1}{2}C_L^2VS^2$

③ $L=\dfrac{1}{2}C_LV^2S$ ④ $L=\dfrac{1}{2}C_LVS^2$

해설 비행기가 날기 위해서는 추력, 항력, 양력, 중력이라는 4가지 힘이 필요하다. 여기서 양력이란 항공기를 뜨게 하는 힘을 말한다.

04 대류권에서 고도가 높아지면 공기의 밀도와 온도, 압력은 어떻게 변하는가?

① 밀도, 온도, 압력이 모두 감소한다.
② 밀도는 증가하고 온도와 압력은 감소한다.
③ 밀도와 압력은 증가하고 온도는 감소한다.
④ 밀도와 온도는 감소하고 압력은 증가한다.

해설 대류권은 지표면(0km)에서 약 11km까지이며, 대기권에서 1,000m 증가할수록, 6.5℃씩 감소한다.

05 대기 중 음속의 크기와 가장 밀접한 요소는?

① 대기의 온도 ② 대기의 비열비
③ 대기의 밀도 ④ 대기의 기체상수

06 비행기의 하중배수를 식으로 옳게 나타낸 것은?

① $\dfrac{\text{비행기 무게}}{\text{비행기에 작용하는 힘}}$

② $\dfrac{\text{비행기에 작용하는 항력}}{\text{비행기 무게}}$

③ $\dfrac{\text{비행기 무게}}{\text{비행기에 작용하는 항력}}$

④ $\dfrac{\text{비행기에 작용하는 힘}}{\text{비행기 무게}}$

07 헬리콥터의 무게가 950kgf, 회전날개의 반지름이 3m일 때 원판 하중은 약 몇 kgf인가?

① 33.6 ② 35.2
③ 37.4 ④ 39.1

해설 D.L(disk loading) : 회전날개의 원판 면적으로 무게를 나눈 값
$$D.L = \frac{W}{\pi R^2}$$
(W : 헬리콥터 전체 무게, R : 회면의 면적)

08 다음 중 항공기 방향 안정선에 가장 중요한 역할을 하는 장치는?

① 수평안정판 ② 플랩
③ 수직안정판 ④ 스포일러

해설
- 수평안정판 : 동체가 상하로 흔들리지 않고 안정되게 진행하도록 도와주는 역할
- 플랩 : 항공기 날개의 양력발생
- 수직안정판 : 비행기의 수직꼬리 날개의 한 부분이며, 동체가 좌우로 흔들리지 않도록 도와주는 역할
- 스포일러 : 항력장치로서 속도 감소 장치

09 프로펠러 깃 뿌리로부터 깃 끝까지 프로펠러 깃의 기하학적 피치를 균일하게 하기 위한 조치로 가장 옳은 것은?

① 깃각을 변화시킨다.
② 빗김각을 변화시킨다.
③ 유입각을 변화시킨다
④ 받음각을 변화시킨다.

해설
- 기하학적 피치 : prop' 회전 시 이론상 전진거리
- 유효피치 : prop' 회전 시 실제 전진거리

10 동체 가까이에 있는 날개의 앞전에 실속 스트립과 같은 장치를 부착하여 받음각이 커서 실속하게 될 때, 날개 뿌리부분부터 흐름의 떨어짐을 생기도록 하는 장치로서 날개 끝부분의 실속이 늦어지게 하여 도움날개의 충분한 기능을 발휘할 수 있도록 하는 장치는?

① 앞전장치 ② 실속방지장치
③ 커플링장치 ④ 실속 트리거 장치

해설 실속은 항공기의 양력이 감소하고 항력이 급증하는 현상을 말한다.

11 관의 입구 지름이 10cm이고, 출구 지름이 20cm이다. 이관의 출구에서의 흐름 속도가 40cm/s일 때 입구에서의 흐름의 속도는 약 몇 cm/s인가? (단, 유체는 비압축성 유체이다)

① 20 ② 40
③ 80 ④ 160

해설 $A_1 V_1 = A_2 V_2$, $V_1 = \frac{A_2}{A_1} \times V_2 = \frac{0.2^2}{0.1^2} \times 0.4$

12 날개골의 공기력중심(aerodynamic center)에서 받음각에 대한 공기력 모멘트 계수의 변화율은?

① 정(+)의 값을 갖는다.
② 거의 변하지 않는다.
③ 부(-)의 값을 갖는다.
④ 무한대의 값을 갖는다.

해설 '모멘트=힘×회전축'에서 힘이 작용선에 긋는 수직선이 길이 A.C(aerodynamic center) 받음각의 변화에 관계없이 피칭모멘트 값이 일정

13 비행기의 이 착륙 성능에서 거리의 관계를 가장 옳게 표현한 것은?

① 지상활주거리 = 이륙거리 + 상승거리
② 이륙거리 = 지상활주거리 + 상승거리
③ 상승거리 = 지상활주거리 + 이륙거리
④ 이륙거리 = 지상활주거리 + 상승거리

14 75m/s로 비행하는 비행기의 항력이 1,000kgf라면 이 때 비행기의 필요마력은 몇 ps인가?

① 530 ② 660
③ 72 ④ 1000

해설 필요마력은 항력을 이기고 전진하는데 필요한 마력이다.
$$HP_r = \frac{DV}{75}$$

15 비행기의 조종성과 정적 안정성에 대한 설명으로 옳은 것은?

① 조종성과 안정성은 상호 보완관계이다.
② 조종성과 안정성은 서로 상반관계이다.
③ 비행기 설계시 조종성을 위해서는 안정성은 무시해도 좋다.
④ 비행기 설계시 안정성을 위해서는 조종성은 무시해도 좋다.

16 버니어 캘리퍼스에 관한 설명으로 틀린 것은?

① 일반적으로 용도에 따라 M1, M2, CB, CM 등이 있다.
② 일반적으로 아들자는 슬라이더에 눈금이 표시되어 있다.
③ 호칭치수는 미터식인 경우 일반적으로 150, 200, 300, 600, 1000mm의 크기로 구분한다.
④ 일정한 측정력 이상의 힘이 작용되면 공회전하도록 래칫 스톱 기능을 가지고 있다.

17 물림 턱의 벌림에 따라 손잡이를 잡을 수 있는 정도를 조절하는 그림과 같은 공구의 명칭은?

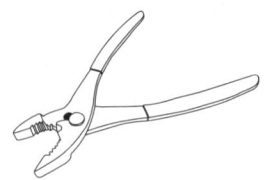

① 스냅링 플라이어
② 슬립조인트 플라이어
③ 워터 펌프 플라이어
④ 라운드 노즈 플라이어

18 항공기의 연료보급에 대한 설명으로 옳은 것은?

① 항공기에서 배유시 접지하지 않는다.
② 연료의 납성분 때문에 피부에 닿지 않도록 한다.
③ 안전을 고려하여 폐쇄된 장소에서 연료를 보급한다.
④ 항공기, 연료차, 그리고 작업자 상호간에 접지시킨다.

해설 3점 접지 : 연료차와 항공기, 지상과 항공기, 연료차와 지상

19 관제탑에서 지시하는 신호의 종류 중 활주로 유도로 상에 있는 인원 및 차량은 사주를 경계한 후 즉시 본장소를 떠나라는 의미의 신호는?

① 녹색등
② 점멸 녹색등
③ 흰색등
④ 점멸 적색등

20 모든 부품이 장탈되거나 분해된 후 세척하지 않은 상태에서 가장 먼저 하는 검사는?

① 육안검사
② 파괴검사
③ 분해검사
④ 치수검사

해설
• 육안검사 : 결함이 계속해서 진행하기 전에 빠르고 경제적으로 탐지하는 방법
• 파괴검사 : 재료에 충격을 주거나 파괴를 하여 재료의 인성, 강도, 기계적 성질을 검사하는 방법
• 분해검사 : 기계나 엔진을 분해하여 점검 및 수리하는 방법
• 치수검사 : 나사나 게이지 따위의 검사대상물을 윤곽투영기를 투영하여 형상이나 치수를 검사하고 측정하는 방법

21 항공기 방식작업의 하나로 전해액에 담겨진 금속을 양극으로 하여 전류를 통한 다음 양극에서 발생하는 산소에 의하여 알루미늄과 같은 금속표면에 산화피막을 형성하는 부식처리 방식은?

① 양극산화 처리 ② 알로다인 처리
③ 인산염 피막처리 ④ 알크래드 처리

해설
- 양극산화처리 : 수산화 피막을 인공적으로 입히는 방법
- 알로다인처리 : 화성피막을 입히는 방법
- 인산염피막처리 : 철제 표면에 형성시켜 부식을 방지하는 방법
- 알크래드처리 : 알루미늄 합금에 내식성 개선을 위해 표면에 순수 알루미늄을 핫 코팅하는 방법

22 다음 (   ) 안에 알맞은 것은?

> "the purpose of wing (   ) is reduce stalling speed"

① drag ② tails
③ slats ④ thrust

23 공구 사용 시 주의사항으로 틀린 것은?

① 부품에 알맞은 공구를 선택 사용한다.
② 간단한 공구는 사용전에 교육을 생략한다.
③ 작업이 완료된 후에는 녹 방지를 위하여 손질한다.
④ 금속칩이 발생하는 작업을 할 때에는 보안경을 쓴다.

24 성능허용한계, 마멸한계 및 부식한계 등을 가지는 장비나 부품에 활용하여 일정 주기별로 감항성을 판단하여 교환을 결정하는 정비방식은?

① 오버홀 ② 시한성정비
③ 상태정비 ④ 신뢰성정비

해설
- 시한성정비 : 항공기의 기관을 비롯해 많은 장비품을 상태에 관계없이 일정 사용한계에 도달하면 장탈후 새로운 것으로 교환하는 방식(오버홀, TRP시한성품목)
- 상태정비 : 감항성이 유지되고 있는지 확인하는 정비 방식(마멸, 허용, 부식한계)
- 신뢰성정비 : 항공기의 안전성에 직접 영향을 주지 않으며, 고장을 일으키거나 상태가 나타날 때까지 사용하는 정비방식

25 Mg 분말, Al 분말 등 공기중에 비산한 금속분진에 의해 발생하는 화재로서 물을 사용하면 안 되며 건조시, 팽창 진주암 등을 사용한 질식소화방법이 유효한 화재는?

① A급 화재 ② B급화재
③ C급화재 ④ D급화재

해설
- A급 화재 : 종이, 나무, 직물 가연성물질(물 사용)
- B급 화재 : 윤활유, 휘발유, 그리스(이산화탄소, 포말소화기)
- C급 화재 : 전기기기, 전기계통(질식법, 냉각법)
- D급 화재 : 마그네슘, 티타늄등 금속으로 인한 화재(분말, 모래)

26 항공기 견인작업(Towing)에 대한 설명이 아닌 것은?

① 견인속도는 5mph를 초과해서는 안된다.
② 항공기 견인시 잭 포인트를 정확히 지정해야 한다.
③ 견인봉은 견인차량으로부터 일단 분리하여 항공기에 장착한 다음 다시 견인봉을 견인차량에 연결한다.
④ 항공기의 유도선(taxing line)을 따라 견인할 때에는 감독자의 판단에 따라 주변 감시자를 배치하지 않아도 무방하다.

27 장비와 관련된 다음 설명에서 (   ) 안의 알맞은 목적은?

> "항공법을 기준으로 항공회사가 정비작업에 관하여 (   ) 및 효과적인 정비작업의 수행을 목적으로 설정된 기술적인 규칙과 기준을 정비규정이라 한다."

① 생산성 향상 ② 기술 향상

③ 안전성 확보   ④ 인력 확보

28 지상 점검시 작업자가 지켜야 할 사항으로 틀린 것은?

① 작업 시에는 규정보다 작업자의 능력에 따라 작업을 수행해야 한다.
② 작업장의 상태를 청결히 하고 정리정돈하여 사고의 잠재요인을 제거하도록 노력한다.
③ 작업시 보호장구가 필요할 때에는 반드시 보호장구를 착용해야 한다.
④ 보다 안전하고 능률적인 작업 수행을 위하여 모든 작업자들은 서로 협조하고 조언해야 한다.

29 AN21~AN36으로 분류되고 머리 형태가 둥글고 스크루 드라이버를 사용하도록 머리에 홈이 파여있는 모양의 볼트는?

① 아이볼트
② 클레비스볼트
③ 육각볼트
④ 인터널 렌칭볼트

해설 아이볼트(AN41~AN46), 육각볼트(AN3~AN20), 내부렌칭볼트(MS20004~MS20024)

30 최소 측정값이 1/1000mm인 마이크로미터의 그림이 지시하는 측정값은 몇 mm인가?

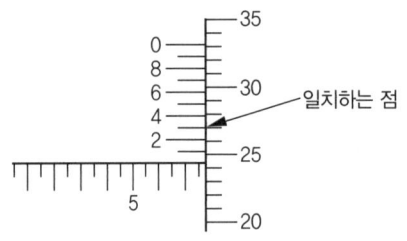

① 7.793   ② 7.773
③ 7.743   ④ 7.713

31 다음 영문의 밑줄 친 부분이 의미하는 것은?

"starting and operating an aircraft recip-rocating engine is not difficult if the proper procedures are used."

① 성형기관   ② 대향형기관
③ 왕복기관   ④ 공냉식기관

32 다음 중 와셔의 역할로 틀린 것은?

① 볼트의 길이가 짧을 때 사용한다.
② 진동을 흡수하고, 너트가 풀리는 것을 방지한다.
③ 볼트나 스크루의 그립 길이를 조정 가능하도록 한다.
④ 볼트와 너트에 의한 작용력을 고르게 분산되도록 한다.

33 케이블 주위에 구리로 된 8(팔)자 형태관 모양의 슬리브를 둘러 압착하는 방법을 이용하여 케이블의 단자를 연결하는 방법은?

① 랩솔더 이음 방법
② 5단 엮기 이음 방법
③ 스웨이징 단자 방법
④ 니코프레스 처리방법

해설
• 랩솔더 이음 방법 : 케이블을 부싱 심볼위에 구부려서 돌린 후 와이어를 감아서 납땜하는 방법
• 5단 엮기 이음 방법 : 부싱이나 심볼을 이용하여 가닥을 풀어서 엮은 다음 그 위에 와이어를 감싸 씌우는 방법
• 스웨이징 단자 방법 : 스웨징 케이블을끼우고 스웨징 공구나 장비로 압착하는 방법

34 코일에 교류 전류를 흘려 전자유도를 이용하여 전류의 분포 변화를 관찰함으로써 결함을 발견하는 비파괴 검사법은?

① 침투탐상검사   ② 방사선투과 검사
③ 자분탐상검사   ④ 와전류탐상검사

35 두께가 0.064in 이하인 판재 성형시 균열을 방지하기 위해 릴리프 홀(relief hole)을 뚫을 때 홀 지름의 기준은 몇 in인가?

① $\frac{1}{8}$ ② $\frac{1}{4}$
③ $\frac{1}{2}$ ④ 1

36 그림의 동체구조 형식 명칭은?

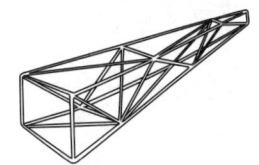

① 응력외피형   ② 트러스형
③ 모노코크형   ④ 세미모노코크형

- 트러스형 : 구조재가 3각형을 이루고 기체의 뼈대가 대부분 하중을 담당
- 모노코크형 : 하중의 대부분을 표피가 담당
- 세미모노코크형 : 현대 항공기의 동체구조로서 가장 많이 사용(링, 벌크헤드, 세로지, 외피, 정형재, 프레임, 세로대)

37 반고정형 회전날개를 가진 헬리콥터와 관계없는 것은?

① 부분 관절형 회전날개이다.
② 허브에 항력 힌지를 갖고 있다.
③ 시소형 회전 날개가 여기에 속한다.
④ 대부분 2개의 깃을 가진 회전 날개에서 사용한다.

38 AA 규격에 대한 설명으로 옳은 것은?

① 미국 철강협회의 규격으로 알루미늄 규격

이다.
② 미국 알루미늄협회의 규격으로 알루미늄 합금용의 규격이다.
③ 미국재료시험협회의 규격으로 마그네슘 합금에 많이 쓰인다.
④ SAE의 항공부가 민간항공기 재료에 대해 정한 규격으로 티타늄합금, 내열합금에 많이 쓰인다.

해설 미국 알루미늄협회에서 가공용 알루미늄 합금에 통일하여 지정한 합금 번호로 네자리 숫자로 되어있다.

39 한변이 10cm인 정사각형 단명을 가진 막대에 500N의 힘이 단면의 수직으로 작용할 때 단면에서의 응력은 몇 N/cm^2인가?

① 0.5   ② 5
③ 25   ④ 50

40 도면에 기재되는 내용과 설명으로 옳은 것은?

① 도면에는 부품 목록을 기재할 수 없다.
② 도면 번호는 부품 목록에만 등록이 된다.
③ 모든 항공기 제작사는 동일한 방식으로 도면번호를 부여한다.
④ 도면에 사용되는 적용성 부호는 사용되는 부품의 번호를 나타낸다.

41 시간에 따라 하중의 크기가 변화하면서 작용하여 구조에 진동을 일으키는 하중이 아닌 것은?

① 반복하중   ② 교번하중
③ 정하중   ④ 충격하중

42 합금강의 분류에서 SAE 1025에 대한 설명으로 옳은 것은?

① 탄소강을 나타낸다.

② 니켈강을 나타낸다.
③ 합금원소는 크롬이다.
④ 탄소의 함유량은 5%이다.

> 해설 SAE탄소강 10보통강 25탄소함량(0.25%)

43 항공기의 위치를 표시하는 방식 중 "특정수평면으로부터 수직으로 높이를 측정한 거리"를 무엇이라 하는가?

① 버턱선(Buttock line)
② 동체위치선(Body station)
③ 동체수위선(Body water line)
④ 날개위치선(Wing body station)

> 해설
> • 버턱선 : 항공기 수직 중심선을 기준으로 여기에 평행으로 좌우로 측정된 거리를 인치로 표시하는 방식(종류 : 동체버턱선, 날개버턱선)
> • 동체위치선 : 항공기 전후 위치 표시를 위하여 기준면(보통 기수)을 0으로 수평거리를 인치로 표시(길이)
> • 동체수위선 : 항공기 높이의 위치를 표시하기 위하여 동체의 임의의 높이에 기준면을 정하고 이를 기준으로 높이를 인치 단위로 측정(높이)
> • 날개위치선 : 날개의 직각인 특정 기준면으로부터 끝 방향으로의 길이(날개길이)

44 비행중 항공기의 자세를 조종하기도 하며 착륙 활주 중에는 활주거리를 짧게 하는 브레이크 역할도 하는 날개에 부착된 장치는?

① 플랩
② 도움날개
③ 슬롯
④ 스포일러

45 접개들이(RETRACTABLE) 착륙장치를 항공기에 연결해 주는 장치는?

① 트러니언 (Trunnion)
② 옆버팀대 (Side strut)
③ 완충버팀대 (Shock strut)
④ 시미댐퍼 (Shimmy damper)

> 해설
> • 옆버팀대 : 착륙장치의 측면 방향의 힘을 지탱
> • 시미댐퍼 : 지상 활주 중 앞바퀴 흔들림, 진동방지

46 지름이 8cm이고, 길이가 200cm인 기둥의 세장비는? (단, 이 기둥의 한쪽 끝은 고정되어 있고 다른 한쪽 끝은 자유단이다)

① 50
② 100
③ 150
④ 200

47 항공기 조종계통에 사용되는 케이블의 인장력을 조절하는 장치는?

① 버스드럼(bus drum)
② 풀리(pully)
③ 조종로드(control rod)
④ 턴버클(turnbuckle)

> 해설 조종 케이블의 장력을 조절하는 부품으로서 턴버클 배럴과 엔드로 구성

48 항공기 날개에 기관을 장착하기 위해 필요한 구조물은?

① 방화벽
② 카울링
③ 파일론
④ 벌크헤드

49 실란트(sealant)에 대한 설명으로 틀린 것은?

① 사용시 접착의 밀착성을 위해 따뜻하게 보관한다.
② 작업하는 부분에 낡은 실란트가 있어 제거할 때는 제거제를 사용하여 깨끗이 제거한다.
③ 기체표면의 홈을 메워 공기 흐름의 혼란을 감소시킬 목적으로 사용된다.
④ 성분적으로 티오콜계와 실리콘계의 합성고무로 나뉜다.

50 헬리콥터 주회전 날개의 피치각이 주어진 상태에서 회전시 발생하는 코닝의 크기를 결정하는 요소는?

① 날개의 총무게
② 날개의 수와 넓이
③ 헬리콥터의 항력
④ 날개의 양력과 회전수

> 해설 회전면과 원추 모서리가 이루는 각을 코닝각(β)이라 한다.

51 헬리콥터의 지상취급에 대한 설명으로 틀린 것은?

① 풍속이 20knot 이상이면 헬리콥터의 계류 작업을 실시한다.
② 헬리콥터의 연료 보급시 3점접지를 반드시 실시한다.
③ 헬리콥터의 견인 작업시 견인속도는 5km/h를 초과하지 않는다.
④ 헬리콥터의 잭 작업시 풍속이 24km/h 이상이면 작업을 금지한다.

52 그림과 같은 보(beam)의 명칭으로 옳은 것은?

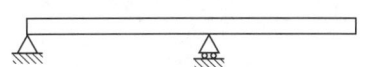

① 연속보   ② 외팔보
③ 단순보   ④ 돌출보

> 해설 수직 구조재인 기둥과 기둥 사이에 연결되어 윗부분의 무게를 지탱해 주는 수평 구조재

53 다음 중 저탄소강의 탄소함유량은?

① 0.1~0.3%   ② 0.3%~0.5%
③ 0.6~1.2%   ④ 1.2% 이상

> 해설 중탄소강(0.3%~0.6%) 고탄소강(0.6~1.2%)

54 알루미늄-구리-마그네슘계 합금으로 일명 "초두랄루민"이라 하고 파괴에 대한 저항성이 우수하며, 피로강도도 양호하여 인장하중에 크게 작용하는 대형 항공기 날개 밑면의 외피나 동체의 외피로 사용되는 것은?

① 2014   ② 2024
③ 7075   ④ 7179

> 해설 2024 : 구리 4.4%와 마그네슘 1.5%를 첨가한 초두랄루민

55 헬리콥터의 고정형 회전날개에 대한 설명으로 틀린 것은?

① 페더링 힌지만 있는 형식이다.
② 관절형 회전날개에 비해 허브의 구조가 간단하다.
③ 양력의 불균형 문제로 인해 오토자이로나 초기의 헬리콥터에만 사용되었다.
④ 최근 제작되는 대부분의 헬리콥터에서 사용하는 회전날개 형식이다.

56 플라스틱 가운데 투명도가 가장 높으며, 광학적 성질이 우수하여 항공기용 창문 유리로 사용되는 재료는?

① 폴리염화 비닐(PVC)
② 에폭시 수지(Epoxy resin)
③ 페놀수지(PHENOLIC RESIN)
④ 폴리메타크릴산메틸(Polymethyl methacrylate)

57 헬리콥터에서 조종계통을 정해진 위치에 놓고 고정기구를 사용하여 고정시킨 다음 조종면을 기준선에 맞추고 분도기 등을 이용하여 고정면과 조종면 사이의 변위각을 측정하는 작업은?

① 정적리깅   ② 기능점검
③ 궤도점검   ④ 수직평판조정

58 허니컴 샌드위치 구조(Honeycomb sandwitch structure)의 장점이 아닌 것은?

① 단열효과가 좋다
② 집중하중에 강하다.
③ 표면이 평평하며 요철이 없다.
④ 두께 방향의 균일한 압력 발생시 충격 흡수가 우수하다.

해설 구조는 어떤 것으로 썼느냐에 따라 벌집형, 거품형, 파형으로 나뉜다.

59 다음 중 정하중 시험의 순서를 옳게 나열한 것은?

① 한계하중시험-극한하중시험-파괴시험-강성시험
② 강성시험-한계하중시험-극한하중시험-파괴시험
③ 한계하중시험-파괴시험-강성시험-극한하중시험
④ 파괴시험-강성시험-한계하중시험-극한하중시험

60 정상수평비행 중 날개의 상부와 하부에 작용하는 응력을 순서대로 나열한 것은?

① 전단, 인장   ② 전단, 압축
③ 압축, 인장   ④ 굽힘, 압축

해설 응력은 하중의 종류에 따라서 인장, 압축, 굽힘, 전단, 비틀림 응력이 있다.

항공기체정비기능사 필기 2015년도 1회 시행 정답

1	2	3	4	5	6	7	8	9	10
③	③	③	①	①	④	①	③	①	④
11	12	13	14	15	16	17	18	19	20
④	②	②	④	②	④	②	②	④	①
21	22	23	24	25	26	27	28	29	30
①	③	②	③	④	②	③	①	②	③
31	32	33	34	35	36	37	38	39	40
③	①	④	④	①	②	②	②	②	④
41	42	43	44	45	46	47	48	49	50
③	①	③	④	①	②	④	③	①	④
51	52	53	54	55	56	57	58	59	60
③	④	①	②	④	④	①	②	②	③

공개기출문제
항공기체정비기능사 필기 2015년도 2회 시행

01 다음 중 동압과 정압에 대한 설명으로 옳은 것은?

① 동압과 정압을 이용하여 항공기의 비행 속도를 계산할 수 있다.
② 동압을 이용하여 객실 고도를 계산할 수 있다.
③ 동압을 이용하여 절대고도를 계산할 수 있다.
④ 동압과 정압을 이용하여 항공기의 절대고도를 계산할 수 있다.

해설 유체의 흐름에 의해서 발생하는 힘을 동압 그리고 유체 자체가 갖고 있는 힘을 정압으로 구분한다. 정압과 동압의 합을 전압(total pressure)이라 하고 비압축성 유체에서 전압은 항상 일정하다. [전압 = 정압 + 동압]

02 다음 중 버핏(buffit) 현상을 가장 옳게 설명한 것은?

① 이륙시 나타나는 비틀림 현상
② 착륙시 활주로 중앙선을 벗어나려는 현상
③ 실속속도로 접근시 비행기 뒷부분의 떨림 현상
④ 비행중 비행기의 앞부분에서 나타나는 떨림 현상

해설 버핏 현상은 비행기가 실속하게 되면 흐름이 떨어지게 되어, 그 후류가 날개를 진동시키는 현상으로, 이를 저속 버핏이라 한다.
고속 버핏은 비행기 속도가 음속부근이 되면 충격파가 발생하고, 이로 인하여 흐름이 떨어지게 되어 기체가 진동하는 현상이다.

03 그림과 같은 받음각에 따른 양력계수(C_L)의 변화를 나타낸 그래프에서 (가)와 (나)에 대한 용어로 옳은 것은?

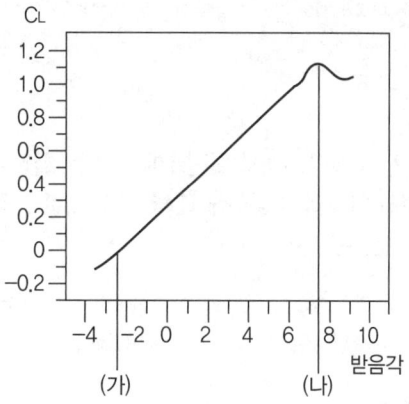

① (가) 영양력 받음각, (나) 실속각
② (가) 최소항력 받음각, (나) 실속각
③ (가) 유도각, (나) 영양력 받음각
④ (가) 실속각, (나) 영양력 받음각

해설 받음각이 −5.3°일 때 C_L은 0이다. 양력 L=0이다.

04 비중량에 대한 설명으로 옳은 것은?

① 단위 체적당 중량
② 단위 질량당 중량
③ 단위 길이당 최소중량
④ 단위 면적당 작용하는 최소중량

05 수직 꼬리날개와 동체 상부에 장착하여 방향 안정성을 증가시키기 위한 것은?

① 실속 스트립 ② 슬롯
③ 볼텍스 발생장치 ④ 도살핀

해설 도살핀은 비행기 수직 꼬리 날개 부분의 날개 시위를 연장하여 동체 위의 수직 방향으로 면적이 확장된 부분. 비행기의 방향 안정성을 증가시킨다.

06 공기의 밀도 단위가 kgf · s²/m⁴으로 주어질 때 kgf 단위의 의미는?

① 질량　　　② 중량
③ 비중　　　④ 비중량

> 해설) 단위 체적당 공기 질량을 말한다. 0℃와 1000hPa에서의 공기밀도는 약 1.275kg/m³. 공기밀도는 지면에서 가장 크며 고도에 따라 감소한다.

07 회전익 항공기에서 회전축에 연결된 회전날개 깃이 하나의 수평축에 대해 위 아래로 움직이는 운동은?

① 스핀운동　　　② 리드-래그 운동
③ 플래핑 운동　　④ 자동 회전 운동

> 해설) 플래핑 로터 블레이드란 관절식 로터(articulated rotor)로써 로터 뿌리에 힌지를 장착하여 블레이드가 아래위로 움직일 수 있게 한 것을 말한다.

08 프로펠러 깃의 압력 중심의 기본적인 위치를 나타낸 것으로 옳은 것은?

① 깃 끝부근　　　② 깃 뿌리 부근
③ 깃의 뒷전 부근　④ 깃의 앞전 부근

> 해설) 프로펠러는 두 개 이상의 깃(blade)이 허브에 장착된 것을 말하며, 기관의 축(shaft)에 직접 연결하거나 감속 기어를 거쳐서 연결된다. 앞전(leading edge)은 둥근 모양을 하고 있으며, 공기를 직접 가르는 부분이다.

09 헬리콥터가 전진비행을 할 때 회전 날개 깃에 발생하는 양력분포의 불균형을 해결할 수 있는 방법으로 가장 옳은 것은?

① 전진하는 깃과 후퇴하는 깃의 받음각을 동시에 증가시킨다.
② 전진하는 깃과 후퇴하는 깃의 받음각을 동시에 감소시킨다.
③ 전진하는 깃의 받음각을 증가시키고 뒤로 후퇴하는 깃의 받음각을 감소시킨다.
④ 전진하는 깃의 받음각은 감소시키고 뒤로 후퇴하는 깃의 받음각은 증가시킨다.

> 해설) 싸이클릭 피치 조종장치는 로터 블레이드가 플래핑을 하는 대신, 회전 시 전진하는 블레이드의 받음각을 감소시키고, 후퇴하는 블레이드의 받음각은 증가되도록 만든 장치이다. 회전시 받음각의 조정으로 양력 불균형 현상을 해소시킨다.

10 비행기가 평형상태에서 벗어난 뒤에 다시 평형상태로 돌아가려는 초기의 경향을 가장 옳게 설명은 한 것은?

① 정적안정성이 있다. [양(+)의 정적안정]
② 동적 안정성이 있다. [양(+)의 동적안정]
③ 정적으로 불안정하다. [음(-)의 정적안정]
④ 동적으로 불안정하다. [음(-)의 동적안정]

> 해설) 평형상태에서 벗어난 직후 다시 원래의 평형상태로 가려는 초기경향만을 보는 정안정성이고, 다른 하나는 시간의 개념을 포함하여 얼마나 빨리 원래의 평형상태에 도달하는지도 함께 고려하는 동안정성이다.

11 수평비행을 하던 비행기가 연직 상방향으로 관성력을 받을 때 비행기의 하중배수를 옳게 나타낸 식은?

① $\dfrac{\text{비행기 무게}}{\text{관성력}}$

② $1 + \dfrac{\text{관성력}}{\text{비행기 무게}}$

③ $1 + \dfrac{\text{비행기 무게}}{\text{관성력}}$

④ $\dfrac{\text{비행기 무게}}{\text{비행기 무게} - \text{관성력}}$

> 해설) 하중배수는 항공기 날개에 걸리는 실제 하중의 크기를 기본하중(비행기 중량)으로 나눈 수치이다.

12 활공기가 고도 2400m 상공에서 활공을 하여 수평 활공거리 36km를 비행하였다면, 이 때 양항비는 얼마인가?

① $\dfrac{1}{5}$ ② 10

③ $\dfrac{1}{15}$ ④ 15

해설 $tan\theta = \dfrac{고도}{수평활공거리} = \dfrac{1}{양항비}$

∴ 양항비 = $\dfrac{수평활공거리}{고도}$

13 입구의 지름이 10cm이고, 출구의 지름이 20cm인 원형관에 액체가 흐르고 있다. 지름 20cm, 되는 단면적에서의 속도가 2.4m/s일 때 지름 10cm 되는 단면적에서의 속도는 약 몇 m/s인가?

① 4.8   ② 9.6
③ 14.4   ④ 19.2

해설 연속의 법칙 $A_1V_1 = A_2V_2$

$V_1 = \dfrac{A_2}{A_1} \times V_2 = (\dfrac{d_2}{d_1})^2 \times V_2 = (\dfrac{0.2}{0.1})^2 \times 2.4$

14 고속형 날개에서 항력 발산 마하수를 넘어서면 어떤 항력이 급증하는가?

① 형상 항력   ② 압력 항력
③ 조파 항력   ④ 표면 마찰항력

해설 항력발산 마하수 : 마하수가 1이 되더라도 충격파가 없는 흐름을 얻을수 있으므로 임계마하수(최고속도)에 도달했다 하더라고 날개의 특성이 달라지는 것이 아니라 날개끝을 통과하는 공기의 특성이 달라지는 부분

15 프로펠러 항공기 기관의 제동마력이 260ps이고, 프로펠러 효율이 0.8일 때 이 비행기의 이용 마력은 몇 ps인가?

① 108   ② 208
③ 308   ④ 408

해설 $P_a = \eta_p \times BHP = 0.8 \times 260$

16 다음 중 신뢰성 정비 방식이 채택도 할 수 있는 여건으로 가장 거리가 먼 것은?

① 정비인력의 증가
② 항공기 설계개념의 진보
③ 항공기 기자재의 품질수준 향상
④ 비파괴 검사 방법 등에 의한 검사법 발전

해설 신뢰성정비: 항공기의 안전성에 직접 영향을 주지 않으며, 고장을 일으 키거나 상태가 나타날 때까지 사용하는 정비방식(시한성정비,상태정비)

17 수직 공간이 제한된 곳에 사용되는 스크류 드라이버의 명칭으로 옳은 것은?

① 리드 스크류 드라이버
② 래칫 스크류 드라이버
③ 오프셋 스크류 드라이버
④ 프린스 스크류 드라이버

18 항공기의 접지에 대한 설명으로 옳은 것은?

① 정전기의 축적을 막는다.
② 전기 저항을 증가시킨다.
③ 전기 전압을 증가시킨다.
④ 번개의 위험을 벗어나기 위한 작업이다.

해설 3점접지 연료차와 항공기, 지상과 항공기, 연료차와 지상

19 보통 나무, 종이, 직물 및 잡종 폐기물 등과 같은 가연성 물질에서 일어나는 화재는?

① A급   ② B급
③ C급   ④ D급

해설
- A급 화재 : 종이, 나무,직물 가연성물질(물 사용)
- B급 화재 : 윤활유, 휘발유, 그리스(이산화탄소, 포말소화기)
- C급 화재 : 전기기기, 전기계통(질식법, 냉각법)
- D급 화재 : 마그네슘, 티타늄등 금속으로 인한 화재 (분말,모래)

20 다음 (   ) 안에 들어갈 알맞은 용어는?

"the elevators control the aircraft about its (   ) axis"

① vertical ② lateral
③ longitudinal ④ horizontal

21 「MS20426AD4-4」 리벳을 사용한 리벳 배치 작업시 최소 끝거리는 몇 인치인가?

① 5/16 ② 3/8
③ 1/4 ④ 7/32

해설 리벳의 식별기호
- MS20426 : 카운터싱크 리벳
- AD : 리벳의 재질(알루미늄 합금 2117)
- 4 : 리벳지름 4/32″
- 4 : 리벳길이 4/16″
카운터싱크 리벳의 최소 연거리는 2.5D이다.
$\therefore \frac{4}{32} \times 2.5$

22 표면이 눌려 원래의 외형으로부터 변형된 현상으로 단면적의 변화는 없으며 손상부위와 손상되지 않는 부위 사이와의 경계 모양이 완만한 형상을 이루고 있는 결함은?

① 찍힘(Nick) ② 눌림(Dent)
③ 긁힘(Scratch) ④ 구김(Crease)

23 좁은 장소에서 작업할 때 굴곡이 필요한 경우 래칫핸들, 스피드 핸들, 소켓 또는 익스텐션바와 같이 사용되는 그림과 같은 것은?

① 어댑터
② 유니버셜 조인트
③ 벨트 렌치
④ 콤비네이션 렌치

24 게이지블록(Gage block)에 대한 설명으로 틀린 것은?

① 사용하기 전에 마른 걸레나 솔벤트로 방청제 등의 이물질을 닦아 낸다.
② 사용시 손가락 끝으로 잡아 접촉면적을 되도록 작게 한다.
③ 이론상 측정력은 접촉 면적에 비례하여 증가되어야 하며, 실제로는 표준이 되는 측정력을 사용하는 것이 좋다.
④ 측정할 때 정밀도는 온도와는 관련이 없고, 링킹(wiringking) 작업과 가장 관련이 깊다.

해설 102개의 게이지에 의해 1mm로부터 102mm까지 0.01mm 간격으로 2만개 정도의 치수를 1개 또는 몇 개를 조합하여 얻을 수 있다.

25 2개 이상의 굽힘이 교차하는 부분의 안쪽 굽힘 접선 교점에 발생하는 응력집중에 의한 균열을 방지하기 위해 뚫는 구멍은?

① 스톱홀 ② 릴리프홀
③ 리머홀 ④ 파일럿홀

해설
- 스톱홀 : 균열 등이 일어난 경우 균열의 끝부분에 구멍을 뚫어 더 이상 진전이 되지 않도록 하는 것
- 리머홀 : 구멍의 정밀도와 표면조도의 향상을 위해 실시되는 최종 다듬질가공을 말한다.
- 파일럿홀 : 큰 구멍을 뚫기 전에 미리 약간 작은 구멍을 뚫어 부재가 갈라지는 것을 방지

26 휴대용 소화기 중 조종실이나 객실에 설치되어 일반화재, 전기화재 및 기름화재에 사용되는 소화기는?

① 분말소화기 ② 물소화기
③ 포말소화기 ④ 이산화탄소소화기

해설
- 물 : A급 화재
- 이산화탄소 : B, C급 화재
- 분말소화기 : B, C, D급 화재

27 다음 중 성형점에서 굴곡접선까지의 거리를 나타낸 명칭은?

① 중립선　　② 셋트백
③ 굴곡허용량　④ 사이트라인

> 해설) 구부리는 판재에 있어서 바깥면의 굽힘 연장선의 교차점과 굽힘접선과의 거리(S.B)

28 다음 중 항공기의 지상취급에 해당되지 않는 작업은?

① 잭작업
② 계류작업
③ 견인작업
④ 계획된 액세서리 교환작업

29 밑줄 친 부분의 영문 내용으로 옳은 것은?

> "the expansion space above the <u>fuel</u> in the tank shifts according to attitude changes of the airplane"

① 연료　　② 윤활유
③ 유압유　④ 공기압

30 운항정비 기간에 발생한 항공기 정비 불량 상태의 수리와 운항 저해의 가능성이 많은 각 계통의 예방정비 및 감항성을 확인하는 것을 목적으로 하는 정비작업은?

① 중간점검(transit check)
② 기본점검(line maintenance)
③ 정시점검(schedule maintenance)
④ 비행 전후 점검(pre/post flight check)

> 해설)
> • A 체크 : 운항에 직접 관련해서 빈도가 높은 정비 단계로, 항공기 내외의 Walk Around Inspection, 특별 장비의 육안점검, 액체 및 기체류의 보충, 결함수정, 기내청소, 외부 세척 등을 행하는 점검
> • C 체크 : 제한된 범위 내에서 구조 및 제 계통의 검사, 계통 및 구성품의 작동 점검, 계획된 보기 교환, 서비스 등 항공기의 감항성을 유지하는 기체 점검
> • D 체크 : 기체 점검의 최고 단계로, 인가된 점검주기시간 한계 내에서 항공기 기체 구조 점검 수행부 분품 기능 점검 및 계획된 부품 교환, 잠재적 결함 교정

31 볼트와 너트로 체결하는 작업시 안전 및 유의사항에 대한 설명으로 틀린 것은?

① 렌치를 가용할 때에는 당기는 방향으로 힘을 가한다.
② 익스텐션 바를 사용시 손으로 바를 잡아 고정하고 작업한다.
③ 볼트와 너트를 조일 때는 해체할때보다 한 단계 작은 치수의 렌치를 사용한다.
④ 볼트나 너트를 조일 때는 일정부분 손으로 조인 후 렌치를 사용하여 마무리한다.

32 항공기용 기계요소 및 재료에 대한 규격 중 군(military)에 관련된 규격이 아닌 것은?

① AN　　② MIL
③ ASA　④ MS

> 해설)
> • AN : 미국 공군과 해군에 의해 정해진 항공기의 표준 규격기호
> • MIL : 미국 육군 표준 규격 기호
> • MS : 다른 기관들을 통합하여 하나의 통일된 기준을 미국 군용 항공기관에 의해 주어진 표준 부품 기호

33 다음 중 헬리콥터의 지상 정비지원은 어떤 정비에 해당되는가?

① 공장정비　② 벤치체크
③ 운항정비　④ 시한성정비

34 비파괴 검사법 중 피폭안전에 철저한 관리가 요구되는 검사법은?

① 침투탐상검사　② 와전류검사
③ 자분탐상검사　④ 방사선투과검사

해설 방사선 검사는 기체 구조부에 쉽게 접근할 수 없는 곳이나 결함 가능성이 있는 구조부분을 검사할 때 사용한다.

35 화학적 또는 전기화학적 반응에 의해 재료의 성질이 변화 또는 퇴화하는 현상을 무엇이라 하는가?

① 균열(Crack)　② 마모(Abrasion)
③ 골패임(Gouge)　④ 부식(Corrosion)

36 샌드위치 구조에 대한 설명으로 틀린 것은?

① 트러스 구조에서 외피로 쓰인다.
② 무게를 감소시키는 장점이 있다.
③ 국부적인 휨 응력이나 피로에 강하다.
④ 보강재를 끼워 넣기 어려운 부분이나 객실 바닥면에 사용된다.

해설 샌드위치 구조는 모노코크 구조의 장점인 공간성과 세미 모노코크 구조의 단점인 고도의 기술력과 고가의 설비 비용을 보완해 만든 구조이다. 벌집형(Honey Comb), 거품형(Foam), 파형(Wave)로 나뉜다.

37 복합재료를 제작할 때 사용되는 섬유형 강화재가 아닌 것은?

① 고무섬유　② 유리섬유
③ 탄소섬유　④ 보론섬유

해설 2가지 이상의 서로 다른 성질을 가진 재료를 혼합해 만드는 유용한 물질로, 일반적으로 모재로 쓰이는 소재(열경화성 플라스틱)에 강화재로 쓰이는 소재(유리섬유, 보론, 아라미드, 탄소섬유 등)를 혼합하여 만들어진다.

38 다음 중 ATA 100에 의한 항공기 시스템 분류가 틀린 것은?

① ATA 21 – AIR CONDITIONING
② ATA 29 – OXYGEN
③ ATA 30 – ICE & RAIN PROTECTION
④ ATA 32 – LANDING GEAR

해설 ATA는 항공기술문서로 항공기 일반, 항공기 기체시스템, 항공기 구조, 기관 및 전기시스템으로 계통에 대한 내용이 있다.

39 수평꼬리날개에 대한 설명으로 틀린 것은?

① 수평 안정판 내부를 연료 탱크로 사용하면 진동감소와 피로에 대한 저항성이 커진다.
② 수평 안정판은 세로 안정성을 담당하고 세로 조종은 승강키로 한다.
③ 수평 안정판의 면적이 증가하면 표면저항이 증가하여 세로 안정성이 감소한다.
④ 대형 여객기에서는 항속거리 증가를 위해 수평안정판 내부를 연료탱크로 사용하기도 한다.

해설 꼬리날개는 비행기에 안정성을 주기 위해 비행기 후미에 붙인 작은 날개 부분이다. 대개 수직 꼬리날개와 수평 꼬리날개로 구성된다. 이들은 각각 피치(pitch)와 요(yaw)를 제어해서 비행을 안정화시키는 역할을 한다.

40 주회전 날개 트랜스미션의 역할이 아닌 것은?

① 시동기와 연결
② 유압펌프나 발전기 구동
③ 오토로테이션 시 기관과의 연결을 차단
④ 기관의 출력을 감속시켜 회전 날개에 전달

41 헬리콥터의 스키드 기어형 착륙장치에 대한 설명으로 틀린 것은?

① 정비가 쉽다
② 구조가 간단하다.
③ 지상 활주에 사용된다.
④ 소형 헬리콥터에 주로 사용된다.

> 해설 헬리콥터의 착륙장치 : 스키드 타입(Skid type), 바퀴(Wheel type) 타입

42 테일로터가 장착된 호버링 헬리콥터의 방향 조종 방법은?

① 주 로터의 rpm 변경
② 테일로터 디스크 방향 조작
③ 테일로터의 피치 조작
④ 주 로터 디스크 방향 조작

해설 헬리콥터가 제자리에서 정지비행을 할 때 이를 호버링(hovering)이라 하며 호버링 상태에서 추력을 증가시켜 양력과 추력의 합이 항력과 무게의 합보다 크게 되면 헬리콥터는 상승비행을 시작하고, 반대로 추력을 감소시켜 양력과 추력의 합이 항력과 무게의 합보다 작게 되면 헬리콥터는 하강비행을 시작한다.

43 헬리콥터의 테일붐에 있는 구조로 회전날개에서 발생하는 토크를 상쇄시키는데 기여하며 위쪽과 아래쪽의 대칭 구조를 갖고 있는 것은?

① 힌지(hindge)
② 수직핀(vertical fin)
③ 스키드 기어(skid gear)
④ 회전 날개 보호대(tail rotor guard)

44 열가소성 수지 중 유압 백업링(back-up ring), 호스(hose), 패킹(packing), 전선피복(coating) 등에 사용되는 수지는?

① 아크릴수지   ② 테프론
③ 염화비닐수지 ④ 폴리에틸렌수지

> 해설 열가소성 수지란 가열하면 연화하여 가소성을 나타내고, 냉각해서 고화되는 플라스틱을 총칭해서 말한다. 가열공정에 있어서 분자구조의 변화는 없다.

45 다음 중 대형 항공기에 주로 사용되는 뒷전 플랩은?

① 슬롯 플랩   ② 스플릿 플랩
③ 단순플랩   ④ 크루거 플랩

> 해설 슬로트플랩은 날개와 플랩사이에 공간을 두어 그 사이로 공기가 흐르게 함으로써 공기흐름이 플랩을 감싸도록 하였다. 즉, 공기흐름을 원활하게하는 동시에 플랩의 효과를 끌어올려 결과적으로 양력 증가와 적당한 항력을 가져오게 되었다. 앞전플랩, 뒷전플랩 2종류가 있다.

46 항공기 기체 수리 도면에 리벳과 관련된 다음과 같은 표기의 의미는?

```
5 RVT EQ SP
```

① 길이가 같은 5개 리벳이 장착된다.
② 리벳이 5인치의 간격으로 장착된다.
③ 5개의 리벳이 같은 간격으로 장착된다.
④ 연거리를 같게 하여 5개 리벳이 장착된다.

> 해설 5 RVT(리벳) EQ(균등) SP(수직)

47 강도를 중시하여 만들어진 고강도 알루미늄 합금이 아닌 것은?

① 2218   ② 2024
③ 2017   ④ 2014

> 해설 알루미늄 합금은 무게가 가볍고, 660°C의 비교적 낮은 온도에서 용해되며, 다른 금속과 합금이 쉽고 유연하며, 전연성이 우수하다.(2017, 2117, 2024)

48 기관 마운트를 선택하기 전에 고려하지 않아도 되는 것은?

① 기관의 제조기간
② 기관의 형식 및 특성
③ 기관 마운트의 장착 위치
④ 기관 마운트의 장착방향

> 해설 엔진마운트는 기관의 무게를 지지하고 기관의 추력을 기체에 달하는 구조로서 구조물 중 하중을 많이 받는 곳이다.

49 항공기 위치 표시 방법 중 기수 또는 기수로부터 일정한 거리에 위치한 상상의 수직면을 기준으로 하는 방법은?

① 버턱선 (BL) ② 날개위치선(WS)
③ 동체 위치선(FS) ④ 동체 수위선(BWL)

> 해설 동체위치선 : 항공기 전후 위치 표시를 위하여 기분면 (보통기수)을 0으로 수평거리를 인치로 표시

50 인장력을 받는 봉에서 발생하는 변형률의 단위는?

① m ② N/m
③ N/m² ④ 무차원

51 랜딩기어 계통에서 트라이사이클 기어 배열의 장점이 아닌 것은?

① 항공기의 지상전복(ground looping)을 방지한다.
② 이륙, 착륙 중에 테일 휠의 진동을 막는다.
③ 이륙이나 착륙중 주종사에게 좋은 시야를 제공한다.
④ 빠른 착륙속도에서 강한 브레이크를 사용할 수 있다.

> 해설 앞바퀴식은 세발자전거와 같은 형태로서 주 바퀴의 앞에 항공기의 방향 조절 기능을 가진 앞바퀴가 설치된 것으로 대부분의 항공기에 사용하고 있다.

52 특수강 SAE 2330에 대한 설명으로 옳은 것은?

① 탄소강을 나타낸다
② 크롬-바나듐강이다.
③ 니켈의 함유량이 23% 이다.
④ 탄소의 함유량이 0.30%이다.

> 해설 SAE(합금강 표시 4130)
> • 2(니켈강)
> • 3(니켈의 함유량 3%)
> • 30(탄소의 함유량 0.3%)

53 항공기용으로 가장 흔한 저압 타이어에 다음과 같이 표기되어 있다면 옳은 설명은?

7.00×6, 4PLY

① 타이어 안지름이 7.00in이다.
② 타이어 나비가 7.00in이다.
③ 타이어 바깥지름이 6.00in이다.
④ 타이어 나비가 6.00in이다.

> 해설 PLY = 고무와 철사 및 인견포의 층수
> • 저압타이어 : 타이어 나비(inch)×타이어 안지름(inch) -코어보디 층수
> • 고압타이어 : 타이어 바깥지름(inch)×타이어 너비(inch) -림의 지름(inch)

54 하중배수에 대한 설명으로 옳은 것은?

① 추력을 비행기의 무게로 나눈 값이다.
② 양력을 비행기의 무게로 나눈 값이다.
③ 수평 비행시의 양력을 화물하중으로 나눈 값이다.
④ 기본 하중을 현재의 하중으로 나눈 값이다.

> 해설 하중배수란 공기의 어떤 특정한 하중과 항공기 중량과의 비를 말한다.

55 구리의 성질로 틀린 것은?

① 전연성이 좋다.
② 가공하기 어렵다.
③ 열전도율이 높다.
④ 전기전도율이 크다.

56 응력이 제거되면 변형률도 제거되어 원래 상태로 회복이 가능한 한계응력을 나타내는 것은?

① 항복점 ② 인장강도
③ 파단점 ④ 탄성한계

57 폭 3cm, 너비 12cm 직사각형 단면인 24cm 길이의 사각봉에 288kgf의 인장력이 작용할 때 인장응력은 약 몇 kgf/cm²인가?

① 0.33 ② 1
③ 4   ④ 8

해설 $\sigma = \dfrac{W}{A}$
σ : 인장응력(kg/cm), W : 인장력(kg),
A : 단면적(cm²)

58 헬리콥터의 꼬리부분에 해당하지 않는 것은?

① 핀(fin)   ② 테일붐
③ 연료 및 오일탱크   ④ 파일론

해설 후미는 빔에 의해 몸체에 연결되며 3개의 프레임과 테일붐, 수직핀, 파일론으로 구성

59 다음 중 고정 지지보를 나타낸 것은?

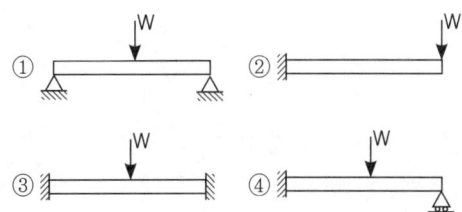

해설 축선에 수직방향으로 하중을 받으면 구부러지는데 이러한 굽힘 작용을 받는 봉을 보(beam)라 한다. 고정지지보는 일단이 고정되어 타단이 가동 힌지점 위에 지지된 보이다.

60 금속의 표면경화 방법 중 질화처리(nitriding)에 대한 설명으로 틀린 것은?

① 질화층은 경도가 우수하고, 내식성 및 내마멸성이 증가한다.
② 암모니아가스 중에서 500~550℃ 정도의 온도로 20~100시간 정도 가열한다.
③ 철강재료의 표면경화(surface hardening)에 적용한다.
④ 질소와 친화력이 약한 알루미늄, 티타늄, 망간 등을 함유한 강은 질화처리법을 적용하지 않는다.

해설 암모니아 가스 중에서 질화용 강을 장시간 가열하면 표면에 질화층이 생긴다. 질화 후 그대로 서서히 냉각하고, 질화법은 비교적 낮은 온도로 처리할 수 있는 것이 특징이다.

항공기체정비기능사 필기 2015년도 2회 시행 정답

1	2	3	4	5	6	7	8	9	10
①	③	①	①	④	②	③	④	④	①
11	12	13	14	15	16	17	18	19	20
②	④	②	③	②	③	③	①	①	②
21	22	23	24	25	26	27	28	29	30
①	②	④	②	④	②	②	④	①	③
31	32	33	34	35	36	37	38	39	40
③	③	④	④	④	①	②	①	②	①
41	42	43	44	45	46	47	48	49	50
③	③	②	①	③	②	①	①	②	②
51	52	53	54	55	56	57	58	59	60
②	④	②	②	②	④	④	③	④	④

공개기출문제
항공기체정비기능사 필기 2015년도 5회 시행

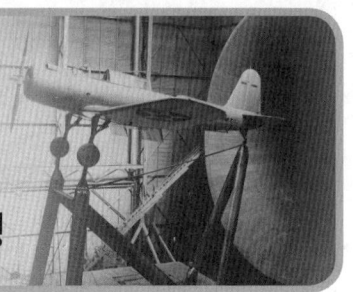

01 항력이 Dkgf인 비행기가 속도 Vm/s로 등속수평비행을 하기 위한 필요마력(PS)을 구하는 식은?

① $\dfrac{DV}{75}$ ② $\dfrac{75}{DV}$

③ $\dfrac{75D}{V}$ ④ $\dfrac{75V}{D}$

해설 필요마력 : 항공기가 일정한 속도를 유지하며 비행하기 위해 필요한 마력 Pr(필요마력)$=DV/75$ (1PS = 75kgf m/s)

02 날개길이가 10m, 평균시위 길이가 1.8m인 항공기 날개의 가로세로비(Aspect ratio)는 약 얼마인가?

① 0.18 ② 2.8
③ 5.6   ④ 18.0

해설 가로세로비(AR) $= \dfrac{b}{C_m} = \dfrac{b^2}{S}$
(C_m : 평균시위, b : 날개폭, S : 날개면적)

03 레이놀즈수에 영향을 미치는 요소가 아닌 것은?

① 유체의 밀도 ② 유체의 압력
③ 유체의 흐름속도 ④ 유체의 점성

해설 레이놀즈 수(Reynolds number)는 "관성에 의한 힘"과 "점성에 의한 힘(viscous force)"의 비로서, 주어진 유동 조건에서 이 두 종류의 힘의 상대적인 중요도를 정량적으로 나타내며, 무차원 수 중 하나이다.

04 조종간과 승강키가 기계적으로 연결되었을 경우 조종력과 승강키의 힌지 모멘트에 관한 관계식으로 옳은 것은? (단, K : 조종계통의 기계적 장치에 의한 이득, H_e : 승강키 힌지모멘트, F_e : 조종력)

① $F_e = \dfrac{K}{H_e}$ ② $F_e = K - H_e$

③ $F_e = \dfrac{H_e}{K^2}$ ④ $F_e = K \times H_e$

해설 조종면으로 흐르는 압력분포의 차이로, 힌지 축을 중심으로 회전하려는 힘 ($F_e = K \cdot H_e$)
F_e : 조종력
K : 조종계통의 기계적 장치의 의한 이득
H_e : 스강키 힌지 모멘트

05 헬리콥터에서 균형(Trim)을 이루었다는 의미를 가장 옳게 설명한 것은?

① 직교하는 2개의 축에 대하여 힘의 합이 "0" 이 되는 것
② 직교하는 2개의 축에 대하여 힘과 모멘트의 합이 각각 "1"이 되는 것
③ 직교하는 3개의 축에 대하여 힘과 모멘트의 합이 각각 "0"이 되는 것
④ 직교하는 3개의 축에 대하여 모든 방향의 힘의 합이 "1"이 되는 것

06 다음 중 비행기의 가로안정에 가장 큰 영향을 미치는 것은?

① 동체의 모양
② 날개의 쳐든각
③ 기관의 장착 위치
④ 플랩(flap)의 장착위치

해설 세로축을 중심으로 한 좌우 안정을 말하며, 롤(roll) 안정성이라고도 한다.

07 이용마력과 필요마력이 같아져 상승률이 "0"이 되는 고도를 무엇이라 하는가?

① 운용 상승한계
② 실용 상승한계
③ 실제 상승한계
④ 절대 상승한계

> 해설) 비행고도가 높아지면 공기밀도가 떨어지면서 이용마력이 감소하고 여유마력도 감소한다. 여유마력이 점차 감소하여 결국 영이 되면 상승율도 영이 되는데 이 고도를 절대상승한도(Absolute Ceiling)라고 부른다.

08 항공기 중량이 5000kg일 때 2G의 하중계수 (Load Factor)가 가해지면 항공기에 미치는 전체 하중은 몇 kg인가?

① 2,500
② 5,000
③ 7,500
④ 10,000

09 유관의 입구지름이 20cm이고 출구의 지름이 40cm일 때 입구에서의 유체 속도가 4m/s이면 출구에서의 유체속도는 약 몇 m/s인가?

① 1
② 2
③ 4
④ 16

> 해설) 연속의 법칙 $A_1V_1 = A_2V_2$
> $V_1 = (\frac{40}{20})^2 \times 4$

10 헬리콥터의 기관이 정지하여 자동회전을 할 때 회전날개의 회전수는 어떻게 변화되는가?

① 지속적으로 감소한다.
② 지속적으로 증가한다.
③ 일정 높이까지는 감소되면서 하강하고 그 후 일정하게 증가한다.
④ 일정 높이까지는 감소되면서 하강하고 그 후 일정 속도를 유지한다.

11 다음 중 프로펠러 깃의 시위방향의 압력중심 (c.p) 위치에 의해 주로 발생되는 모멘트로 가장 옳은 것은?

① 공기력에 의한 굽힘 모멘트
② 공기력에 의한 비틀림 모멘트
③ 회전력에 의한 굽힘 모멘트
④ 회전력에 의한 비틀림 모멘트

12 수평꼬리 날개에 부착된 조종면을 무엇이라 하는가?

① 승강키
② 플랩
③ 방향키
④ 도움날개

> 해설) 수평꼬리날개는 항공기의 피치 방향에 대한 안정성을 확보하는 한편, 여기에 붙어있는 엘리베이터(승강타)로 움직임을 제어하기도 한다.

13 날개면상에 초음속 흐름이 형성되면 충격파가 발생하게 되는데 이 때 충격파 전·후면에서의 압력, 밀도, 속도의 관계로 옳은 것은?

① 충격파 앞의 압력과 속도는 충격파 뒤보다 크다.
② 충격파 앞의 압력과 밀도는 충격파 뒤보다 작다.
③ 충격파 앞의 밀도와 속도는 충격파 뒤보다 작다.
④ 충격파 앞의 압력, 밀도 및 속도는 충격파 뒤보다 크다.

> 해설) 충격파 후의 속도는 감소, 압력과 밀도는 증가한다.

14 비행기가 정상선회를 할 때 비행기에 작용하는 원심력과 구심력의 관계에 대하여 옳게 설명한 것은?

① 두 힘은 크기가 같고 방향도 같다.
② 두 힘은 크기가 다르고 방향이 같다.
③ 두 힘은 크기가 같고 방향이 반대이다.
④ 두 힘은 크기가 다르고 방향이 반대이다.

15 국제민간항공기구(ICAO)에서 정하는 국제표준 대기에 개한 설명으로 옳은 것은?

① 항공기의 설계, 운용에 기준이 되는 대기 상태로서 지역 및 고도에 관계없이 압력이 750mmHg, 온도가 15℃인 상태를 말한다.
② 항공기의 비행에 가장 이상적인 대기 상태로서 압력이 750mmHg, 온도가 15℃인 상태를 말한다.
③ 항공기의 설계, 운용에 기준이 되는 대기 상태로서 같은 고도에 대한 표준 압력, 밀도, 온도 등은 항상 같다.
④ 해면상의 대기상태를 말하며 항공기의 설게 및 운용의 기준이 된다.

16 안내 및 구급용 치료 설비 등을 나타내는 표지의 색은?

① 녹색   ② 적색
③ 청색   ④ 황색

17 정밀 측정기기의 경우 규정된 기간 내에 정기적으로 공인 기관에서 검·교정을 받아야 하는데 이때 "검·교정"을 의미하는 것은?

① Check
② Calibration
③ Repair
④ Maintenance

해설 정밀측정장비(PME) 측정공구들은 검교정을 받아야 하는데, 이 장비는 정해진 주기마다 교정을 받아 정확성을 유지해야 한다.

18 오픈엔드렌치로 작업할 수 없는 좁은 장소의 작업에 사용되며, 적절한 핸들과 익스텐션 바와 함께 사용하는 그림과 같은 공구의 명칭은?

① 크로풋
② 디프소켓
③ 어댑터
④ 알렌 렌치

19 한쪽 물림 턱은 고정되어 있고 다른쪽 턱은 손잡이에 설치된 나사형 스크루를 조작하여 렌치의 개구부 크기를 조절하는 렌치는?

① 박스렌치 (Box wrench)
② 랫칫렌치 (Ratchet wrench)
③ 콤비네이션렌치 (Combination wrench)
④ 어드저스터블렌치 (Adjustable wrench)

20 부식 환경에서 금속에 가해지는 반복 응력에 의한 부식이며, 반복 응력이 작용하는 부분의 움푹 파인 곳의 바닥에서부터 시작되는 부식은?

① 점부식
② 피로부식
③ 입자간 부식
④ 찰과부식

21 항공기 견인(Towing)시 주의해야 할 사항으로 옳은 것은?

① 항공기를 견인 할에는 규정속도를 초과해서는 안된다.
② 견인차에는 견인 감독자가 함께 탑승하여 항공기를 견인해야 한다.

③ 항공사 직원이라면 누구나 견인차량을 운전할 수 있다.
④ 지상 감시자는 항공기 동체의 전방에 위치하여 견인이 끝날 때 까지 감시히야 한다.

해설 견인 속도는 계류장내에서는 시속 8km, 장소에 따라서는 30km까지로 되어 있다.

22 세라믹, 플라스틱, 고무로 된 항공기 재료를 검사할 때 가장 적절한 비파괴 검사는?

① 자분탐상검사
② 색조침투검사
③ 와전류탐상검사
④ 자기탐상검사

23 항공기 또는 그와 관련된 대상의 상태와 기능이 정상인지 확인하는 정비 행위는?

① 수리　　　　② 점검
③ 개조　　　　④ 오버홀

해설
- 비행전 점검(PR : pre flight)
- 비행후 점검(PO : post flight)

24 일반적인 구조 부재용으로 열처리를 하지 않은 상태에서 보편적으로 사용하는 리벳은?

① 1100 리벳 (A)
② 모넬 리벳 (M)
③ 2117 – T 리벳 (AD)
④ 2014 – T 리벳 (DD)

해설 알루미늄 합금 리벳으로서 구조부재용 리벳이다. 열처리 하지 않고 상온에서 작업할 수 있으며, 항공기 구조에 가장 많이 사용되는 리벳이다.

25 항공기의 지상취급 및 안전에 관한 설명으로 틀린 것은?

① 항공기 가스터빈 기관의 지상 작동시 흡배기 지역의 접근을 피한다.
② 공항에는 항공기, 건물 등의 화재 발생에 대비하여 공항 소방대를 운영하고 있다.
③ 항공기 급유시 일정 거리 이내에서 인화성 물질을 취급해서는 안된다.
④ 산소로 이루어진 고압가스는 가연성 물질이 아니기 때문에 화재 및 폭발로부터 안전하다.

26 코인태핑 검사에 대한 설명으로 틀린 것은?

① 동전으로 두드려 소리로 결함을 찾는 검사이다.
② 허니컴 구조 검사를 하는 가장 간단한 검사이다.
③ 숙련된 기술이 필요 없으며 정밀한 장비가 필요하다.
④ 허니컴 구조에서는 스킨분리(Skin delamination) 결함을 점검할 수 있다.

27 다음 중 항공기 기체의 수명을 연장하는 가장 쉬우면서도 적극적인 방법은?

① 오버홀　　　　② 수리
③ 세척 및 방부처리　　④ 점검

28 항공기 급유 작업 중 기름유출로 화재가 발생하였다면 이 때 사용해서는 안되는 소화기는?

① CO_2 소화기　　② 건조사
③ 포말소화기　　　④ 일반 물소화기

해설
- 물 : A급 화재
- 이산화탄소 : B, C급 화재
- 분말소화기 : B, C, D급 화재

29 다음 중 감항성에 대한 설명으로 가장 옳은 것은?

① 쉽게 장·탈착할 수 있는 종합적인 부품정비
② 항공기에 발생되는 고장 요인을 미리 발견하는 것
③ 항공기가 운항중에 고장 없이 그 기능을 정확하고 안전하게 발휘할 수 있는 능력
④ 제한 시간에 도달되면 항공 기재의 상태와 관계없이 점검과 검사를 수행하는것

30 비어 있는 공간으로 압력을 가해서 실링(Sealing)하는 방법을 무엇이라 하는가?

① 필렛(Fillet)
② 페잉(Faying) 실링
③ 인젝션(Injection)실링
④ 프리코트(Precoat) 실링

31 항공기 세척제로 사용되는 메틸에틸케톤에 대한 설명이 아닌 것은?

① 휘발성이 강하다.
② MEK라고도 한다.
③ 금속 세척제로도 이용된다.
④ 세척된 표면상에 식별할 수 있는 막을 남긴다.

32 아르곤이나 헬륨가스 안에서 전극 와이어를 일정한 속도로 토치에 공급하여 와이어와 모재 사이에 아크를 발생시키고 나심선을 스프레이 상태로 용융하여 용접을 하는 방법은?

① 아크용접
② 가스용접
③ 서브머지드 아크용접
④ 불활성 가스 금속아크용접

33 밑줄 친 부분의 의미로 옳은 것은?

> The trim tabs are controllable from the cockpit, and the pilot uses them to trim the aircraft to the flight <u>attitude</u> desire

① 고도   ② 자세
③ 방향   ④ 위치

34 볼트와 너트를 체결시 토크값을 정하는 요소가 아닌 것은?

① 토크렌치의 길이
② 볼트, 너트의 재질
③ 볼트, 너트 나사의 형식
④ 볼트, 너트의 인장력, 전단력

35 마이크로미터의 구성품 중 아들자의 눈금이 새겨진 회전 원통으로서 측정면의 이동을 가능하게 해주는 구성품은?

① 심블   ② 클램프
③ 배럴   ④ 앤빌과 스핀들

36 지상진동시험을 할 경우 외부 하중의 진동수와 고유진동수가 같게 되어 구조물에 큰 변위를 발생시키는 현상은?

① 공진   ② 돌풍하중
③ 파단   ④ 단주기 진도

37 항공기 손상부위의 위치를 표시할 때 WL(Water Line)이 나타내는 것은?

① 항공기 날개의 위치를 나타낸다.
② 항공기 높이의 위치를 나타낸다.
③ 항공기 도움날개의 위치를 나타낸다.

④ 항공기의 좌우로 측정된 거리를 나타낸다.

> 동체수위선(Body water line) : 항공기 높이의 위치를 표시하기 위하여 동체의 임의의 높이에 기준면을 정하고 이를 기준으로 높이를 inch단위로 측정(높이)

38 주철에 대한 설명으로 가장 옳은 것은?

① 전연성이 매우 크다.
② 담금질성이 우수하다.
③ 단조, 압연, 인발에 부적합하다.
④ 주조 후 자연 시효 현상이 일어나지 않는다.

39 항공기의 영연료 무게 (Zero fuel weight)란 무엇인가?

① 항공기의 총무게에서 자기무게를 뺀 중량
② 항공기의 자기무게에서 연료무게를 뺀 무게
③ 항공기의 총무게에서 사용불능의 연료 무게를 뺀 항공기의 중량
④ 항공기의 총무게에서 연료 무게를 뺀 항공기의 중량

> 자체중량, 유상탑재중량, 연료중량

40 항공기가 지상 활주 중 지면과 타이어 사이의 마찰에 의하여 착륙장치의 바퀴 선회축 좌우 방향으로 진동이 발생하는데 이 진동을 무엇이라 하는가?

① 저주파 진동   ② 댐퍼(Damper)
③ 고주파 진동   ④ 시미(Shimmy)

> 여객기 외 경비행기에서도 볼 수 있는 작은 피스톤인데, 이것은 taxing 중 nose gear에서 일어날수 있는 진동을 감쇄시키는 damper piston이다. 진동이 생기면 shimmy damper piston에 의해 진동을 감쇄시킨다.

41 굽힘이나 변형이 거의 일어나지 않고 부서지는 금속의 성질을 무엇이라 하는가?

① 연성(Ductility)
② 취성(Brittleness)
③ 인성(Toughness)
④ 전성(Malleability)

> • 전성 : 퍼짐성
> • 탄성 : 원래상태로 돌아가려는 성질
> • 연성 : 뽑힘성
> • 취성 : 부서지는 성질
> • 인성 : 질긴 성질
> • 전도성 : 열이나 전기를 전도시키는 성질
> • 강도 : 하중에 견디는 힘
> • 경도 : 단단한 정도

42 재료의 응력과 변형률의 관계를 재료 시험을 통하여 얻을 때, 가장 보편적으로 시행하는 재료 시험은?

① 전단시험
② 충격시험
③ 인장시험
④ 압축시험

43 그림과 같은 응력-변형률 곡선의 각 기호와 설명 또는 의미가 틀리게 짝지어진 것은?

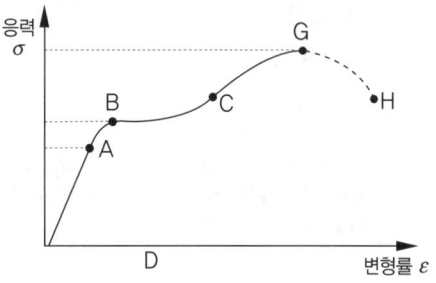

① B : 항복점
② BC : 비례한도
③ G : 극한강도
④ OA : 후크의 법칙 성립

> **해설**
> - 항복점 : 상(上) 항복점과 하(下) 항복점이 있는데, 금속 내부에 슬립으로 인하여 소성유동이 생겨 큰 내부 전위를 일으키면서 하항복점이 발생하는데, 하항복점을 지나면 영구변형은 더욱 증가한다. 일반적으로 항복점은 하항복점을 의미하며, 이때의 응력을 항복응력이라 한다.
> - 비례한도 : 응력에 대하여 변형률이 일차적인 비례관계를 보이는 최대응력을 말한다.
> - 탄성계수 : 응력과 변형률의 비는 비례 한계 내에서는 일정하며, 이 일정한 관계를 Hooke의 법칙이라 한다.

44 조종용 케이블에서 와이어나 스트랜드가 굽어져 영구 변형되어 있는 상태를 무엇이라 하는가?

① 버드 케이지(Bird cage)
② 킹크 케이블(Kink cable)
③ 와이어 절단(Broken wire)
④ 와이어 부식(Corrosion wire)

> **해설** 케이블 가닥 손상 검사는 헝겊을 케이블에 감고 길이 방향으로 움직여 본다. 크리닝을 한 경우는 검사 후 바로 방식처리한다.

45 기체구조에 부착되는 벌집구조부 알루미늄 코어의 손상 시 대체용으로 주로 쓰이는 벌집구조부 코어의 재질은?

① 마그네슘강
② 티타늄강
③ 스테인리스강
④ 유리섬유

> **해설** 허니컴 샌드위치 구조는 날개속 강도보강용 재료인데 육각형 벌집모양으로 무게는 가볍고 강도는 강하지만, 집중하중에는 취약하다.

46 다음 중 헬리콥터 회전날개 깃의 피치를 변화시키는 것과 가장 관계 깊은 것은?

① 페더링 힌지
② 댐퍼
③ 플래핑 힌지
④ 항력 힌지

> **해설** 페더링은 블레이드 축에 대한 블레이드의 피치각 변화를 허용하는 것을 말한다. 즉, 블레이드의 깃각이 변경될 수 있는 것은 블레이드가 조금씩 돌아가기 때문이다.

47 도면에서 도면이름, 도면번호, 쪽수, 척도 등을 기록하는 영역은?

① 도면 (Drawing)
② 표제란(Title block)
③ 변경란(Revision block)
④ 일반 주석란(General notes)

48 헬리콥터에서 수직 핀(Vertical fin)에 대한 설명으로 틀린 것은?

① 수직 핀은 전진비행 시 수평을 유지시킨다.
② 테일붐 위쪽에 있는 핀은 회전 날개에서 발생하는 토크를 상쇄시키는 데 기여한다.
③ 테일붐 위쪽에 있는 핀은 아래쪽의 수직핀과 날개골의 형태나 비대칭 구조로 되어 있다.
④ 수직 핀은 착륙시 꼬리 회전 날개가 손상되는 것을 방지하기 위해 수직 핀 아래쪽에 꼬리 회전 날개 보호대가 설치되어 있다.

49 헬리콥터의 동력 구동축에 고장이 생기면 고주파수의 진동이 발생하게 되는 원인이 아닌 것은?

① 평형 스트립의 결함
② 구동충의 불량한 평형상태
③ 구동충의 장착상태의 불량
④ 구동축 및 구동축 커플링의 손상

50 황이 많이 함유된 탄소강의 적열 메짐(Red shortness)을 방지하기 위하여 증가시켜야 하는 것은?

① 인 ② 망간
③ 실리콘 ④ 마그네슘

> 해설: 메짐종류는 청열메짐, 적열메짐, 저온메짐 여기서 말하는 적열메짐이란 황이 많은 강으로 고온(900℃ 이상)에서 메짐(강도는 증가, 연신률은 감소)이 나타난다.

51 헬리콥터의 운동 중 동시피치레버(collective pitch lever)로 조종하는 운동은?

① 수직방향운동
② 전진운동
③ 방향조종운동
④ 좌·우 운동

> 해설: 수직방향의 조종은 동시적 피치 제어간(Collective Pitch Control Lever)을 위아래로 변화시켜 조종하는데 이것은 주회전날개의 피치를 동시에 크게 하거나 작게 해서 기체를 수직으로 상승또는 하강을 시킨다.

52 다음 중 소성 가공법이 아닌 것은?

① 단조 ② 압출
③ 용접 ④ 인발

> 해설: 소성(plasticity)은 힘을 가하여 변형시킬 때, 영구 변형을 일으키는 물질의 특성을 가리킨다. 연성과 전성이 있다.

53 항공기에 가해지는 모든 하중을 스킨(Skin)이 담당하는 구조형식은?

① Monocoque Type
② Pratt Truss Type
③ Warren Truss Type
④ Semi-Monocoque Type

> 해설: 응력 외피 구조는 트러스형과는 달리 스킨이 항공기에 작용하는 하중의 일부를 담당하는 구조이다. 내부에 골격이 없으므로 내부 공간을 크게 할 수 있고 외형을 유선형으로 할 수 있는 장점이 있다. 응력 스킨 구조에는 모노코크형과 세미모노코크형이 있다.

54 안전여유를 구하는 식으로 옳은 것은?

① 허용하중 × 실제하중
② 허용하중 + 실제하중
③ $\dfrac{허용하중}{실제하중} - 1$
④ $\dfrac{실제하중}{허용하중} - 1$

55 날개에 엔진을 장착하는 경우 가장 큰 장점은?

① 날개의 파일론을 동체에 설치하므로 날개의 무게를 감소시킨다.
② 날개의 공기역학적 성능을 감소시키지 않고 항공기의 비행성능을 개선시킨다.
③ 날개의 날개보를 동체에 설치하지 않으므로 항공기 무게를 감소시킨다.
④ 날개의 날개보에 파일론을 설치하므로 항공기 무게를 감소시킨다.

56 트러스형 날개의 구성품이 아닌 것은?

① 리브 ② 날개보
③ 응력외피 ④ 보강선

> 해설: 날개보와 리브로 구성되어 있고 그 위에 얇은 금속판이나 우포를 씌운 것이며, 모든 하중은 스파와 리브가 담당하고 외피는 공기 역학적 외형만을 유지한다.

57 동체 앞뒤에 배치되며 방화벽 또는 압력벽으로 사용되기도 하며, 날개나 착륙장치 등의 장착 부위로도 사용되는 것은?

① 외피 ② 프레임
③ 스트링어 ④ 벌크헤드

58 헬리콥터 스키드 기어형 착륙장치에서 스키드 슈(Skid Shoe)의 주된 사용 목적은?

① 회전 날개의 진동을 줄이기 위해
② 스키드의 부식과 손상의 방지를 위해
③ 스키드가 지상에 정확히 닿게 하기 위해
④ 휠을 스키드에 장착할 수 있게 하기 위해

59 페일 세이프(Fail safe) 구조로 많은 수의 부재로 되어 있으며 각각의 부재는 하중을 분담하도록 설계되어 있는 그림과 같은 구조는?

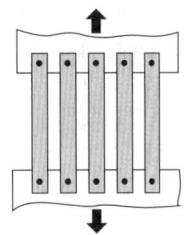

① 이중구조(double structure)
② 대치구조(back-up structure)
③ 다경로 하중구조(redundant structure)
④ 하중 경감구조(load structure)

> 해설 하중경감구조는 부재가 파손되기 시작하면 변형이 크게 일어나므로 주변에 다른 부재에 하중을 전달시켜 원래 부재의 추가적인 파괴를 막는 구조이다.

60 금속침투법, 담금질법, 침탄법, 질화법 등은 무엇을 하는 방법인가?

① 부식방지
② 재료시험
③ 비파괴검사
④ 표면경화

항공기체정비기능사 필기 2015년도 5회 시행 정답

1	2	3	4	5	6	7	8	9	10
①	③	②	④	③	②	④	④	①	④
11	12	13	14	15	16	17	18	19	20
②	①	②	③	③	①	②	①	④	②
21	22	23	24	25	26	27	28	29	30
①	②	②	③	④	③	③	④	③	③
31	32	33	34	35	36	37	38	39	40
④	④	②	①	①	③	②	③	②	④
41	42	43	44	45	46	47	48	49	50
②	③	②	②	②	③	②	③	①	②
51	52	53	54	55	56	57	58	59	60
①	③	①	③	②	③	④	②	③	④

공개기출문제
항공기관정비기능사 필기 2016년도 1회 시행

01 비압축성 유체의 연속방정식을 옳게 나타낸 것은? (단, A_1은 흐름의 입구면적, V_1은 흐름의 입구속도, A_2는 흐름의 출구면적, V_2는 흐름의 출구속도이다)

① $A_1 \times V_1 = A_2 \times V_2$
② $A_1 \times V_2 = A_2 \times V_1$
③ $A_1 \times V_1^2 = A_1 \times V_2^2$
④ $A_1 \times V_2^2 = A_1 \times V_1^2$

02 헬리콥터에서 주회전 날개에 의해 발생하는 토크를 상쇄시키는 기능을 하는 것은?

① 허브
② 꼬리회전날개
③ 수평안정판
④ 수직꼬리날개

03 비행기의 안정성을 향상시키기 위한 방법으로 틀린 것은?

① 꼬리회전날개 효율이 클수록 안정성이 좋다.
② 꼬리날개 면적을 크게 할수록 안정성이 좋다.
③ 날개가 항공기 무게 중심보다 높은 위치에 있을 때가 안정성이 좋다.
④ 항공기 무게 중심이 날개의 공기역학적 중심보다 뒤에 위치하는 것이 안정성에 좋다.

04 날개의 앞전 반지름을 크게하는 것과 같은 효과를 내거나, 날개 앞전에서 흐름의 떨어짐을 지연시키는 장치가 아닌 것은?

① 파울러 플랩(fowler flap)
② 크루거 플랩(krueger flap)
③ 슬롯과 슬랫(slot and slat)
④ 드루프 앞전(droop leading edge)

05 다음 중 오토자이로가 할 수 있는 것은?

① 수직착륙
② 정지비행
③ 수직이륙
④ 선회비행

해설 공기 역학적 힘으로 로터를 회전시켜 비행할 수 있는 자이로플레인의 한 종류. 추력은 소형 프로펠러로 얻는다.

06 정상수평선회하는 비행기의 경사각이 45도일 때 하중배수는 얼마인가?

① 1
② $\sqrt{2}$
③ $\sqrt{3}$
④ 2

해설 선회비행시의 하중배수 $n = \dfrac{1}{cos\theta} = \dfrac{1}{cos45}$

07 날개골(airfoil)의 모양을 결정하는 요소가 아닌 것은?

① 두께
② 받음각
③ 캠버
④ 시위선

08 프로펠러 깃의 시위선과 깃의 회전면이 이루는 각을 무엇이라 하는가?

① 깃각
② 유입각
③ 받음각
④ 피치각

해설 깃각은 항공기 날개의 붙임각과 같은 것으로 프로펠러의 회전면과 시위선이 이루는 각이다.

09 트림탭(trim tab)에 대한 설명으로 가장 옳은 것은?

① 스프링을 설치하여 태브의 작용을 배가시키도록 한 장치이다.
② 조종석의 조종장치와 직접 연결되어, 태브만 작동시켜서 조종면이 움직이도록 설계된 것으로서 주로 대형비행기에 사용된다.
③ 조종면이 움직이는 방향과 반대방향으로 움직이도록 기계적으로 연결되어 있으며, 태브가 위쪽으로 올라가면 태브에 작용하는 공기력 때문에 조종면이 반대방향으로 움직여서 내려오게 된다.
④ 조종면의 힌지 모멘트를 감소시켜서 조종사의 조종력을 0으로 조정해 주는 역할을 하며, 조종석에서 그 위치를 조절할수 있도록 되어 있다.

10 날개의 공기역학적 중심이 비행기 무게중심 앞의 $0.2\bar{c}$에 있으며, 공기역학적 중심주위의 키놀이 모멘트 계수가 −0.015이다. 만일 양력계수가 0.3이라면 무게중심 주위의 모멘트계수는 약 얼마인가? (단, 공기역학적 중심과 무게중심은 같은 수평 선상에 놓여 있다)

① 0.015 ② −0.015
③ 0.045 ④ −0.045

11 비행기가 공기 중을 수평 등속도로 비행할 때 등속도 비행에 관한 비행기에 작용하는 힘의 관계가 옳은 것은?

① 추력=항력 ② 추력＞항력
③ 양력=중력 ④ 양력＞중력

12 초음속 흐름으로 통로가 일정 단면적을 유지하다가 급격히 좁아질 때 흐름의 압력, 밀도, 속도의 변화로 옳은 것은?

① 압력과 밀도는 감소하고 속도는 증가한다.
② 압력은 감소하고 밀도와 속도는 증가한다.
③ 압력과 밀도는 증가하고 속도는 감소한다.
④ 압력은 증가하고 밀도와 속도는 감소한다.

13 다음 ( )에 알맞은 용어들이 순서대로 나열된 것은?

> 레이놀즈수가 증가하면 유체흐름은 ( )에서 ( )로 전환되는데 이 현상을 ( )라 하며, 이 현상이 일어나는 때의 레이놀즈수를 ( ) 레이놀즈수라 한다.

① 난류–층류–박리–임계
② 층류–난류–천이–임계
③ 층류–난류–임계–박리
④ 난류–층류–천이–임계

14 날개 끝 실속을 방지하기 위해 날개끝의 붙임각을 날개 뿌리의 붙임각보다 작거나 크게 한 것을 무엇이라 하는가?

① 쳐든각 ② 뒤젖힘각
③ 기하학적 비틀림 ④ 테이퍼비

15 비행기가 정지상태로부터 등가속도 $20m/s^2$로 20초 동안 지상활주를 하였다면 이 비행기의 지상활주는 몇 km인가?

① 2 ② 3.5
③ 4 ④ 4.5

해설 $v=v_0+at$, $s=v^2-v_0^2$
v_0 : 처음속도, a : 가속도, t : 시간, v : 속도, s : 이동거리

16 안전에 직접 관련된 설비 및 구급용 치료 설비 등을 쉽게 알아보기 위하여 칠하는 안전색채는 무엇인가?

① 청색　　② 황색
③ 녹색　　④ 오렌지색

17 다음 중 단순한 치수 검사를 위한 검사방법으로 효율적인 검사법은?

① 와류검사법　　② 몰입검사법
③ 비교검사법　　④ 침투측정법

18 항공기의 장비품이나 부품이 정상적으로 작동하니 못할 경우 자료수집, 모니터링, 자료분석의 절차를 통하여 원인을 파악하고 조치를 취하는 정비관리방식은?

① 예방 정비관리　　② 특별 정비관리
③ 신뢰성 정비관리　　④ 사후 정비관리

19 다음 영문의 내용을 옳게 번역한 것은?

> a lead is a wire connecting a spark plug to a magneto

① 점화 플러그는 마그네토에 포함된다.
② 처음 작동의 연결은 축전지와 마그네토 플러그에 연결된 도선에 의한다.
③ 마그네토는 점화플러그에 의해 작동된다.
④ 도선은 점화 플러그와 마그네토를 연결하는 선이다.

20 항공기 잭 작업에 대한 설명이 아닌 것은?

① 정해진 위치에 잭 패드를 부착하고 잭을 설치한다.
② 항공기를 들어올린 후 안전 고정 장치를 설치한다.
③ 로프나 체인의 고정 위치는 운전자를 중심으로 설치한다.
④ 단단하고 평평한 장소에서 최대 허용풍속 이하에서 잭을 설치한다.

21 원형통 물체(대구경 튜브, filter blow 등)의 표면에 손상을 입히지 않고 장탈착 할 수 있는 공구는?

① 스트랩 렌치(strap wrench)
② 캐논 플라이어(cannon plier)
③ 오픈앤드 렌치(open end wrench)
④ 어저스트블 렌치(adjustable wrench)

22 초음파 검사에 대한 설명으로 틀린 것은?

① 고주파 음속 파장을 이용한다.
② 검사부위의 페이트는 음파를 흡수하므로 검사전에 제거해야 한다.
③ 결함의 종류 판단에 고도의 숙련이 필요하다.
④ 검사대상 재료의 조직이 미세하면 검사가능 두께는 작아진다.

23 단단히 조여있는 너트나 볼트를 풀 때 지렛대 역할을 하는 그림과 같은 공구의 명칭은?

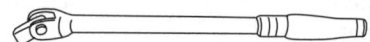

① 랫칫 핸들　　② 브레이커 바
③ 슬라이딩 T 핸들　　④ 익스텐션 바

24 알루미늄합금의 표면에 생긴 부식을 제거하기 위하여 철솔(wire brush)이나 철천(steel wool)을 사용하면 안되는 가장 큰 이유는?

① 표면이 거칠어지기 때문
② 알루미늄 금속까지 제거되기 때문
③ 부식 제거 후 세척작업을 방해하기 때문

④ 철분이 표면에 남아 전해부식을 일으키기 때문

25 버니어 캘리퍼스로 측정한 결과 어미자와 아들자의 눈금이 그림과 같이 화살표로 표시된 곳에서 일치하였다면 측정값은 몇 mm인가? (단, 최소 측정값이 1/20mm이다)

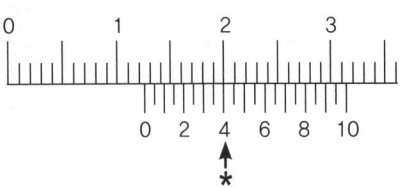

① 12.4
② 12.8
③ 14.0
④ 18.0

26 볼트 머리나 너트쪽에 부착시켜 체결 하중 분산, 그립 길이 조정, 풀림을 방지하는 목적으로 사용하는 것은?

① 핀
② 와셔
③ 턴버클
④ 캐슬 전단너트

27 항공기의 지상 보조장비에 대한 설명으로 틀린 것은?

① 윤활유 탱크의 윤활유 보급장비는 수동식과 진공식이 있다
② GPU는 항공기에 전기적인 동력을 공급하여 주는 장비이다.
③ 항공기의 지상전력 공급장비는 교류 400hz, 3상이다.
④ GTC는 다량의 저압공기를 배출하여 항공기 가스터빈기관의 시동계통에 압축공기를 공급하는 장비이다.

🔍 윤활유 탱크는 중력식과 압력식이 있다.

28 다음 중 항공기 정비 방식이 아닌 것은?

① 하드타임
② 리딩컨디션
③ 온컨디션
④ 컨디션 모니터링

29 볼트의 부품기호가 AN3DD5A로 표시되어 있다면 'AN3'이 의미하는 것은?

① 볼트 길이가 3/8 in
② 볼트 직경이 3/8 in
③ 볼트 길이가 3/16 in
④ 볼트 직경이 3/16 in

30 리벳 제거를 위한 그림의 각 과정을 순서대로 나열한 것은?

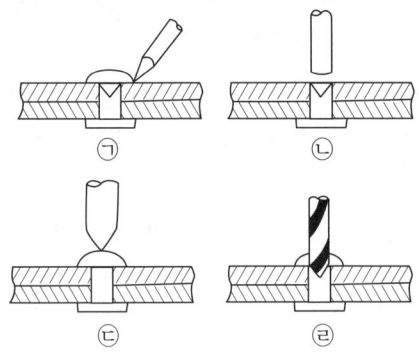

① ㉠-㉢-㉣-㉡
② ㉢-㉠-㉣-㉡
③ ㉠-㉣-㉢-㉡
④ ㉢-㉣-㉠-㉡

31 나사산에 기름이나 그리스가 묻어 있을 경우 정상적인 규정 토크로 작업을 한다면 볼트의 조임 상태는 어떠한가?

① 정밀 토크
② 과다 토크
③ 과소 토크
④ 드라이 토크

🔍 그리스나 기름이 나사산에 묻은 경우 마찰이 작아져 규정토크로 조인다면 평상시보다 더욱 조여지게 된다.

32 항공기 급유 및 배유시 안전 사항에 대한 설명으로 옳은 것은?

① 작업장 주변에서 담배를 피우거나 인화성 물질을 취급해서는 안된다.
② 사전에 안전조치를 취하더라도 승객 대기 중 급유해서는 안된다.
③ 자동제어시스템이 설치된 항공기에 한하여 감시요원배치를 생략할 수 있다.
④ 3점 접지 시 안전 조치 후 항공기와 연료차의 연결은 생략할 수 있지만 각각에 대한 지면과의 연결은 생략할 수 없다.

33 CO_2 소화기와 CBM 소화기의 단점을 보완하여 개발된 소화기는?

① 포말소화기　② 분말소화기
③ 할론소화기　④ 중탄소화기

34 항공기에 관한 영문 용어가 한글과 옳게 짝지어진 것은?

① airframe – 원동기
② unit – 단위구성품
③ structure – 장비품
④ power plant – 기체구조

35 다음 중 항공기 구조물 균열(crack)의 원인으로 가장 거리가 먼 것은?

① 도료에 의한 균열
② 피로에 의한 균열
③ 과부하에 의한 균열
④ 응력부식에 의한 균열

36 금속제 프로펠러의 허브나 버트(butt) 부분에 주어지는 정보가 아닌 것은?

① 사용시간
② 생산 증명번호
③ 일련번호
④ 형식 증명번호

37 왕복기관이 순항(cruises)출력에서 작동될 때 수동 혼합기 조종 장치의 위치는?

① 희박(lean)위치
② 외기 습도에 따라 변화
③ 외기 온도에 따라 변화
④ 최대 농후(full rich) 위치

> 해설 순항출력은 연비를 최대한으로 내기 위해 연료소비율을 최대한 줄이는 희박위치로 한다.

38 가스터빈 기관의 연료 중 JP-5와 비슷하며 어는점이 약간 높은 연료는?

① JP-6, 제트 B형
② 제트 A형, 제트 B형
③ 제트 A형, 제트 A-1형
④ 제트 A-1형, 제트 B형

39 가스터빈기관의 윤활유 펌프로 사용되지 않는 펌프는?

① 기어형　② 베인형
③ 제로터형　④ 스크루우형

40 항공기기관의 윤활유 소기펌프(scavenge pump)가 압력펌프(pressure pump)보다 용량이 큰 이유는?

① 소기펌프가 파괴되기 쉬우므로
② 압력펌프보다 압력이 높으므로
③ 압력펌프보다 압력이 낮으므로
④ 공기가 혼합되어 체적이 증가하고 윤활유가 고온이 되어 팽창하므로

41 대향형 왕복기관 실린더 헤드의 원통형 연소실과 비교하여 반구형 연소실의 장점이 아닌 것은?

① 화염의 전파가 좋아 연소효율이 높다.
② 동일 용적에 대해 표면적을 최소로 하기 때문에 냉각 손실이 적다.
③ 흡·배기 밸브의 직경을 크게 하므로 체적효율이 증가한다.
④ 실린더 헤드의 제작이 쉽고 밸브 작동기구가 간단하다.

해설 반구형 연소실은 원통형에 비해 제작이 어렵고 밸브 장치도 더 정밀해야 한다.

42 왕복기관에 사용되는 지시계기가 아닌 것은?

① 회전(rpm)계
② 윤활유량(oil quantity)계
③ 윤활유 온도(oil temperature)계
④ 실린더 헤드 온도(cylinder head temperature)계

43 항공기 기관중 바이패스 공기(bypass air)에 의해 추력의 일부를 얻는 기관은?

① 터보제트 기관 ② 터보팬 기관
③ 터보프롭 기관 ④ 팸제트 기관

44 공랭식 왕복기관의 각 구성품에 대한 설명으로 옳은 것은?

① 라이너(liner)는 냉각공기의 흐름 방향을 유도한다.
② 카울플랩(cowl flap)은 냉각공기가 넓게 흐르도록 유도한다.
③ 냉각핀(cooling fin)의 재질은 실린더 헤드와 같은 재질로 제작한다.
④ 배플(baffle)은 기관으로 유입되는 냉각공기의 흐름량을 조절한다.

45 구조가 간단하고 길이가 짧으며 연소효율이 좋으나 정비하는 데 불편한 결점이 있는 가스터빈 기관의 연소실은?

① 캔형 ② 애뉼러형
③ 역류형 ④ 캔-애뉼러형

46 항공기에 장착한 왕복기관이 고도의 변화에 따라 벨로우스(bellows)의 수축과 팽창으로 혼합비가 자동으로 조정되는 장치는?

① 가속 혼합비 조정장치
② 자동 혼합비 조정장치
③ 초크 혼합비 조정장치
④ 이코너마이저 혼합비 조정장치

47 지시마력을 나타내는 $iHP = \dfrac{PLANK}{755 \times 2 \times 60}$ 에서 P에 대한 설명으로 옳은 것은? (단, L : 행정길이, A : 피스톤 면적, N : 실린더의 분당 출력 행정수, K : 실린더 수이다)

① 평균지시마력이며 $kg \cdot m/s$로 표시한다.
② 평균지시마력이며 $kgi \cdot m/s$로 표시한다.
③ 지시평균유효압력이며 kgf/cm^2로 표시한다.
④ 지시평균유효압력이며 $kg/m \cdot s^2$로 표시한다.

48 가스터빈기관 축류식 압축기의 1단당 압력비가 1.40이고, 압축기가 4단으로 되어 있다면 전체 압력비는 약 얼마인가?

① 2.8 ② 3.8
③ 5.6 ④ 6.6

해설 단당 압력비^{단수} = 1.4^4 = 3.8

49 변압기의 1차 코일에 감은 수가 100회, 2차 코일에 감은 수가 300회인 변압기의 1차 코일에 100V 전압을 가할 시 2차 코일에 유기되는 전압은 몇 볼트(V)인가?

① 100   ② 200
③ 300   ④ 400

> 해설 권선비(1차코일 : 2차코일) = 전압비(1차전압 : 2차전압)

50 항공기 터보프롭기관에서 프로펠러의 진동이 가스 발생부로 직접 전달되지 않으며, 기관을 정지하지 않고도 프로펠러를 정지시킬수 있는 이유는?

① 감속기가 장착되었기 때문
② 프로펠러 구동 샤프트가 단축 샤프트로 연결되었기 때문
③ 프리터빈이 장착되어서 로터 브레이크를 사용하기 때문
④ 타기관과 비교하여 프로펠러의 최고 회전속도가 낮기 때문

51 항공기 왕복기관의 마그네토를 형식별로 분류하는 방법으로 틀린 것은?

① 저압과 고압 마그네토
② 단식과 복식 마그네토
③ 회전자석과 유도자 로터 마그네토
④ 스플라인과 테이퍼 장착 마그네토

52 터빈기관의 성능에 관한 설명으로 옳은 것은?

① 전 효율은 추진효율과 열효율의 합이다.
② 대기온도가 낮을 때 진추력이 감소한다.
③ 총추력은 net thrust로써 진추력과 램항력의 차를 말한다.
④ 기관추력에 영향을 끼치는 요소는 주변온도, 고도, 비행속도, 기관 회전수 등이 있다.

> 해설 엔진 추력은 엔진으로 유입되는 공기가 가장 많이 영향을 미치는데, 이때 공기의 온도로 밀도가 달라진다. 고도와 비행속도, 주변 온도가 온도와 관련이 있고, 기관 회전수는 압축기 실속 등 압축기 회전수와 관련이 있어, 유입공기량 조절과 관계가 있다.

53 단위 질량을 단위 온도로 올리는데 필요한 열량을 무엇이라 하는가?

① 밀도   ② 비열
③ 엔탈피   ④ 엔트로피

54 원심식 압축기의 구성품을 옳게 나열한 것은?

① 흡입구, 디퓨저, 노즐
② 임펠러, 노즐, 매니폴드
③ 임펠러, 로터, 스테이터
④ 임펠러, 디퓨저, 매니폴드

55 가스터빈기관을 장착한 항공기에 역추력장치를 설치하는 주된 이유는?

① 상승 출력을 최대로 하기 위하여
② 하강 비행 안정성을 도모하기 위하여
③ 착륙 시 착륙거리를 짧게 하기 위하여
④ 이륙 시 최단 시간 내에 기관의 정격속도에 도달하기 위해서

56 다음 중 정적과정(constant volume process)의 특징으로 틀린 것은?

① 열을 가하면 압력이 증가한다.
② 열을 가하면 체적이 증가한다.
③ 열을 가하면 온도가 증가한다.
④ 압력을 증가시키면 온도가 증가한다.

> 해설 정적과정은 에너지 전달 시 체적이 일정한 것을 말하여, 열을 가하면 압력은 증가, 체적은 일정, 온도는 증가한다.

57 항공기 왕복기관에 부착되어 있는 딥스틱(dipstick)의 용도는?

① 윤활유 양 측정
② 윤활유 온도 측정
③ 윤활유 점도 측정
④ 윤활유 압력 측정

58 바람 방향이 기수를 기준으로 뒤쪽에서 불어올 경우 가스터빈기관의 시동 및 작동 시에 발생되는 현상 및 조치사항으로 틀린 것은?

① 아이들 출력이상의 비교적 낮은 출력범위에서 기관의 배기가스 온도가 비정상적으로 높게 되는 경우가 있다.
② 높은 기관출력 범위에서는 압축기 실속이 발생될 수 있다.
③ 가스터빈 기관 시동 및 작동 중 배기가스가 한계 온도를 초과된 경우 추력레버를 아이들 위치로 내리고 정상절차에 따라 기관을 정지시킨다.
④ 가스터빈기관 시동 및 작동 중 압축기 실속이 발생하면 즉시 기관을 정지시킨다.

59 가스터빈기관의 주연료 펌프는 항상 기관이 필요로 하는 연료보다 더 많은 양을 공급하는데 연료 조정장치에서 연소실에 필요한 만큼의 연료를 계량한 후 여분의 연료를 어떻게 하는가?

① 연료 펌프 입구로 보낸다.
② 바이패스 밸브를 통해 밖으로 배출한다.
③ 연료 매니폴드를 통해 연료 탱크로 보낸다.
④ 차압조절밸브를 통해 연료 매니폴드 입구로 보낸다.

해설 주연료 펌프는 엔진으로 구동이 된다. 엔진이 가속되면 펌프도 가속되어 더 많은 연료를 공급한다. 이 때 연료를 소모하거나, 버리지 않고 보내진 연료를 다시 펌프로 보내 순환시킨다.

60 항공기용 왕복기관의 밸브 개폐시기에서 밸브 오버랩에 관한 설명으로 틀린 것은?

① 연료소비를 감소시킬수 있다.
② 배기행정 말에서 흡입행정 초기에 발생한다.
③ 조정이 잘못될 경우 역화(back fire)현상을 일으킬수 있다.
④ 충진밀도의 증가, 체적효율의 증가, 출력 증가의 효과가 있다.

해설
- 밸브 오버랩이란 흡기밸브는 조금 일찍 열리고 배기밸브는 조금 늦게 닫혀서, 배기행정과 흡기행정이 같이 열리는 구간이다.
- 밸브 오버랩의 효과 : 체적 효율 향상, 배기가스 완전히 배출, 실린더 냉각효과

항공기관정비기능사 필기 2016년도 1회 시행 정답

1	2	3	4	5	6	7	8	9	10
①	②	④	①	④	②	②	①	②	③
11	12	13	14	15	16	17	18	19	20
①	③	②	③	③	③	③	③	④	③
21	22	23	24	25	26	27	28	29	30
①	④	②	④	①	②	①	②	④	④
31	32	33	34	35	36	37	38	39	40
②	①	③	②	①	①	①	③	④	④
41	42	43	44	45	46	47	48	49	50
④	②	④	②	②	④	②	②	③	③
51	52	53	54	55	56	57	58	59	60
④	④	②	④	②	②	④	④	①	①

공개기출문제
항공기관정비기능사 필기 2016년도 4회 시행

01 날개골의 받음각이 크게 증가하여 흐름의 떨어짐 현상이 발생하면 양력과 항력의 변화는?

① 양력과 항력 모두 증가한다.
② 양력과 항력 모두 감소한다.
③ 양력은 증가하고 항력은 감소한다.
④ 양력은 감소하고 항력은 증가한다.

02 헬리콥터에서 코닝은 주 회전날개의 어떤 힘의 합성력으로 발생하는가?

① 양력과 항력
② 양력과 원심력
③ 회전력과 원심력
④ 회전력과 항력

03 다음 중 항공기의 평형상태에 대한 설명으로 가장 옳은 것은?

① 모든 힘의 합이 0인 상태
② 모든 모멘트의 합이 0인 상태
③ 모든 힘의 합이 0이고, 모멘트의 합은 1인 상태
④ 모든 힘의 합은 0이고, 모멘트의 합도 0인 상태

04 비행기가 수평비행이나 급강하로 속도가 증가하여 천음속영역에 도달하게 되면 한쪽 날개가 충격 실속을 일으켜서 갑자기 양력을 상실하여 급격한 옆놀이를 일으키는 현상은?

① 피치업(pitch up)
② 턱언더(tuck under)
③ 딥스톨(deep stall)
④ 날개드롭(wing drop)

05 표준대기에서 약 10000m 상공의 대기 온도는 약 몇 도씨 인가?

① -50
② -40
③ -30
④ -20

06 항력 D kgf인 비행기가 정상 수평 비행을 할 때 속도 V m/s를 내기 위한 필요마력을 구하는 식은? (단, T는 이용추력 kgf 이다.)

① $\dfrac{TV}{75}$
② $\dfrac{DV}{75}$
③ $75T \cdot V$
④ $75D \cdot V$

07 날개의 시위 길이가 4m, 공기의 흐름속도가 720km/h, 공기의 동점성계수가 0.2cm²/s 일 때 레이놀즈수는 약 얼마인가?

① 2×10^6
② 4×10^6
③ 2×10^7
④ 4×10^7

08 비행기가 가속도 없이 등속 수평 비행할 경우 하중배수는 얼마인가?

① 0
② 0.5
③ 1.0
④ 1.5

09 헬리콥터 조종장치 페달은 주회전 날개가 회전함으로써 발생되는 토크를 상쇄하기 위하여 꼬리 회전 날개의 무엇을 조절하는가?

① 코드
② 피치
③ 캠버
④ 두께

해설 꼬리회전날개를 가속하거나 감속하려면 꼬리회전날개의 피치(날개각도)를 조절한다.

10 수직축을 중심으로 빗놀이(yawing) 모멘트를 발생시키기 위해 필요한 조종면은?

① 방향키(rudder)
② 승강키(elevator)
③ 도움날개(aileron)
④ 스포일러(spoiler)

11 항공기가 선회각 60°로 정상 수평 선회비행 시 하중배수는? (단, cos60°는 0.5이다)

① 1   ② 1.5
③ 2   ④ 2.5

12 직사각형 비행기 날개의 가로세로비(Aspect Ratio)를 옳게 표현한 것은? (단, S : 날개면적, b : 날개길이, c : 시위이다)

① $\dfrac{b}{S}$ ② $\dfrac{bc}{S}$
③ $\dfrac{b^2}{S}$ ④ $\dfrac{c}{S}$

13 항공기 날개의 단면형상을 나타낸 NACA 24120에 대한 설명으로 옳은 것은?

① 최대 두께가 시위의 10%이다.
② 평균캠버선의 뒤쪽 반이 곡선이다.
③ 마지막 두자리 숫자가 의미하는 것은 4자 계열의 것과 다르다.
④ 첫째자리 숫자와 셋째자리 숫자가 의미하는 것은 4자 계열의 것과 같다.

14 일반적인 경비행기의 아음속 순항비행에서는 발생되지 않는 항력은?

① 유도항력   ② 압력항력
③ 조파항력   ④ 마찰항력

> 해설 조파항력은 초음속과 관계된다.

15 그림같이 각각의 1회전당 이동거리를 갖는 (a), (b) 두 프로펠러를 비교한 설명으로 옳은 것은?

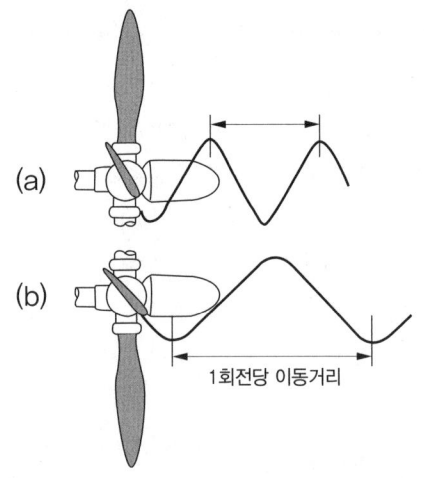

① (a) 프로펠러의 피치각이 (b) 프로펠러보다 작다.
② (a) 프로펠러의 피치각이 (b) 프로펠러보다 크다.
③ 거리와 상관없이 (a) 프로펠러가 (b)프로펠러보다 회전속도가 항상 빠르다.
④ 동일한 회전속도로 구동하는 데 있어 (a) 프로펠러에 더 많은 동력이 요구된다.

> 해설 프로펠러가 1회전 하였을 때 전진한 거리를 피치라 한다. 피치각이 작다면 1회전 했을 때의 거리가 작다.

16 강관 구조부재의 수리 방식이 아닌 것은?

① 적층 구조재 수리방식
② 피시 마우스 수리방식
③ 안쪽 슬리브 보강방식
④ 바깥쪽 슬리브 보강방식

> 해설 강관 구조부재 수리하는 방식으로, 피시 마우스, 안쪽 슬리브 보강, 바깥 슬리브 보강 방식이 있고, 적층 구조재 수리방식이란 겹겹이 쌓아 올리는 샌드위치 구조 등을 말한다.

17 육안검사시 사용되는 보어스코프 중 거꾸로 비추어 뒤쪽을 볼 수 있는 것은?

① retro spective borescope
② direct-vision borescope
③ right angle borescope
④ foroblique borescope

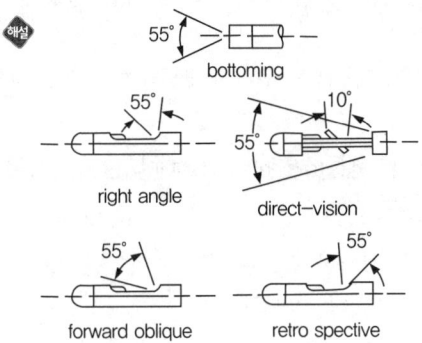

18 기체 판금작업에서 두께가 0.06in 인 금속판재를 굽힘 반지름 0.135in로 하여 90°로 굽힐 때 세트백은 몇 in인가?

① 0.017
② 0.051
③ 0.125
④ 0.195

해설 $SB = K(R+T)$
SB : 세트백, R : 굽힘반지름, T : 판재두께, $K = \tan\frac{\theta}{2}$

19 수세성 형광침투검사에서 기름성분의 침투제를 물로 세척할 수 있게 해 주는 것은?

① 유화제
② 현상제
③ 염색제
④ 자화제

해설 유화제란 계면활성제 등을 말한다. 이는 물과 기름같이 서로 섞이지 않고 함께 두었을 때 층이 분리되는 두 액체가 마치 섞여 있는 것처럼 만들어 준다. 하지만 완전히 섞이는 것은 아니다. 섞인 것과 비슷한 기능을 하게 만드는 것이기 때문에 이 상태를 따로 에멀젼 이라고 한다.

20 항공기 견인시 지켜야 할 안전사항으로 틀린 것은?

① 견인할 부근에 장애물이 없는지 확인한다.
② 견인 차량과 항공기와의 연결상태 및 안전장치를 확인한다.
③ 견인차에는 운전자 외에 어떤 사람도 탑승해서는 안된다.
④ 규정 속도를 초과해서는 안되고 야간에는 필요한 조명장치를 해야 한다.

21 안전결선 작업방법에 대한 설명으로 틀린 것은?

① 안전결선에 사용된 와이어는 다시 사용해서는 안된다.
② 안전결선의 끝부분은 1~2회 정도 꼬아 끝을 대각선 방향으로 절단한다.
③ 3개 이상의 부품이 폐쇄된 기하학적인 형상일 때는 단선식 결선법을 사용한다.
④ 안전결선을 신속하게하기 위해서는 안전결선용 플라이어 또는 와이어 트위스터를 사용한다.

22 금속표면이 공기 중의 산소와 직접 반응을 일으켜 생기는 부식은?

① 입자간 부식
② 표면부식
③ 응력부식
④ 찰과부식

23 다음 물음에 옳은 것은?

"How come to the flight if the control stick is moved to right"

① nose up
② bank to the left
② nose down
④ bank to the right

24 항공기 구조부분 손상 수리시 기본적으로 고려해야 할 사항으로 가장 거리가 먼 것은?

① 본래의 윤곽유지
② 도색의 보호
③ 본래의 강도유지
④ 부식에 대한 보호

> **해설** 손상 수리시 도색을 제거한 뒤 수리를 한다. 도색을 제거하지 않을 경우 남은 도색이 부품과의 결합 및 부식을 일으킬 수 있기 때문이다.

25 다음 중 노란색 안전색채의 의미로 옳은 것은?

① 위험물 위험상태 표시
② 작업절차, 안전지시 준수
③ 응급처치장비, 액체산소장비표시
④ 인체에 직접 위험은 없으나, 주의하지 않으면 사고의 위험표시

26 마이크로 스톱 카운터 싱크(micro stop counter sink)의 용도로 옳은 것은?

① 리벳의 구멍을 늘리는데 사용
② 리벳이나 스크류를 절단하는데 사용
③ 리벳의 구멍 언저리를 원추모양으로 절삭하는데 사용
④ 리벳팅하고 밖으로 튀어나온 부분을 연마하는데 사용

27 다음 중 항공기 형식승인이 면제되지 않는 기술표준품은?

① 감항증명을 받은 항공기에 포함되어 있는 기술표준품
② 형식증명을 받은 항공기에 포함되어 있는 기술표준품
③ 형식증명승인을 받은 항공기에 포함되어 있는 기술표준품
④ 시험 또는 연구, 개발 목적으로 설계, 제작을 하지 않는 기술표준품

28 사고예방대책의 기본원리 5단계 중 제 2단계인 "사실의 발견"에서의 조치사항이 아닌 것은?

① 기술개선
② 작업공정분석
③ 자료수집
④ 점검, 조사실시

> **해설** 기술개선은 4단계 시정방법의 선정에 해당된다.

29 래칫핸들(ratchet handle)에 대한 설명으로 옳은 것은?

① 정확한 토크로 볼트나 너트를 조이도록 토크값을 지시한다.
② 볼트나 너트를 조이거나 풀 때 연장공구의 장착을 유용하게 한다.
③ 볼트나 너트를 조이거나 풀 때 한쪽 방향으로만 움직이도록 한다.
④ 원통 모양의 물건을 표면에 손상을 주지 않고 돌리기 위해 사용한다.

30 항공기 계통 및 장비품에 대하여 작동상태, 유량, 온도, 압력 및 각도 등이 허용 한계값 이내에 있는지 확인하는 점검은?

① 기능점검
② 작동점검
③ 육안점검
④ 특수상세점검

31 항공기의 지상취급에 해당하지 않는 것은?

① 바퀴에 촉을 괴는 일
② 착륙장치에 안전핀을 꽂는 일
③ 항공기를 이동시키기 위하여 견인하는 일
④ 항공기의 수요에 따른 운항 노선을 결정하는 일

32 최소 측정값 1/100mm인 마이크로미터로 측정한 그림과 같은 결과의 측정값은 몇 mm인가?

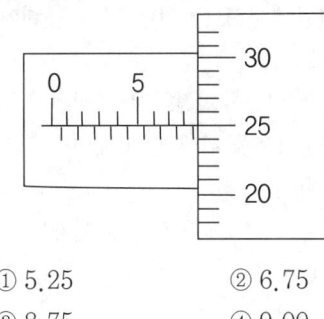

① 5.25
② 6.75
③ 8.75
④ 9.00

33 밑줄 친 부분이 의미하는 것은?

> "Falling object can cause injury to personnel"

① 부품을 선별하는 것
② 부품을 교체하는 것
③ 부품을 떨어뜨리는 것
④ 수리장비를 취급하는 것

34 토크 값의 적용 방법에 관한 설명으로 옳은 것은?

① 일반적으로 볼트쪽에서 적용한다.
② 연장공구를 사용시 토크값의 조절은 필요하지 않다.
③ 너트 쪽에서 토크값을 적용할 상황에는 토크값을 기준보다 작게 해야 한다.
④ 동일한 부위라도 항공기 제작회사별로 다르게 적용된다.

해설 제작회사별로 제작 방식이 다르기 때문에 꼭 매뉴얼을 확인해야 한다.

35 C급 화재에 사용되는 소화 방법으로 가장 부적합한 것은?

① CO_2 소화기
② 물
③ 분말 소화기
④ CBM 소화기

해설 C급 화재인 전기화재에서 물을 사용하면 감전의 위험이 있다.

36 다음 중 가스터빈기관에서 실질적으로 가장 높은 압력이 나타나는 곳은?

① 압축기 출구
② 터빈입구
③ 연소기 출구
④ 배기노즐 입구

37 가스터빈기관 FCU(Fuel Control Unit)의 수감 요소가 아닌 것은?

① 외기온도
② 기관회전수
③ 배기가스 온도
④ 압축기 출구 압력

해설 FCU(Fuel Control Unit)의 수감 요소
• 압축기 출구 압력(CIT)
• 기관 회전수(RPM)
• 압축기 출구 압력 (CDP) 또는 연소실 압력(Pb)
• 압축기 입구 온도 (CIT)
• 스러스트 레버 위치(PLA : power lever angle)

38 가스터빈기관의 터빈부 조립 작업 중 가장 먼저 해야 하는 작업은?

① 동적 평형 점검
② 터빈축에 터빈 깃 조립
③ 터빈 케이스에 터빈 조립
④ 터빈 깃과 쉬라우드와의 간격측정

해설 터빈의 가장 내부 부품인 터빈 깃을 조립하고 나머지를 조립해야 한다.

39 공랭식 기관에서 냉각핀의 재질과 같아야 하는 것은?

① 밸브
② 커넥팅 로드
③ 실린더
④ 크랭크 케이스

> **해설** 냉각핀이 부착되어 있는 것은 실린더이다. 실린더와 같은 재질로 제작이 되어야 열팽창 시 다르게 팽창하지 않는다.

40 기관 부품에 윤활이 적절하게 될 수 있도록 윤활유의 최대 압력을 제한하고 조절하는 윤활 계통 장치는?

① 윤활유 냉각기
② 윤활유 여과기
③ 윤활유 압력 게이지
④ 윤활유 압력 릴리프 밸브

41 가스터빈기관의 연소실이 갖추어야 할 조건으로 틀린 것은?

① 가능한 큰 크기
② 안전되고 효율적인 연소
③ 양호한 고공 재시동 특성
④ 작동 범위 내의 최소 압력 손실

> **해설** 연소실이 크면 무게가 증가하며 비정상 연소의 원인이 된다.

42 다음 중 크랭크 축의 주요 부품이 아닌 것은?

① 주 저널　　② 크랭크 핀
③ 크랭크 로드　④ 크랭크 암

43 터빈 깃 내부를 중공으로 하여 이곳을 냉각공기를 통과시켜 터빈 깃을 냉각하는 가장 단순한 방법은?

① 대류냉각　　② 충돌냉각
③ 표면냉각　　④ 증발냉각

44 항공기용 마그네토 몸체에 "DF14RN"이라는 기호가 부착되어 있다면 이 마그네토에 대한 설명으로 옳은 것은?

① 시계방향으로 회전하게 설계된 14실린더 기관에 사용을 위한 복식 플랜지장착 마그네토이다.
② 반시계방향으로 회전하게 설계된 14실린더 기관에 사용을 위한 단식 플랜지 장착 마그네토이다.
③ 시계방향으로 회전하게 설계된 14실린더 기관에 사용을 위한 단식 베이스 장착 마그네토이다.
④ 반시계방향으로 회전하게 설계된 14실린더 기관에 사용을 위한 복식 베이스장착 마그네토이다.

45 열역학과 관련된 단위에 대한 설명으로 옳은 것은?

① 단위 시간당 행해진 일을 동력이라고 한다.
② 15℃ 물 1g 의 돈도를 1℃ 높이는데 필요한 에너지의 양은 1kcal이다.
③ 1N의 힘이 그 힘의 방향으로 물체를 1m 움직이게 할 때 일은 1W이다.
④ 단위 질량의 물질을 단위 온도 상승시키는데 필요한 에너지를 완전가스라고 한다.

46 속도 360km/h로 비행하는 항공기에 장착된 터보제트기관이 196kgf/s 인 중량 유량의 공기를 흡입하여 200m/s의 속도로 배기시킬 경우 총추력은 몇 kgf인가?

① 1000　　② 2000
③ 4000　　④ 6000

47 겨울철 왕복기관의 예열시 권장 사항으로 틀린 것은?

① 좋은 상태의 가열기만 사용하며 작동중 가열기에 재급유를 하지 않는다.
② 캔버스 기관 덮개, 연료라인, 유압라인, 오일라인, 기관 기화기의 순서로 직접 가열한다.

③ 가능하면 항공기를 가열된 격납고에 보관하여 예열한다.
④ 가열과정 중에는 반드시 소화기를 비치한다.

48 그림과 같은 P-V선도에서 나타난 사이클이 한 일은 몇 J 인가?

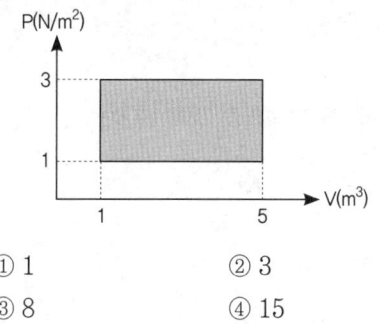

① 1　　　② 3
③ 8　　　④ 15

49 연료계통의 증기폐색현상을 방지하는 방법이 아닌 것은?

① 부스터 펌프를 장착한다.
② 베이퍼 세퍼레이터를 장착한다.
③ 휘발성이 높은 연료를 사용한다.
④ 연료튜브를 열원에서 멀리하고 급격한 휨을 피한다.

해설 증기폐색이란 연료관에서 연료가 뜨거운 온도로 기화되어 거품이 생겨 연료관을 막아버려 연료흐름을 방해하는 현상이다.

50 기관 기동시 과열시동(HOT START)은 어떤 값이 규정된 한계값을 초과하는 현상인가?

① 윤활유 압력　　② 배기가스온도
③ 기관 회전수　　④ 엔진 압력비

해설 가스터빈기관의 정상 시동 여부는 배기가스온도를 통해 확인한다.

51 항공기관 윤활유의 기능이 아닌 것은?

① 냉각작용　　② 밀봉작용
③ 세정작용　　④ 부식작용

52 과급기(supercharger)에서 디퓨져(diffuser)의 기능은?

① 온도를 상승시킨다.
② 압축된 공기에 와류를 준다.
③ 속도에너지를 열에너지로 바꾼다.
④ 속도에너지의 일부를 압력에너지로 변환한다.

53 다음 중 가스터빈 기관의 작동에 대한 설명으로 틀린 것은?

① 원칙적으로 기관 작동시 항공기의 기수는 바람에 대하여 정면으로 향해야 한다.
② 기관 작동중 압축기 실속이 발생되었다면 추력레버를 최대한 천천히 아이들 위치로 내려야 한다.
③ 배기가스는 높은 속도와 온도 및 유독성을 가지고 있으므로 주의해야 한다.
④ 기관 모터링(motoring) 수행시 시동기의 보호를 위하여 규정된 시동기 냉각시간을 반드시 지켜야 한다.

54 가스터빈기관의 오일 계통에 대한 설명으로 옳은 것은?

① 오일 탱크의 용량은 팽창에 비하여 약 50% 또는 2갤런의 여유 공간을 확보해야 한다.
② 오일 섬프 안의 압력이 너무 높을 때는 섬프벤트 체크밸브(sump vent check valve)가 열려 대기가 섬프(sump)로 유입된다.
③ 오일 냉각기가 열 교환방식(fuel-oil cooler)인 경우 내부에 파손이 생겼을 때 오일양이 급격히 증가하고 점도가 낮아진다.
④ 콜드타입(cold type) 오일탱크는 오일 냉각

기가 펌프 출구에 위치하고, 공기의 분리성이 좋다.

> **해설** 오일 냉각기는 차가운 연료와 뜨거운 오일의 열을 맞교환 하여 연료를 뜨겁게 만들어 기화를 잘 되게 하고, 오일을 식혀주어 다시 윤활작용을 하게 끔 하는 장치이다. 이것이 파손이 된다면 연료와 오일이 섞이게 되는 것이다.

55 가스터빈기관에서 원심형 압축기의 단점에 해당하는 것은?

① 회전속도 범위가 좁다.
② 무게가 무겁고 시동 출력이 높다.
③ 축류형 압축기와 비교해 제작이 어렵고 가격이 비싸다.
④ 동일 추력에 대하여 전면 면적을 많이 차지한다.

56 완속(idle) 상태에서 과도하게 농후한 혼합비의 원인이 아닌 것은?

① 연료 압력이 너무 높다.
② 연료 여과기(fuel filter)가 막혔다
③ 완속 혼합비 조절이 정확하게 맞지 않았다
④ 프라이머 라인(primer line)이 개방(open) 되어 있다.

> **해설** 연료 여과기가 막히면 연료공급이 원활하지 않아 희박한 혼합비가 된다.

57 흡입 밸브가 열리는 시기를 상사점 전 10~25°로 하는 주된 이유는?

① 배기가스가 안으로 들어오는 배출 관성을 이용하여 출력 효과를 높이기 위하여
② 배기가스가 밖으로 나가는 배출 관성을 이용하여 혼합비를 낮추기 위하여
③ 배기가스가 밖으로 나가는 배출 관성을 이용하여 배기 효과를 높이기 위하여
④ 배기가스가 밖으로 나가는 배출 관성을 이용하여 흡입 효과를 높이기 위하여

58 왕복엔진 공기흡입계통에서 혼합가스를 각 실린더에 일정하게 분배, 운반하는 통로 역할을 하는 것은?

① 과급기　　② 매니폴드
③ 기화기　　④ 공기스크푸

59 다음 중 고정피치 목재 프로펠러의 구조에서 찾을 수 없는 것은?

① 목　　② 깃
③ 팁　　④ 니들

60 [보기]에서 설명하는 엔진은?

> • 팬을 지나는 공기유량과 압축기를 지나는 공기유량이 비슷한 엔진
> • 풀 팬 덕트기관에서 주로 사용

① 저 바이패스 엔진
② 중 바이패스 엔진
③ 고 바이패스 엔진
④ 동축 바이패스 엔진

항공기관정비기능사 필기 2016년도 4회 시행 정답

1	2	3	4	5	6	7	8	9	10
④	②	④	④	①	②	④	③	②	①
11	12	13	14	15	16	17	18	19	20
③	③	②	①	①	①	①	④	①	③
21	22	23	24	25	26	27	28	29	30
②	②	④	②	④	②	④	①	③	①
31	32	33	34	35	36	37	38	39	40
④	②	③	④	①	③	②	③	②	④
41	42	43	44	45	46	47	48	49	50
①	③	①	①	①	②	②	①	③	①
51	52	53	54	55	56	57	58	59	60
④	②	④	②	④	②	④	②	④	①

공개기출문제
항공기체정비기능사 필기 2016년도 1회 시행

01 비행기의 정적 가로안정성을 향상시키는 방법으로 가장 좋은 방법은?

① 꼬리날개를 작게 한다.
② 동체를 원형으로 만든다.
③ 날개의 모양을 원형으로 한다.
④ 양쪽 주날개에 상반각을 준다.

> **해설** 정적가로안정
> • 옆놀이 모멘트(Rolling moment)와 옆미끄럼의 관계만을 포함
> • 옆미끄럼은 비행기를 수평상태로 복귀시키는 옆놀이 모멘트를 발생
> • 쳐든각(상반각)(Dihedral angle) 효과

02 비행기의 상승한계의 종류를 고도가 낮은 것에서부터 높은 순서로 나열한 것은?

① 운용상승한계-절대상승한계-실용상승한계
② 운용상승한계-실용상승한계-절대상승한계
③ 절대상승한계-운용상승한계-실용상승한계
④ 절대상승한계-실용상승한계-운용상승한계

03 수직꼬리날개가 실속하는 큰 미끄럼각에서도 방향안정을 유지하는 효과를 얻을 수 있도록 설치한 것은?

① 도살핀   ② 슬랫
③ 스트립   ④ 슬롯

> **해설** 도살핀은 비행기 수직 꼬리 날개 부분의 날개 시위를 연장하여 동체 위의 수직 방향으로 면적이 확장된 부분으로 비행기의 방향 안정성을 증가시킨다.

04 다음 중 프로펠러 깃의 피치각(pitch angle)과 동일한 각은?

① 깃각   ② 유입각
③ 받음각   ④ 붙임각

> **해설** 피치각(유입각) : 비행속도와 깃의 회전 선속도를 합하여 합성속도를 만든 다음 이것과 회전면이 이루는 각

05 그래프상에 수평비행이 가능한 최소 속도를 나타낸 점은?

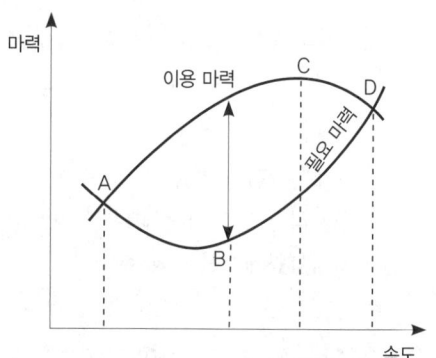

① A   ② B
③ C   ④ D

> **해설**
> • 필요마력(Required HP) : 비행기가 항력을 이기고 앞으로 움직이기 위한 동력(양항비에 반비례)
> • 이용마력(Available HP) : 비행기를 가속 또는 상승시키기 위해 기관으로부터 발생시킬 수 있는 출력
> • 여유마력(Excessive HP) : 이용마력과 필요마력의 차(여유마력이 0일 때 최대속도)

06 다음 중 평판 주위를 일정한 속도로 흐를 때 레이놀즈수가 가장 큰 유체는?

① 공기   ② 순수한 물
③ 정제된 윤활유   ④ 순수한 벌꿀

07 NACA 2415 날개골에서 최대두께는 시위의 몇 %인가?

① 1 ② 2
③ 4 ④ 15

- 2 : 최대 캠버의 크기 – 시위선의 2%
- 4 : 최대 캠버의 위치 – 시위 40% 지점. 시위선 앞으로부터
- 15 : 최대 두께의 크기 – 최대 두께가 시위선의 15%

08 다음 중 항공기의 주날개에 부착되는 주(1차) 조종면은?

① 태브 ② 방향키
③ 도움날개 ④ 승강키

09 비행기의 실속속도를 작게 하기 위한 방법으로 옳은 것은?

① 하중을 크게 한다.
② 날개면적을 크게 한다.
③ 공기의 밀도를 작게 한다.
④ 최대항력계수를 크게 한다.

10 다음 중 대기가 안정하여 구름이 없고, 기온이 낮으며, 공기가 희박하여 제트기의 순항고도로 적합한 곳은?

① 열권과 극외권의 경계면 부근
② 중간권과 열권의 경계면 부근
③ 성층권과 중간권의 경계면 부근
④ 대류권과 성층권의 경계면 부근

11 항공기가 200m/s로 비행할 때 항력이 3,500 kgf라면 필요마력은 약 몇 hp인가? (단, 1hp는 75kgf·m/s이다)

① 1313 ② 2625
③ 5250 ④ 9333

해설 $HP_R = \dfrac{TV}{75}$ (T : 추력, D : 항력, HP_R : 필요마력)

12 주회전 날개(main rotor)가 회전함에 따라 발생되는 반작용 토크를 상쇄하기 위하여 꼬리회전 날개(tail rotor)가 필요한 헬리콥터는?

① 직렬식 헬리콥터
② 병렬식 헬리콥터
③ 단일회전날개 헬리콥터
④ 동축역회전식 헬리콥터

13 날개에 발생하는 유도항력을 줄이기 위한 장치는?

① 플랩(flap) ② 슬롯(slot)
③ 윙렛(winglet) ④ 슬랫(slat)

14 A,B,C 3대의 비행기가 각각 1000m, 5000m, 10000m의 고도에서 동일한 속도로 비행할 때 각 비행기의 마하계가 지시하는 마하수의 크기를 비교한 것으로 옳은 것은?

① A〈B〈C ② A〉B〉C
③ A〉C〉B ④ A = B = C

15 회전날개의 축에 토크가 작용하지 않는 상태에서도 일정한 회전수를 유지하게 되는 것은?

① 정지비행(Hovering)
② 조파항력(Wave drag)
③ 자동회전(auto rotating)
④ 지면효과(ground effect)

16 정비작업에 사용하는 래치팅박스 엔드 렌치의 특성을 설명한 것으로 옳은 것은?

① 볼트나 너트를 푸는 경우에만 유용하다.
② 볼트나 너트를 조이는 경우에만 유용하다.
③ 한쪽 방향으로만 움직이고 반대쪽 방향은

잠겨 있게 되어 있다.
④ 볼트나 너트를 정확한 토크로 풀거나 조일 수 있다.

17 토크렌치에 사용자가 원하는 토크값을 미리 지정(setting)시킨 후 볼트를 조이면 정해진 토크값에서 소리가 나는 방식의 토크렌치는?

① 토션바형(torsion bar type)
② 리지드 프레임형(rigid frame type)
③ 디플렉팅-빔형(deflecting-beam type)
④ 오디블 인디케이팅형(audible indicating type)

18 항공기에 장착된 상태로 계통 및 구성품이 규정된 지시대로 정상기능을 발휘하고, 허용 한계값 내에 있는가를 점검하는 것을 무엇이라고 하는가?

① 오버홀(overhaul)
② 트림점검(trim check)
③ 벤치체크(bench check)
④ 기능점검(function check)

19 금속을 두드려 발생되는 음향으로 결함을 검사하는 방법은?

① 가압법　　② 타진법
③ 침지법　　④ 초음파법

20 다음과 같은 부품 번호를 갖는 스크류에 대한 설명으로 옳은 것은?

NAS 514 P 428 8

① 길이는 4/16 인치이다.
② 길이는 2/16 인치이다.
③ 커팅 둥근머리 스크류이다.
④ 100도 평머리 나사 합금강 스크류이다.

21 항공기 도장(painting)의 주된 목적은?

① 열전도 차단
② 정전기 발생방지
③ 재료의 강도 증가
④ 부식방지 및 외관장식

22 실린더 게이지 측정작업 시 안전 및 유의사항으로 틀린 것은?

① 실린더 중심선의 손잡이 부분을 평행하게 유지해야 한다.
② 측정기구를 사용할 때는 무리한 힘을 주어서는 안된다.
③ 측정자를 실린더 게이지에 고정시킬 때 느슨하게 죄어 측정자의 파손을 방지한다.
④ 측정하고자 하는 실린더의 안지름 크기를 대략적으로 파악하여 이에 적정한 특정자를 선택해야 한다.

23 포말소화기의 소화방법은?

① 억제소화방법　　② 질식소화방법
③ 빙결소화방법　　④ 희석소화방법

24 X선이나 감마선 등과 같은 방사선이 공간이나 물체를 투과하는 성질을 이용한 비파괴검사는?

① 와전류탐상검사　　② 초음파탐상검사
③ 방사선투과검사　　④ 자분탐상검사

25 그림과 같은 항공기 유도 수신호가 의미하는 것은?

① 서행
② 촉괴기
③ 기관감속
④ 긴급정지

26 너트나 볼트 헤드까지 닿을 수 있는 거리가 굴곡이 있는 장소에 사용되는 그림과 같은 공구의 명칭은??

① 알렌 렌치
② 익스텐션 바
③ 래칫 핸들
④ 플렉시블 소켓

27 기체 판금 작업시 두께가 0.2cm 판재를 굽힘 반지름 40cm로 하여 60°로 굽힐 때 굽힘 여유는 약 몇 cm인가?

① 32
② 38
③ 42
④ 48

해설 $B.A = \dfrac{\theta}{360} \times 2\pi(R + \dfrac{1}{2}T)$
(θ : 굽힘각도, R : 굽힘반지름, T : 판재두께)

28 다음 질문에서 요구하는 장치는?

> How are changes indirection of a control cable accomplished?

① pullys
② bellcrank
③ fairleads
④ turnbuckle

29 양극산화처리를 하기 전에 수행하여야 할 전처리 작업이 아닌 것은?

① 스트링어 작업
② 래크 작업
③ 사전세척 작업
④ 마스크 작업

해설 양극산화처리는 마그네슘 합금과 알루미늄 합금을 양극으로 하여 크롬산 용액에 담그면 양극으로 된 부분에서 산소가 발생하여 산화피막이 형성된다.

30 항공기가 강풍에 의해 파손되는 것을 방지하기 위해 항공기를 고정시키는 작업은?

① mooring
② jacking
③ servicing
④ parking

해설 계류작업(mooring)은 지상에 주기시켜 놓은 항공기를 강풍으로부터 보호하기 위한 지상고정 작업

31 수리순환품목에 대한 최고 단계의 정비방식인 오버홀 절차로 옳은 것은?

① 분해-검사-세척-교환·수리-기능시험-조립
② 분해-세척-검사-교환·수리-조립-기능시험
③ 세척-분해-검사-교환·수리-기능시험-조립
④ 세척-분해-검사-교환·수리-조립-기능시험

해설 오버홀 : 분해, 세척, 검사, 수리 및 부품의 교환, 조립 시험

32 항공기의 지상안전에 대한 설명에 해당하지 않는 것은?

① 겨울철에 지상에서 항공기를 취급할 경우 사고방지에 유의하는 것
② 항공기 정비작업 시 발생할 수 있는 위험에 대비하여 사고를 방지하고 예방하는 것
③ 항공기를 운항할 때 조종에 관계되는 사고를 방지하고 예방하는 것
④ 지상에서 고압가스를 취급할 경우 사고방지에 유의하는 것

33 항공기 비행시간을 설명한 것으로 옳은 것은?

① 항공기가 비행을 목적으로 활주로에서 바퀴가 떨어진 순간부터 착륙할 때까지

② 항공기가 비행을 목적으로 램프에서 자력으로 움직이기 시작한 순간부터 착륙할 때까지
③ 항공기가 비행을 목적으로 램프에서 움직이기 시작한 순간부터 착륙하여 시동이 꺼질 때까지
④ 항공기가 비행을 목적으로 램프에서 자력으로 움직이기 시작한 순간부터 착륙하여 정지할 때까지

> 해설 비행시간 : 항공기의 바퀴가 활주로에서 떨어져나간 이후(Take-Off)부터 착륙시 착지(Touch-Down)할 때까지의 시간

34 항공기의 수리순환부품에 초록색 표찰이 붙어 있다면 무엇을 의미하는가?

① 수리요구부품　② 폐기품
③ 사용가능 부품　④ 오버홀

> 해설 노란색은 사용 가능 부품으로 고장 없이 정상적인 작동 기능을 가지고 있는 부품이나 수리를 완료하여 본래의 작동 기능으로 회복된 부품이며 빨간색은 폐기품으로 수리할 수 없는 부품을 말한다.

35 항공기에 사용되는 솔벤트 세제의 종류가 아닌 것은?

① 지방족나프타　② 수·유화제
③ 방향족나프타　④ 메틸에틸케톤

36 다음 중 헬리콥터에 발생하는 종진동과 가장 관계 깊은 것은?

① 깃의 궤도　② 회전면
③ 깃의 평형　④ 리드래그

> 해설 헬리콥더에서 발생하는 횡진동은 깃의 평형과 관계가 있으며, 종진동은 깃의 궤도와 관계가 있다.

37 다음 중 미국철강협회 철강재료에 대한 규격은?

① AA 규격　② AISI규격
③ AMS 규격　④ ASTM규격

38 재료의 인성과 취성을 측정하기 위해서 실시하는 동적 시험법은?

① 인장시험　② 충격시험
③ 전단시험　④ 경도시험

39 다음 중 나셀(nacelle)의 구성품이 아닌 것은?

① 카울링　② 외피
③ 방화벽　④ 연료탱크

> 해설 나셀(nacelle)은 외피, 카울링, 구조부재, 방화벽, 기관마운트로 구성한다.

40 헬리콥터의 동력 구동축에 대한 설명으로 관계가 먼 것은?

① 구동축의 양끝은 스플라인으로 되어 있거나 스플라인으로 된 유연성 커플링이 장착되어 있다.
② 진동을 감소시키기 위해 동적인 평형이 이루어지도록 되어 있다.
③ 동력구동축은 기관구동축, 주회전 날개 구동축 및 꼬리회전날개 구동축으로 구성되어 있다.
④ 지지베어링에 의해서 진동이 발생할 수 있으므로 회전을 고려한 베어링의 편심을 이뤄야 한다.

> 해설 지지베어링에 편심이 있으면 진동이 발생한다.

41 날개구조물 자체를 연료탱크로 하는 탱크 내에 방지판(baffle plate)을 두는 가장 큰 목적은?

① 내부구조의 보강을 위해서
② 연료가 팽창하는 것을 방지하기 위해서
③ 연료가 출렁거리는 것을 방지하기 위해서
④ 연료보급시 연료가 넘치는 것을 방지하기 위해서

42 다음 중 에폭시 수지에 대한 설명으로 틀린 것은?

① 대표적인 열가소성수지이다.
② 성형 후 수축률이 적고 기계적 성질이 우수하다.
③ 구조재용 복합재료의 모재(MATRIX)로도 사용된다.
④ 전파 투과성이 우수해서 항공기의 레이돔에 사용된다.

해설 페놀 수지, 에폭시 수지, 불포화 폴리에스테르, 폴리우레탄 등은 열경화성 수지이다.

43 청동의 성분을 옳게 나타낸 것은?

① 구리 + 주석
② 구리 + 아연
③ 구리 + 망간
④ 구리 + 알루미늄

해설 청동은 구리와 주석을 첨가하여 만든 합금이며, 황동은 구리에 아연을 첨가하여 만든 합금이다.

44 다음 중 복합소재 경화 과정에서 표면에 압력을 가하는 목적으로 틀린 것은?

① 여분의 수지 제거
② 적층판을 서로 분리
③ 적층판 사이의 공기 제거
④ 경화 과정에서 패치 등의 이동 방지

45 항공기의 수직 꼬리날개의 구성품이 아닌 것은?

① 수평안정판   ② 도살핀
③ 방향키   ④ 수직안정판

46 수평등속비행 중인 항공기의 날개 상부에 작용하는 응력은?

① 압축응력   ② 전단응력
③ 비틀림 응력   ④ 인장응력

해설 수평등속비행 중에는 양력으로 인해 날개 상부에는 압축응력, 하부에는 인장응력이 발생한다.

47 항공기 동체의 세미모노코크 구조를 구성하는 부재가 아닌 것은?

① 벌크헤드
② 리브
③ 스트링거와 세로대
④ 외피

해설 세미모노코크 구조의 구성 부재
• 수직방향 부재 : 벌크헤드, 정형재, 링, 프레임
• 세로방향부재 : 세로대, 세로지
• 외피

48 헬리콥터 조종 기구의 정비 순서가 옳게 나열된 것은?

① 기능점검 – 수리 – 정적리그작업
② 정적리그작업 – 기능점검 – 수리
③ 수리 – 기능점검 – 정적리그작업
④ 수리 – 정적리그작업 – 기능점검

49 순철, 탄소강, 주철을 분류하는 기준이 되는 것은?

① 산소의 함유량   ② 열처리의 횟수
③ 탄소의 함유량   ④ 불순물의 함유량

해설
- 순철 : 탄소함유량이 0.0025% 이하
- 탄소강 : 탄소함유량이 0.025%~2.0%
- 주철 : 탄소함유량이 2.0%~6.67%

50 그림과 같은 리벳이음 단면에서 리벳직경 5mm, 두 판재의 인장력 100kgf 이면 리벳 단면에 발생하는 전단응력은 약 몇 kgf/mm²인가?

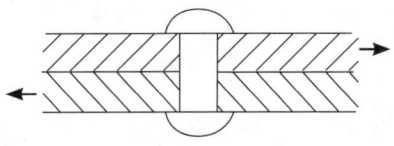

① 3.1 ② 4.0
③ 5.1 ④ 8.0

해설 $T = \dfrac{V}{A}$

51 착륙 장치의 완충 스트럿에 압축공기를 공급할 때 공기 대신 공급할 수 있는 것은?

① 에틸렌
② 수소
③ 아세틸렌가스
④ 질소

52 항공기에서 방향키 페달의 기능이 아닌 것은?

① 빗놀이 운동
② 비행시 방향조종
③ 지상에서 방향조종
④ 수직안정판 조종

53 항공기 구조 강도의 안전성과 조종면에서 안전을 보장하는 설계상의 최대허용속도는?

① 설계운용속도
② 실속속도
③ 설계순항속도
④ 설계급강하속도

54 그림은 페일 세이프(fail safe) 구조의 어떤 방식인가?

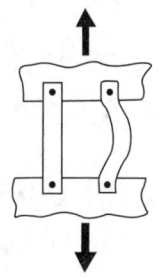

① 더블 ② 리던던트
③ 백업 ④ 로드 드롭핑

55 지름 2in의 원형 단면 봉에 4000lbs의 인장 하중이 작용하면 봉에 발생하는 응력은 약 몇 lbf/in²인가?

① 318 ② 1274
③ 2000 ④ 2546

해설 인장응력 $= \dfrac{하중}{면적}$

56 인장력을 받는 봉의 경우에 늘어난 길이를 δ, 원래의 길이를 L이라 했을 때 변형률을 옳게 나타낸 것은?

① $\dfrac{\delta}{L}$ ② $\dfrac{(L+\delta)}{L}$
③ $\dfrac{(L-\delta)}{L}$ ④ $\dfrac{\delta}{L} - 1$

57 항공기 도면 표제란에 INSTL로 표시하는 도면은?

① 배선도 ② 조립도
③ 장착도 ④ 상세도

58 헬리콥터 조종 장치 중에서 주 로터의 모든 깃의 피치각을 동시에 증가 또는 감소시켜 양력을 증감시키는 조종 장치는?

① 방향조종 페달　② 버톡선
③ 동체수위선　　　④ 스테이션선

59 항공기 위치표시 방법 중 동체 중심선을 기준으로 오른쪽과 왼쪽으로 평행한 너비 간격으로 나타나는 선은?

① 동체수위선　② 버톡선
③ 동체수위선　④ 스테이션선

60 헬리콥터의 착륙장치에 대한 설명으로 틀린 것은?

① 휠형 착륙장치는 자신의 동력으로 지상 활주가 가능하다.
② 스키드형의 착륙장치는 구조가 간단하고, 정비가 용이하다.
③ 스키드형 접개들이식 장치를 갖고 있어 이·착륙이 용이하다.
④ 휠형 착륙장치는 지상에서 취급이 어려운 대형 헬리콥터에 주로 사용된다.

항공기체정비기능사 필기 2016년도 1회 시행 정답

1	2	3	4	5	6	7	8	9	10
④	②	①	②	①	①	④	③	②	④
11	12	13	14	15	16	17	18	19	20
④	③	③	①	③	③	④	④	②	④
21	22	23	24	25	26	27	28	29	30
④	③	②	③	②	④	③	①	①	①
31	32	33	34	35	36	37	38	39	40
②	③	④	①	②	①	②	②	④	④
41	42	43	44	45	46	47	48	49	50
③	①	①	②	①	①	②	④	③	③
51	52	53	54	55	56	57	58	59	60
④	④	④	③	②	①	③	②	②	③

공개기출문제
항공기체정비기능사 필기 2016년도 2회 시행

01 조종면에 사용하는 앞전 밸런스(leading edge balance)에 대한 설명으로 옳은 것은?

① 조종면의 앞전을 짧게 하는 것이며, 비행기 전체의 정안정을 얻는데 주 목적이 있다.
② 조종면의 앞전을 길게 하는 것이며, 비행기 전체의 동안정을 얻는데 주 목적이 있다.
③ 조종면의 앞전을 짧게 하는 것이며, 항공기 속도를 증가시키는데 주 목적이 있다.
④ 조종면의 앞전을 길게 하는 것이며, 조종력을 경감시키는데 주 목적이 있다.

02 비행기의 제동유효마력이 70hp이고 프로펠러의 효율이 0.8 일 때 이 비행기의 이용마력은 몇 hp인가?

① 28
② 56
③ 70
④ 87.5

해설 $HP_a = \dfrac{TV}{75} = \eta \times bHP$

03 비행기의 3축 운동과 관계된 조종면을 옳게 연결한 것은?

① 키놀이(pitch) - 승강키(elevator)
② 옆놀이(roll) - 방향키(rudder)
③ 빗놀이(yaw) - 승강키(elevator)
④ 옆놀이(roll) - 승강키(elevator)

해설 항공기의 3축이란 항공기의 무게중심(C.G : Center of Gravity)을 관통하는 가상의 3개의 선들을 가리킨다.

04 속도 V로 비행하고 있는 프로펠러 항공기에서 프로펠러 추진 효율이 가장 좋은 이론적인 조건은? (단, u 는 프로펠러에 의해 단위 시간에 작용을 받은 공기가 얻은 속도이다.)

① V > u
② V = u
③ V < u
④ V = u = 1

05 비행기의 동체 길이가 16m, 직사각형 날개의 길이가 20m, 시위의 길이가 2m일 때, 이 비행기 날개의 가로세로비는?

① 1.2
② 5
③ 8
④ 10

해설 가로세로비(AR) = $\dfrac{b^2}{S} = \dfrac{b}{c} = \dfrac{S}{c^2}$
(S : 날개면적, b : 날개길이, c : 시위길이)

06 받음각과 양력과의 관계에서 날개의 받음각이 일정수준을 지나면 양력이 감소하고 항력이 증가하는 현상은?

① 경계층
② 실속
③ 내리흐름
④ 와류

07 공기 중에서 면적이 8m²인 물체가 50kgf 항력을 받으며 일정한 속도 10m/s로 떨어지고 있을 때 물체가 갖는 항력계수는 얼마인가? (단, 공기의 밀도는 0.1kgf · s²/m⁴이다.)

① 1.0
② 1.15
③ 1.25
④ 1.75

해설 $V_D = \sqrt{\dfrac{2W}{\rho C_D S}} = \dfrac{S}{W}$ = 날개하중

399

08 유체흐름의 천이현상이 발생되는 현상을 결정하는 것은?

① 임계마하수　　② 항력계수
③ 임계레이놀즈수　④ 양력계수

〖해설〗 천이는 층류에서 난류로 변화하는 현상

09 대류권계면 부근에서 최대 100km/h 정도로 부는 서풍으로 항공기 순항에 이용되는 것은?

① 계절풍　　　② 제트기류
③ 엘리뇨　　　④ 높새바람

〖해설〗 대류권과 성층권의 경계면으로 대기가 안정되어 구름이 없고, 기온이 낮으며, 공기가 희박하여 제트기의 순항고도로 적합하다.

10 초음속 공기의 흐름에서 통로가 좁아질 때 일어나는 현상을 옳게 설명한 것은?

① 압력과 속도가 동시에 증가한다.
② 압력과 속도가 동시에 감소한다.
③ 속도는 감소하고 압력은 증가한다.
④ 속도는 증가하고 압력은 감소한다.

11 그림과 같이 상승비행 중인 항공기의 진행방향에 대한 힘의 평형식과 항공기의 날개 양력 방향으로 작용하는 힘의 평형식을 옳게 나열한 것은?

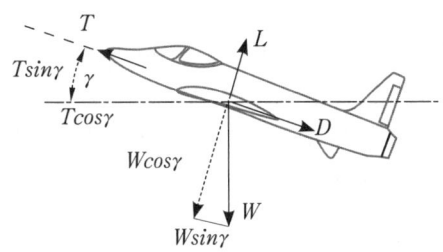

① $T = W\cos\gamma + D,\ L = W\cos\gamma$
② $T = W\sin\gamma + D,\ L = W\sin\gamma$
③ $T = W\cos\gamma + D,\ L = W\sin\gamma$
④ $T = W\sin\gamma + D,\ L = W\cos\gamma$

〖해설〗 T : 추력, D : 항력, L : 양력

12 다음 중 착륙거리에 속하지 않는 것은?

① 회전거리　　② 공중거리
③ 제동거리　　④ 자유활주거리

〖해설〗 착륙거리 : 항공기가 착륙 진입하여 정해진 최소 고도를 지나는 위치에서부터 착륙하고 정지할 때까지 지나간 전체 거리 (최소고도 : 일반적으로 제트기 10.7m, 프로펠러기 15m)

13 헬리콥터에서 리드-래그 힌지 감쇠기를 설치하는 가장 큰 이유는?

① 돌풍에 의한 영향을 감소시키기 위해
② 기하학적인 불평형을 감소하기 위해
③ 회전면 내에 발생하는 진동을 감소시키기 위해
④ 뿌리부분에 발생하는 굽힘력을 감소시키기 위해

〖해설〗 리드 - 래그 힌지는 로터 블레이드 끝단(rotor blade tip)이 회전면에서 앞뒤로 움직이는 것을 허용하는 헬리콥터 회전날개 블레이드 뿌리에 있는 힌지이다. 리드 - 래그 힌지의 운동을 드래깅(dragging)이라 하고 드래그 댐퍼에 의해서 반대 운동을 받는다.

14 헬리콥터에서 후퇴하는 깃의 성능을 좋게 하기 위한 방법으로 가장 옳은 것은?

① 캠버가 없어야 한다.
② 작은 받음각을 가져야 한다.
③ 깃이 얇고 캠버가 작아야 한다.
④ 깃이 두껍고 캠버가 커야 한다.

15 항공기의 주 날개를 상반각으로 하는 주된 목적은?

① 가로 안정성을 증가시키기 위한 것이다.

② 세로 안정성을 증가시키기 위한 것이다.
③ 배기가스의 온도를 높이기 위한 것이다.
④ 배기가스의 온도를 낮추기 위한 것이다.

16 형광침투 검사에 대한 [보기]의 작업을 순서대로 나열한 것은?

> ㉠ 침투 ㉡ 현상 ㉢ 검사 ㉣ 세척
> ㉤ 사전처리 ㉥ 유화처리 ㉦ 건조

① ㉤-㉥-㉣-㉦-㉠-㉡-㉢
② ㉤-㉣-㉦-㉥-㉠-㉡-㉢
③ ㉤-㉠-㉣-㉦-㉥-㉡-㉢
④ ㉤-㉠-㉥-㉣-㉦-㉡-㉢

해설 형광 침투 탐상 검사는 형광체를 포함하고 있는 침투액을 사용하는 방법으로 파장이 360±40nm인 자외선을 쬐며 결함 지시 모양을 황록색으로 발광시켜 손상 부위를 검출하는 방식이다.

17 다음 중 작업 감독자의 책임이 아닌 것은?

① 작업자의 작업상태 점검
② 시설, 장비 및 환경의 투자
③ 각종 재해에 대한 예방조치
④ 작업절차, 장비와 기기의 취급에 대한 교육 실시

18 강관구조의 용접에 대한 설명으로 틀린 것은?

① 티(T) 접합과 클러스터 접합 등이 있다.
② 용접 시 임시로 같은 간격으로 가접 후 용접을 실시한다.
③ 가접 후 연속적으로 용접을 해야 뒤틀림을 방지할 수 있다.
④ 접합부의 보강 방법으로는 강관 사이에 평판보강 방법과 보강 재료를 씌우는 방법 등이 있다.

19 항공기 주기(Parking) 시 항공기의 날개 조종 장치는 어디에 위치시켜야 하는가?

① 중립
② 위(Full up)
③ 아래(Full down)
④ 스포일러는 위(Up), 플랩은 아래(Down)

20 오디블 인디케이팅(audible indicating) 토크렌치에 대한 설명으로 옳은 것은?

① 규정된 토크값에서 불빛이 발생한다.
② 토크가 걸리면 레버가 휘어져 지시 바늘이 토크값을 지시한다.
③ 다이얼타입이라고도 하며, 토크가 걸리면 다이얼에 토크값이 지시된다.
④ 클릭타입이라고도 하며, 다이얼이 보이지 않는 장소에 사용한다.

21 다음 중 정비문서에 대한 설명으로 틀린 것은?

① 작업이 완료되면 작업자는 날인을 한다.
② 기록과 수행이 완료된 모든 정비문서는 공장 자체에서 모두 폐기한다.
③ 정비문서의 종류로는 작업지시서, 점검카드, 작업시트, 점검표 등이 있다.
④ 확인 및 점검 내용을 명확히 기록하고 수치값은 실측값을 기록한다.

22 다음 문장이 뜻하는 계기로 옳은 것은?

> "An instrument that measures and indicates height in feet."

① Altimeter
② Air speed indicator
③ Turn and slip indicator
④ Vertical velocity indicator

해설 고도계

23 그림과 같은 항공기 표준 유도 신호의 의미는?

① 후진
② 속도 감소
③ 촉 장착
④ 기관 정지

24 시각 점검(visual check)에 대한 설명으로 옳은 것은?

① 특수장비를 사용하여 상태를 점검하는 것이다.
② 여러방법을 조합하여 상태를 점검하는 것이다.
③ 상태를 점검하는 것으로서 보조장비를 사용하여 점검하는 것을 말한다.
④ 상태를 점검하는 것으로서 보조장비를 사용하지 않고 다만 육안으로 점검하는 것이다.

25 항공기의 정시점검(scheduled maintenance)에 해당하는 것은?

① 중간점검
② A 점검
③ 주간점검
④ 비행 전 · 후 점검

26 판재의 두께 0.5in, 판재의 굽힘반지름 1.6in 일때 90°를 구부린다면 생기는 세트백은 몇 in 인가?

① 0.8
② 1.5
③ 2.1
④ 3.2

해설 S.B = K(R+T)
K : 굽힘상수(90도로 구부렸을 때 1)
R : 굽힘반지름, T : 판재의 두께

27 히드라진 취급에 관한 사항으로 틀린 것은?

① 유자격자가 취급해야 하고, 반드시 보호장구를 착용해야 한다.
② 히드라진이 누설되었을 경우 불필요한 인원의 출입을 제한한다.
③ 히드라진이 항공기 기체에 묻었을 경우 즉시 마른 헝겊으로 닦아낸다.
④ 히드라진을 취급하다 부주의로 피부에 묻으면 즉시 물로 깨끗이 씻고, 의사의 진찰을 받아야 한다.

해설 발연성이 높아 로켓의 연료로 사용되며, 전투기의 EPU (Emergency Power Unit)의 연료로도 사용된다.

28 튜브 밴딩시 성형선(mold line)이란 무엇인가?

① 밴딩한 재료의 평균 중심선
② 밴딩 축을 중심으로 한 밴딩 반지름
③ 밴딩한 재료의 바깥쪽에서 연장한 직선
④ 재료의 안쪽선과 밴딩 축을 중심으로 한 원과의 접선

29 밑줄친 부분을 의미하는 용어는?

"An aluminum alloy bolts are marked with two raised dashes."

① 합금
② 부식
③ 강도
④ 응력

30 CO_2 소화기에 대한 설명으로 틀린 것은?

① 단거리의 B, C급 화재의 소화에 사용된다.
② 취급 시 인체에 닿게 되면 동상에 걸릴 우려가 있다.
③ 진화원리는 가스가 공기보다 무거워 열원을 차단해 진화를 한다.

④ 가스가 대기 중으로 배출 팽창될 때 90℃ 정도의 높은 온도이므로 주의해야 한다.

31 최소 측정값이 1/1000 in인 버니어 캘리퍼스의 그림과 같은 측정값은 몇 in 인가?

① 0.366
② 0.367
③ 0.368
④ 0.369

32 리벳종류 중 2017, 2024 리벳을 열처리 후 냉장 보관하는 주된 이유는?

① 부식 방지
② 시효경화 지연
③ 강도 강화
④ 강도변화 방지

> 해설 2017(D) : 두랄루민, 2024(DD) : 초두랄루민

33 항공기 구조부재 수리작업에서 1열 패치 작업 시 플러시 머리리벳의 끝거리는?

① 리벳지름의 2~4배
② 리벳길이의 2~4배
③ 리벳지름의 2.5~4배
④ 리벳길이의 2.5~4배

> 해설 피치 : 같은 열에 있는 리벳 중심간 거리 : 3D~12D
> (보통 6D~8D)
> • 1열 = 3D 보다 작아서는 안됨
> • 2열 = 4D 보다 작아서는 안됨
> • 3열 = 3D 보다 작아서는 안됨
> ※ 연거리(끝거리, Edge Margin) : 판재의 모서리와 이웃하는 리벳 중심까지의 거리

34 오일필터(Oil Filter), 연료필터(Fuel Filter) 등의 원통 모양의 물건을 장·탈착할 때 표면에 손상을 주지 않도록 사용되는 공구는?

① 스트랩 렌치(Strap wrench)
② 콘넥터 플라이어(Connector Flier)
③ 어져스테이블 렌치(Adjustable wrench)
④ 인터록킹 조인트 플라이어(Interlocking joint plier)

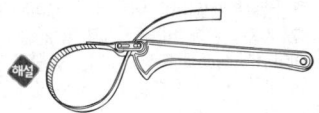

35 항공기 조종계통 케이블에 설치된 턴버클 작업에 사용되지 않는 것은?

① 딤플링
② 배럴
③ 케이블 아이
④ 포크

36 미국알루미늄협회에서 사용하는 규격표시는?

① AISI 규격
② SAE 규격
③ AA 규격
④ MIL 규격

> 해설
> • SAE : 미국자동차공학규격
> • AA : 미국알루미늄협회규격
> • AISI : 미국철강협회규격
> • MIL : 미육군표준규격
> • ASTM : 미국재료시험협회규격

37 항공기 도면의 표제란에 "ASSY"로 표시되는 도면의 종류는

① 생산도면
② 조립도면
③ 장착도면
④ 상세도면

38 꼬리날개에 대한 설명으로 옳은 것은?

① 꼬리날개는 큰 하중을 담당하지 않으므로 리브와 스킨으로만 구성되어 있다.

② 도살핀은 방향안정성 증가가 목적이지만 가로안정성 증가에도 도움을 준다.
③ T형 꼬리날개는 날개후류의 영향을 받아서 성능이 좋아지고 무게 경감에 도움을 준다.
④ 수평안정판이 동체와 이루는 붙임각은 Down-wash를 고려하여 수평보다 조금 아랫방향으로 되어 있다.

해설 꼬리날개는 비행기에 안정성을 주기 위해 비행기 후미에 붙인 작은 날개 부분이다. 대개 수직 꼬리날개와 수평 꼬리날개로 구성된다. 이들은 각각 피치(pitch)와 요(yaw)를 제어해서 비행을 안정화시키는 역할을 한다.

39 항공기에서 2차 조종계통에 속하는 조종면은?

① 방향키(rudder) ② 슬랫(slat)
③ 승강키(elevator) ④ 도움날개(aileron)

40 항공기 날개 등에 사용되는 허니컴 구조부의 검사방법으로 부적합한 것은?

① 초음파 검사 ② 코인검사
③ 자분탐상검사 ④ 육안검사

41 헬리콥터 조종장치의 작동과 조종면의 작동이 일치하도록 조절하는 작업을 무엇이라 하는가?

① 리그작업 ② 기능점검
③ 수리작업 ④ 구조작업

42 기술변경서의 기록 내용중 처리부호(TC : transaction code)의 설명으로 옳은 것은?

① A - 추가 ② C - 삭감
③ L - 연결 ④ R - 재사용

43 SAE 4130에서 "30"에 대한 설명으로 옳은 것은?

① C를 30% 포함한다.
② C를 0.3% 포함한다.
③ Ni를 30% 포함한다.
④ Ni를 0.3% 포함한다.

해설 4 : 합금의종류, 1 : 합금 원소의 합금량, 30 : 탄소함유량(1/100%)

44 항공기 부재의 재료가 하중에 대하여 견딜 수 있는 저항력을 무엇이라 하는가?

① 힘(force)
② 벡터(vector)
③ 강도(strength)
④ 표면하중(surface load)

45 금속을 가열하여 그 표면에 다른 종류의 금속을 피복시키는 동시에 확산에 의하여 합금 피복층을 얻는 표면 경화법은?

① 질화법 ② 침탄처리법
③ 금속침투법 ④ 고주파 담금질법

46 지름 0.5in, 인장강도 3000lb/in^{2}의 알루미늄 봉은 약 몇 lb의 하중에 견딜 수 있는가?

① 589 ② 1178
③ 2112 ④ 3141

해설 인장강도(3000) = 0.1963×3000 = 589.04

47 프리휠 클러치(freewheel clutch)라고도 하며, 헬리콥터에서 기관브레이크의 역할을 방지하기 위한 클러치는?

① 드라이브 클러치(drive clutch)
② 스파이더 클러치(spider clutch)
③ 원심 클러치(centrifugal clutch)

④ 오버런닝 클러치(over running clutch)

48 그림과 같은 V-n 선도에 대한 설명으로 틀린 것은?

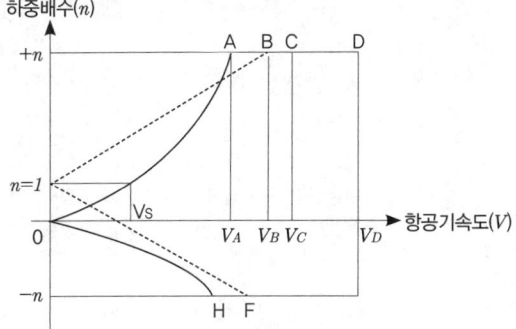

① V_A는 설계 운용속도이다.
② V_B는 설계급강하 속도이다.
③ OA와 OH 곡선은 양(+)과 음(-)의 최대 양력 계수로 비행할 때 비행기 속도에 대한 하중 배수를 나타낸다.
④ AD와 HF의 직선은 설계상 주어지는 양(+)과 음(-)의 설계제한하중배수를 나타낸다.

49 항공기의 총 모멘트가 M이고 총 무게가 W 일 때 이 항공기의 무게 중심위치를 구하는 식은?

① MW
② $M+W$
③ $\dfrac{M}{W}$
④ $\dfrac{W}{M}$

50 헬리콥터 동력전달장치 중 기관 동력 전달 방향을 바꾸는데 사용하는 기어는?

① 베벨기어
② 랙기어
③ 스퍼기어
④ 헬리컬기어

51 항공기의 지상 활주 시 조향장치에 대한 설명으로 틀린 것은?

① 소형 항공기는 방향키 페달을 사용한다.
② 조향장치는 앞바퀴를 회전시켜 원하는 방향으로 이동하는 장치이다.
③ 대형 항공기는 유압식이 사용되며 킬러라는 조향핸들을 사용한다.
④ 소형 항공기는 방향키 페달을 이용하며 이때 방향키는 움직이지 않는다.

52 날개 뒷전(Trailing)에 부착되어 있는 플랩(Flap)의 역할로 틀린 것은?

① 양력을 증가시킨다.
② 날개의 형상을 변경한다.
③ 날개의 면적을 증가시킨다.
④ 캠버(chamber)를 감소시킨다.

53 그림은 어떤 반복응력 상태를 나타낸 그래프인가?

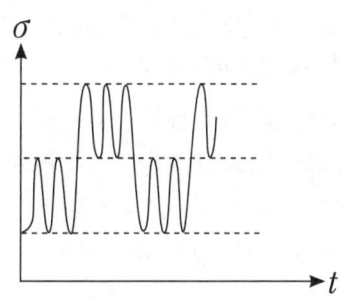

① 중복반복응력
② 변동응력
③ 단순반복응력
④ 반복변동응력

54 항공기 복합재료로 많이 쓰이는 케블러(Kevlar)는 어떤 강화 섬유에 속하는가?

① 유리섬유
② 탄소섬유
③ 아라미드 섬유
④ 보론섬유

> **해설** 복합재료는 2가지 이상의 서로 다른 성질을 가진 재료를 혼합해 만들고, 일반적으로 모재로 쓰이는 소재(열경화성 플라스틱)에 강화재로 쓰이는 소재(유리섬유, 보론, 아라미드, 탄소섬유 등)를 혼합하여 만든다.

55 열경화성 수지에 해당되지 않는 것은?

① 페놀수지 ② 폴리우레탄수지
③ 에폭시 수지 ④ 폴리염화비닐수지

해설 열경화성 수지는 열을 가하면 열가소성 플라스틱처럼 녹지 않고, 타서 가루가 되거나 기체를 발생시키는 플라스틱이다. 따라서 한번 굳어지면 다시 녹지 않는다. (에폭시 수지, 폴리우레탄 수지, 아미노 수지, 페놀 수지, 폴리에스테르 수지 등)

56 헬리콥터의 저주파수 진동에 대한 설명으로 틀린 것은?

① 1:1 진동이라 한다.
② 주로 꼬리회전날개의 회전속도가 빠를 때 발생한다.
③ 가장 보편적인 진동으로 쉽게 느낄수 있다.
④ 주 회전날개 1회전당 한 번 일어나는 진동이다.

57 다른 종류의 헬리콥터와 비교하여 노타(Notar) 헬리콥터의 장점이 아닌 것은?

① 정비나 유지가 쉽다.
② 무게를 감소시킬 수 있다.
③ 조종이 용이하고, 소음이 적다.
④ 외부와 주 회전날개의 충돌 가능성이 없다.

58 착륙 시 브레이크 효율을 높이기 위하여 미끄럼이 일어나는 현상을 방지시켜 주는 것은?

① 오토 브레이크 ② 조향장치
③ 팽창 브레이크 ④ 안티스키드

59 ALCOA 규격 10S의 주합금 원소는?

① 구리(Cu) ② 망간(Mn)
③ 순수알루미늄 ④ 규소(Si)

60 항공기의 기관마운트에 대한 설명으로 옳은 것은?

① 착륙장치의 일부분이다.
② 착륙장치의 충격을 흡수하여 전달한다.
③ 기관을 보호하고 있는 모든 기체 구조물을 말한다.
④ 기관에서 발생한 추력을 기체에 전달하는 역할을 한다.

해설 엔진 마운트는 기체나 날개 등에 엔진을 고정하기 위한 구조물이다.

항공기체정비기능사 필기 2016년도 2회 시행 정답

1	2	3	4	5	6	7	8	9	10
④	②	①	①	④	②	③	③	②	③
11	12	13	14	15	16	17	18	19	20
④	①	③	④	①	④	②	②	①	④
21	22	23	24	25	26	27	28	29	30
②	①	④	④	②	③	③	③	①	④
31	32	33	34	35	36	37	38	39	40
②	②	③	①	①	③	②	②	②	③
41	42	43	44	45	46	47	48	49	50
①	①	②	②	③	④	④	②	④	①
51	52	53	54	55	56	57	58	59	60
④	①	③	③	④	②	④	④	①	④

2026
항공기정비기능사
필기

2026년 01월 05일 인쇄
2026년 01월 20일 발행

지은이 : 항공기술교육아카데미
펴낸이 : 이강복
펴낸곳 : (주)도서출판 책과상상

저자협의
인지생략

출판등록 : 제2020-000205호
주 소 : 경기도 고양시 일산동구 장항로 203-191
편집문의 : 02-3272-1703
구입문의 : 02-3272-1704
홈페이지 : www.sangsangbooks.co.kr

북 디자인 및 삽화 : 디자인 동감

Copyright©2026, 항공기술교육아카데미
ISBN 979-11-6967-291-7

정가 18,000원

· 잘못된 책은 교환해 드립니다.